U0396144

广东省教育科学“十一五”规划科研项目
鞋类设计专业应用型 本科教材

鞋帮设计 I
——满帮鞋

高士刚　编著

中国轻工业出版社

图书在版编目(CIP)数据

鞋帮设计.Ⅰ,满帮鞋/高士刚编著.—北京:中国轻工业出版社,2023.6

广东省教育科学"十一五"规划科研项目　鞋类设计专业应用型本科教材

ISBN 978-7-5019-9967-5

Ⅰ.①鞋…　Ⅱ.①高…　Ⅲ.①鞋帮—设计—高等学校—教材　Ⅳ.①TS943.3

中国版本图书馆 CIP 数据核字(2014)第 237726 号

责任编辑:李建华　杜宇芳

策划编辑:李建华　责任终审:劳国强　封面设计:王超男

版式设计:王超男　责任校对:晋　洁　责任监印:张　可

出版发行:中国轻工业出版社(北京东长安街 6 号,邮编:100740)

印　　刷:三河市万龙印装有限公司

经　　销:各地新华书店

版　　次:2023 年 6 月第 1 版第 3 次印刷

开　　本:889×1194　1/16　印张:18.5

字　　数:522 千字

书　　号:ISBN 978-7-5019-9967-5　定价:58.00 元

邮购电话:010-65241695

发行电话:010-85119835　传真:85113293

网　　址:http://www.chlip.com.cn

Email:club@chlip.com.cn

如发现图书残缺请与我社邮购联系调换

230774J1C103ZBW

序言
PREFACE

鞋类生产是我国轻工业中的重要产业，是服装行业的组成部分。鞋的历史发展悠久，产品可分为皮鞋类、布鞋类、胶鞋类、塑料鞋等。生产规模之大，技术与艺术的水平要求之高，又是人类最基本的必不可少的生活和生产资料，所以说鞋类是永恒的朝阳产业。特别是中国改革开放以来，四类鞋在技术上互相穿越，使得鞋产业得到长足的发展，产品规模和出口量均居世界第一位。

但是要实现中国成为世界制鞋工业强国，创造实现“中国品牌”，具有独创与独有的技术目标，还需要加速提升产品的设计水平，提高自主创新的能力。这就必须通过院校及企业培养一批各类专业设计人才，才能使鞋类设计实现技术与艺术、技术与功能、产品与市场、技术与创品牌有机的结合，走出一条中国式的鞋类产业集群的生产模式，向制鞋现代化、工程化道路发展。

鞋类设计是创造鞋穿着舒适的技术与艺术过程。设计流程比较长，一般包括楦型设计、帮样设计、鞋底设计。其中帮样设计是鞋类整体造型设计的最主要的组成部分，是决定鞋类产品款式及花色变化的核心活力与内容。自古以来，鞋类的设计就是指鞋帮设计。而现代鞋类设计发展提升很快，分工更加科学、细化，技术与艺术有机结合更加突出。设计程序包括鞋类造型设计、鞋楦造型设计、帮样结构设计、鞋底造型设计及鞋类工艺的设计等。设计过程中还必须严格以脚型特征部位的数据为依据，设计者在鞋楦上进行立体设计或取楦体的复样进行平面设计，实现各种鞋类和不同品种的帮样结构设计。

本书是高士刚（高级讲师）经过 30 多年教学实践，不断总结提升并吸纳了国内外鞋类设计经验编写的。该书对帮样设计原理、设计方法、设计结构及数据、设计技巧及取跷等方面都做了详尽论述和总结，以期达到提高帮样设计的科学性、实用性、审美性、时代性的发展目标。

《鞋帮设计》一书是高士刚编写的《鞋楦设计》《鞋底设计》后的第三本。这三本书是鞋类设计的基础知识、实用教材。此书是对制鞋行业的产品设计的一大贡献，对院校培养专业鞋类设计人才、企业鞋类设计师实际应用有较高的实用价值，为加快中国早日实现世界制鞋强国有一定的推动作用。

2014年6月

序言手迹

序言

鞋类生产是我国轻工业中的重要产业，是服装行业组成部分。鞋的历史发展悠久，产品种类可分为：皮革鞋类、布鞋类、胶鞋类、塑料鞋等。生产规模之大，技术与艺术的水平要求之高，又是人类最基本的必不可少的生活和生产资料，所以说鞋类生产是永恒的朝阳产业。特别是中国改革开放以来，鞋类在技术上更加突破，使制鞋产业得到长足发展，产品规模和出口量均居世界第一位。

但是要实现中国成为世界制鞋工业强国，创造实现中国品牌，具有独创与独有的技术目标，还需要加速提升产品的设计水平，提高自主创新的能力。这就必须通过院校及企业培养一批鞋类专业设计人才，才能使鞋类设计实现：技术与艺术、技术与功能、产品与市场、技术与创新的有机结合，走出一条中国式的鞋类产业集群的生产模式，向制鞋现代化、工业化道路发展。

鞋类设计是创造鞋穿着舒适的技术与艺术过程。设计流程比较长，一般包括：楦型设计、帮样设计、鞋底设计。其中帮样设计是鞋类整体造型设计的最主要的组成部分，是决定鞋类产品款式及花色品种变化的核心活力与内容。自古以来，鞋类的设计就是指鞋帮设计。而现代鞋类设计流程升级，分工更加科学、细化，技术与艺术有机结合更加完善，设计程序包括：鞋类造型设计、鞋楦造型设计、帮样结构设计、鞋底部造型设计及鞋类工艺设计等。设计过程中还必须参考以脚型特征部位的数据为依据，设计者在鞋楦上进行立体设计或取楦体面展样进行平面设计，实现各种鞋类和不同品种的帮样结构设计。

本书是高[illegible]（高级讲师）经过三十多年教学实践、不断总结提升，并吸纳了国内外鞋类设计经验编写的。该书把帮样设计原理、设计方法、设计结构及数据、设计技巧及取楦展平等方面都作了详尽论述和总结，进而提高帮样设计的科学性、实用性、审美性、时代性的应用目标。

《鞋帮样设计》一书是高[illegible]编写出版的《鞋楦设计》、《鞋底设计》后的第三本。这三本书是一套鞋类设计的基础知识实用教材，此书会对制鞋行业产品设计一大贡献，对院校培养专业鞋类设计人才、企业鞋类设计师实际应用有较高的实用价值，为加快中国早日实现世界制鞋强国有一定的推动作用。

2014年6月

前言
FORWORD

发展应用型本科教育的条件之一就是需要有应用型本科教材。

《鞋帮设计》一书是继《鞋底设计》《鞋楦设计》之后第三册鞋类设计专业的应用型本科教材，由于内容比较多，将分成满帮鞋、时装鞋、运动鞋三部分陆续出版。

在满帮鞋的设计内容中，共有七章三十七节，分别从耳式鞋、舌式鞋、开口式鞋、围盖鞋以及特殊鞋款入手，阐述取跷原理，分析设计方法，提炼设计步骤，力求使本教材具有实用性、适用性和好用性。

第一章内容是满帮鞋结构设计的特点，这是本书的基础知识，分别从跷度、设计点、半面板、取跷原理以及成品图分析进行讲述。基础知识很重要，因为后边的结构设计都是从基础知识演变出来的。由于在满帮鞋的结构中包括马鞍形曲面在内，这就需要进行跷度处理。跷度处理得当，鞋帮就伏楦；跷度处理不得当，鞋帮就出皱褶。对于鞋类设计来说，鞋帮出现皱褶就属于不伏楦，就是失败的设计，因此取跷就成为设计满帮鞋的重中之重。

第二章内容是耳式鞋的设计，包括内耳式鞋和外耳式鞋，这是结构设计的入门阶段，从最简单的鞋款开始，了解结构设计的过程和方法。第三章是舌式鞋的设计，包括横断舌式鞋和整舌式鞋，这是结构设计的提高阶段，通过设计举例来掌握不同取跷方法的应用，提高设计能力。第四章是开口式鞋的设计，包括前开口式鞋和侧开口式鞋，这是结构设计的变化阶段，通过分析不同鞋款的结构变化和取跷方法的变化，来掌握结构设计的基本规律。这三章的内容共同构成了满帮鞋的基础设计。

从第五章开始就进入结构设计的高级阶段，包括围盖鞋的设计、围盖鞋的变型设计以及特殊鞋款的设计。所谓高级阶段，是指基础知识和基础设计的综合运用，对于特殊款式鞋的设计来说，还需要有工艺、材料等知识来配合。

可能有人会想：现在制鞋设备已经很先进了，通过鞋帮定型、材料拉伸也能够把鞋帮绷伏，取跷还有用吗？对于鞋帮定型机来说，它只起到定型的作用，解决不了样板设计问题，要设计定型用的样板同样需要进行跷度处理。对于材料来说，虽然有延伸性可以被拉伸，可以通过外力绷伏在鞋楦上。但是在鞋帮出楦以后，由于没有鞋楦的支撑，就会逐渐回缩变形，在马鞍形曲面部位出现皱褶。即使是经过热定型、冷定型，依然不能从根本上解决，因为这是材料的性质问题，而不是工艺问题。换句话说，取跷就是在容易造成部件收缩的部位预先增加一个收缩量，从而解决帮面收缩出皱褶的问题。这个收缩量既不是长度，也不是宽度，而是角度，也就是取跷角。

鞋帮设计、鞋底设计和鞋楦设计构成了鞋类设计的三大支柱，而鞋帮设计又处于三大支柱的核心地位，所以应该对其有一个系统的、科学的、深入细化的认识。对于应用型本科生来说，不单纯

是学知识、学技能，还要掌握设计的原理和方法，这样才能解决生产实践中的问题。因此，在每节课后都安排了课后小结和思考练习，还在主要章节的后面配有综合练习，通过实践可以加深对设计原理的认识、对设计方法的巩固。本教材也适用于企业的技术人员学习。为了便于读者对教材内容的理解，本书还配有500多幅插图，深入浅出、循序渐进。

在本书的编写过程中，得到了广东省教委、广东白云学院领导以及江苏扬州大学、浙江温州大学、山东齐鲁工业大学、河北邢台职业技术学院和各界人士的大力支持，在此一并表示衷心的感谢。

广东白云学院　高士刚

2014年8月5日

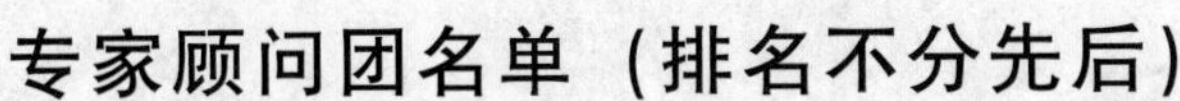

专家顾问团名单（排名不分先后）

DHD 伦敦设计有限公司　谢镰光（台湾）

裕元工业集团有限公司　李路加（台湾）

新百丽鞋业（深圳）有限公司　刘海洲

上海国学鞋楦有限公司　陈国学

东莞利威鞋业有限公司　黄建铭

扬州大学广陵学院　孙家珏

邢台职业技术学院　陈念慧

广东白云学院　熊玛琍

山东齐鲁工业大学　王立新

东华理工大学　魏伟

温州大学　李运河

项目召集人　高士刚

课题组人员　高士刚、杨爽、崔士友、陈佳球、穆怀志、李维、董炜、陈刘瑞、陈安琪、李华、魏伟、马英华、辛东升、孙家珏等

目录
CONTENTS

绪论 …… 1

第一章　满帮鞋结构设计的特点 …… 6

第一节　跷度的概念 …… 7

第二节　设计点的选取 …… 13

第三节　半面板的制备 …… 19

第四节　十字取跷原理 …… 27

第五节　十字取跷的特殊应用 …… 36

第六节　成品图分析 …… 40

第二章　耳式鞋的设计 …… 44

第一节　内耳式二节头鞋的设计 …… 44

第二节　制取鞋帮样板 …… 52

第三节　内耳式鞋的变型设计 …… 58

第四节　内耳式三节头鞋的设计 …… 65

第五节　典型外耳式鞋的设计 …… 77

第六节　外耳式鞋的变型设计 …… 84

第七节　外耳式女鞋的设计 …… 89

综合实训一　耳式鞋的帮结构设计 …… 94

第三章　舌式鞋的设计 …… 95

第一节　典型横断舌式鞋的设计 …… 96

第二节　横断舌式鞋的变型设计 …… 101

第三节　外舌式鞋的设计 …… 106

第四节　典型整舌式鞋的设计 …… 112

第五节　整舌式鞋的变型设计 …… 117

第六节　类舌式鞋的设计 …… 123

综合实训二　舌式鞋的帮结构设计 …… 128

第四章　开口式鞋的设计 …… 129

第一节　前开中宽口鞋的设计 …… 130

第二节　前开窄口鞋的设计 …… 140

第三节　前开宽口鞋的设计 …… 145

第四节　侧开口暗橡筋鞋的设计 …… 149

第五节　侧开口明橡筋鞋的设计 …… 155

第六节　侧开口钎带鞋的设计 …… 160
第七节　单侧开口鞋的设计 …… 167
第八节　开中缝式鞋的设计 …… 172
综合实训三　开口式鞋的帮结构设计 …… 180

第五章　围盖鞋的设计 …… 181
第一节　围盖的设计 …… 182
第二节　舌式围盖鞋的设计 …… 191
第三节　外耳式围盖鞋的设计 …… 198
第四节　开口式围盖鞋的设计 …… 204
综合实训四　围盖鞋的帮结构设计 …… 209

第六章　变型围盖鞋的设计 …… 210
第一节　浅围子鞋的设计 …… 211
第二节　短围盖鞋的设计 …… 220
第三节　开胆鞋的设计 …… 231
综合实训五　变型围盖鞋的帮结构设计 …… 244

第七章　特殊鞋款的设计 …… 245
第一节　缝埂鞋的设计 …… 246
第二节　包底鞋的设计 …… 256
第三节　套楦鞋的设计 …… 274
综合实训六　特殊鞋款的设计 …… 283

参考文献 …… 284

绪论

鞋帮设计简称为帮设计，早期的帮设计主要是设计出鞋帮的样板，所以也称为帮样设计。随着制鞋技术的发展，单一的鞋帮样板已经不能满足鞋类设计的需求，人们需要了解鞋的内在结构，以便轻松自如地进行款式变化，以满足市场日益增长的需求，因此就延伸出鞋帮的结构设计。

塑造一款鞋需要从结构设计和造型设计两个方面着手。结构设计主要解决部件间的搭配关系、部件的外形、部件的样板等问题，造型设计主要解决鞋体的形态、颜色的搭配和质地的选择等问题。就鞋的本质来讲，它是一种不可或缺的生活用品，既要求穿着舒适，又要求造型美观，所以一款好的鞋子一定是技术设计与艺术设计的完美结合。

结构设计与造型设计的关系如同皮与毛，皮之不存，毛将焉附？在企业里有一个职位叫“美工”，其主要任务是绘制效果图。但经常发现许多新手鞋款画得很漂亮，但是不能进行生产。为什么呢？因为结构不合理，美工不懂得鞋体内在的结构关系，部件的衔接处于紊乱状态，所以无法投产制作。

鞋帮设计、鞋底设计以及鞋楦设计是鞋类设计的三大支柱，而结构设计和造型设计又是实现三大支柱设计的两种手段。按照循序渐进的学习规律，本书解决的是有关鞋帮的结构设计问题。

一、鞋帮的结构类型

从鞋帮的大类结构划分，目前主要有满帮鞋、女浅口鞋、靴鞋、凉拖鞋、运动鞋等类型，在每种类型中还可以划分出不同的品种。

1. 满帮鞋

满帮鞋是指具有完整前后帮结构的一类鞋，见图 1。所谓的完整，是指鞋帮能够完全包裹脚的

全部，尤其是能够覆盖住脚的背部。

为什么强调满帮鞋覆盖住脚背呢？从鞋楦的角度看，楦背形成的是一个马鞍形曲面，要想使鞋帮伏楦不太容易，因此在满帮鞋结构设计中需要进行跷度处理。满帮鞋的品种有很多，例如耳式鞋、舌式鞋、开口式鞋、围盖鞋等，都离不开跷度处理。

图 1　满帮男式三节头鞋

鞋帮的设计如同给鞋楦设计一款合体的衣服，但这又与服装设计有区别。俗话说“衣不大寸，鞋不大分”。这里的“分”是指 1 寸的 1/10，大约在 3.3 mm，穿鞋尺寸的误差如果超过一分就会明显不合脚。衣服留出宽松的尺寸是为了便于关节的活动，而鞋的造型是依托在鞋楦之上的，因此这里的合体是指鞋帮要贴伏在楦面上，如果出现皱褶、空松、裂口等现象就是设计的失败。

满帮鞋的设计是鞋类设计的基础，掌握了满帮鞋的设计后再进行其他鞋类设计就能游刃有余，得心应手。

2. 女浅口鞋

女浅口鞋是指前脸较短、侧帮较矮、脚背被大部分暴露出来的一类鞋，见图 2。浅口是浅口门的简称。

女浅口鞋与满帮鞋的主要区别在于脚背被暴露出来，这样一来帮部件的位置就避开了鞋楦的马鞍形曲面，变得比较容易伏楦。女鞋的前帮虽然比较短，但是却备受关注，如同人的脸面一样，所以又把前帮称为“前脸”。脚穿入鞋的部位成为鞋口，鞋口的前端叫作口门，所以短脸鞋就是指浅口门鞋。

3. 靴鞋

靴鞋是指后帮高度超过脚踝骨一类的满帮鞋，见图 3。

图 2　高跟蕾丝边女浅口鞋

图 3　中筒男式牛仔靴

靴鞋设计除了具有满帮鞋需要进行跷度处理的特点以外，还要进行后帮高度与宽度的设计。满帮鞋的后帮高度都在脚踝骨以下，而靴鞋的后帮高度都会超过脚踝骨，这是两者的显著区别。靴鞋的后帮高度在脚腕及以上位置时，一般叫作筒靴，例如高筒靴、中筒靴、半筒靴、矮筒靴等；如果后帮高度在脚腕与脚踝骨之间，则叫作高腰鞋。

4. 凉拖鞋

凉拖鞋是指具有透空结构的一类鞋，见图 4。凉鞋与拖鞋虽有区别，但两者都设计有透空的结构，所以可以归结成一大类。其中拖鞋是指没有后帮的一类鞋，透空的程度更大一些。

由于透空结构的存在，鞋帮的“马鞍形曲面”往往会被破坏，所以跷度处理变得并不重要，减轻了设计负担。但是如果凉鞋的帮部件依然保留类似马鞍形曲面的结构，也还要进行跷度处理。

5. 运动鞋

我国运动鞋是近几十年才兴起的，由专业运动鞋转化为生活运动鞋是一大创举。运动鞋原本是指进行各种体育运动时穿用的鞋，现在则是泛指从事体育运动以及进行健身、漫步、休闲、旅游等活动穿用的鞋类，见图 5。

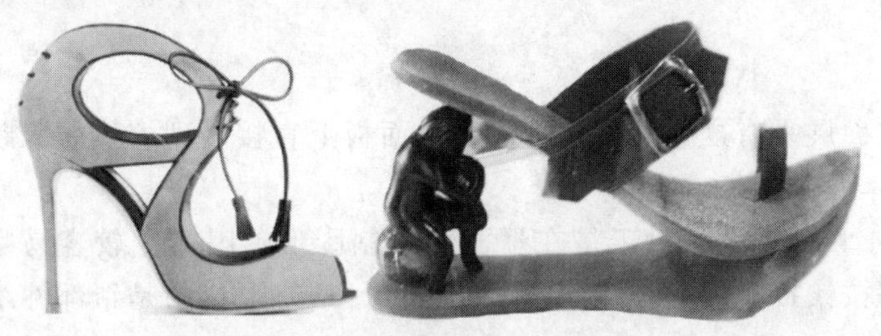

图 4 高跟前中空女凉鞋和拖鞋

图 5 运动跑鞋

从结构上看，典型运动鞋的脚背部位有一个开口，相当于满帮鞋中前开口式鞋的变型。由于开口位置比较靠前，与女浅口鞋的口门位置相似，虽然开口宽度不太大，但是也破坏了马鞍形曲面的结构，所以不用像满帮鞋那样进行各种的取跷处理，成为鞋帮结构设计的另一大类型。

二、鞋帮设计方法的演变

最早的鞋帮设计方法叫作比脚做鞋，也就是根据脚的长短和肥瘦剪出鞋样来，然后再制作出鞋帮和鞋底，上千年来流传的家庭做鞋都属于这种方法。比脚做鞋的针对性强，很难形成工业化生产。当时也有鞋楦出现，例如出土过原始社会后期的石质鞋楦、唐朝时期的陶土鞋楦，这类鞋楦都不分左右脚，一般起到支撑定型的作用，主要用于鞋的制作。

采用现代鞋楦进行帮样设计是近百年的事。现代鞋楦有左右脚的区分，鞋帮样板是从鞋楦上制取的，由于制取的手段不同，又分为比楦法、粘线法、贴楦法、糊楦法、热缩膜法、贴胶条法等。随着科学技术的进步，也出现了平面设计法，以及现在的电脑设计法。设计方法的改变，说明了人们总是在追求完美，希望用更快、更好、更简单实用的方法来解决样板设计问题。大浪淘沙，适者生存，目前比较流行的是半面板设计法。

所谓半面板设计法就是在鞋楦的外怀一侧贴上美纹纸胶条，复制出外怀楦面半面板，然后在单边板上进行帮样设计。半面板上的线条何时绘制呢？一种方法是在贴楦后直接绘制帮部件轮廓，待线条画得满意后再揭下贴楦纸，然后分割成样板，这种方法叫作画楦设计法。另一种方法是在贴楦后直接揭下贴楦纸进行展平，然后在展平面上绘制帮部件线条，接着再制取样板，这种方法叫作复样设计法。

画楦设计法与复样设计法对样板的技术处理都是相同的，都要求比例协调、线条流畅、造型美观，都要求能达到伏楦的效果。但是两者在绘制部件线条的先后顺序是不同，这是因为设计的侧重点不同。画楦设计法的侧重点是解决制取样板的问题，而复样设计法的侧重点是解决结构关系问题。

1. 画楦设计法的特点

画楦设计法要在立体的楦面上画出部件的轮廓线。在曲面上绘制线条不容易掌握，需要进行反复的修改，最终要使部件的轮廓线与楦面相吻合。

画楦设计法通过分解半面板来制取样板。将绘制有帮部件的半面板分割，可以得到每个部件的

单片板。

由于画楦设计法的侧重点是制取样板，所以不需要保留设计图，如果出现问题需要修改，则要重新贴楦，重复原来的设计过程。如果利用同一只鞋楦设计十个不同的款式，必须要重复贴楦十次，效率比较低。但画楦法的效果直观，好看与不好看、与楦面协调与不协调一眼就能看出。

画楦设计法在样板的取跷处理上要凭借设计经验，这种经验的产生与单片板的展平有关，而每个操作者的手法不同，往往造成“一个师傅一种传授”的现象，影响着交流与沟通，不利于课堂教学。

2. 复样设计法的特点

复样设计法需要首先将楦面展平。楦面展平有规律可循，可以在半面板上直接看到楦体的取跷角，便于后期样板的技术处理。

复样设计法要把部件的轮廓线绘制在半面板上。由于是在平面上绘制图形，因而比较容易掌握，修改起来也很方便。把所有的部件都按镶接顺序安排在同一半面板上，最终形成的是帮部件结构图，可以作为档案保存起来。

将结构图复制后用来制备成划线板，通过划线板可以制取样板，一款鞋的所有的样板都出自同一划线板，操作起来既方便又准确。

复样设计法所用的半面板可以反复使用。在设计不同的鞋款时，如果鞋楦不变，半面板就可以重复使用，省去了反复贴楦的麻烦。

复样设计法的技术处理依靠的是取跷原理。了解了取跷原理就可以举一反三，掌握了取跷原理就可以闻一知十，弄懂了取跷原理就可以一通百通，但这对初学者来说会有一定的难度。

复样设计法涵盖的知识范围广、信息容量大，便于老师的教学，也便于学生的自学，更便于师生之间的交流与沟通，因此本书将以复样设计法为基础进行帮结构设计。在后续的造型设计课程中可以进行画楦的基本功练习。

三、计算机设计等问题

利用计算机进行设计是一种新的设计方法，由于利用了高科技手段，这也是未来的一种设计趋势。

通过电子扫描，可以在显示屏上获得鞋楦的立体造型，通过画楦的方法进行立体设计。如果将楦面进行网格划分，也可以把楦面展平，继而进行平面设计。

“平面设计”的概念最早是出自原轻工业部制鞋研究所的一项科技项目，对鞋楦的表面进行剖析后，就可以利用设计参数设计出鞋楦的展平面，从而进行帮样设计。由于是在平面上进行帮样设计，所以就把这种设计方法称为平面设计。以前的鞋帮设计都是在鞋楦上进行，不管是采用何种手法，都笼统地称为经验设计法。自从出现平面设计概念后，利用鞋楦进行帮样设计的方法又统称为立体设计法。

平面设计的关键是利用“三角逼近法”将楦面展平，三角形是面积的最小单位，在面积很小的时候，可以把楦曲面近似为平面，从而将楦面展平。这种设计方法由于计算太烦琐，现已无人问津。不过“三角逼近法”却在计算机设计中得到了进一步的应用。

计算机设计中的楦面展平利用的是网格，其中的每一个网格就相当于两个三角形，也是利用的“逼近”的道理。因为将楦面进行网格划分是一个数学问题，对于计算机来说是轻而易举就能完成的事。

不过网格划分的结果却引出了一个新问题，就是展平后的样板的大型轮廓与实际外形相差太远。比如鞋楦的后弧中线，手工制备半面板时都要修正后跟弧线，使其与原楦后弧相近。计算机展

平后的后弧线，由于是用数据控制，所以会多出一个角。这个多出的角是不能去掉的，否则还原时后弧就会缺一块。打印出样板还不能直接应用，还必须要进行修板。由于诸多问题的存在，所以计算机设计的应用还不太普及。对于女浅口鞋、运动鞋来说，由于跷度处理简单，可以把半面板直接输进计算机，然后就在半面板上进行帮结构设计。

计算机设计的关键是软件的设计，在许多展览会上都会看到计算机设计的展位，咨询以后就会发现，大多数还处于演示水平，也就是说还达不到实际应用阶段。比如说转换取跷，在计算机屏幕上可以像动画片一样演示出过程，但是没有设计参数。本来在样板上可以用一剪刀解决的问题，到计算机上就要花费很多时间，反而得不偿失，所以没有人愿意用。造成这种现象的原因是计算机的编程人员不懂取跷原理，而会取跷的技术人员又不会编程，两者之间目前还不能接轨。

在计算机设计中应用最成熟的要算样板扩缩。样板扩缩也叫样板级放，也就是利用中间号样板扩出大号样板和缩出小号样板。早期使用的是手工扩缩法，利用的是等差原理。后来将等差原理利用在机械变化上，制作出了样板扩缩机，就又形成了机械扩缩法。由于等差原理是一个纯数学问题，非常适合在计算机上进行开发，所以现在普遍使用的是计算机扩缩法，手工扩缩法和机械扩缩法已经销声匿迹。

在半面板图形处理上计算机设计有独到之处，也就是把设计好的半边图形输进计算机，然后进行二次加工，可以得到意想不到的效果。例如，可以任意改动帮部件的外形、鞋帮的结构等，然后再用切割机制取样板，又快又好。这种操作的实质属于工具的使用，原来用的是纸和笔，现在用的是屏幕和鼠标，而与设计相去甚远。

计算机设计终将会成为设计的主流，这将有待于软件系统的完善。现在鞋类设计专业培养的人才既懂计算机又懂设计，开发实用型计算机设计的时日也不会太远了。

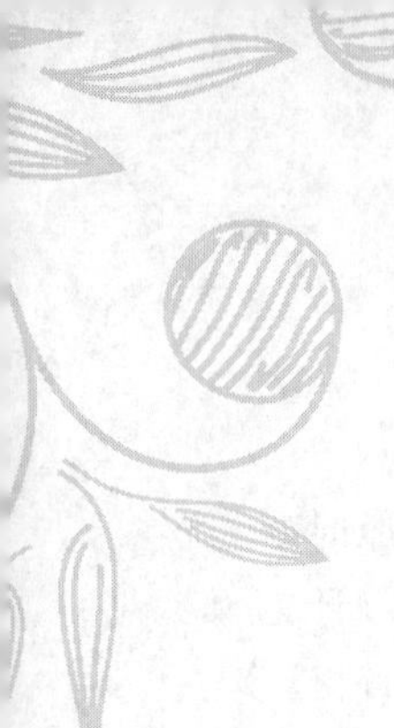

第一章 满帮鞋结构设计的特点

要点：设计满帮鞋需要选择适当的鞋楦、选取常用的设计点、制备半面板、进行跷度处理以及对成品图进行分析。

重点：选择鞋楦
选取设计点
制备半面板
十字取跷原理
成品图分析

难点：跷度处理

满帮鞋是指具有完整前后帮结构的一大类鞋，按照部件外形的特点，又可分为耳式鞋、舌式鞋、开口式鞋以及围盖鞋等。

由于鞋帮将楦背的马鞍形曲面完全覆盖住，所以帮结构设计中最大的特点就是要进行跷度处理。跷度是客观存在的，即使是采用经验设计法制取样板，跷度依然存在，只是不去强调罢了。在复样设计法中，通过十字取跷原理的应用，可以很好地解决马鞍形曲面伏楦问题。

由于满帮鞋的帮部件比较丰满，所以选取帮部件位置的设计点也比较多。设计点是用来确定帮部件位置的控制点，有了设计点就可以大致区分出前帮、中帮、后帮、后帮高度的位置，有利于进行部件外形轮廓的设计。

制备满帮鞋的半面板与经验法制备的半面板大同小异。由于在帮结构设计过程中需要进行跷度

处理，所以在制备的半面板上要有跷度存在。这个跷度是楦曲面在展平过程中自然出现的，所以叫作自然跷。在经验设计法中，为了使半面板平整，会将自然跷推平，在制取样板后再进行反复试帮和修改，找回消失的跷度。

动手设计满帮鞋之前还要进行成品图分析，以便确定楦型、结构、部件、取跷等相关问题，这有利于帮结构设计的顺利进行。成品图可以来自实物、照片、图片，或者自行设计，但一定要亲手画出成品图，这样可以感觉到帮结构的组合与安排，可以起到事半功倍的作用。

归结起来，满帮鞋设计的特点是要选择设计点、制备半面板、进行跷度处理和成品图分析。其中比较难理解的是取跷处理，所以分析满帮鞋设计特点应先从了解跷度开始。

第一节　跷度的概念

跷度是一个角度，确切地说是一个空间角度，在行业内叫作跷度。

一、跷与跷度

跷指的是空间角。如果在平面的材料上增加一个空间角，就会鼓起来，形成一个曲面。所以，跷的作用是使平面转换成曲面，或者使曲面转换成平面。在制鞋工艺中帮部件的“跷镶”，就是平面向曲面的转换过程。

跷度是有大小的。跷经过度量后有了“量”的概念，就形成跷度。在数学中测量角度的大小可以用角度、弧度来表示，但在结构图设计中这种表示显得很麻烦，所以采用测量跷度角所对应弧的弦长来表示，因为在同圆或等圆中等弧对等角。

取跷是个动词，会经常用到。取跷是指对跷度进行处理，增加一个空间角或者减少一个空间角都属于取跷的范围。而曲跷是指弯曲的状态，与取跷的概念不同。

跷度的验证：

取一只鞋楦，在马鞍形曲面外侧的凹度位置斜向跖趾关节画一条直线，定作前帮控制线。并以直线的 1/2 位置点为圆心、直线的 1/2 长度为半径画圆，可以得到一个曲面圆。在另外一张纸上也以相同半径画圆，并剪出圆形样板来，得到一个平面圆，见图 1-1。

试问：楦面上的圆与样板圆大小相等吗？

将样板圆复合在楦面上进行比较，会发现样板圆无法与楦面圆重合，因为一个是平面圆，一个是曲面圆。如果将平面圆的半径剪开，再将圆心对齐重新比对，会发现平面圆张开一个角度后可以和曲面圆重合，见图 1-2。

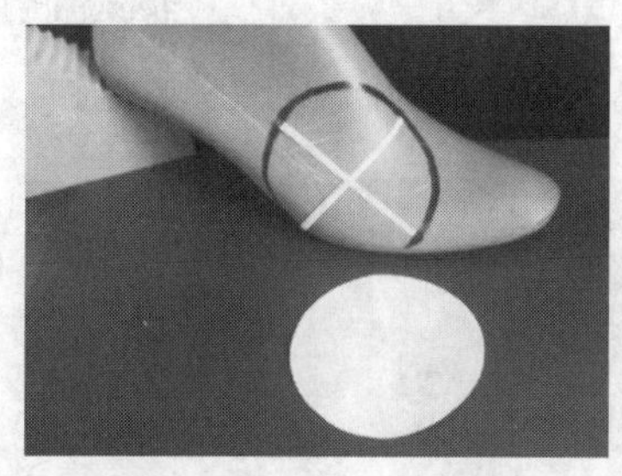

图 1-1　曲面圆与平面圆

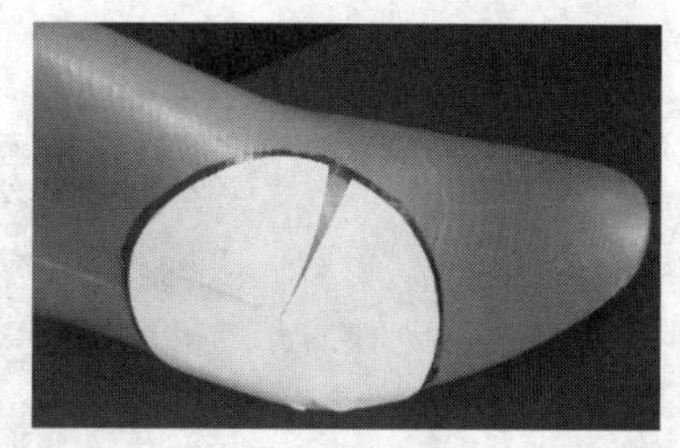

图 1-2　平面圆增加一个角度后两圆重合

比对的结果是曲面圆大于平面圆。已知平面圆是 360°角，那么楦曲面圆会大于 360°角，这个大出的角度处在空间位置，所以是空间角，叫作跷度角，简称为跷。

通过上面的实验可知，如果在平面圆上增加这个空间角，平面圆就会转换成曲面圆。同样的道理，如果曲面圆减掉这个空间角，也会转换成平面圆。制备半面板的操作相当于把楦曲面展平，利用的就是“减掉”这个空间角。当然，这个空间角并不是真正剪掉，而是以重叠角的形式存在，在以后的结构设计中作为跷度处理的依据。

二、跷度的类型

关于跷度的名称，如果以取跷的方法来划分，会有很多种叫法，例如升跷、降跷、插跷、给跷、补偿跷、还原跷、工艺跷、部件跷等。由于这种命名是随着操作手法而出现的，同样一种跷度在不同的操作者手里就会有不同的名称。其实作为取跷来说，方法虽然不同，但是原理是相通的。所以，在结构设计中跷度是以其功能来划分的，主要有三种类型，分别是自然跷、工艺跷和转换跷。

1. 自然跷

自然跷存在于楦背的马鞍形曲面位置。

所谓马鞍形曲面，是指该曲面前后呈凹弧状弯曲，左右又呈凸弧状弯曲，外形类似于马鞍，故叫作马鞍形曲面，见图 1-3。

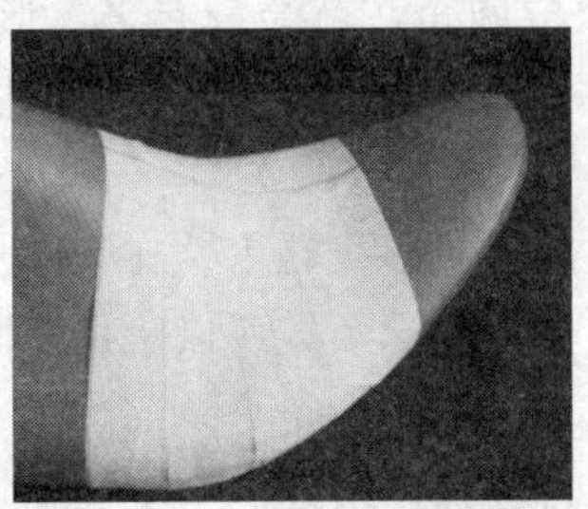

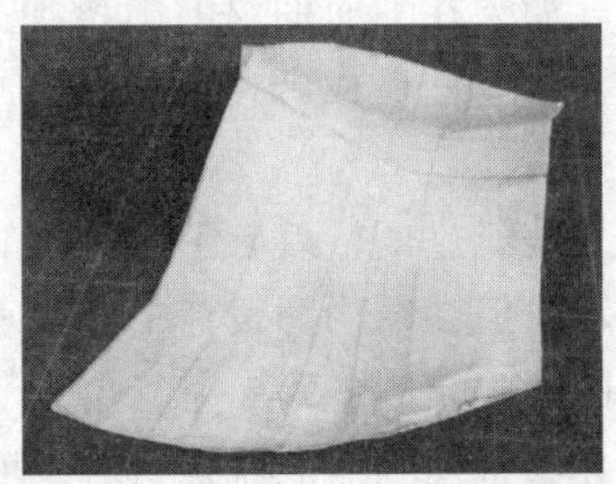

图 1-3　马鞍形曲面

马鞍形曲面呈多向弯曲状，无法被直接展成平面。如果将马鞍形曲面沿着背中线纵向断开，再将凹弧位置打一剪口，就可以被展平，见图 1-4。

在半片马鞍形曲面上横向打剪口，则曲面便可以被展平。打剪口后得到一个空间角，这就是楦面上的自然跷。自然跷的大小与楦面的弯曲程度有关，不同的鞋楦其自然跷的大小会有区别，而同一鞋楦的自然跷大小是不变的，如果打剪口的位置有变化，自然跷的大小会出现差异。

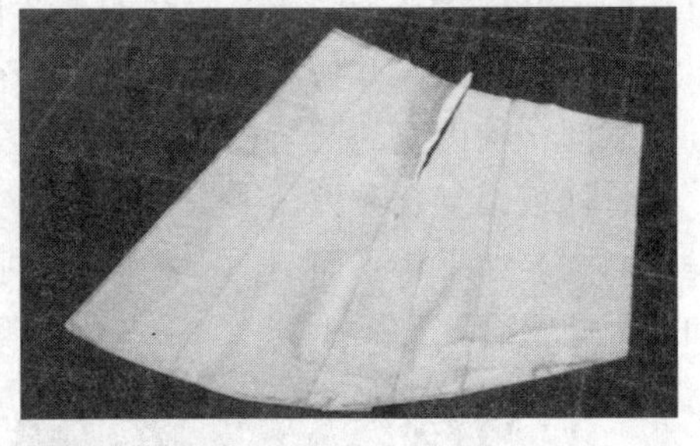

图 1-4　纵向断开的马鞍形曲面可以被展平

如果在马鞍形曲面横向断开，多向弯曲的结构被破坏，被分解的前后两部分近似于变成单向弯曲，便很容易被展平，见图 1-5。

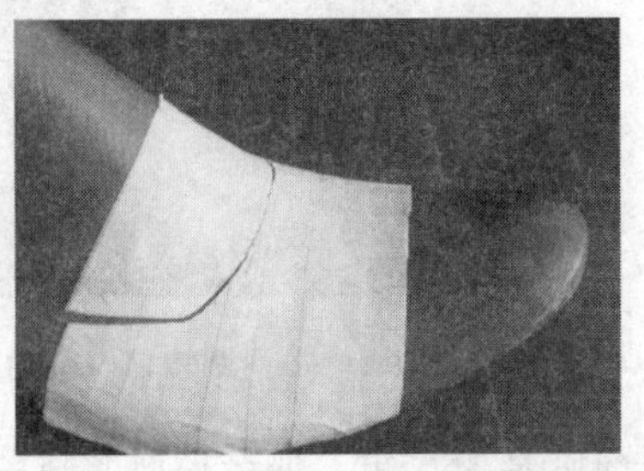

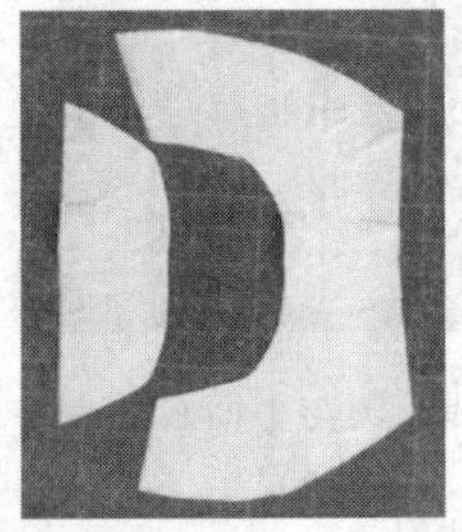

图 1-5　横向断开后的曲面很容易被展平

横向断开后的两块部件很容易被展平，但是由于自然跷的存在，展平后的两部件是无法在平面内拼接的。所以，对于马鞍形曲面来说，无论是横向断开，或者是纵向断开，都破坏了马鞍形曲面的完整性，都可以使楦曲面顺利展平。

自然跷起着什么作用呢？对于楦曲面来说，“减掉”一个自然跷容易被展平，对于平面样板来说，“增加”一个自然跷容易还原成楦曲面状态。所以，自然跷起着在平面与曲面之间互相转换的作用。这里所谓的“减掉”或者“增加”，是一种处理跷度的手法。

所谓自然跷是指楦面在展平或者展平面被还原过程中在马鞍形曲面位置所出现的跷度角。自然跷是用来解决马鞍形曲面伏楦问题的，由于不同鞋楦的楦背弯曲程度不同，所以鞋楦的造型不同其自然跷的大小也不同。例如，平跟楦与高跟楦比较，楦跟越高其楦背弯曲度也越大，自然跷度角也就越大。一般确定自然跷的大小都是在复制半面板时测量出来的，并以重叠角的形式存在，见图1-6。背部所出现的多出的角就是自然跷，通过测量其弦长可知其大小。

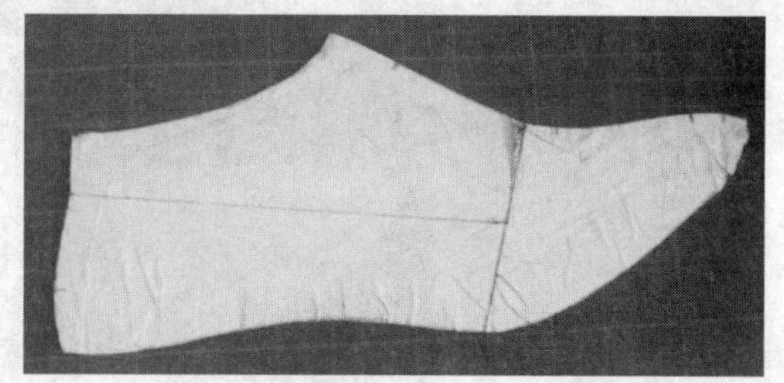

图1-6 半面板上自然跷

请注意，曲面在展成平面时有两种类型，一种叫作展开，另一种叫作展平，这是两个完全不同的概念。对于单向弯曲的表面来说，可以被展开，也就是展成一个面积相等、外形相同的平面。比如说圆纸筒，表面呈弯曲状，但弯曲的方向很单一，都是围绕轴心旋转，所以沿着轴向剪开圆筒后，弯曲的表面就展成了平面，而且面积的大小以及外形都与原来的曲面相同。

对于多向弯曲的表面来说，不能被展开，只能被展平，也就是展成一个面积相近、外形相似的平面。比如说半个橘子皮，本身是壳状，如果要变成平面必须要出现变形，或者被压缩出皱褶，或者边沿被撕裂，所得的平面与原曲面只能是相近相似。上图中楦曲面展成平面时出现了皱褶和重叠的角，与原楦曲面相比面积出现了微小的变化，但外形还是基本相似的，其应用的就是展平的概念。

2. 工艺跷

工艺跷是用来解决楦面局部伏楦的跷度角，所以工艺跷存在于楦面弯曲程度比较大的部位，例如楦头、楦后跟、里腰窝等。由于楦面局部伏楦往往通过简单的工艺手段就可以解决，所以把采用工艺办法来处理的局部跷度统称为工艺跷。

例如，在楦面展平时，马鞍形曲面部位打上剪口后得到的是自然跷（重叠的角），而在前尖底口和后跟底口也要打剪口，这两个部位的剪口就属于工艺跷（张开的角），见图1-7。半面板上后跟与前尖的剪口，可以通过收减边沿量的工艺方法解决面的大小问题。

图1-7 楦面展平时后跟与前尖部位的工艺跷

3. 转换跷

转换跷是一种特殊的跷，之所以特殊是因为这是人工额外加入的取跷角。自然跷和工艺跷都可

以在楦面上找到存在的依据，而转换跷则是在特定的条件下才会出现的。这个特定的条件就是需要将前后帮背中线转换成一条直线。

首先观察楦面的背中线，其前帮背中线与后帮背中线并不是一条直线，见图 1-8。前后帮背中线在马鞍形曲面位置有一个明显的拐点。如果单纯依靠自然跷下降，依然无法把前后帮背中线转换成一条直线，见图 1-9。

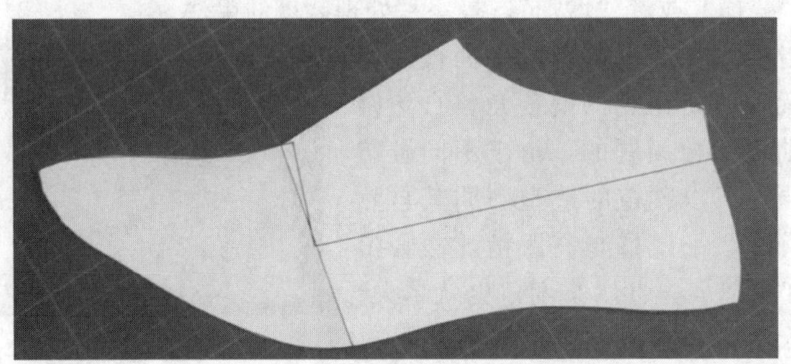

图 1-8　前后帮背中线并不是一条直线

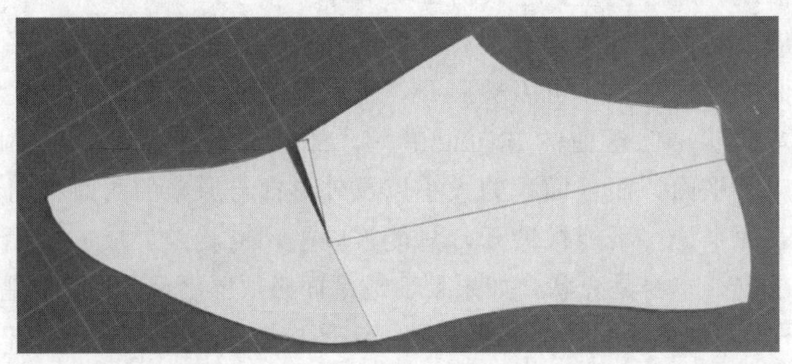

图 1-9　降下自然跷后的前后帮背中线

在自然跷下降以后，前后帮背中线依然不是一条直线。如果在自然跷的基础上继续增加跷度角，便可以使前后帮背中线连成一条近似的直线。这个额外增加的跷度就是转换跷角，见图 1-10。

图 1-10　增加转换跷以后前后帮背中线能够转换成一条直线

在前后帮背中线转换成一条直线时，张开的剪口变大，这里包含着自然跷与转换跷两种跷度，合称为转换取跷角。在设计整前帮一类的鞋中，都需要把前后帮背中线转换成一条直线，这就用到了转换取跷，否则前后帮成弯曲状态是无法进行开料的。

转换跷的作用就是解决前后帮背中线转换成一条直线的问题，如果不额外增加转换跷就不能完成这种转换。转换跷一般都是与自然跷合用的，统称为转换取跷角。需要注意的是额外增加的角度还必须额外进行消除。增加转换跷以后，背中线会变长，所以要修整前帮的长度。增加转换跷以后，楦背上的皱褶会增多，需要通过绷帮操作用外力消除。可见应用转换跷会造成许多不便，所以

除了在特定的要求下以外，一般不要去用转换跷。

三、取跷的应用

满帮鞋的结构设计是需要进行跷度处理的，不同的设计方法有不同的处理手段，但跷度的存在是一个不争的客观事实。下面以三种不同的方法设计同一款鞋为示意说明，作为阅读和参考的资料。

1. 贴楦设计法的取跷处理

贴楦法是早期比较成熟的一种设计方法，优于比楦、粘线等设计方法。具体的操作过程如下：在楦面上画出帮部件轮廓线→在楦面上刷汽油胶→准备大小适宜的拷贝纸并刷上汽油胶→风干后将拷贝纸粘贴在部件上→描画出部件轮廓线→揭下拷贝纸后贴在卡纸上剪出单片板→进一步剪出基本样板。此过程见图 1-11。

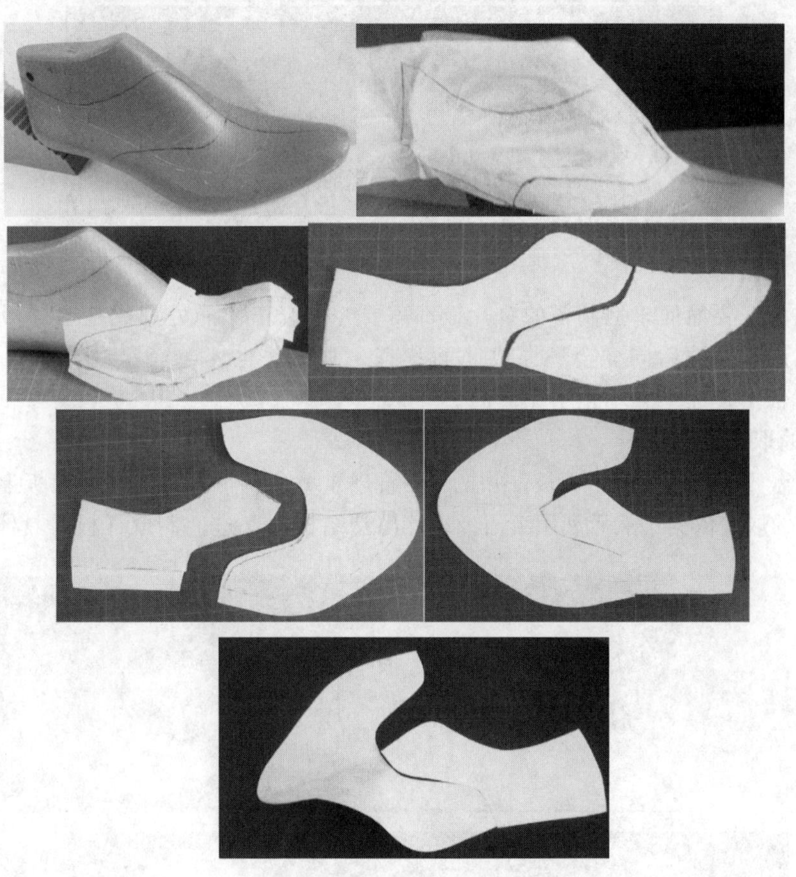

图 1-11　贴楦法操作主要过程

在楦面上可看到前后帮之间共用一条线，制取样板是也是同一条线，但是在样板平面拼接时却多出一个角，这就是自然跷。如果将部件进行跷镶，由于自然跷的存在，平面样板会还原成曲面状态。在经验设计法中，这种取跷的过程是在不知不觉中完成的，由于设计的侧重点是制取样板，所以对取跷的大小和位置并不深究。

2. 画楦设计法的取跷处理

画楦设计法是由贴楦设计法演变过来的，是现在比较常用的设计方法之一。具体的操作过程如下：在楦面外怀贴满美纹纸胶条→在贴楦纸上画出帮部件轮廓→按照部件轮廓线进行分割→将分割出的部件贴在卡纸上制备单片板→剪出部件的基本样板。此过程见图 1-12。

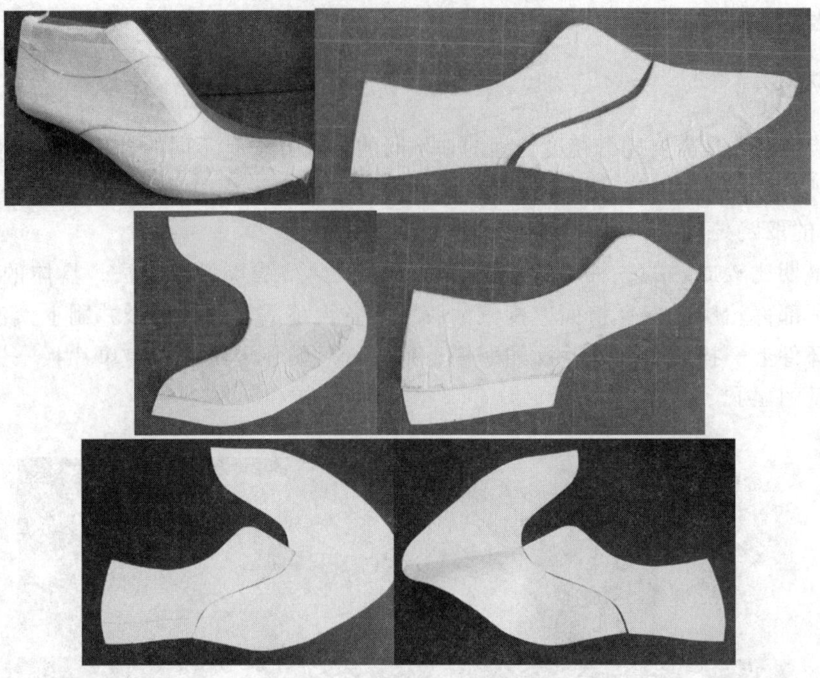

图 1-12　画楦法主要操作过程

画楦法比贴楦法要简捷，但制备的单片板都需要经过修正才能处理成基本样板。平面拼接样板同样会出现自然跷，跷镶后同样会还原成曲面状态。画楦法也属于经验设计，同样侧重于样板制作，取跷的过程依然是在不知不觉中完成的。

3. 复样设计法的取跷处理

复样设计法需要首先制备出半面板，并把自然跷以重叠角的形式标注在半面板上，这个重叠的角就是制取样板时的取跷依据。然后利用半面板设计出帮结构图，进而制取样板。具体过程见图 1-13。

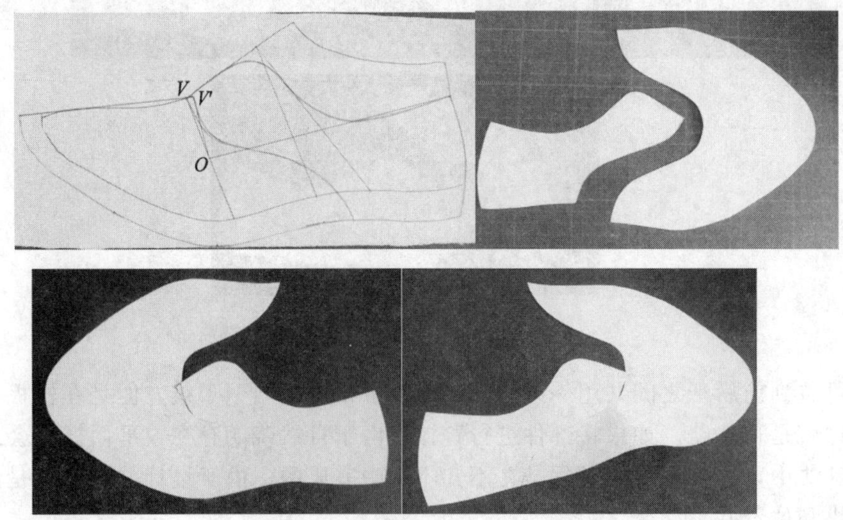

图 1-13　复样法主要操作过程

绘图时前帮部件取在 V' 点位置，后帮部件取在 V 点位置，两点之间存在着自然跷。也就是在结构图上先完成取跷过程，然后按图制取基本样板，跷度自然也就存在于样板之上，将样板平面拼接会看到自然跷，样板跷镶同样会还原成曲面状态。

通过上面的举例示意可以看出：不管采用的设计方法如何，取跷角是客观存在的；不管采用何种设计方法，它们的取跷原理是相通的；只有通过跷度的处理才能使样板或者帮部件达到伏楦目的。

相比之下复样设计法会更简单一些，是通过选楦、找设计点、制备半面板、成品图分析、绘制设计图、制取样板等一系列过程逐步完善的。具体到绘图、制取样板等操作都很简单。

课后小结

楦面是一个多向弯曲的曲面，通过打剪刀口可以使楦面展平，这些剪刀口就形成了跷度角。为了使用方便，把跷度分为自然跷、工艺跷和转换跷三种。

其中在马鞍形曲面位置出现的剪刀口叫作自然跷，它对鞋帮能否伏楦有着直接的影响。在楦面局部出现的剪刀口叫作工艺跷，它可以通过工艺手段直接处理。如果需要把前后帮的背中线转换成一条直线，就要额外增加一个角度，这个角度就叫作转换跷。在应用时转换跷与自然跷会同时出现，形成一个较大的取跷角，这个取跷角叫作转换取跷角。

部件设计完成后还需要制取样板，由于受到背中线的影响，有些部件无法直接制取，这就需要对该部件进行跷度处理。各种取跷方法都是为制取样板服务的，因为有了样板才能开料制作，所以取跷问题就成了帮结构设计的重中之重。

跷度是客观存在的，经验设计也好，平面设计也好，计算机设计也好，都会面临一个取跷问题。跷度处理好了，鞋帮就能伏楦，跷度处理不好就会出现皱褶，有皱褶就不能算伏楦，就属于失败的设计。人们对跷度的理解是有一个认识过程的，认识得越深入、越全面，其设计效果就会越好。

思考与练习

1. 利用画圆来验证楦面马鞍形曲面的自然跷。
2. 转换跷在什么条件下应用？
3. 展开与展平有何区别？

第二节 设计点的选取

设计点是指设计帮部件时的位置控制点。

在经验设计法中，师傅画楦都是直接绘制线条的，看不到标出设计点的过程。但这并不能说明不需要设计点，因为经过千锤百炼，已达到点在心中了。要练成这种功力需要时间，但教学环节的时间是有限的，所以我们要借用前人的经验，把常用的设计点提炼出来，以满足设计的需求。

鞋帮部件的造型变化大、部件的轮廓范围也比较广，如果完全用设计点控制起来也会变得过于繁杂，而且也约束了创造性思维，所以选取设计点只需要控制关键位置。常用的设计点包括部位点、边沿点、标志点三种类型。选取设计点要在楦面上进行，首先选取合适的鞋楦，然后画出底中线、背中线和后跟弧中线，然后再选取设计点。在复制半面板时要将设计点转移到半面板上，这样可以大大减少操作的误差。

一、常用的部位点

部位点是一组在楦底中线上选取的设计点。

脚的特征部位比较多，在楦底中线上都会有相应的部位点，在帮结构设计中常用的设计点主要有 4 个，分别是第一跖趾关节部位点 A_5、第五跖趾关节部位点 A_6、外腰窝部位点 A_8 和外踝骨中心

部位点A_{10}。测量前首先在楦底画出楦底中线，然后自楦底后端点B开始，用带子尺沿着楦底中线向前测量各个特征部位点的长度，见图 1-14。

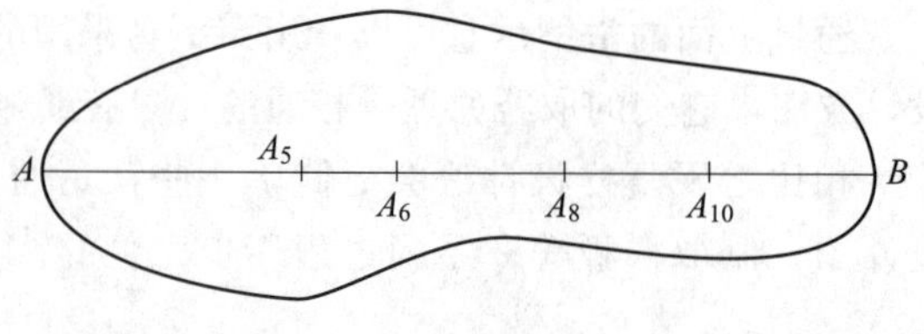

图 1-14　常用的部位点

由于部位点是与脚的特征部位相对应的，所以确定部位点是通过脚的长度系数计算出来的。计算公式如下：

特征部位长度＝脚长×部位系数－后容差

计算结果参见表 1-1。

表 1-1　　**常用的部位点数据**　　单位：mm

符号	部位名称	计算规律	男子 250 号	女子 230 号
A_5	第一跖趾关节部位点	BA_5＝72.5%脚长－后容差	176.3±3.33	162.3±3.35
A_6	第五跖趾关节部位点	BA_6＝63.5%脚长－后容差	153.8±2.90	141.6±2.93
A_8	外腰窝部位点	BA_8＝41%脚长－后容差	97.5±1.84	89.8±1.86
A_{10}	外踝骨中心部位点	BA_{10}＝22.5%脚长－后容差	51.3±1.0	47.3±1.0

注意：表中的数据后面有±的等差值，表示每变化半个鞋号时需要修正的量。如果变化一个整号时，需要修正 2 个等差值。鞋号变大要增加，鞋号变小要缩减。

二、常用的边沿点

边沿点是一组在楦底棱线上选取的设计点。

边沿点与部位点之间是一种对应关系，通过各个部位点作底中线的垂线，然后与楦底边棱线相交即得到各个边沿点。

常用的边沿点包括第一跖趾关节边沿点H_1、第五跖趾关节边沿点H、外腰窝边沿点F以及外踝骨中心边沿点P，见图 1-15。

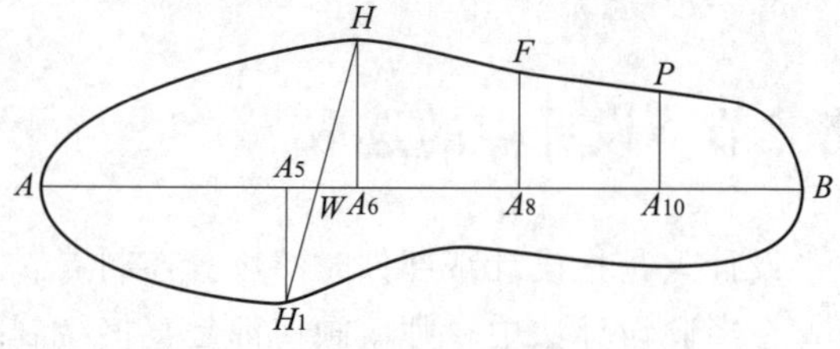

图 1-15　部位点与边沿点的对应关系

图 1-15 中的第一跖趾关节边沿点H_1和第五跖趾关节边沿点H是经常配合使用的两个点，连接H_1点和H点，便得到楦底的斜宽线H_1H。斜宽线与楦底中线的交点W是前掌凸度点。

三、常用的标志点

标志点是一组在楦面上选取的设计点。标志点一般是脚的特征部位在楦面上的标志，大部分集中在楦背中线和后弧中线上。常用的标志点见图 1-16。在后跟弧中线上的标志点有 3 个，在背中线上的标志点有 4 个，在楦侧面上的标志点有 2 个，共计 9 个。

确定标志点的方法如下：

测量后跟弧上的 3 个标志点时，要自楦底后端点B开始，用带子尺向上沿后弧中线逐一测量。

1. D点（楦后跟凸度标志点）

D点是楦全长和楦面全长的测量点，也是设计后包跟部件开叉位置的参考点，见图 1-17。后包跟开叉的位置取在D点之下 1～2 mm 位置，伏楦效果更好一些。楦后跟凸度点与脚的后跟凸度点相对应，但是鞋楦的后跟凸度点比脚的后跟凸度点略高，这样穿着才合适。

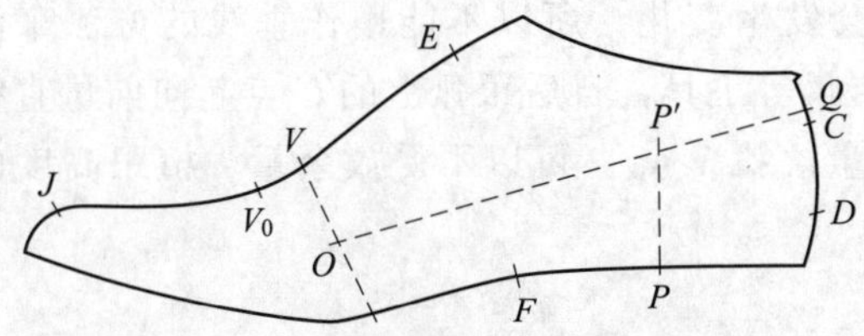

图 1-16 常用的标志点

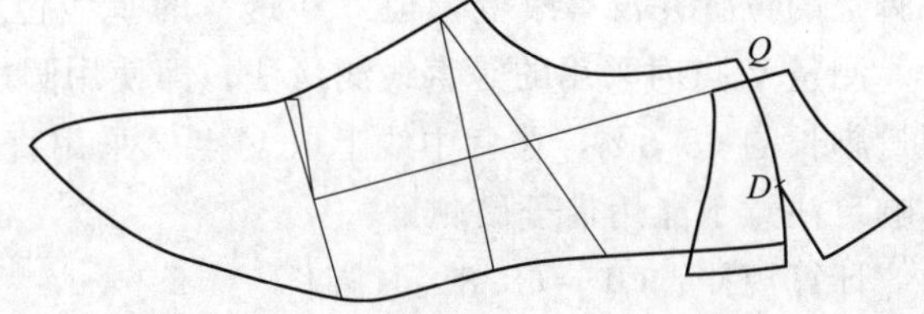

图 1-17 后包跟的开叉位置控制

计算规律：男楦 $BD=8.96\%\times$脚长 女楦 $BD=8.83\%\times$脚长

计算结果：男楦 250 号 $BD=22.4\pm0.32$

女楦 230 号 $BD=20.3\pm0.33$

2. *C* 点（后跟骨上沿高度标志点）

C 点是后跟骨上沿点，是确定鞋帮后中缝高度、口门位置的基准点，也是设计后主跟高度的控制点，见图 1-18。后跟骨后上端有个明显的拐点定作 *C* 点。*C* 点之下由骨骼来支撑，*C* 点之上是由筋腱支撑，后主跟的高度设计在 *C* 点位置是为了保护后跟骨。

计算规律：$BC=21.65\%\times$脚长

计算结果：男楦 250 号 $BC=54.1\pm1.1$（应用时可近似为 54）

女楦 230 号 $BC=49.8\pm1.1$（应用时可近似为 50）

3. *Q* 点（后帮中缝高度标志点）

后帮中缝的高度是鞋设计的关键点之一，设计位置太低会造成鞋不跟脚。后弧设计位置过高又会造成啃脚。对于女浅口鞋、凉鞋、筒靴等都会有自己的设计要求，与满帮鞋不同。而一般的满帮鞋是以脚的后跟骨上沿点为基准，增加 4～5 mm 来确定后帮中缝的高度，见图 1-19。

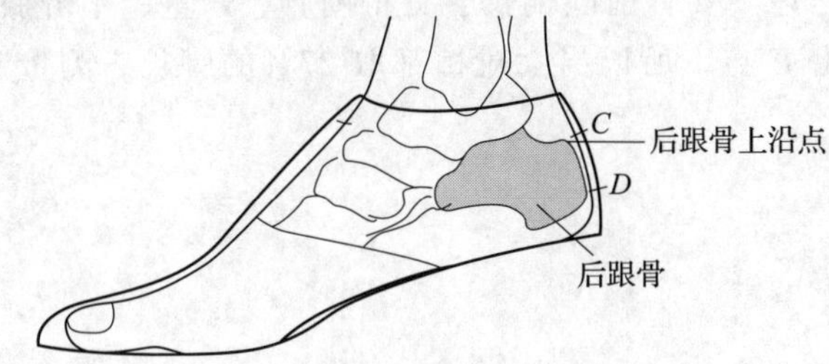

图 1-18 后跟骨上沿点

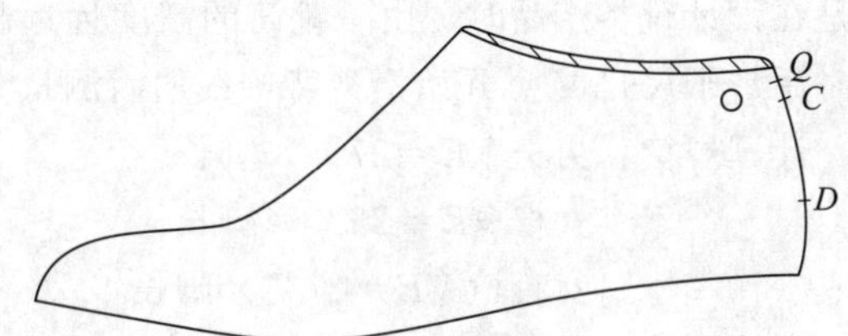

图 1-19 后帮中缝高度控制

C 点是脚后跟骨上沿点，在 *C* 点之上 4～5 mm 位置是设计满帮鞋后缝高度的控制点 *Q*。

计算规律：*CQ* 为 4～5 mm

计算结果：男楦 250 号 $BQ=58\sim59$（±1.1）

女楦 230 号 BQ=54～55（±1.1）

测量楦背中线上的 4 个标志点时，所用的测量的方法各不相同。

4. *V* 点（口门位置标志点）

口门是指鞋口的前端与背中线的交点位置。不同款式鞋的口门位置是有变化的，口门位置的变化会直接影响鞋的穿着，位置太靠后可能会造成脚穿不进去，位置太靠前又会造成抱脚能力下降。口门位置标志点只是一个基准点，并不代表所有鞋的口门位置，而是依据款式的具体要求，在基准点的前后进行合理的变化。测量 *V* 点时要采用直线测量法，见图 1-20。

确定口门位置是以脚的生理特征为依据的，*V* 点是脚前掌凸度点在背中线的标志点，当脚站在水平面上时，自前掌凸度点 *W* 垂直向上“穿透”脚掌的位置就是 *V* 点。当脚的后跟抬高时，*V* 点

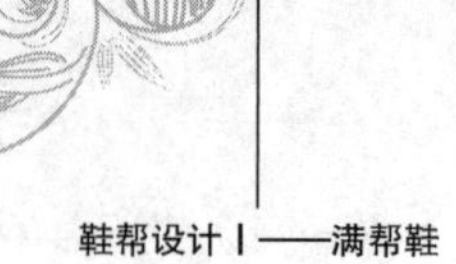

在脚上的位置并没有改变，但“穿透”的垂线位置却会发生变化，所以不能用作垂线的方法来测量。测量V点时采用的是直线测量法，即使用圆规或卡尺等工具，自后跟弧上的C点起向前量直线测量脚长的68.8%，在背中线上取V点。采用直线测量法找V点，可以不受放余量、楦跟高度的影响。注意不能用带子尺测量。

计算规律：CV=68.8%×脚长

计算结果：男楦250号CV=172±3.44

女楦230号CV=158.24±3.44

V点的位置很重要，如果V点错位，就会影响鞋身的前后比例关系。

5. E点（口裆位置标志点）

口裆位置点是控制鞋前脸总长度的设计点，如果鞋脸总长度比较长，可能会出现顶脚腕的毛病。在取E点时男鞋女鞋有区别，见图1-21。

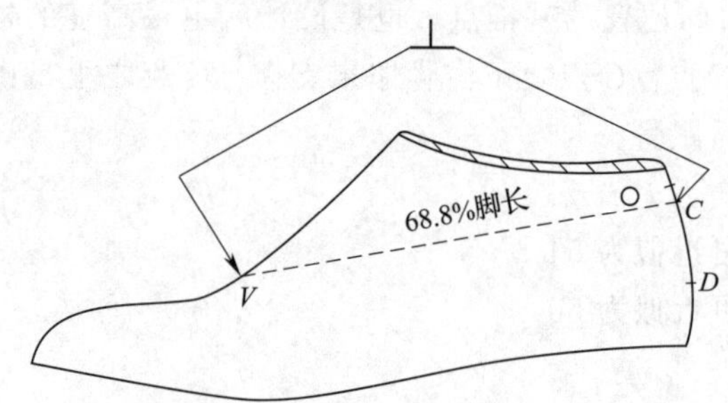

图1-20 用圆规测量V点位置

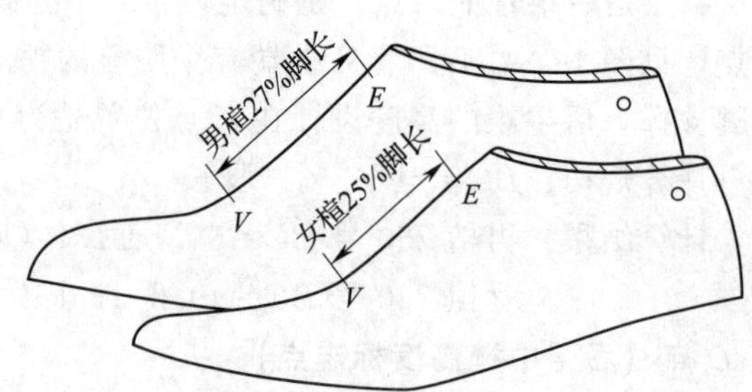

图1-21 前脸总长度控制

其中男鞋的E点取脚长的27%，该点处于脚的舟上弯点之前，不会造成磨脚。女鞋的E点取脚长的25%，比男鞋略短，这是从女鞋的外观上考虑，女鞋前脸偏长会觉得闷脚、笨重、不舒服。但是在设计靴类产品时，由于靴筒的高度远远超出E点，所以男女靴楦都取27%的脚长。测量E点时用带子尺自V点开始沿着背中线向后测量。

计算规律：男楦VE=27%×脚长

女楦VE=25%×脚长

女靴楦VE=27%×脚长

计算结果：男楦250号VE=67.5±1.3

女楦230号VE=57.5±1.25

女靴楦VE=62.1±1.35

6. V_0点（浅口门位置标志点）

V_0点是浅口门的控制点，在设计女浅口鞋、运动鞋时要用到，设计满帮鞋时一般不用。浅口门位置比较靠前，处于跖趾关节弯折位置附近，所以测量V_0点的方法是采用跖围线与背中线的交点来确定。通过第一和第五跖趾边沿点可以测量出楦的跖围，跖围线与背中线相交的点就是V_0点，见图1-22。

V_0点的作用类似于V点，也是一个基本控制点，根据浅口门的具体要求，在V_0点的前后调节。要注意成品鞋的口门位置一定要错开V_0点，否则会造成磨脚背，妨碍脚的弯折运动。

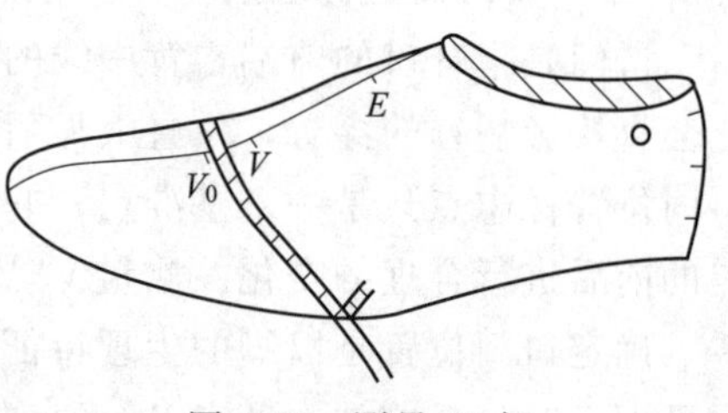

图1-22 测量V_0点

应该清楚，V点与V_0点之间的距离并不是一个固定数值，会随着楦跟的升高而减少。因此，不要通过测量VV_0的

长度来确定 V_0 点。

7. *J* 点（楦头凸度标志点）

楦头凸度标志点 J 处于楦头的凸起位置，一般是用来连接背中线，也经常用来控制围盖鞋的围盖分割位置，见图1-23。

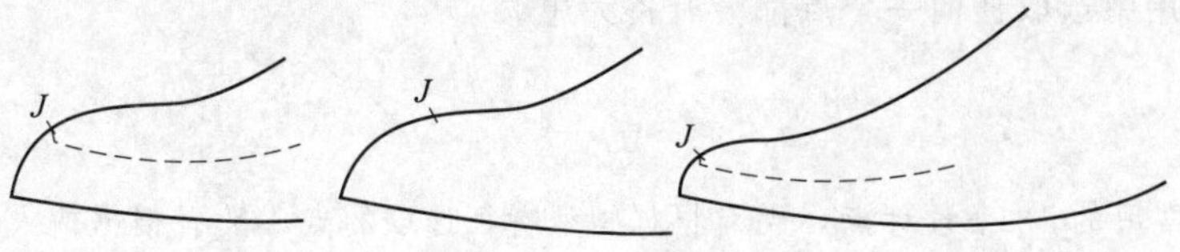

图 1-23 J 点的位置

对于设计围盖鞋的楦型来说，楦头的凸点很明显，通过肉眼的观察或者楦面的反光就能确定 J 点。而对于一些素头楦型来说，楦头的凸点不明显，需要通过经验数据来测量 AJ 的长度。

通常 AJ 的长度的经验值为：男楦 250 号 $AJ=24\sim26$ mm

女楦 230 号 $AJ=19\sim21$ mm

这些经验数据是以脚趾端位置的标志点为参照点的。在楦底中线上，中间号楦脚趾端之前的放余量一般为男楦 20 mm、女楦 16.5 mm，如果在楦背上测量脚趾端的标志点，长度就会大出几毫米，这是一种“弓弦与弓背”的关系。

测量楦面上的两个标志点时，找点方法也不相同。

8. *O* 点（口门宽度标志点）

口门宽度是指在前帮控制线上鞋口的宽度位置点。口门的宽度也是变化的，一般以前帮控制线的 1/2 位置作为基准点，也就是将 VH 线的中点定作口宽标志点 O，见图 1-24。

如图 1-24 所示，连接 VH 后取中点定为 O 点。口门宽度标志点并不是限制口门的宽度，不同款式的口门宽度可以通过 O 点位置进行上下前后的调节，由于有了参照点，调节的操作会变得简单。

O 点也是取跷中心的基准点，自然跷$\angle VOV'$的角顶点就在 O 点。

9. *P′* 点（外踝骨中心下沿标志点）

外踝骨中心下沿点是用来设计后帮腰高度的控制点，防止鞋帮磨脚踝骨。如果连接 OQ 作为后帮高度控制线，会发现 P' 点一般处在 OQ 的上面，也就是说用 OQ 来设计后帮高度不会造成磨脚踝骨，所以找 P' 点是为了比较与 OQ 的位置关系。

P' 点是通过测量 PP' 的高度来确定的。用带子尺与 P 点前端底口垂直，向上贴紧楦面测量，见图 1-25。P' 的位置一般都会高于后帮高度控制线。

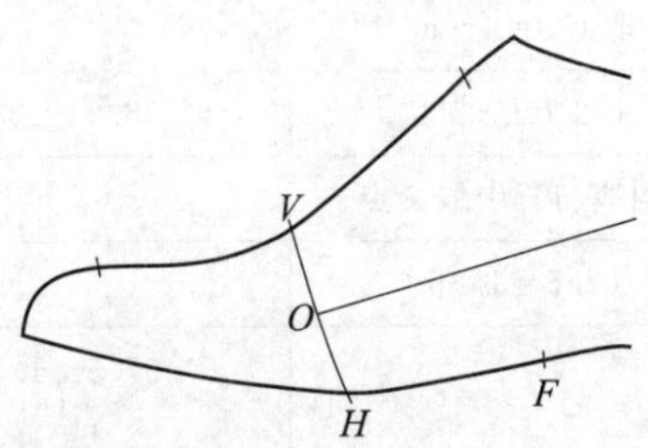

图 1-24 口门宽度的控制

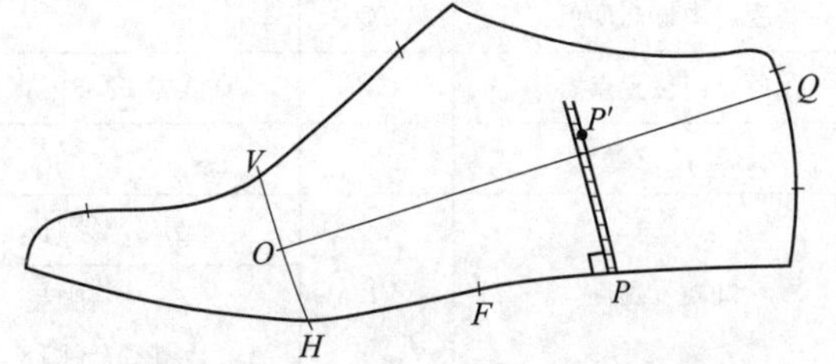

图 1-25 外踝骨中心下沿点的控制

计算规律：男女楦 $PP'=20.14\%\times$脚长

计算结果：男楦 250 号 $PP'=50.35\pm1.0$

女楦 230 号 $PP'=46.32\pm1.0$

在实际的应用中，设计弧形鞋口时，男鞋常取在 48 mm，女鞋常取在 44 mm。

因为测量 PP' 高度是用带子尺测量的，对于有些两侧肉体过厚的鞋楦来说，P' 点的位置可能会低于 OQ，但是外踝骨的垂直高度不会因楦体肉厚而变矮，同样不会造成磨脚。

在制备半面板时，一般要把设计点一次性在楦体上找齐，然后再转移到半面板上。这是为了使用方便，在实际应用中选取任何一个点都会有备无患。

课后小结

帮结构设计中常用的 13 个设计点，既有根据脚型特征选取的点，又有根据前人设计经验总结的点，非常实用。例如，口门位置点、口裆位置点、后帮中缝高度点等，都是每次设计帮部件时不可缺少的点。比较特殊的点就是 O 点，它既是口门宽度控制点，又是取跷中心点，还经常会演变成 O' 点、O'' 点。

点与点相连可以得到控制线，可以控制前帮、后帮、鞋耳鞋舌、后包跟等部件的大体位置，有利于对帮部件的轮廓造型设计。

鞋款的变化是多样的，使得部件的外形也是多变的，13 个设计点是远远不够用的。因此，在设计中千万不要把 13 个点看成“死”点，它们是活动的点，可以在自己的位置有适度的活动，这样一来可利用的点就会成倍地增加。

为了便于查阅，现把相关的设计点整理如下，见表 1-2。

表 1-2　常用设计点　　单位：mm

<table>
<tr><th>名称</th><th>设计点</th><th>测量部位</th><th>测量规律</th><th>男 250 号数据
（±等差）</th><th>女 230 号数据
（±等差）</th></tr>
<tr><td rowspan="4">部位点</td><td>外踝骨中心</td><td>BA_{10}</td><td>22.5%脚长－n</td><td>51.3±1.0</td><td>47.3±1.0</td></tr>
<tr><td>外腰窝</td><td>BA_8</td><td>41%脚长－n</td><td>97.5±1.84</td><td>89.8±1.86</td></tr>
<tr><td>第五跖趾关节</td><td>BA_6</td><td>63.5%脚长－n</td><td>153.8±2.90</td><td>141.6±2.93</td></tr>
<tr><td>第一跖趾关节</td><td>BA_5</td><td>77.5%脚长－n</td><td>176.3±3.33</td><td>162.3±3.35</td></tr>
<tr><td rowspan="4">边沿点</td><td>H_1</td><td colspan="4">过 A_5 点作底中线的垂线，与里怀楦底棱的交点</td></tr>
<tr><td>H</td><td colspan="4">过 A_6 点作底中线的垂线，与外怀楦底棱的交点</td></tr>
<tr><td>F</td><td colspan="4">过 A_8 点作底中线的垂线，与外怀楦底棱的交点</td></tr>
<tr><td>P</td><td colspan="4">过 A_{10} 点作底中线的垂线，与外怀楦底棱的交点</td></tr>
<tr><td rowspan="13">标志点</td><td rowspan="2">后跟凸度点</td><td rowspan="2">BD</td><td>男 8.96%脚长</td><td>22.4±0.32</td><td></td></tr>
<tr><td>女 8.83%脚长</td><td></td><td>20.3±0.33</td></tr>
<tr><td>后跟骨上沿点</td><td>BC</td><td>21.65%脚长</td><td>54.1±1.1</td><td>49.8±1.1</td></tr>
<tr><td>后帮中缝高度点</td><td>CQ</td><td colspan="3">取 CQ=4～5</td></tr>
<tr><td>口门位置点</td><td>CV</td><td>直线量 68.8%脚长</td><td>172.0±3.44</td><td>158.24±3.44</td></tr>
<tr><td>浅口门位置点</td><td>V_0</td><td colspan="3">跖围线与背中线交点</td></tr>
<tr><td rowspan="2">口裆位置点</td><td rowspan="2">VE</td><td>男 27%脚长</td><td>67.5±1.35</td><td></td></tr>
<tr><td>女 25%脚长
女靴 27%脚长</td><td></td><td>57.5±1.25
62.1±1.35</td></tr>
<tr><td rowspan="2">楦头凸点</td><td>J</td><td colspan="3">按照楦头直接确定</td></tr>
<tr><td></td><td>经验数值 AJ</td><td>24～26</td><td>19～21</td></tr>
<tr><td>口门宽度点</td><td>O</td><td colspan="3">取 1/2VH 长度定 O 点</td></tr>
<tr><td>外踝骨中心下沿点</td><td>PP'</td><td>20.14%脚长</td><td>50.35±1.0</td><td>46.23±1.0</td></tr>
</table>

思考与练习

1. 在男女鞋楦上分别确定出常用的部位点、边沿点和标志点。
2. 确定 V 点时为何采用直线测量法?
3. 满帮鞋后帮中缝的高度是如何确定的?

第三节　半面板的制备

半面板是用来进行帮结构设计的样板，也叫单边板、设计模板，是通过对原始贴楦板进行处理后得到的。

半面板的来源可以有三种渠道：第一种是通过“三角逼近法”进行设计，但是速度慢、绘图复杂；第二种是通过计算机把楦面展平后打印输出，目前还达不到实用阶段；第三种是最简单和最实用的贴楦法。目前通用的办法是利用美文胶条纸贴楦，比较干净、方便，代替了早先的拷贝纸、牛皮纸、人造革等贴楦材料。贴楦法是一种经验的设计方法，虽然贴楦的手法各有不同，但其目的都是复制半面楦的弯曲表面。一般情况下，要求复制出外怀一侧的半面板，里怀一侧的半面板是通过里外怀的区别比较得到的，只有在特殊的情况下才需要复制里怀的半面板。

一、制备原始样板

原始样板是指贴楦后直接得到的展平面样板。由于原始样板外形比较粗糙，还需要经过修正，才能得到结构设计所用的半面板。原始样板的制备过程如下：

1. 准备材料

需要准备鞋楦、美纹纸胶条、卡板纸、剪刀（或刻刀配垫板）、直尺、带子尺、铅笔、圆规等材料和工具，见图 1-26。

首先要在鞋楦上画好背中线、底中线和后弧中线，把常用的设计点标注出来，贴楦后再转移到半面板上。也可以贴楦后直接在贴楦纸上标注设计点，但是不能在半面板上找设计点，因为贴楦纸在展平过程中会有错位现象，引起的误差比较大。

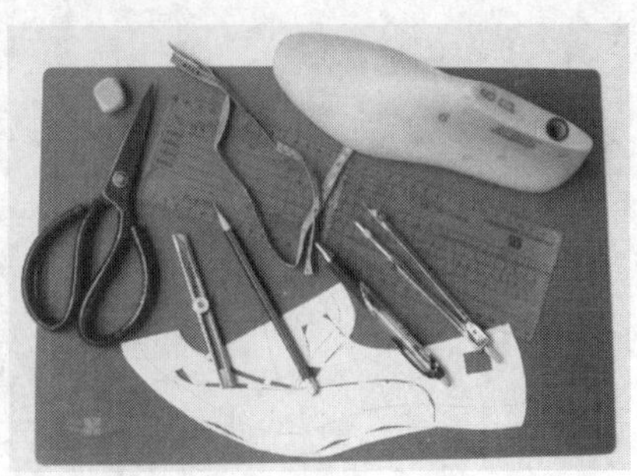

图 1-26　准备工具

2. 贴楦步骤

(1) 沿背中线外怀一侧贴一条美纹纸，纸的边沿要比齐背中线，目的是找准背中线，另一边沿需要打一些剪口才能贴平。采用同样的办法沿后弧中线也贴一条美纹纸，对齐后弧中线，见图 1-27。

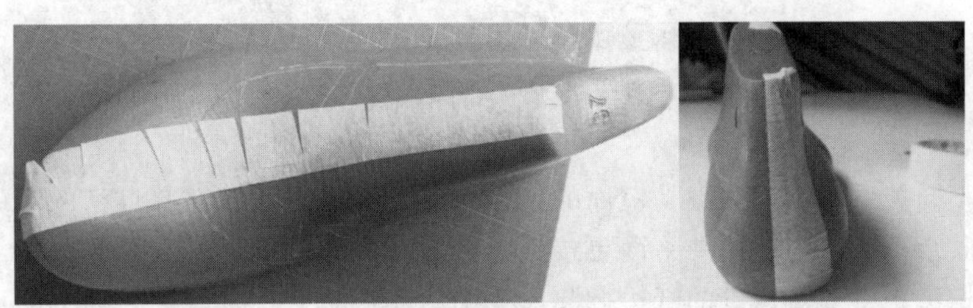

图 1-27　在背中线和后弧中线外怀一侧贴美纹纸

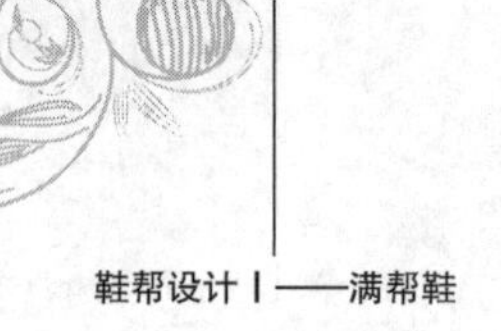

（2）自统口开始横向贴胶条，自上而下一层压一层，重叠量在一半左右，直至贴满贴平楦面为止。注意胶条的两端不要超过背中线和后弧中线。如果采用纵向贴胶条，在展平时容易被拉伸而造成误差，见图 1-28。

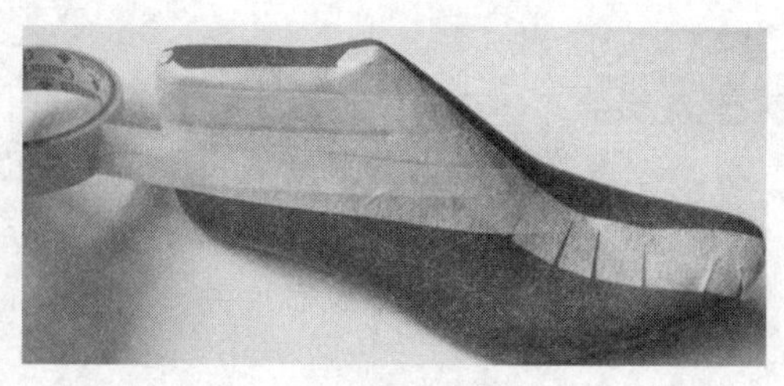

图 1-28　横向贴满美纹纸

（3）在背中线和后弧中线各自再重复贴一次胶条进行固定，为了防止底口变形，沿着底口周边也要贴一层胶条，见图 1-29。

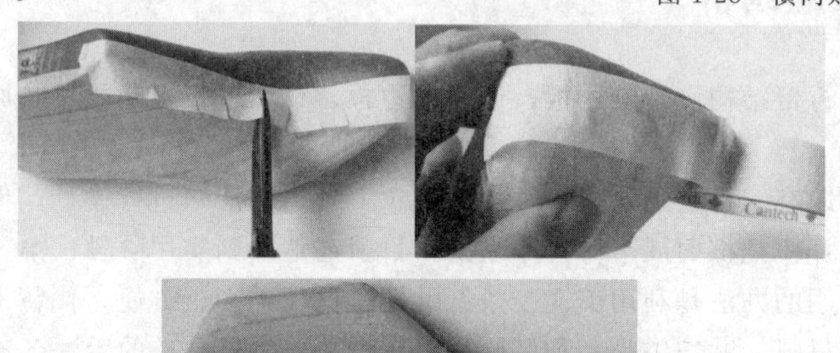

图 1-29　重复贴在背中线、后弧和底口位置

（4）用铅笔描出楦底棱线和外怀统口棱线，同时把各个设计点转移到贴楦纸上，见图 1-30。

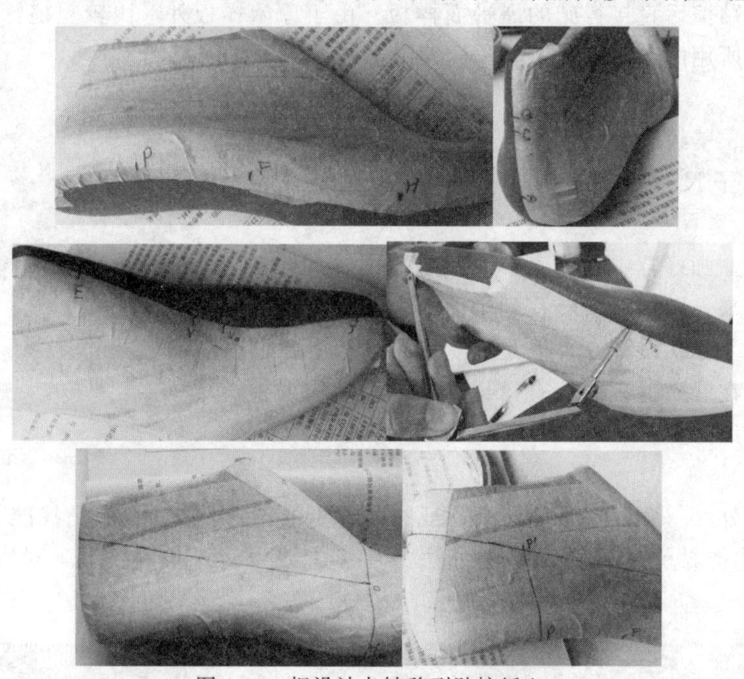

图 1-30　把设计点转移到贴楦纸上

3. 楦面展平

贴楦的方法不同关系不大，关键是楦面的展平。由于不同的师傅都有自己的展平方法，所以在后期的跷度处理就会不同。为了使展平面更接近原楦面，本文采用下面的展平方法。

（1）揭下贴楦纸　将周边弯折的纸边掀起，自统口开始向下、向前逐渐揭下贴楦纸。注意不要撕破，不要引起变形。揭下的贴楦纸是一个壳状的曲面，代表着楦曲面。展平就是把楦曲面转换成

一个“大小相近、形状相似”的平面，见图 1-31。

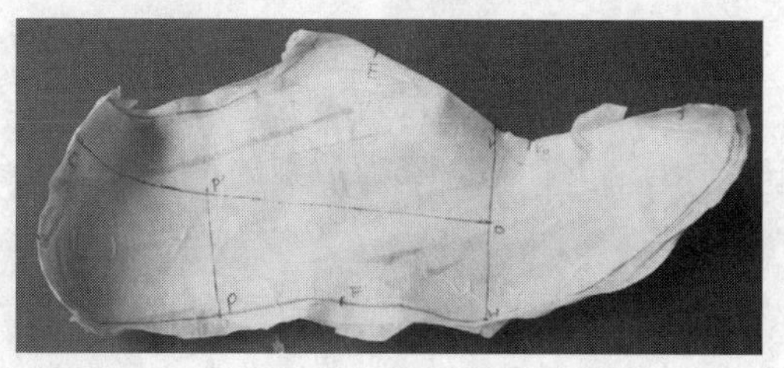

图 1-31 贴楦纸揭下后成壳状

(2) 打剪刀口　把楦曲面展平必须打剪口，也就是跷度处理，包括工艺跷和自然跷。

在原始样板的前尖和后跟两个位置，楦曲面是鼓起的半圆，打剪口时的刀口要与原始样板的底口垂直，打到鼓起的位置。一般打 2～3 个剪口就能解决问题。这些剪口就是工艺跷。

在原始样板的马鞍形曲面位置也必须打剪口才能展平。连接 VH，找到 O 点，打剪口时采用上下对打的办法。剪开 VO，剪到 O 点止；再剪 HO，剪到距 O 点 2～3 mm 止，不要剪断，见图 1-32。

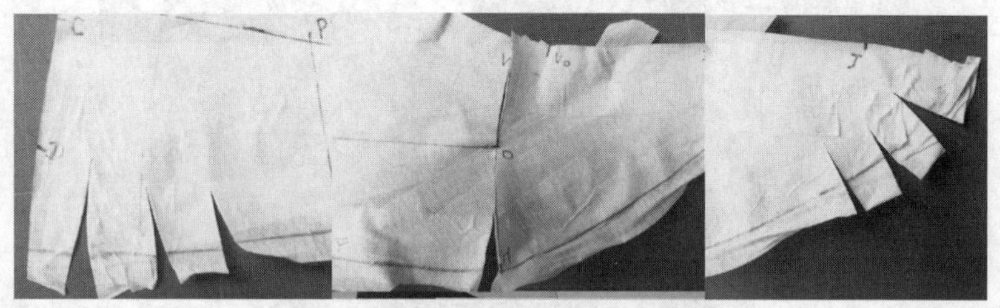

图 1-32 打剪口处理

(3) 贴平后身　展平楦曲面先从后身开始，把贴楦纸贴在卡纸上。先把 OQ 一线贴平，保证鞋口准确。如果 OQ 一线有皱褶，不仅长度不准，而且也会影响跷度。

接着把后弧中线贴平，保证后帮高度准确。注意不要在后弧中线上打剪刀口。随后就可以把后帮的底口也贴平，如有皱褶要均匀分散。

然后把后帮背中线贴平。首先贴平 VE 段中间位置，然后再把两侧也贴平，保证后帮背中线的长度不变。如果鞋楦的跷度较大，后帮背中线的前端会有皱褶，V 点位置会下降，这没有关系，可以在后期进行修正。

最后贴平统口一线，有皱褶保留在统口位置，这个位置与鞋帮部件无关。具体过程见图 1-33。

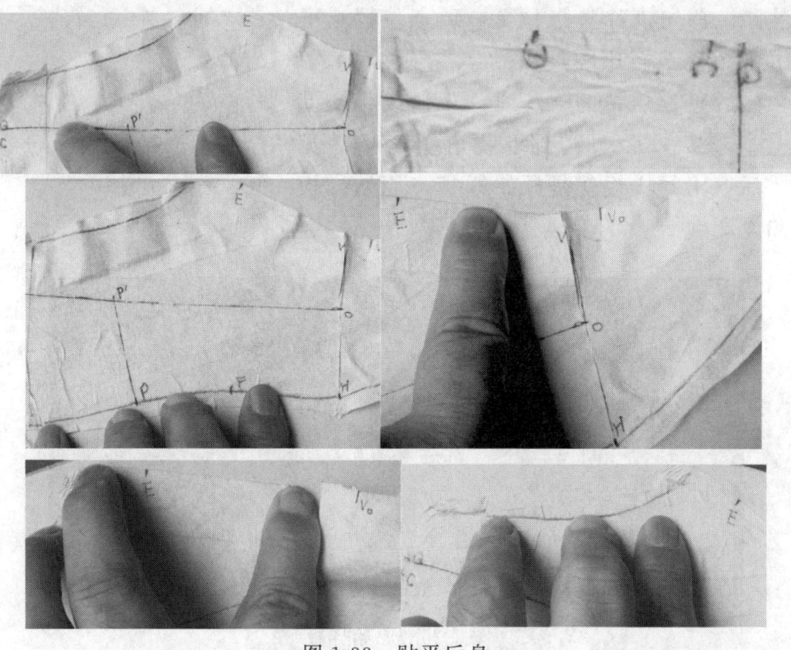

图 1-33 贴平后身

（4）转出自然跷　贴平前身之前首先转出自然跷。先把前帮的 OH 线和后帮的 OH 线对齐贴平，在底口略有一小段对不齐也属于正常。然后自 OH 线的一半位置开始按照圆弧向上旋转贴平，并推平上端的剪口，在前后帮的 VO 线位置会自然出现重叠角，这就是自然跷。过程见图 1-34。

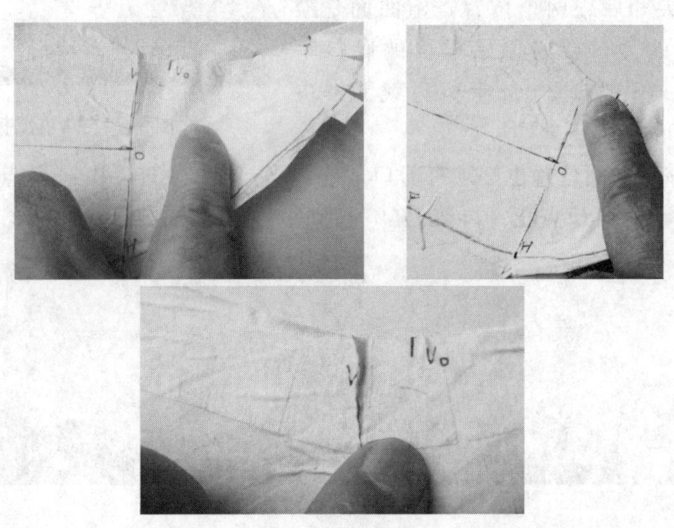

图 1-34　转出自然跷

为了便于记忆，把后帮的 V 点仍叫作 V 点，表示该点没有变化；把前帮的 V 点改叫作 V' 点，表示发生了变化。V 点与 V' 点在楦面上原本是一个点，只是在展平时被剪开后变成了两个点。也就是说，在平面状态时，会同时存在 V 与 V' 两个点，一旦平面转换成了曲面，这两个点又重合成一个点。

应该注意到自然跷是客观存在的，如果展平时丢失了自然跷，样板就不会准确，造成不伏楦，因此就要进行反复修改，直至把丢失的跷度找回来为止。

（5）贴平前身　转出自然跷以后，再把前身展平。先把前帮背中线贴平，然后再贴平底口。如果有皱褶要均匀分散开来，见图 1-35。

（6）标注自然跷　首先核对 V 点位置。V 点位置是准确的，如果 V 点位置下降，要用圆规以 O 点为圆心、OV' 长为半径画圆弧，然后延长后帮的 OV 线，与弧线相交就是准确的 V 点位置。连接 VO，即得到取跷角 $\angle VOV'$，见图 1-36。楦面展平后剪出的样板就是原始样板，原始样板上要标有自然跷和设计点。

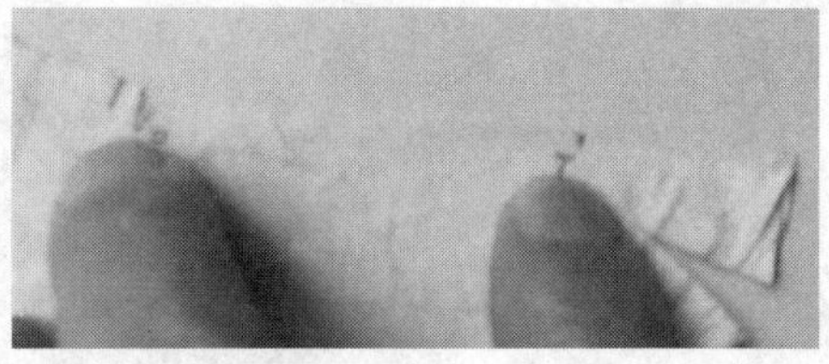

图 1-35　贴平前身

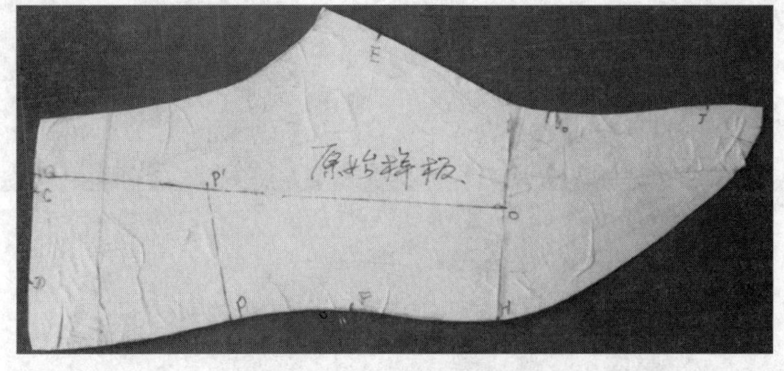

图 1-36　原始样板

二、原始样板的检验

原始样板是否准确呢？这就需要经过套样来检验。所谓的套样，是指用纸制作的鞋帮套。

1. 套样的制作

要求用有韧性的纸复制出两片相同的原始样板，然后再用胶条把它们的背中线和后弧中线对齐并粘牢，就可以得到原始样板的套样，见图 1-37。

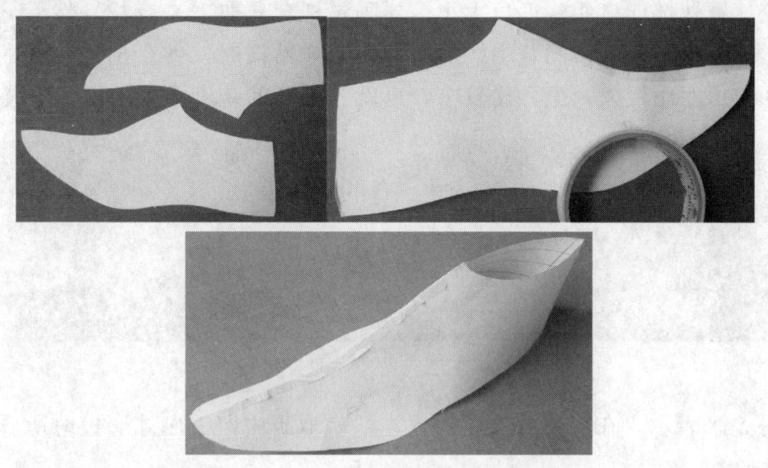

图 1-37　纸套样

用纸做套样比用皮料做套样要简单，不仅仅是可以节约材料，更重要的是纸张没有延伸性，伏楦与不伏楦都会一目了然，不会受到误导。套样检验的目的是从中找到问题并进行修改，不能马虎了事。在今后的款式设计中，如果把握不准，都应该先用套样检验，如果用套样试制准确了，开料制作就会准确无误。如果用皮料试帮，皮料可以延伸，绷帮时通过拉扯虽然也能伏楦，但是掩盖了矛盾，等到大批量生产时就会把所有的问题都暴露出来。

2. 套样的检验方法

检验的方法是把套样套在原有的鞋楦上进行观察。

第一次检验：直接把套样套在鞋楦上，并把后弧中线对齐，统口对齐，然后观察后跟、两腰、前掌等部位是否伏楦。如果样板制作准确，会发现后跟和两腰部位都能伏楦，而只有前掌部位不伏楦，见图 1-38。

前掌部位为什么会不能伏楦呢？这是因为没有用上自然跷。

第二次检验：取下套样，在 *VO* 线的位置打一剪刀口，然后再套楦比较。此时会发现整体套样都能达到伏楦要求，见图 1-39。

图 1-38　直接套楦时会发现前掌部位不伏楦

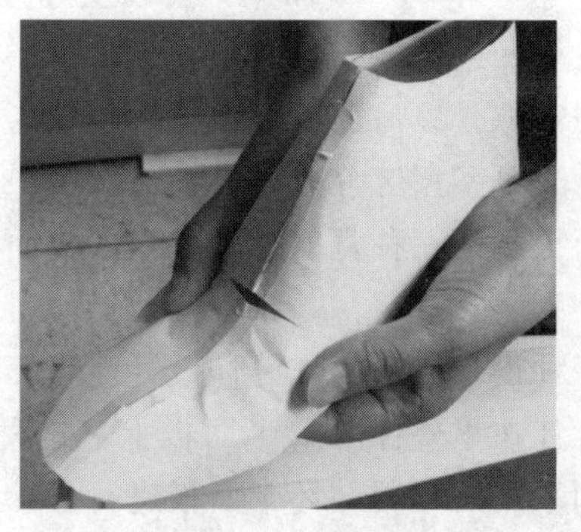

图 1-39　套样检验

套样上的剪口是自然跷，由于加入了自然跷，使得平面的样板形成了曲面，正好与楦曲面吻合。通过两次检验的不同效果，就会清楚看到自然跷的作用。在结构设计中的取跷处理，主要是想办法把自然跷巧妙地加入进去，既能达到伏楦的目的，又使轮廓外形美观。明白了这个道理，取跷的问题也就不难理解了。

3. 里外怀的比较

如果套样已经伏楦，还要进行楦面里外怀的比较，分为跷度比较、宽度比较和长度比较。

(1) 跷度比较　里外怀的自然跷度角大小一样吗？把套样取下来合拢，然后分别贴在外怀一侧和里怀一侧进行比较。当把前后帮的背中线对齐并使套样贴楦时，就会出现张开的自然跷度角。一般说来，外怀张开的角度比较大，里怀比较小，也就是外怀的跷度要大于里怀的跷度，见图1-40。

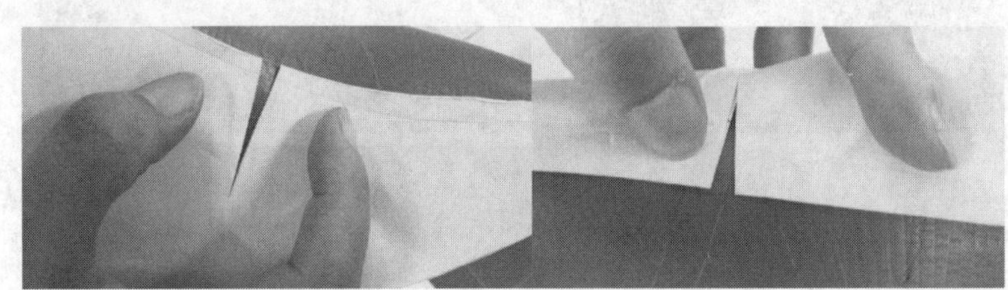

图1-40　比较里外怀的自然跷

自然跷可以用Σ来表示。在应用自然跷时，一般是取折中跷。刚才套楦时所看到的剪口就是里外怀折中后的跷度。

计算折中跷的方法很简单，就是里外怀的跷度角相加取其一半。但是测量里怀跷比较麻烦，根据经验，可以取外怀跷的80%作为折中跷。

记作：$\Sigma_{中} = \Sigma_{外} \times 80\%$

(2) 宽度比较　里外怀楦面的宽度是有差别的，比较的方法仍然是利用套样观察。

把套样套在鞋楦上，把前帮的背中线调正，先观察外怀一侧。因为套样是按照外怀半面板制取的，因此外怀一侧的宽度应该与楦面宽度一致。如果误差大，则表明取样板不准。

然后观察里怀一侧的底口：在前掌部位样板会有多出来的现象，说明里怀楦面比较窄。记下多出的数量和位置作为区分里外怀的依据。一般里怀楦面小于外怀2～3 mm，位置在底口AH长度的2/3附近，见图1-41。

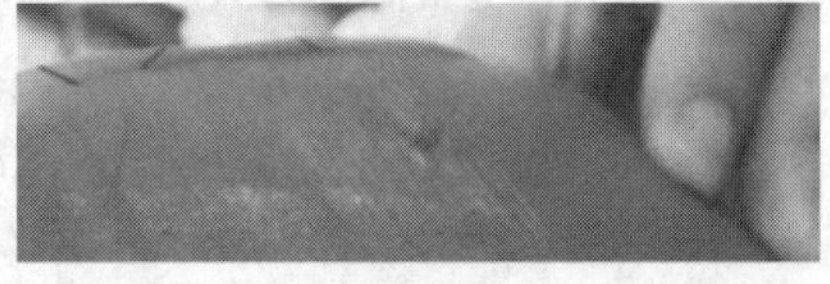

图1-41　里怀前掌部位的楦面比较窄

在观察里腰窝部位时样板有时会有亏缺的现象，说明里怀的面积比较宽。同样记下多出的数量和位置作为区分里外怀的依据，见图1-42。

里腰窝多出的量会随楦跟高度的变化而变化。平跟在2～4 mm、中跟在5～7 mm、高跟在8～10 mm不等，不能一概而论，要以实际测量为准。里腰多出的位置在底口HF长度的1/3附近，这也是楦底样凹进明显的位置。

在观察踝骨以后的后跟部位样板时会发现里外怀的宽度基本一致，可以看作里外怀近似相等，结构设计时可不用区分里外怀，见图1-43。

上面提到的三种宽度比较是一般楦面变化规律，如果遇到特殊或反常的现象，就以实际的区别为依据。

有一种设计方法叫作分怀设计，里怀和外怀都同样贴楦制取半面板，然后把外怀部件和里怀部件分别设计在里外怀两个半面板上。这种设计方法比较精细，但是操作过于复杂。在一般的情况下，我们采用的是用外怀半面板进行设计，然后根据里外怀的区别再确定里怀轮廓。只有在特殊情况下（比如套楦鞋）才用到里怀半面板。

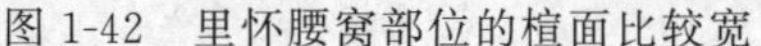
图 1-42　里怀腰窝部位的楦面比较宽

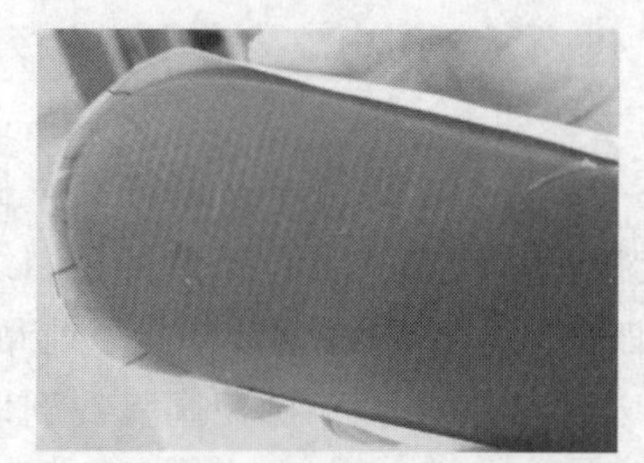

图 1-43　后跟部位里外怀宽度基本一致

(3) 长度的比较　长度比较可以从后跟弧的上口和底口进行观察。

先观察后跟弧底口，会发现底口部位变长，这是由于存在剪刀口的原因。从理论上讲，打剪口所增加的量也就是后跟弧变长所多出的量，见图 1-44。

修正的经验办法是将里外怀的后跟弧“对捏”，可以找到多出的量，将多出的量去掉就得到实际的后跟弧位置。

再观察后跟弧上口，会发现有裂口的现象，见图 1-45。造成裂口的原因是楦后跟中部两侧的肉体比较饱满，而统口肉体较瘦，撑开样板后使得后弧上口不伏楦。在处理样板时应该适当收减后弧上口量。

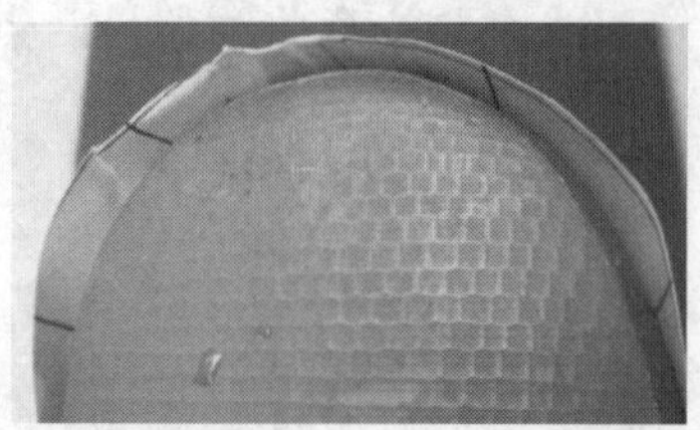

图 1-44　原始样板后跟弧变长

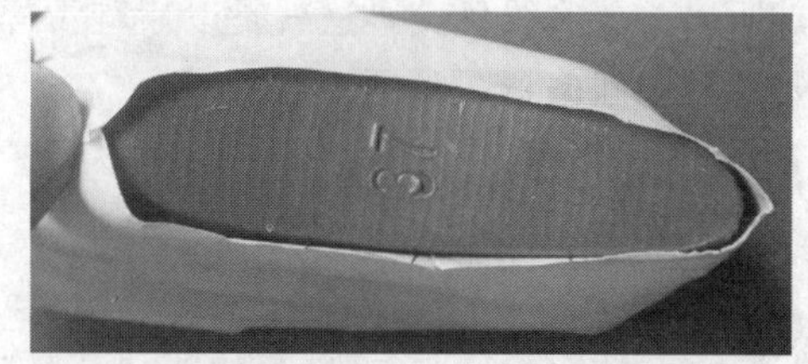

图 1-45　后弧上口出现裂口现象

在比较后弧长度时，如果将背中线对齐，后中缝往往会向里怀偏移，形成里外怀的长度差。长度差值一般在 2～3 mm，这是由于里外怀楦面造型不同，里怀凸起、外怀凹陷，所以使得里怀一侧楦面比较长。目前有些楦型在设计时注意到这一现象并进行修正，使里外怀楦面长度近似相等。

这种后弧上口长度差主要应用在女浅口鞋上，而在满帮鞋的设计中可以通过拉伸鞋帮进行校正，一般情况下不用另加处理。但如果长度差比较大时应该进行分怀处理，也就是将 1/2 长度差加在里怀、1/2 长度差减在外怀，在维持总长度不变的情况下，使后帮中缝达到端正。

三、制备半面板

制作套样的样板虽然能够伏楦，但它还是原始样板，比较粗糙，需要经过适当处理制作出半面板，这才便于帮结构的设计。要注意制作女浅口鞋的半面板、凉鞋的半面板、靴鞋的半面板、运动鞋的半面板都有不同，下面介绍的方法是制备满帮鞋的半面板，不适用于其他的鞋类，见图 1-46。

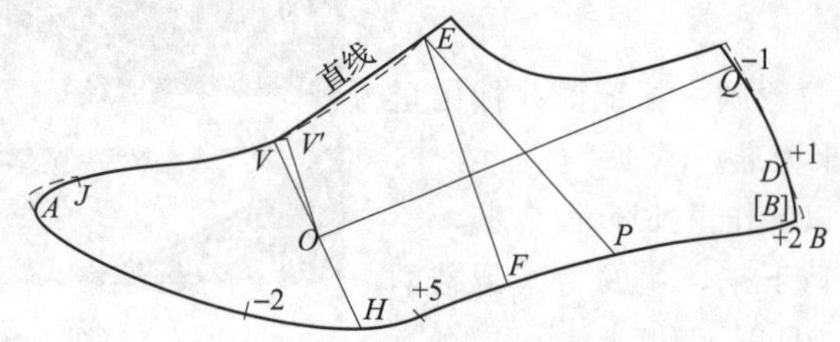

图 1-46　原始样板的处理

如图 1-46 所示，图中虚线为原始样板轮廓，实线为半面板。

处理的步骤如下：

(1) 在卡纸上描出原始样板的轮廓，标出设计点。

(2) 连接基本控制线　包括前帮控制线 VH、中帮控制线 EF、后帮控制线 EP 和后帮高度控制线 OQ。这四条基本控制线大致分出了前帮、后帮、鞋耳鞋舌以及后包跟的位置。

(3) 标出取跷角　要用圆规画弧找到取跷角，使$\angle VOV'=\sum_{中}$。如果不用圆规找取跷角，V'点的位置会发生错位，影响伏楦的效果，见图 1-47。

(4) 前头底口处理　先测量出前头底口的剪口量总计长度是多少，然后取 80%的量进行修正，使前头样板轮廓线自 J 点开始向下弯曲。这种处理对设计素头鞋来说关系不大，但对于围盖鞋的设计来说有着重要的作用。

(5) 背中线的处理　前帮背中线保持不变，把后帮背中线上的 V 点和 E 点连接成一条直线。因为在设计鞋耳、鞋舌等部件时，背中线都要取直，此时一次性处理会省去今后的重复操作。

(6) 后弧处理　在鞋口的 Q 点位置，收进 1 mm，使鞋口变紧，可以防止成鞋后变形。

在后跟的 D 点位置加出 1 mm，加放出主跟的容量。

在后跟的 B 点位置，先除去剪口多出的量定为准确的 [B] 点位置，然后再加放 2～3 mm 的主跟容量。

最后将找到的三个点连接成一条光滑曲线，弧线的弯曲程度要模仿鞋楦的后弧曲线，因为是人工修整的，所以要求曲线优美，这就是以后鞋帮样板的后弧轮廓线。要注意曲线的最凸点位置是在 D 点，不要移到中间位置，见图 1-48。

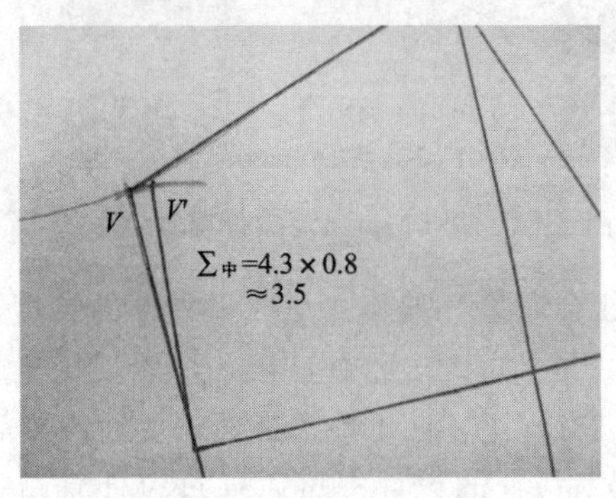

图 1-47　标出取跷角

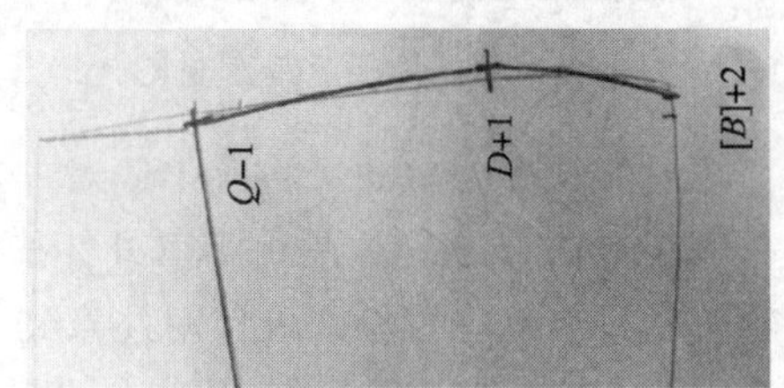

图 1-48　后弧处理

在处理 Q、D、B 三个点时，B 点的变化最大。B 点位置取长了，底口绷帮的皱褶会增多；B 点位置取短了，会影响鞋口不贴楦。在 D 点和 Q 点之间有着某种牵制的关系，它们的长度位置是相对的，有时鞋口不贴楦，需要修改的不是 Q 点而是 D 点位置，在以后的应用中要格外注意。

(7) 标出里怀底口位置　在底口 AH 段的 2/3 位置画一标记，并标出里怀亏损量，一般是 2～3 mm。

在底口 HF 段的 1/3 位置画一标记，并标出里怀多出量，以实际测量结果为准。

在底口 P 点以后，可以看作里外怀无区别。

经过处理的原始样板剪下来，就成为满帮鞋的设计模板，也就是半面板，见图 1-49。

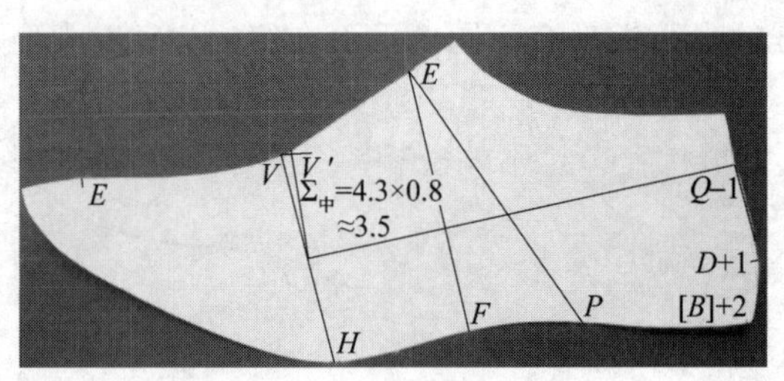

图 1-49　半面板

四、半面板的应用

帮样的结构设计离不开半面板，在鞋楦不变的情况下，半面板可以多次重复使用，省去了多次重复贴楦的过程。使用半面板有一个先决条件，就是使用经过套样检验合格的半面板。如果半面板不合格，每次设计的样品肯定都不合格。

每次使用半面板时，要在图纸上先画出半面板的轮廓线，然后标出设计点、连接控制线、用圆规标出取跷角$\angle VOV'$。

前帮部件一般设计在前帮控制线范围，前帮与中帮控制线之间一般设计中帮部件，后帮控制线上端控制着鞋帮的总长度、下端控制着后包跟的位置，后帮高度控制线控制着鞋口的高度位置，见图 1-50。图中的虚线表示增加的绷帮量，一般是在部件设计完成后再添加，同时做出底口的里外怀区别。在里怀的底口上要打出三角剪口作为标记。

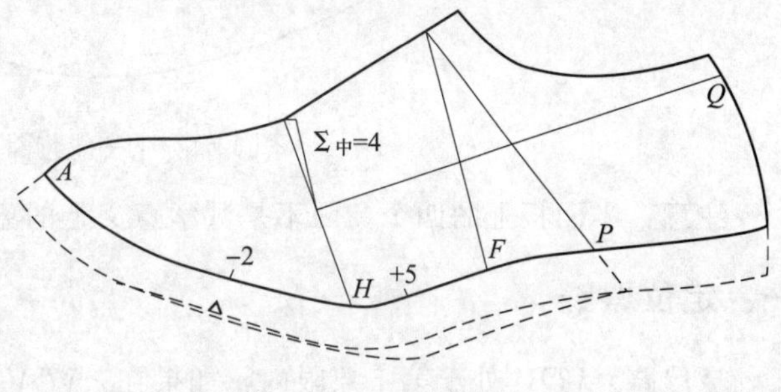

图 1-50　半面板的应用

课后小结

贴楦制取原始样板，是个熟练的操作过程，而从原始样板制备半面板是个设计过程。这需要连接基本控制线，标出自然跷度角，对后帮背中线和后弧轮廓线进行修整，确定底口的里外怀区别。这样做的目的是使半面板具有实用价值。

半面板是设计帮结构图的基础，一定要准确。准确与否要经过套样检验，如果半面板有问题，就会把问题带到每次的设计过程当中，如果要修改还得重新贴楦制备原始样板。

底口的绷帮量要在设计图完成后再加放，不要直接连在半面板上。一方面是底口由于取跷的原因会出现变化，另一方面是增加的宽度量会影响绘图时的感官比例。

如果鞋楦不变，其半面板可以反复使用；如果鞋楦变了，一定要重现制备半面板。

思考与练习

1. 分别制取男女素头鞋楦的原始样板。
2. 进行套样检验，并确定底口里外怀的区别。
3. 通过对原始样板的修正制备出男女素头楦半面板。

第四节　十字取跷原理

半面板是一个平面的样板，只有通过取跷处理还原成曲面才能达到与楦面吻合并且能够伏楦的目的。十字取跷是利用一组十字线来处理半面板上自然跷的取跷方法。十字线可以把半面板分成四个象限，随着鞋帮结构的不同，取跷位置可以在不同的象限内变化，从而形成定位取跷、对位取跷，引申后又形成整前帮鞋的转换取跷、围盖鞋的双线取跷以及葫芦头筒靴的双转换取跷等。其中的定位取跷是所有取跷的基础。

在半面板上延长 QO，与 VH 形成一组十字线，然后以 O 点为圆心、OV 为半径画圆。十字线就将圆分成了Ⅰ、Ⅱ、Ⅲ、Ⅳ这 4 个象限，见图 1-51。

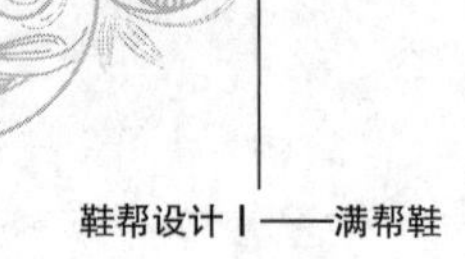

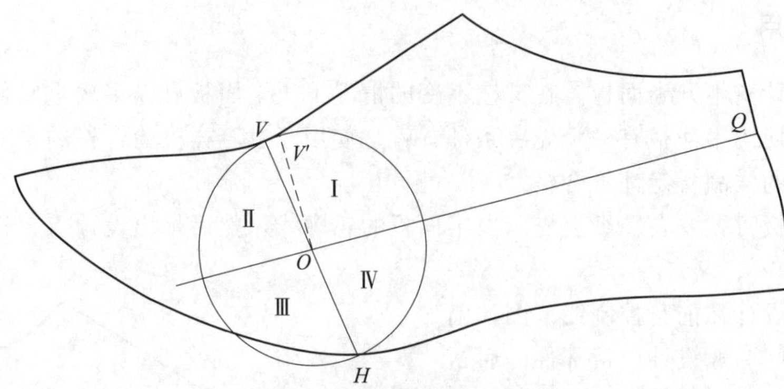

图 1-51　十字线将圆分割出 4 个象限

注意：半面板上的四个象限不是数学意义上的象限，而只是表示取跷角经常出现的变化位置。

一、定位取跷

自然跷$\angle VOV'$处于第Ⅰ象限内，如果在$\angle VOV'$位置进行跷度处理，那么这种取跷方法就叫作定位取跷。也就是说在标定自然跷位置上进行跷度处理的过程叫作定位取跷。为了弄清楚定位取跷原理，最好的办法是绘制出取跷原理图，可以从典型定位取跷原理图出发，延伸到各种变化的取跷原理图。

1. 典型定位取跷原理图

根据定位取跷的概念可以绘制出典型定位取跷原理图，见图 1-52。取跷的位置已用阴影作标示，取跷中心在 O 点，取跷角是$\angle VOV'$，前帮背中线是过 J 点的 A_0V'线，后帮背中线为 VE 线，底口自 A_0点向下顺连到 A 点。其中的取跷角来源于楦面展平时马鞍形曲面的剪口，在实际应用中它的大小取$\Sigma_{中}$。

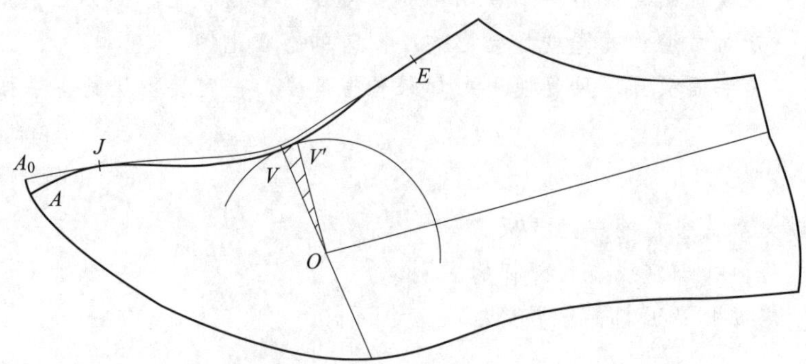

图 1-52　典型定位取跷原理图

绘制取跷原理图要包括取跷角、背中线、底口轮廓线三部分内容，其中前后帮背中线交错的位置就是取跷角的位置。定位取跷的共同特点是前帮背中线要自取跷角后端向前连接到楦头凸点 J，并继续延长到前端 A_0点，所以把定位取跷线也叫作 A_0线。

定位取跷原理图是用来分析取跷的原理，与实际的应用还存在着外形上的差距。由典型定位取跷原理引申出来的变化取跷原理才具有可操作的意义。

2. 变化的定位取跷原理图

定位取跷的变化可以是取跷位置变化、取跷中心变化以及取跷中心和位置同时变化。这种变化的图形可以设计出许多个，下面选择的是有代表性的图形。

（1）改变取跷位置　如果保持取跷中心不变，取跷角的大小也不变，那么改变取跷位置将会如何呢？

假设把取跷角由第Ⅰ象限转移到第Ⅱ象限，同样可以绘制取跷中心发生变化的定位取跷原理图，见图1-53。取跷中心在O点不变，前帮背中线后端在V点，后帮背中线前端在V''点，所形成的取跷角为$\angle VOV''$，并且$\angle VOV''=\angle VOV'$。

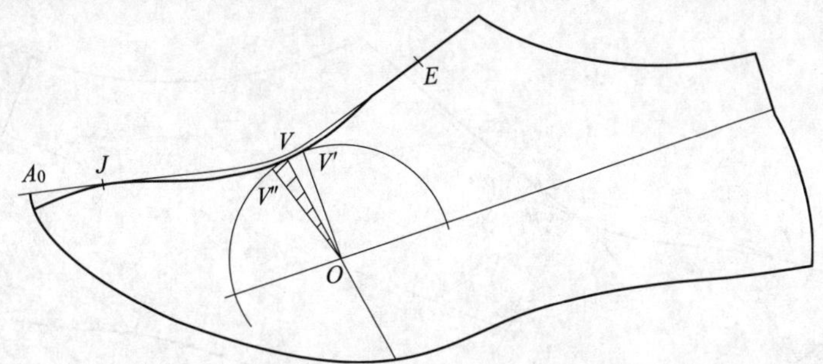

图1-53　取跷位置发生变化的取跷原理图

此时变化的取跷原理图与典型的取跷原理图作用相同，都能达到伏楦的目的。也就是说，如果取跷中心不变、取跷角大小不变，尽管取跷位置发生变化，但并不影响取跷效果。

（2）改变取跷中心　如果取跷中心发生变化而取跷位置不变，又将会如何呢？

假设把取跷中心从O点转移到O'点，这就出现了两个圆，一个是以O点为圆心、OV长为半径的圆，另一个是以O'点为圆心、O'V长为半径的圆，见图1-54。此时取跷角为$\angle VO'V'$。由于取跷中心的变化，使得$\angle VO'V'$与$\angle VOV'$并不相等，但它们所起的作用是相同的。这就相当于把原始样板的剪口打在了VO'，也能达到展平的目的。

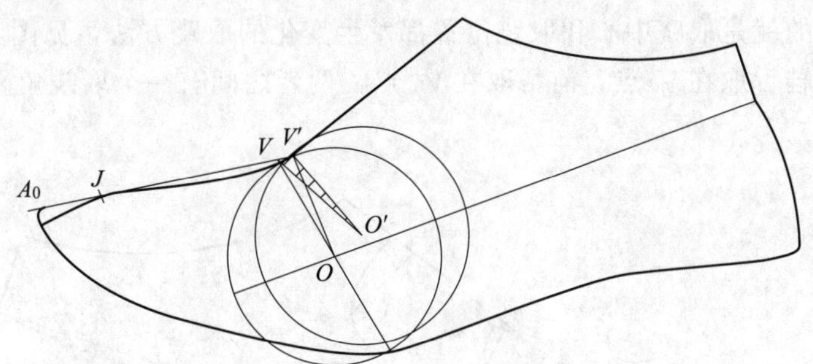

图1-54　取跷中心发生变化的取跷原理图

从中可以看到，在取跷中心发生变化时，通过调节取跷角的大小，可以达到相同的取跷效果。帮部件通过O点进行跷度处理的机会少之又少，所以取跷中心发生变化的取跷原理才具有使用的价值。例如，内耳式鞋的设计所用的取跷方法，都属于取跷中心变化后的定位取跷，见图1-55。

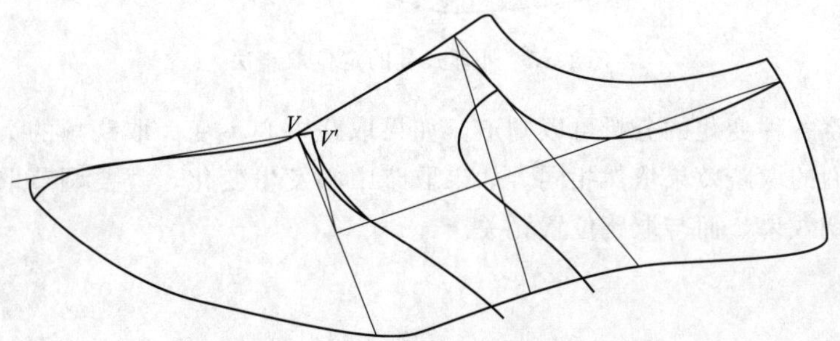

图1-55　内耳式鞋采用的定位取跷法

前帮取在V'点，后帮取在V点，两者之间形成了取跷中心变化后的定位取跷角，此时取跷中心已经脱离了O点，具体的位置是由两条轮廓线自然相交来确定好的。

（3）同时改变取跷位置和取跷中心 如果取跷中心和取跷位置同时发生变化又将会如何呢？

假设取跷中心发生变化，从O点转移到O'点，取跷位置也发生变化，前帮的断帮线位置是$V''O'$线，取跷位置在V''点，也发生了变化。此时的取跷原理图也会出现两个圆，见图1-56。

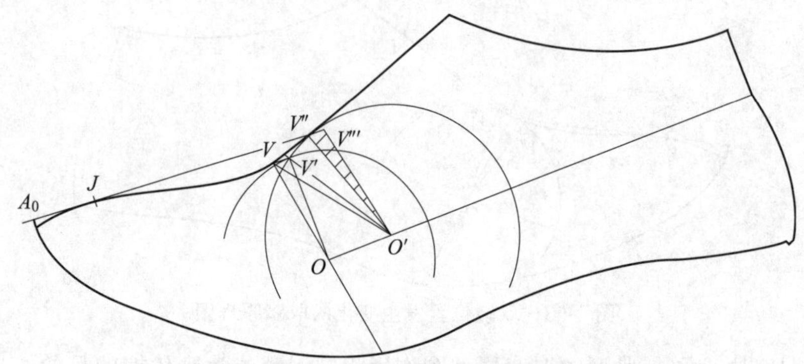

图1-56 取跷中心和位置同时发生变化的取跷原理图

一个是以O点为圆心、OV为半径的圆，一个是以O'点为圆心、$O'V''$为半径的圆。其中$\angle VO'V''$与$\angle VOV'$虽然不相等但它们所起的作用相同。如果在以O'为圆心的圆内，截取$\angle VO'V' = \angle V''O'V'''$，则$\angle VOV'$与$\angle V''O'V'''$的作用也会相同，可以达到伏楦的目的，其中的$\angle VO'V'$起到等量代替角的作用。

在取跷中心和位置同时发生变化时，通过调节取跷角的大小，同样能达到伏楦的目的。在外耳式鞋的设计中，利用的就是取跷中心和取跷位置都发生变化的取跷方法，见图1-57。虚线为外耳部件。在鞋耳的下面，鞋舌取在V''点，前帮取在V'''点，两者之间有一个取跷角$\angle V''O'V'''$，可以起到伏楦的作用。

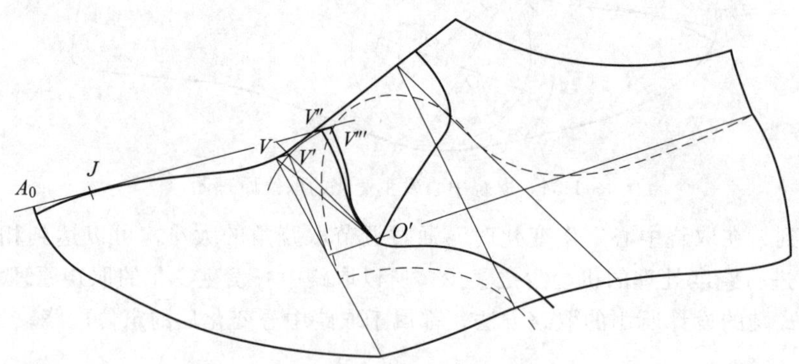

图1-57 外耳式鞋的定位取跷法

通过对定位取跷各种变化的分析可以知道，如果取跷中心不变、取跷角的大小不变，尽管取跷位置发生变化，它们的取跷效果依然相同。如果取跷中心发生变化，就要调节取跷角的大小，这样才能达到相同的取跷效果，而与取跷位置无关。

二、对位取跷

顾名思义，对位取跷是指在标定自然跷相对位置上进行跷度处理的过程。这个相对位置是指定

位取跷角的对称角或者对顶角。对位取跷与定位取跷的实质是相同的，在取跷中心不变、取跷角大小也不变条件下，同样能达到伏楦的目的，它们的区别只是取跷的位置不同。

对位取跷角来源于定位取跷的展开，当把重叠的定位取跷角向前旋转一个$\sum_{中}$角度时，OV'旋转到OV位置，背中线会随之旋转下降，底口轮廓线同样会旋转下降，如果此时把断帮位置设定在OH上，则OH会以O点为圆心旋转出一个角度$\angle HOH'$，这就是对位取跷角，而且$\angle HOH'=\angle VOV'$。依据上述变化可以绘制出对位取跷示意图，见图1-58。

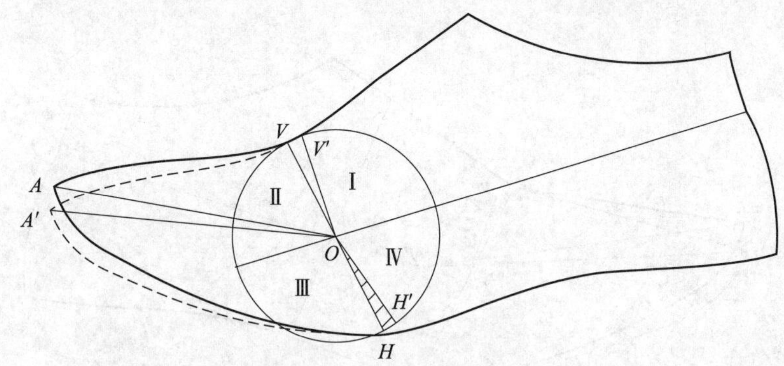

图1-58 对位取跷示意图

取跷中心在O点，取跷角为$\angle HOH'$，处于第Ⅳ象限位置，是标定自然跷的同位角，并且$\angle HOH'=\angle VOV'$。当背中线AV'旋转到A_1V位置时，它的长度并没有变化；当底口线AH旋转到A_1H'位置时，它的长度也没有变化。如果连接AO和A_1O线，便得到$\angle AOA_1$，而且$\angle AOA_1=\angle HOH'=\angle VOV'$。

上述示意图是为了说明对位取跷的来源，并不容易操作，为了方便绘制原理图，前帮背中线要使用A_0V'，这是一条直线，旋转后得到的A_1V自然也是一条直线。其中的$\angle A_0OA_1$标志着对位取跷角的大小。

对位取跷也有典型取跷原理图和变化的取跷原理图的区别。

1. 典型对位取跷原理图

绘制典型对位取跷原理图，首先连接出过J点的A_0V'，然后以O点为圆心、A_0O长为半径作弧线，再以V点为圆心、A_0V'长为半径作弧线，两弧相交的位置即为A_1点，见图1-59。

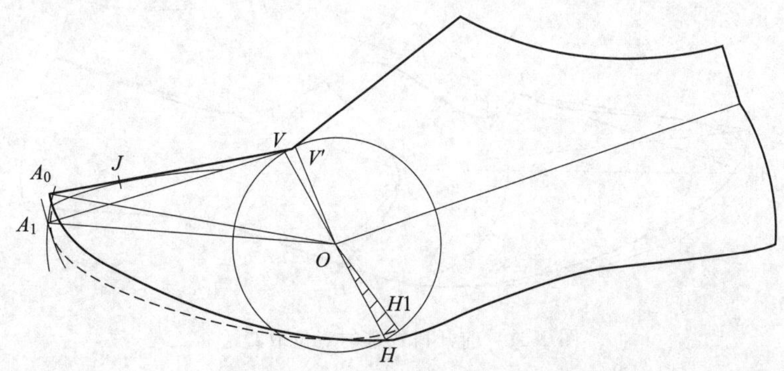

图1-59 典型对位取跷原理图

连接A_1V即得到前帮背中线，连接A_0O和A_1O即得到取跷角的大小。在H点的后端截取对位取跷角$\angle HOH'$，并且$\angle A_0OA_1=\angle HOH'=\angle VOV'$。最后自$A_1$点开始，用原半面板描画出底口

轮廓线到 H'点止。

取跷角、背中线和底口轮廓线都已经完整。用原半面板描画出底口轮廓线可以保持样板的外形和面积不出现较大误差。

2. 变化的对位取跷原理图

典型对位取跷原理图只有在取跷中心和取跷位置都发生变化的情况下才具有使用价值。例如，把取跷中心转移到 O 点之后 20 mm 的 O'点，取跷位置确定在后帮底口上的 $O'H_1$，那将如何绘制取跷原理图呢？见图 1-60。

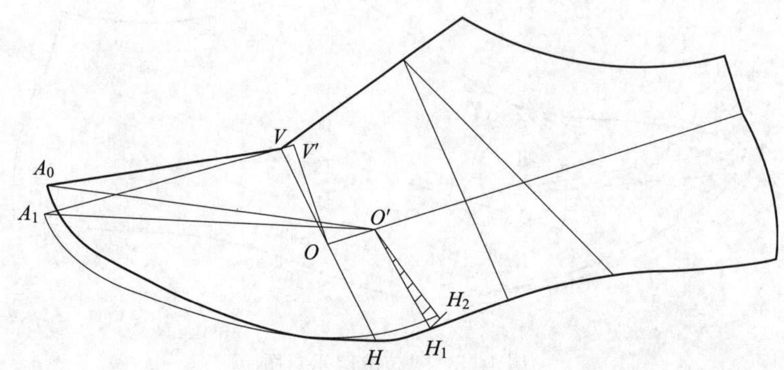

图 1-60　取跷中心和位置都变化的对位取跷原理图

首先要连接出定位取跷时的背中线 A_0V'，简称为 A_0 线。然后利用两条弧线相交确定 A_1 点，并自 A_1 点连接到断帮位置，确定对位取跷时的前帮背中线 A_1V，简称为 A_1 线。

再连接 A_0O'和 A_1O'，即得到$\angle A_0O'A_1$，这就是对位取跷角的大小。

接着以 O'点为圆心，以 $O'H_1$ 为半径作圆弧，截取$\angle H_1O'H_2=\angle A_0O'A_1$，$\angle H_1O'H_2$ 即为对位取跷角。

最后自 A_1 点开始，用原半面板描出底口轮廓线，到 H_2 点为止。

取跷原理图是为了解决结构设计中的跷度处理问题，在设计前开口式鞋时，就用到了上面的取跷原理图，见图 1-61。图中的取跷角为$\angle H_1O'H_2$，并且与$\angle A_0O'A_1$ 相等。类似的变化还有多种，从而演变出不同的款式。

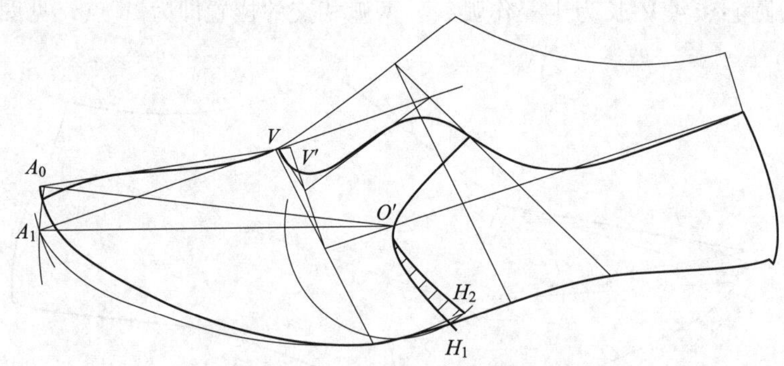

图 1-61　前开口式鞋的对位取跷法

在取跷原理图中，$\angle H_1O'H_2$ 与$\angle VOV'$有什么关系呢？当$\angle VOV'$展开后，首先出现的是$\angle A_0OA_1$，并且$\angle A_0OA_1=\angle VOV'$，此时的取跷中心都是在 O 点。为了找到取跷中心发生变化后的取跷角，这里也借用了等量代替角，就是$\angle A_0O'A_1$。其中$\angle A_0O'A_1$ 与$\angle A_0OA_1$ 大小并不相等，但是作用相同，都能达到伏楦的目的。因此使得对位取跷角$\angle H_1O'H_2$ 与等量代替角$\angle A_0O'A_1$ 相

等，就能保证取跷后达到伏楦的效果。

3. 后帮升跷

取跷角只能取在断帮线上，假如在对位取跷时底口位置没有断帮线将会如何呢？如果遇到这种情况，可以利用鞋口断开的特点，将取跷角转移到后帮鞋口上。因为这是一种很特殊的取跷位置，所以又把这种取跷方法叫作后帮升跷，见图 1-62。

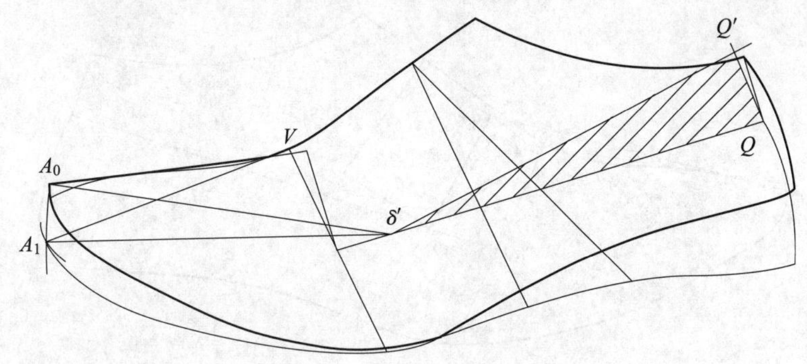

图 1-62 后帮升跷原理图

首先要连接出定位取跷时的背中线 A_0V'，然后利用两条弧线相交确定 A_1 点，并自 A_1 点连接到 V 点，确定对位取跷时的前帮背中线 A_1V。再连接 A_0O' 和 A_1O'，即得到$\angle A_0O'A_1$，这就是对位取跷角的大小。

接着以 O' 点为圆心，适当长度为半径作圆弧，截取$\angle QO'Q'=\angle A_0O'A_1$，$\angle QO'Q'$ 即为后帮升跷角。

自 A_1 点开始用原半面板描出底口轮廓线到 H 点为止，可得到前帮底口轮廓线。自 Q' 点开始用原半面板描出后弧轮廓线和后身底口轮廓线，并与前帮底口轮廓线顺接。

需要注意后帮位置只是抬升，并不是加高，所以后身的面积大小不会改变。

三、定位取跷与对位取跷的关系

楦面上的马鞍形曲面不容易被展平，所以就出现了对自然跷的处理，基本的处理方法就是定位取跷与对位取跷。由于定位取跷与对位取跷的实质相同而位置不同，所以两者之间存在着互补的关系。也就是说，一般情况下先采用定位取跷处理，如果操作不方便时也可以采用对位取跷来做补充。

观察定位取跷和对位取跷的原理图，会发现取跷位置的不同主要表现在以下几个方面：

1. 取跷角

定位取跷角的位置在背中线上，会在 V 点前后进行适当的变化。对位取跷角的位置一般在底口部位，特殊情况下转移到 OQ 线上。在取跷中心不变的情况下，定位取跷角与对位取跷角大小相等。

2. 前帮背中线

在定位取跷时由于受标定自然跷的制约，背中线位置靠上，前端点都用 A_0 点表示。在对位取跷时，由于自然跷展开还原，使得背中线位置下降，前端点都用 A_1 点表示。所以，把定位取跷时的前帮背中线也叫作定位取跷线，简称 A_0 线，把对位取跷时的前帮背中线叫作对位取跷线，简称 A_1 线。

定位取跷线与对位取跷线的后端都是到达前帮的断帮位置，在上面的示例中由于都是断在 V 点，显得比较死板，在实际的应用中会出现各种不同的位置。

3. 底口轮廓线

定位取跷时的底口轮廓线是自 A_0 点开始的一条完整轮廓线，而对位取跷时的底口轮廓线是自 A_1 点开始的分为前后两段的轮廓线，所以要格外注意对位取跷时绷帮量的加放方法。

定位取跷与对位取跷既然存在着互补关系，所以可以通用。例如，在设计横断舌式鞋时，既可以用定位取跷处理，也可以用对位取跷处理，而且效果相同，见图 1-63。

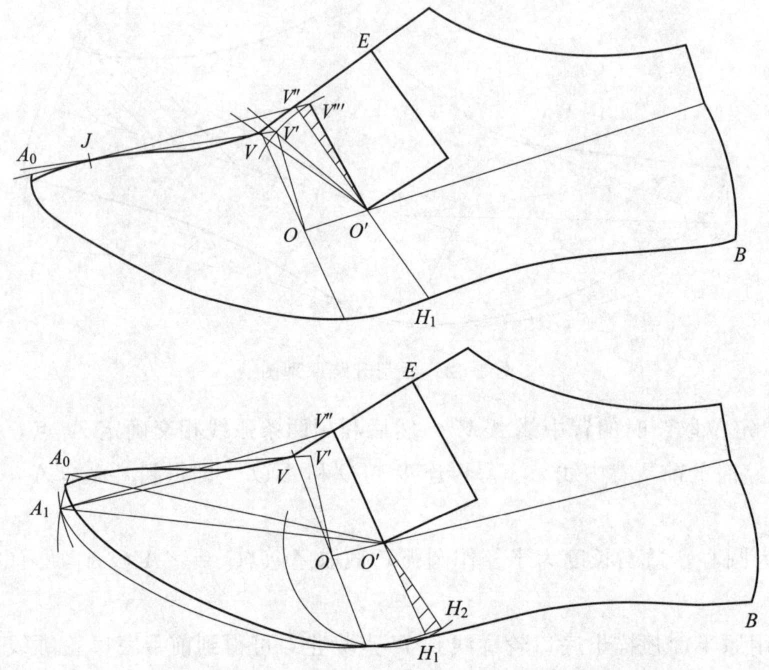

图 1-63　用定位取跷和对位取跷设计舌式鞋

两幅图都是直口后帮舌式鞋，前帮断帮线都是 $V''H_1$，取跷中心都在 O' 点，鞋舌长度都取在 E 点。定位取跷时等量代替角是 $\angle VO'V'$，取跷角是 $\angle V''O'V'''$，前帮背中线是 A_0V''，底口轮廓线是自 A_0 点到 B 点的一条完整曲线。而在对位取跷时等量代替角是 $\angle A_0O'A_1$，取跷角是 $\angle H_1O'H_2$，前帮背中线是 A_1V''，底口轮廓是自 A_1 点到 H_2 点的前帮底口线和的一条自 H_1 点到 B 点的后帮底口线。但是两幅图中前帮的外形轮廓是相同的，相当于以 O' 点为圆心，把前帮旋转了一个自然跷度角。

四、十字取跷原理

十字取跷是处理自然跷的一种方法，也就是利用一组十字线把圆分割出 4 个象限，取跷的位置可以在任意象限中变化。通过对定位取跷和对位取跷的分析可以归结出：

如果取跷中心不变、取跷角的大小不变，则取跷的效果相同，而与取跷位置无关。如果取跷中心发生变化，则要调节取跷角的大小，以达到相同的取跷效果，仍与取跷的位置无关。这就是十字取跷原理的主要内容。

掌握十字取跷原理，有几个问题需要注意：

1. 取跷中心

在制取半面板时取跷中心定在了 O 点，因为 O 点处于半侧楦曲面的“谷底”位置，便于跷度处理。在帮样设计中，取跷中心定在 O 点的概率是极少的，大多数情况下是在变动的，变动的范围是以 O 点为中心区域的一个椭圆范围。

那么取跷中心的变化范围有多大呢？由于十字取跷是为了解决马鞍形曲面的伏楦问题，所以O'点的变化范围一般不要超出马鞍形曲面，而且O'点距离O点越近，其还原程度越好，越容易伏楦。

2. 取跷角的大小

取跷角的大小以自然跷为基准，不同的鞋楦其自然跷的大小有区别，不能一概而论，而应该通过贴楦制备半面板的方法测量出自然跷的大小。

由于楦面里外怀的造型差异，使得里外怀的自然跷大小有差异。如果是分怀设计，里怀一侧要取里怀的自然跷，外怀一侧要取外怀的自然跷。如果是用半面板进行设计，而且是通过里外怀的差异找到里怀的轮廓，那么这种半面板则属于折中样板，需要使用折中的自然跷，即前面计算出的$\Sigma_{中}$。

取跷中心的变化相当于楦面展平时在马鞍形曲面上打剪口的变化，稍微往前一些、往后一些、往上一些、往下一些是没有关系的，都可以达到楦面展平的要求。由于打剪口的位置不同，必然会引起剪口大小的变化，也就是取跷角大小的变化。由于取跷的目的是达到伏楦，所以在绘制取跷原理图时，当取跷中心发生变化时要通过调节取跷角的大小，以达到相同的取跷效果。

3. 取跷位置

取跷的位置肯定要在断帮位置，而断帮线则是部件的轮廓线。在十字取跷原理中反复强调了不管取跷中心变与不变都与取跷位置无关，就是要排除取跷位置变化的影响，使设计的思维不受干扰。也就是在设计部件外形时，要以造型协调优美为主，不要强调取跷角，只是在部件设计完成后再在适当的位置进行跷度处理。

取跷的目的是达到伏楦，伏楦只是解决技术设计问题。如果先进行部件造型设计，然后再进行跷度处理，就可以把艺术设计与技术设计结合起来。

取跷原理讲述的是一种取跷规律，尽管取跷方法会有多种变化，但原理都是相通的。目前有些经验设计人员，以及一些计算机设计的编程人员，总是把取跷看作是长度量的变化，所以设计出的样板总是不合适，总要反复地修改。如果对取跷角有了足够的认识，取跷原理也就很容易理解；如果取跷原理通了，就会达到一通百通的境界。

课后小结

半面板上标有自然跷，如果在标注自然跷的位置进行取跷处理，这就是定位取跷。取跷的位置一定是在部件的断帮线上，由于部件外形会不断变化，断帮线也就会变化，会使取跷的位置、取跷中心也随之改变。如果把定位取跷用图形来表示，这就形成了典型定位取跷原理图和变化后的定位取跷原理图。

当取跷角变化到标定自然跷的相对位置时，就形成了对位取跷。对位取跷也会出现取跷位置和取跷中心的变化，最特殊的变化就是后帮升跷。如果也用图形表示就有了典型对位取跷原理图、变化的对位取跷原理图和后帮升跷原理图。

为何要用取跷原理图表示呢？在工厂里有经验的师傅在打板时并不画图，只是用剪刀修剪，增加一个角或者去掉一个角全凭这把剪刀。这种经验的取跷过程别人是看不到的，只会让人感觉很神秘。在教学中应用取跷原理图可以清楚地看到取跷的位置、取跷角的大小以及取跷的过程，便于学习和掌握。

定位取跷和对位取跷是一种互补的关系。通过取跷角在不同位置的取跷变化分析可以找到取跷的规律，总结起来就是十字取跷原理：如果取跷中心不变、取跷角的大小不变，则取跷的效果相

同，而与取跷位置无关。如果取跷中心发生变化，则要调节取跷角的大小，以达到相同的取跷效果，仍与取跷的位置无关。

这里的取跷效果是指样板的伏楦效果。之所以反复强调"与取跷位置无关"，是让你可以集中精力设计部件的造型而不受取跷的干扰。

思考与练习

1. 绘制出取跷中心不变时的定位和对位取跷原理图。
2. 绘制出取跷中心变化时的定位和对位取跷原理图。
3. 十字取跷原理讲述的内容是什么？

第五节　十字取跷的特殊应用

十字取跷是针对自然跷、解决马鞍形曲面的伏楦问题的取跷方法，由于取跷原理具有普遍性，所以在取跷角有特殊变化的情况下也具有应用的价值。例如，在设计整前帮鞋时所用的转换取跷、在设计围盖鞋时的双线取跷、设计靴鞋葫芦头时的双转换跷等，就属于十字取跷原理的特殊应用。

一、转换取跷

我们已经知道将前后帮背中线转换成一条直线时的取跷过程叫作转换取跷，那么取跷的几何意义是什么呢？可以做一个实验：先画出一条直线，再将半面板的 VO 线和 OH 线剪开，也不要剪断。然后将半面板的 VE 线对齐在直线上，接着按住后帮，旋转前帮，使前帮背中线也与直线接触。并将实验的结果记录下来，见图 1-64。

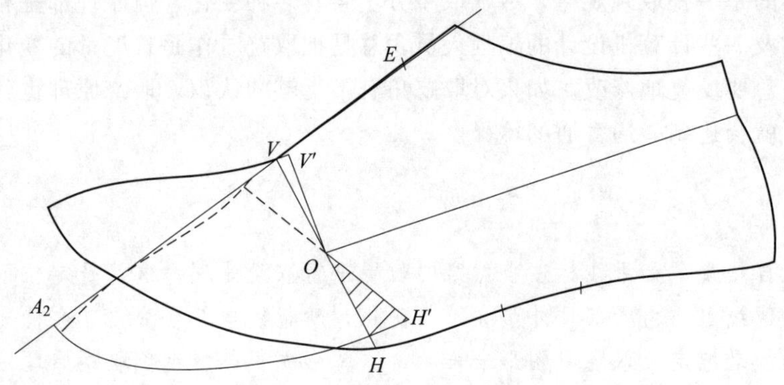

图 1-64　转换取跷的几何意义

前帮的前端点旋转到 A_2 位置，背中线 A_2E 已转换成一条直线，底口随之向下旋转到 H' 点，所形成的 $\angle HOH'$ 就是转换取跷角。转换取跷角包含着转换跷和自然跷两个跷度，显得比较大。

如何绘制取跷原理图呢？我们可以模仿对位取跷的方法，两者的设计过程基本相同，只是取跷角的大小不同而已。

1. 典型转换取跷原理图

把前后帮背中线转换成一条直线，可以采用前帮背中线向后延长的办法，也可以采用后帮背中线向前延长的办法。如果采用前帮背中线向后延长的办法，后帮的宽度会有较大的变化，处理起来比较麻烦。如果采用后帮背中线向前延长的办法，则比较清晰简单，见图 1-65。

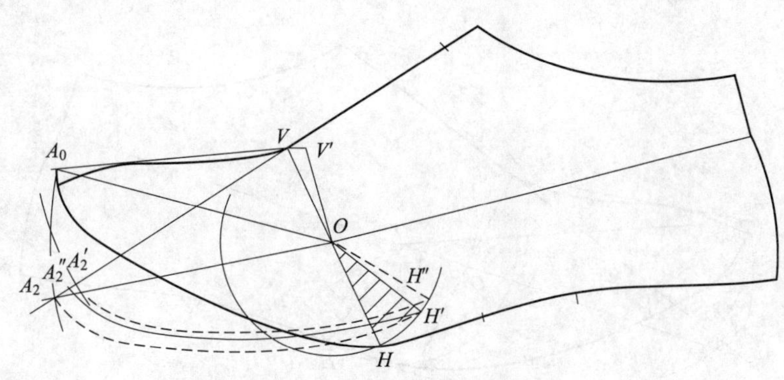

图 1-65 典型转换取跷原理图

首先延长 EV 为背中线，然后作定位取跷线 A_0V'，再以 O 点为圆心、A_0O 长为半径作圆弧，与背中线相交后得到 A_2 点。接着连接 A_0O 线和 A_2O 线，即得到 $\angle A_0OA_2$，它标志着取跷角的大小。最后再以 O 点为圆心，OH 为半径作圆弧，截取转换取跷角 $\angle HOH'$，其中 $\angle HOH'=\angle A_0OA_2$。

如何确定底口轮廓线呢？图 1-65 中的 A_2 点是旋转后得到的，背中线 A_2E 的长度为旋转长度，由于转换跷是额外增加的，所以 A_2E 变得比较长。如果以 A_2 点作为前端点，底口的长度是合适的，但背中线偏长，见图 1-65 中外圈虚线。

图 1-65 中的 A_2' 是在 V 点之前截取 A_0V' 长度后得到的，它表示着前端点的实际位置，$A_2'E$ 长度是背中线的实际长度。A_2 点与 A_2' 点之间的距离表示背中线转换长度与实际长度的差值，简称为长度差。如果以 A_2' 点作为前端点，背中线长度合适，但底口的长度偏短。

图 1-65 中内圈的虚线是以 A_2' 点为前端点描出的底口轮廓线，不仅宽度变小，而且后端 H'' 点要超出 H' 点，说明长度也变短。在早期使用天然皮革材料、手工绷帮进行整舌式鞋的设计实验时，由于材料的延伸性好，采用的就是 A_2' 点作为前端点，取跷角使用的是转换跷的 80%，即图中的阴影部分，都能达到较好的伏楦效果。

但是现在条件变了，如果还以 A_2' 点作为前端点就会出现问题。这是因为：① 天然皮革材料大都进行剖层贴衬使用，贴衬后材料的延伸性大大降低，影响了伏楦效果。② 许多产品使用的是人工革，虽然有延伸性但是强度低，变短的底口在拉伸时往往被撕裂。③ 大多数企业都在使用绷帮机操作，这与手工绷帮不同。在前端点取在 A_2' 点时，鞋帮套楦时背中线上会有较大的皱褶，使得帮脚前端处于楦面之上，手工绷帮时先用夹钳叼住前尖进行拉伸，固定后再拉伸两侧帮。而机器绷帮则是前尖与侧帮同时用夹钳叼住，缺少先绷前尖的操作，帮脚处于楦面上时机器是无法正常操作的。所以，引出了现在常用的处理方法：

帮脚前端点既不用 A_2 点，也不用 A_2' 点，而是把长度差分成三等份，取其一份定为 A_2'' 点，使用 A_2'' 点作为前端点。也就是将 1/3 的长度差补充在实际长度上，如图中底口实线所示。

这样一来，底口长度比实际长度略短，经过适当的拉伸就可以满足长度的需求。由于鞋帮是一种网状结构的弹性材料，在底口被拉伸时，背中线会适当缩短，使得前尖部位底口也不会偏长。

2. 变化后的转换取跷原理图

如果取跷中心发生变化，取跷位置也发生变化，也可以模仿对位取跷来绘制变化的转换取跷原理图，见图 1-66。取跷中心从 O 点转移到 O' 点，取跷位置在断帮线 $O'H_1$ 上。

绘图时依然是先延长 EV 作为背中线，作定位取跷线确定 A_0 点，然后以 O 点为圆心、OA_0 长为半径作圆弧，与直线相交为 A_2 点。接着连接出等量代替角 $\angle A_0O'A_2$，并且做出取跷角 $\angle H_1O'H_2=\angle A_0O'A_2$。连接底口时，先找到长度差 A_2A_2' 的 1/3 处定为 A_2'' 点，再自 A_2'' 点开始用原半面板描出底口轮廓到 H_2 点止。

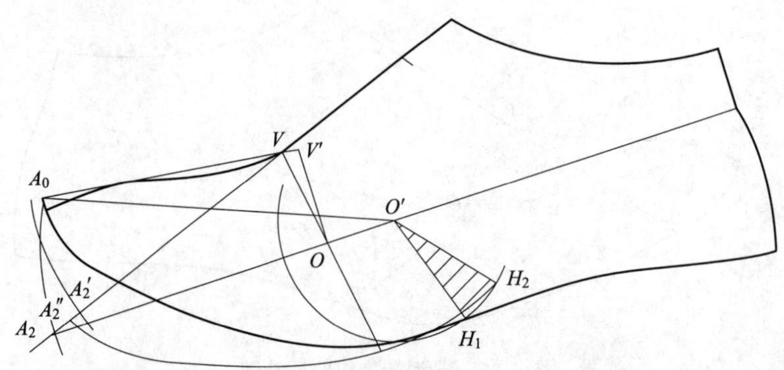

图 1-66　取跷中心和位置都变化的转换取跷原理图

清楚了转换取跷的原理，在实际应用中就变得简单了，见图 1-67。这是整前帮舌式鞋的前帮轮廓图形，鞋舌的长度取在 E 点，鞋舌的拐弯位置在 OQ 上，定为取跷中心 O'点，前帮的断帮位置为 $O'H_1$。原背中线成弯曲状，无法直接开料，需要通过转换取跷将前后帮背中线转换成一条直线。

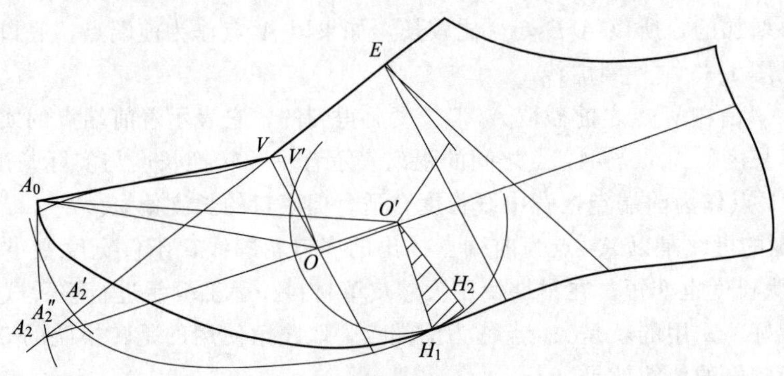

图 1-67　整舌式鞋的转换取跷

延长 EV 作为背中线，然后作定位取跷线确定出 A_0点，接着以 O 点为圆心、A_0O 长为半径作圆弧，交于背中线为 A_2点。EA_2长即为背中线的转换长度。其中转换取跷角的大小等于$\angle A_0OA_2$。当取跷中心自 O 点转移到 O'点后，连接 A_0O' 和 A_2O'，即得到等量代替角$\angle A_0O'A_2$。其中等量代替角$\angle A_0O'A_2$虽然与转换取跷角$\angle A_0OA_2$的大小不等，但是起的作用相同。

然后以 O'点为圆心，以 $O'H_1$长为半径作圆弧，截出取跷角$\angle H_1O'H_2=\angle A_0O'A_2$。

在连接底口时，先找到长度差 A_2A_2'的 1/3 处定为 A_2''点，再自 A_2''点开始用原半面板描出底口轮廓到 H_2点止。

在转换取跷过程中，由于额外加入了转换跷，使得背中线变长、取跷角变大，因此这些多余的量也就必须额外消除，处理起来自然就比较麻烦。因此，在不需要将前后帮背中线转换成一条直线时就不要用转换取跷。转换取跷也会出现后帮生跷等多种变化，但取跷的模式都是相同的，这将在后面的设计举例中加以陈述。

二、双线取跷

围盖是鞋前帮的一种花色变化，一条弯弧线将鞋的前帮分成围条和鞋盖两部分。围盖鞋的设计比较复杂，需要注意鞋盖的位置、外形、里外怀区别以及工艺跷的处理。

双线取跷是专门用于设计围盖鞋的一种取跷方法，在取跷的同时，利用鞋盖的拷贝板可以同时完成鞋盖的位置、外形、里外怀区别以及工艺跷的处理，简化了设计操作。由于设计鞋盖使用一条

背中线，设计围条使用另一条背中线，所以用了两条背中线，双线取跷指的是利用两条背中线进行跷度处理的过程。

鞋盖的背中线，可以是对位取跷线（A_1线），也可以是转换取跷线（A_2线），这要依据鞋帮结构而定。围条的背中线则属于定位取跷线（A_0线）。双线取跷实质上是定位取跷、对位取跷和转换取跷的灵活运用。

1. 定位与对位取跷的应用

在鞋盖与鞋舌为横断结构的时候，使用的双线是A_1/A_0线，见图1-68。鞋盖与鞋舌的断开位置在$V''O'$，鞋盖与围条的分界位置在J'点。

先以O点为圆心、OJ'长为半径作圆弧，再以V点为圆心、$J'V'$长为半径作圆弧，两弧相交于J_1点。然后连接鞋盖背中线J_1V''，并利用拷贝板沿着背中直线描画出鞋盖的轮廓到点O'止，即得到鞋盖的轮廓。

接着自J'点开始，也利用拷贝板沿着背中曲线描画出围条的轮廓到点O'止，并连接出围条的背中线A_0J'，即得到围条的轮廓。

从图1-68中可以看到，设计鞋盖时使用的是对位取跷线，设计围条时使用的是定位取跷线，两条取跷线的搭配使用就是双线取跷。

图1-68中的$\angle J'O'J_1$就是双线取跷角。这种取跷的方法很简单，具体的操作过程在后续的设计举例中都有详细说明。

2. 定位与转换取跷的应用

在鞋盖与鞋舌为整体结构的时候，使用的双线是A_2/A_0线，见图1-69。鞋盖与鞋舌之间不断开，部件为整舌盖。鞋舌的后端位置在O'点，鞋盖与围条的分界位置在J'点。

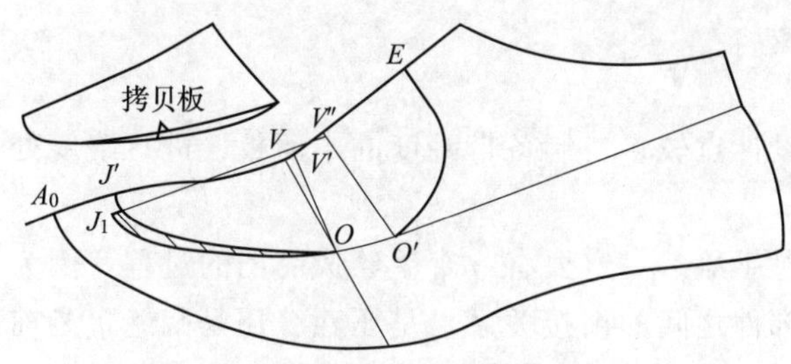

图1-68 断舌围盖鞋的双线取跷

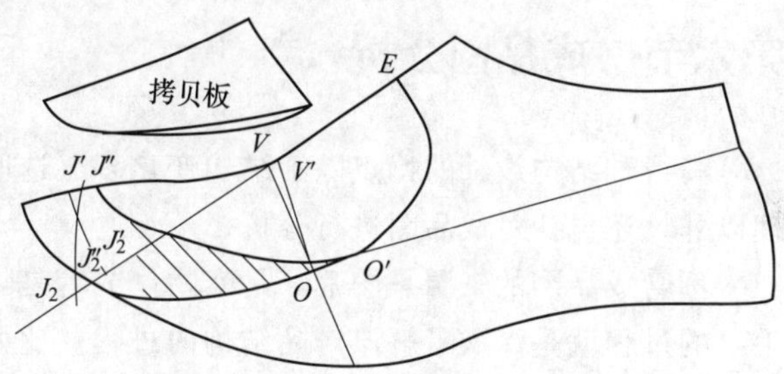

图1-69 整舌围盖鞋的双线取跷

鞋盖与鞋舌不断开时需要用到转换取跷，先延长EV为背中线，再以O点为圆心、OJ'长为半径作圆弧，与背中线相交于J_2点。由于鞋盖背中线变长，需要截出实际的长度定为J_2'点，然后再将长度差分成三等份，将其中的一份补在鞋盖上，定为J_2''点，接着利用拷贝板沿着背中直线描画出鞋盖的轮廓到点O'止，即得到鞋盖的轮廓。

由于长度差被利用了1/3，还有2/3的长度存在，考虑到围条与鞋盖的镶接顺利，还需要将其中的1/3补充在围条上，即图中的J''点。接着自J''点开始，也利用拷贝板沿着背中曲线描画出围条的轮廓到点O'止，并连接出围条的背中线A_0J_2''，即得到围条的轮廓。

图1-69中的$\angle J''O'J_2''$就是双线取跷角。如果比较围条与鞋盖衔接线的长度，其结果是鞋盖短、围条长，最起码要相差剩余的1/3长度差。这部分长度差不要去修正，应该在镶接时拉伸鞋盖的底边，以满足长度要求。在鞋盖底边被拉伸的同时，背中线微微弯曲，正好满足楦曲面的要求。

仔细分析双线的取跷过程，其操作方法与步骤分别与对位取跷和转换取跷是基本相同的。

十字取跷原理和十字取跷原理的特殊应用是本书的理论基础，由于比较抽象，所以不太容易理

解。如果能够掌握取跷原理，就能达到一通百通的效果，那后面的学习将会轻松自如。如果暂时不明白也不会影响后续的学习，后面都是在设计举例过程中讲述取跷原理如何去应用，学习的实例多了，也会悟出取跷的道理，最后也能达到一通百通的效果。

课后小结

转换取跷和双线取跷在表现形式上与定位取跷和对位取跷有着很大差异，但是作为取跷的实质来说，它们依然是相通的。

十字取跷原理是通过处理自然跷而产生的，如果是把取跷角加大，对于取跷原理来说并没有改变，所以就引申出了转换取跷。如果把定位取跷与对位取跷搭配使用，或者是把定位取跷与转换取跷搭配使用，这就又引申出了双线取跷。

转换取跷和双线取跷所应用的鞋款比较特殊，并不是取跷原理特殊。

需要注意的是在出现转换取跷的时候，由于额外增加了一个取跷角，使得背中线变长，因此就必须额外消除背中线增加的长度。采用的方法是找到转换长度与实际长度的长度差，再把长度差分成三等份，取其中的一份补充在实际长度上。

思考与练习

1. 绘制出取跷中心变化时的转换取跷原理图。
2. 绘制出断舌盖和整舌盖两种不同状态的双线取跷原理图。
3. 转换取跷时的长度差是如何出现的？如何应用？

第六节　成品图分析

满帮鞋结构设计的特点除了结构变化多、选取设计点较多、制备带跷度的半面板、进行跷度处理以外，还包括对成品图进行分析。

不管成品图的来源是图片，是实物，或者是创意手稿，一定要有一个手绘成品图的过程，因为手绘的过程就是深入了解该产品结构的过程。比如部件之间的衔接关系，是压茬缝还是翻缝，是前帮压后帮还是后帮压前帮，这都需要画出车帮线迹来表示这种关系。再比如说设计耳式鞋，是前帮压鞋耳还是鞋耳压前帮，这会出现内耳式鞋和外耳式两种不同的结构变化。进行结构设计必须要考虑部件之间的这些内在的关系，而了解这种内在关系的最好办法就是手绘成品图。

对成品图分析主要包括楦型选择、结构种类、鞋帮部件、镶接关系和特殊要求五个方面。

一、楦型选择

选择鞋楦要注意品种、鞋号、外观等方面。

1. 鞋楦品种的选择

鞋楦的不同品种与鞋帮的结构是互相配合的，选错了鞋楦不是设计不出样品，而是设计的样品在穿着上会出问题。比如：女素头楦是设计满帮鞋用楦，如果设计女浅口鞋穿起来会不跟脚；反之如果用女浅口鞋设计满帮鞋，穿起来会压脚背，甚至穿不进去。鞋楦品种可以从男楦和女楦两方面进行区分。

（1）满帮男鞋楦类　男素头楦适合设计内耳式鞋、外耳式鞋、各种开口式鞋。

男三节头楦是设计男式三节头鞋的专用鞋楦。

男舌式鞋楦是设计各种男舌式鞋用楦。

(2) 满帮女鞋楦类　女素头楦适合设计各种耳式鞋、开口式鞋和女舌式鞋等。

(3) 围盖鞋楦类　围盖鞋用楦有舌式围盖楦和耳式围盖楦的区别，是分别在舌式楦和素头楦基础上设计出来的，其造型的特点是楦墙比较直立，适合设计围子鞋、盖鞋、翻围子鞋、缝埂鞋、包底鞋等。

2. 鞋号的选择

鞋款在投产时会有一组系列鞋号，但是在设计样品鞋时则选用中间鞋号，然后通过样板扩缩得到全鞋号样板。男鞋选用 250 号或者 255 号，女鞋选用 230 号或者 235 号。在设计外销鞋时，欧美鞋号可能会加大，这要按照订单要求来选择。

由于中间号鞋楦是直接设计的，而其他大小号楦也是通过扩缩得到的，所以中间号鞋楦的感官比例好。

对于中国鞋号来说，鞋号的尺码与脚长是对应的，也就是说知道了中国鞋号就知道了脚长，这对于应用部位系数来说是极为方便的。但是要注意，有些楦号的标注是不准确的，所以在选择鞋号后还要对鞋号进行核对。

3. 鞋楦的外观

鞋楦的外观应该光滑、完整、无缺损、不变形，可以保证设计样品的准确性。

二、结构类型

根据成品图要判断出鞋帮结构的类型。由于结构不同，跷度处理的方法会有变化，分清了结构类型，有利于设计的顺利进行。满帮鞋主要有以下几种结构类型：

1. 耳式鞋结构

耳式结构的鞋在后帮有一对类似“耳朵”的部件，所以称为耳式鞋。如果是前帮部件压在鞋耳上则属于内耳式鞋，如果是鞋耳部件压在前帮上则属于外耳式鞋。内耳式鞋是明口门，可以在口门位置直接进行定位取跷。外耳式鞋则是暗口门，必须先设计出鞋耳，再通过压茬关系找到前帮和口门宽度位置，进而做取跷处理。

口门是指鞋口与背中线的相交位置，设计口门的前后位置与鞋的穿脱有关。口门位置靠前穿脱方便但抱脚能降低，口门位置太靠后会造成穿鞋困难。明口门是指在明面上可以直接找到的口门；暗口门是指不能直接被找到，但可以通过间接方法找到的口门。所以，设计暗口门鞋的过程比较复杂。

2. 舌式鞋结构

舌式结构的鞋在前帮脚背延长位置有一块类似“舌头”的部件，所以称为舌式鞋。如果鞋舌与前帮之间是横向断开的，就称为横断舌式鞋；如果鞋舌与前帮是连接成一体的，就称为整舌式鞋；如果鞋舌与前帮的鞋盖是连成一体的，则称为纵断舌式鞋。

三种不同的舌式鞋都属于暗口门，这就需要首先确定口门宽度位置，继而再确定口门位置。横断舌式鞋一般采用定位取跷处理，而纵断舌式鞋和整舌式鞋都需要把前帮后帮背中线转换成一条直线，所以需要转换取跷处理。

3. 开口式鞋结构

开口式鞋的特征表现在开口的位置上，如果开口在背中线位置，则称为前开口式鞋；如果开口在侧帮位置，则称为侧开口式鞋；如果开口在后弧线位置，则称为后开口式鞋。

其中的前开口式鞋是指在背中线位置设计出缺口，而该部件的背中线并不断开的一类鞋。由于开口位置与马鞍形曲面有关，所以会依据不同的开口宽度进行跷度处理。开口比较窄时采用转换取

跷，开口比较宽时采用定位取跷，开口属于中等宽度时采用对位取跷。

侧开口式鞋和后开口式鞋的开口位置都避开了马鞍形曲面，变换的是开闭功能，往往与跷度处理无直接关系。

4. 开中缝式鞋结构

开中缝式鞋的特点是部件的背中线被断开，破坏了马鞍形曲面，所以取跷角的处理就转化为部件长度的处理，可以直接进行前帮降跷，简化了设计操作过程。

开中缝式鞋可以看作是前开口式鞋的一种特例。

5. 围盖鞋结构

围盖鞋是指鞋的前帮分成围条和鞋盖两部分的一类鞋。围盖鞋的品种有围子鞋、盖鞋、浅围子鞋、翻围子鞋、缝埂鞋、包底鞋等，不仅品种多，设计方法也比较多。但它们有一个共同特点，就是鞋盖与围条分离，因此比较简捷的方法就是采用双线取跷处理。

6. 开胆鞋的结构

开胆鞋是指鞋胆冲开鞋前头位置的一类鞋，也称为开包头式鞋。其中的鞋胆就是指鞋盖，所以开胆鞋属于围盖鞋的一种变型，也采用双线取跷处理。

三、鞋帮部件

需要分析鞋帮部件的多少、位置、名称、轮廓外形。因为有多少种部件就需要有多少种样板，所以每种样板都需要进行外形设计。

鞋帮部件主要分为前帮部件、后帮部件和辅助部件三部分。

1. 前帮部件

鞋楦的前后身是以跖围线来划分的，考虑到鞋帮结构的外形特点，鞋帮的前后身则是以前帮控制线来划分的。由于鞋帮部件造型变化比较多，经常会有“跨界”现象，所以鞋帮主要部分在前帮范围就归属于前帮，主要部位在后帮范围就归属于后帮，而处于中间部位的部件也就分别归属于前中帮或者后中帮。

鞋的前帮可以是整前帮，也可以再分成前包头与前中帮，或者分成围条与鞋盖，或者分成鞋胆与半围条，等等。鞋舌是前帮的延伸，位置虽然靠后，但也属于前帮部件。

2. 后帮部件

后帮可以是整后帮，也可以再分成后中帮与后帮，或者分成鞋耳与后帮，或者分成后帮与后包跟，等等。

3. 辅助部件

辅助部件包括需要经过开料得到的保险皮、后筋条、包口条、松紧带等部件，也包括直接用来装配的拉链、鞋钎、子母扣、鞋眼圈、装饰件、尼龙搭扣等部件。

四、镶接关系

把部件之间按照加工标记黏合起来的过程就叫镶接。选用“镶”字而不用“相”字，是有镶嵌的含义，表示加工的精细，并非一般的连接。鞋帮部件在镶接完成后再进行车线，所以部件镶接的上下关系可以用线迹来表示。在成品图上，带有车线标记的部件为上压件。如果采用翻缝工艺，只有断帮线而没有线迹。

一般的帮结构设计过程，是从主要部件的上压件着手，因为上压部件具有完整的轮廓外形，而下压部件是依据镶接关系推算出来的。

在制帮的过程中，镶接往往不是一气呵成的，镶接与车帮会穿插进行，所以部件镶接的顺序很

重要，先镶接谁后镶接谁，这会影响到加工是否顺利，进而影响到加工的产能。如果结构设计合理其生产效率必然会提高，如果结构设计不合理可能会无法生产。

五、特殊要求

在每款鞋的设计过程中，往往都会出现一个或几个设计难点，把这些难点作为特殊的问题提出来，并且先行解决，可以使后续设计顺利进行。例如，特殊的结构、特殊的外形、特殊的部件、特殊的镶接、殊特的要求，等等。

特殊与不特殊是相对而言的，在初次接触结构设计时，特殊的问题会比较多，随着不断地进行练习，知识面逐渐开阔，解决问题的能力逐步提高，特殊的问题也会越来越少。

比如，外耳式鞋的鞋耳设计，初次接触时一定会考虑它的位置、形状、大小以及鞋眼位的多少等，这就是设计外耳式鞋的特殊要求。在设计外耳式围盖鞋时，由于外耳式鞋的设计已经掌握了，就不显得特殊了，而围盖的设计就成为特殊要求了。

设计的实质是要解决问题，通过对特殊问题的不断解决，设计能力和设计水平都会提高。

课后小结

对成品图进行分析是从楦型选择、结构种类、鞋帮部件、镶接关系和特殊要求五个方面进行的。分析得比较全面、比较深入，对设计的目标就更加清楚和了解，动手设计时才会得心应手。因为结构设计不是样板设计，只要能出样板就可以了。结构设计需要表示出帮部件间的排列组合关系，还需要表示出帮面鞋里之间的配合关系，而这些关系只有通过对成品图的分析才能够得到。

在初次接触帮结构设计时，对成品图的分析应该全面细致；等有了一些经验以后，常规性的东西已经牢记在心了，就可以抓住重点进行分析。

思考与练习

1. 对成品图进行分析的主要内容是什么？
2. 男女满帮鞋楦主要的品种有哪些？
3. 画出一款满帮鞋的成品图来，分析它都有哪些帮部件，镶接关系如何。

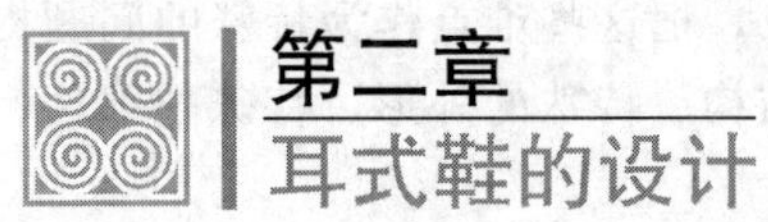

第二章 耳式鞋的设计

要点： 耳式鞋的设计包括内耳式鞋、外耳式鞋、三节头式鞋等品种的设计，由于在马鞍形曲面上存在着横断结构，所以普遍采用定位取跷进行跷度处理。

重点： 内耳式二节头鞋的设计
制取样板
内耳式鞋的变型设计
内耳式三节头鞋类的设计
典型外耳式鞋的设计
外耳式鞋的变型设计

难点： 定位取跷的应用

耳式鞋是一种大众化的鞋类，适穿人群范围广，结构简洁、朴素大方，由于跷度处理比较简单，往往是设计入门的首选样品。耳式鞋又分为内耳式与外耳式两大类型，经过演变又派生出多个品种。通过学习耳式鞋的设计可以掌握鞋帮结构设计的基础知识，然后利用设计规律进行举一反三的款式变换。

第一节 内耳式二节头鞋的设计

男女二节头鞋是内耳鞋的典型代表，现在虽然不再是时尚产品，但它们也曾有过自己的辉煌，

而且为后来鞋款的各种变化奠定了基础。

一、内耳式二节头女鞋的设计

进行结构设计先从成品图分析入手。

（一）成品图分析

画出内耳式二节头女鞋成品图，见图 2-1，这是一款中跟女式二节头鞋，前帮压在鞋耳上，属于内耳式结构。

图 2-1 内耳式二节头女鞋成品图

1. 楦型选择

设计内耳式鞋要选用素头楦。女子 230 号（一型半）女素头楦主要参考数据参见表 2-1。

表 2-1 女 230 号（一型半）素头楦主要尺寸表 单位：mm

部位名称	平跟女素头楦（跟高 20～30）	中跟女素头楦（跟高 40～50）	高跟女素头楦（跟高 60～80）
楦底样长	242±5	242±5	242±5
放余量	16.5±0.34	16.5±0.34	16.5±0.34
后容差	4.5±0.09	4.5±0.09	4.5±0.09
楦跖围	216.5±3.5	218.5±3.5	220.5±3.5
楦跗围	（220.5～218.5）±（3.6～3.5）	（217.5～215.5）±3.5	（215.5～213.5～211.5）±3.6
基本宽度	80.2±1.3	77.6±1.2	76.4±1.32

注：在鞋号相同时，楦跟高不同会引起跖围、跗围和基本宽度的变化。

素头楦比较肥，耳式鞋通过绑带的方式可以增加抱脚能力。

2. 结构类型

由于鞋的前帮压在鞋耳上，所以二节头鞋属于内耳式结构类型。

内耳式鞋的口门位置一般设计在 V 点，横向的断帮线破坏了马鞍形曲面，采用定位取跷进行处理就可以达到伏楦的目的。

3. 鞋帮部件

鞋帮部件包括整前帮、两片后帮、暗鞋舌和保险皮，共计 4 种 5 件，这是制备样板数量的依据。

4. 镶接关系

前帮压在后帮上，前帮有完整的轮廓线，设计从前帮入手。

鞋耳压在鞋舌上，为了防止鞋舌前边沿过厚磨脚，压茬量取 10～12 mm，大于普通压茬量。

保险皮压后帮中缝，采用包口工艺，起到保护鞋口的作用。

5. 特殊要求

女楦的 VE 长度占脚长的 25%，230 号楦是 $VE=57.5$ mm，因此鞋耳上适合设计 4 个眼位，平均眼位间距 11～12 mm。眼位边距宽度一般取 13 mm。

眼位下面有装饰线，俗称假线，要求车并线。

前帮的背中线不要断开，取一整片，称为整前帮。前帮两翼比较长，延伸到腰窝与踝骨之间，

与长鞋耳相搭配。

（二）结构图设计

参照成品图和分析的结果就可以绘制出结构设计图。首先要在卡纸上描画出半面板的轮廓线，标出主要设计点，连接出前帮控制线、中帮控制线、后帮控制线和后帮高控制线，并用圆规画出取跷角$\Sigma_{中}$，见图 2-2。

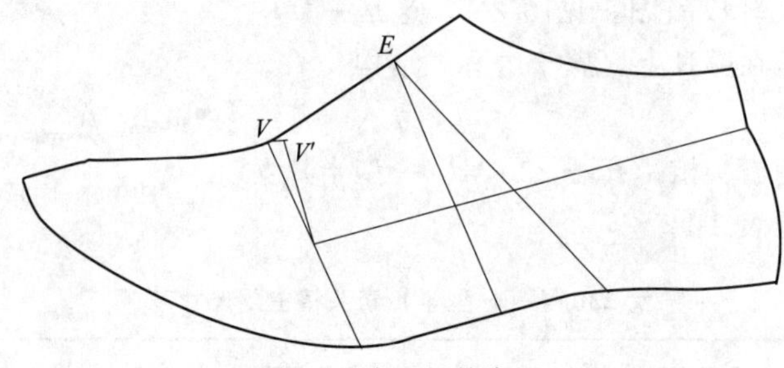

图 2-2　半面板轮廓图

1. 前帮设计

前帮长度后端在V'点，连接$V'J$并延长作为背中线，然后自底口A点顺连到背中线定作A_0点。A_0V'线为前帮背中线。

前帮两翼长度取在FP的 1/2 附近定F_1点。过V'点作前帮背中线的垂线，控制口门外形。然后自V'点开始设计一条向下弯曲的前帮轮廓线。要求线条端正、舒展、顺势下滑到F_1点，见图 2-3。

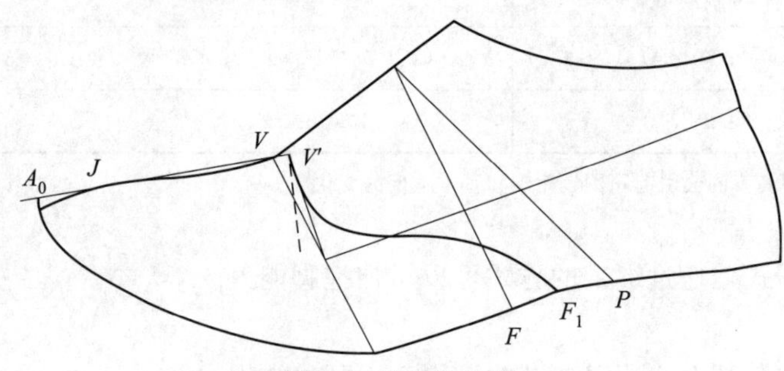

图 2-3　前帮设计图

前帮的轮廓线是造型线，除了V'点和F_1点需要控制外，设计轮廓线没有过多的限制，只需要把造型线设计得到位、顺畅、好看。

2. 后帮设计

设计后帮鞋耳要借用VE线和EP线，形成一个圆滑的鞋耳造型。

鞋耳前端沿着EV线延长到V点，然后过V点作一条垂线，借用一小段垂线设计鞋耳前端轮廓线，并逐渐与前帮轮廓线重合。把重合的位置定作O'点，在前后帮轮廓线之间所形成的$\angle VO'V'$即为定位取跷角。O'点以下的轮廓线为前后帮共用线。

过P点作底口前段线的垂线，与OQ相交后再下降 2 mm 定作P''，作为外怀后帮腰高度位置点。

顺着鞋耳后端轮廓线设计出鞋口弧线，要经过P''点，使弧线最凹位置处在P''点，并延长到Q点，见图 2-4。前帮取在V'点，后帮取在V点，两者之间形成定位取跷角$\angle VO'V'$。

对于后跟弧线来说，如果使用天然革材料，不用另加合缝量，仍然用半面板的原弧线，因为皮革材料延伸性较好。如果使用人工革材料，合缝线的边距在 3 mm 位置，则要加放 3 mm 合缝量，因为合成革、人造革材料的强度低，边沿易“炸线”。

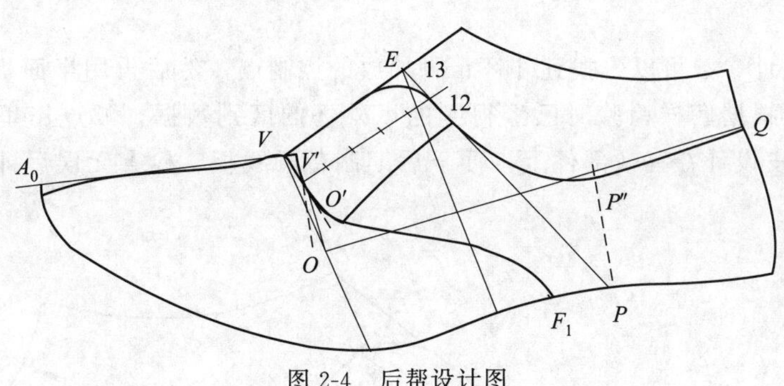

图 2-4 后帮设计图

在距离 *VE* 线 13 mm 位置作一条平行的眼位线，把鞋耳长度范围内的眼位线等分成 5 份，确定 4 个眼位。

假线在眼位线之下，后端距离眼位线 12 mm，向前略成弯曲状，终止在口门圆弧线的拐弯位置。假线是一条装饰线，可以设计成直线、折线、复合线等多种形式，往往依据鞋帮部件的外形来进行变化。

3. 鞋舌设计

内耳式鞋舌使用在鞋耳之下，但它是一种游离型的部件，可以设计在其他位置。考虑到制备画线板，往往把鞋耳设计在前帮较空旷的位置。

设计鞋舌是依据鞋耳长度来进行的，首先确定出鞋舌的基准长度 *VE*，前端加压茬 10～12 mm，后端加放量 6～7 mm。后端宽度与假线位置同宽，在 25 mm 左右，前端在 *V* 点位置宽度比后端少5 mm，成为后宽前窄的形状。然后在压茬位置收进约 30°倾斜角作为压茬位置标记。最后将后端鞋舌的直角改为圆弧角，见图 2-5。

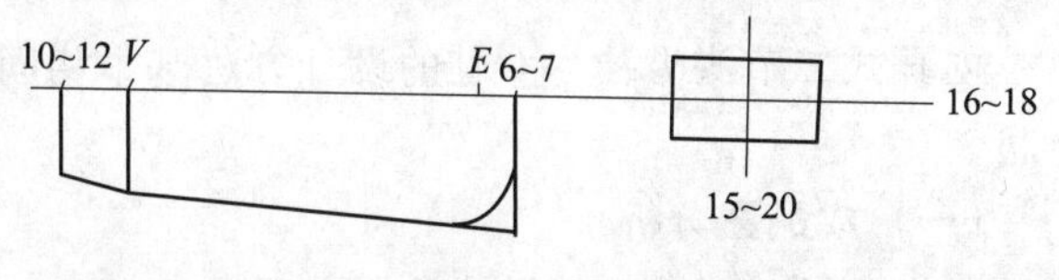

图 2-5 鞋舌与保险皮设计图

鞋舌的基准长度为中线的长度，设计对称结构的部件时，以中线为界，只设计半边轮廓线，取样板时再将另一侧剪出。

4. 保险皮设计

保险皮在后帮中缝上起着加固和补强的作用，由于面积比较小，都是用下脚料裁断。女鞋保险皮一般采用包口工艺，长度在 15～20 mm，宽度在 16～18 mm，设计成矩形轮廓，这属于普通的保险皮类型，见图 2-5。

在生产加工时保险皮并不是直接裁断成一小块，而是裁成一长条，使用一段减去一段，这样比较省工和省料。

5. 底口处理

在结构图上的帮部件都设计完成后，再进行底口处理，也就是在底口增加绷帮量和做出里外怀的区别。

绷帮量的多少是可以通过计算得到的。要考虑帮脚的折回量 10 mm、内底厚度 1.8～2.0 mm、半内底厚度 2～2.5 mm、主跟厚度 1.2 mm 左右、包头厚度 1.0 mm 左右、帮面厚度 1.0～1.2 mm、鞋里厚度 0.5～1.0 mm。当把这些厚度累积起来后就可以分别计算出前尖、跖趾、腰窝、后跟的绷帮量。

绷帮量虽然计算得很准确，但是在绷帮过程中经过拉伸会产生误差，还需要进行修正。因此，在结构设计时往往是按照一般规律先假定一个绷帮量。一般女鞋的底口前头加放 13 mm，跖趾部位加放 14 mm，腰窝部位加放 15 mm，后跟部位加放 16 mm。如果帮脚大小有出入，在试帮完成后一

并进行修正。

利用绷帮量的设计参数可以先找到外怀帮脚加放的控制点，然后再用半面板的底口顺连出外怀底口绷帮量。接着再根据套样检验时已经得到的里外怀的区别数据，顺连出里怀底口轮廓线，见图 2-6。鞋舌与保险皮设计在鞋帮部件上，便于后期制备画线板。检查无误后即得到内耳式二节头女鞋帮结构设计图。

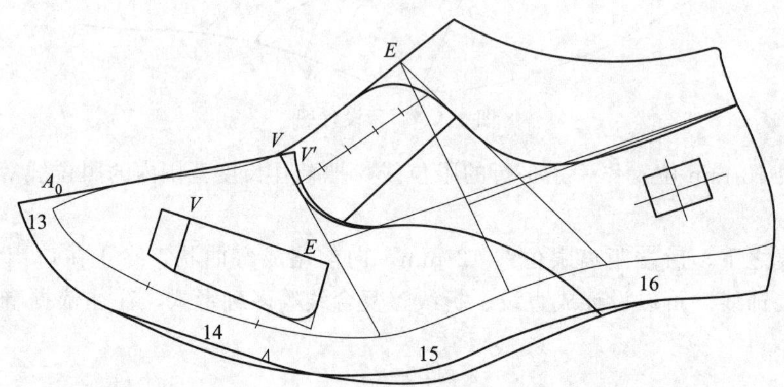

图 2-6　内耳式二节头女鞋帮结构设计图

二、内耳式二节头男鞋的设计

内耳式二节头男鞋与女鞋的设计方法基本相同，但有一些风格上的差别。首先也要进行成品图分析。

（一）成品图分析

画出内耳式二节头男鞋成品图，见图 2-7。

这是一款男式二节头鞋，前帮两翼造型、鞋眼个数、保险皮等都与女式二节头鞋有区别。

图 2-7　内耳式二节头男鞋成品图

1. 楦型选择

设计内耳式二节头男鞋选用男素头楦。250 号（二型半）男素头楦底主要数据参见表 2-2。

表 2-2　　**男 250 号（二型半）素头楦主要尺寸表**　　单位：mm

部位名称	尺寸	部位名称	尺寸
楦底样长	265±5	楦跖围	239.5±3.5
放余量	20±0.38	楦跗围	243.5±3.6
后容差	5±0.09	基本宽度	88±1.3

男素头楦的跖围比脚小 3.5 mm，有一定的抱脚能力，跗围比脚大 0.5 mm，有一定宽松量，适宜设计各种绑带鞋、钎扣鞋、橡筋鞋等。

2. 结构类型

男式二节头鞋与女式二节头鞋结构相同，也属于内耳式结构，也采用定位取跷进行处理。

3. 鞋帮部件

鞋帮部件包括整前帮、两片后帮、暗鞋舌和保险皮等部件，共计 4 种 5 件。部件的数量与二节

头女鞋相同，但部件的外形风格各有差异。

4. 镶接关系

前帮压后帮，前帮有完整的轮廓线，设计从前帮入手。

鞋耳压鞋舌，鞋舌的压茬量取 10～12 mm。

保险皮压后帮中缝，采用合缝工艺，具有装饰作用，这与二节头女鞋有区别。

5. 特殊要求

男楦的 VE 长度占脚长的 27%，250 号楦是 VE=67.5 mm，因此鞋耳上适合设计 5 个眼位，平均眼位间距 11～12 mm，眼位边距宽同样取 13 mm。

眼位下面有装饰线，车并线。

保险皮为曲线形外观，装饰作用强。

前帮背中线不断开，取整前帮。

男鞋前帮两翼比较长、比较丰满，而且要求同身样板能够互套，这样可以节省材料，见图2-8。男式二节头鞋的前帮要求同身能够套划，这样可以节约不少的材料。在套划过程中，使用的是划料样板，口门宽度除了满足两翼的基本轮廓外，还必须增加 3 个折边量（15 mm）、绷帮量（16 mm）和里怀多出的量（4～5 mm），总计在 35～36 mm。

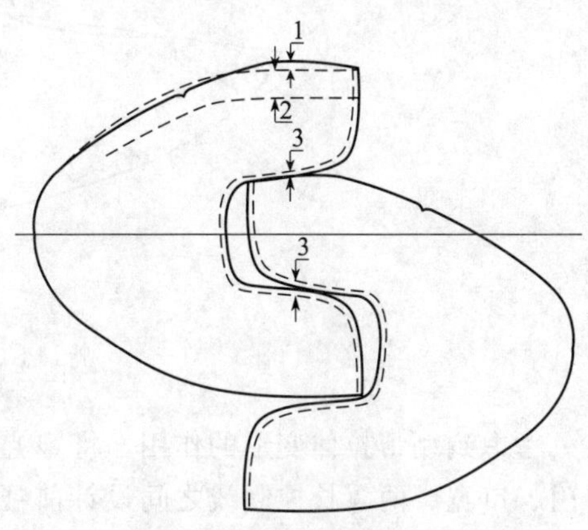

图 2-8 前帮套划示意图

1—里怀多出的量 2—绷帮量 3—折边量

对于女式二节头鞋来说，前帮两翼虽然长，但是却比较窄，能够进行同身套划。而男鞋两翼造型丰满，同身套划就不容易，所以必须提前进行考虑。

（二）结构图设计

首先在卡纸上描画出半面板的轮廓线，标出主要设计点。连接出前帮控制线、中帮控制线、后帮控制线和后帮高控制线。并用圆规画出取跷角$\Sigma_{中}$。

1. 前帮设计

前帮长度后端在 V'点，连接 $V'J$ 并延长为背中线，然后自底口 A 点顺连到背中线定作 A_0点。A_0V'线为前帮背中线。

前帮两翼长度取在 FP 的 1/2 附近定 F_1点。过 V'点作前帮背中线的垂线，控制口门外形，过 F_1点作 OQ 的垂线，控制长度范围，见图 2-9。

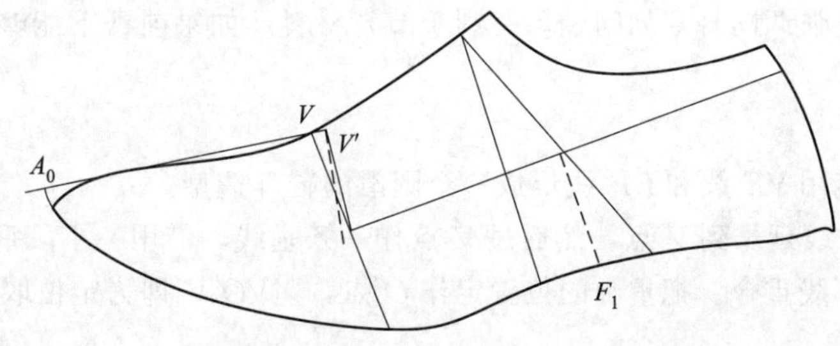

图 2-9 前帮控制线

为了保证样板能够同身套划，需要控制口门宽度。操作步骤如下：

（1）延长前帮背中线作为基准线；

（2）在底口以 HF_1 长度的一半作为两翼长的中点 F_2；

(3) 过 F_2点作延长背中线的垂线，交于 F_3点；

(4) 自 F_2点向下延长 35～36 mm 定 F_4点；

(5) 在 F_4和 F_3点之间截取上 1/3 强定 F_0点；

(6) F_0点即为口门宽度控制点，见图 2-10。设计口门宽度要增加 35～36 mm，其中包括绷帮量 16 mm、三个折边量15 mm、里怀多出量 4～5 mm。如果出现数据差异可随时调整。

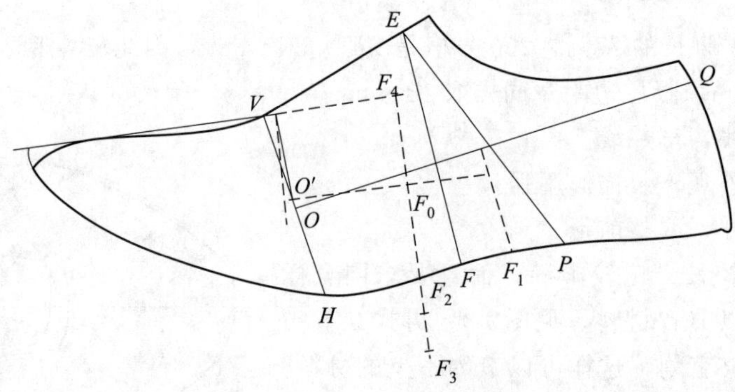

图 2-10　确定口门宽度控制点

考虑到绷帮拉伸变形的作用，将 O 点上升 3 mm 定 O'，然后连接 $O'F_0$为口宽控制线。接着在口门、口宽、两翼长控制线之间设计前帮轮廓线。线条自口门下垂位置取圆弧，然后逐渐靠近 F_0点，经过 F_0点后再离开并逐渐下降，最后形成两翼圆弧线，见图 2-11。

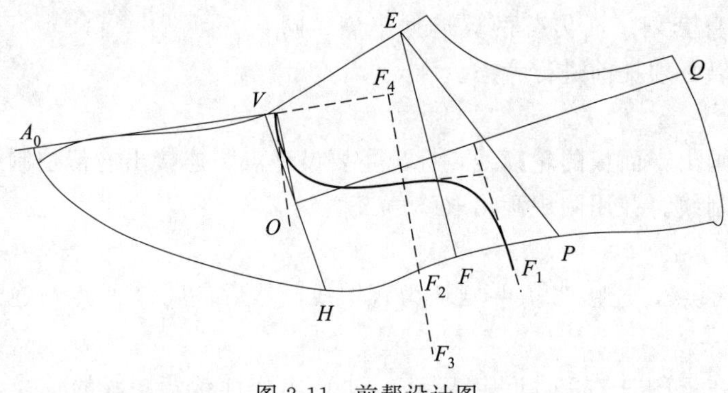

图 2-11　前帮设计图

男女二节头鞋前帮两翼的轮廓线风格是不同的，女鞋线条舒展自由，男鞋线条丰满庄重。由于男鞋线条丰满，所以要强调同身套划问题，有利于节省材料。如果前帮不能够同身套划，那就必须重新设计。

2. 后帮设计

设计后帮鞋耳要借用 VE 线和 EP 线形成一个圆滑的鞋耳造型。

鞋耳前端沿着 EV 线延长到 V 点，然后过 V 点作一条垂线，借用一小段垂线设计鞋耳前端轮廓线，并逐渐与前帮轮廓线重合。把重合的位置定作 O''点，$\angle VO''V'$即为定位取跷角。自 O''点以下的轮廓线为前后帮共用线。

过 P 点作底口前段线的垂线，与 OQ 相交后再下降 2 mm 定作 P''，作为外怀后帮腰高度位置点。顺着鞋耳后端轮廓线设计出鞋口弧线，要经过 P''点，使弧线最凹位置在 P''点，并延长到 Q 点，见图 2-12。前帮取在 V'点，后帮取在 V 点，两者之间形成定位取跷角$\angle VO''V'$。

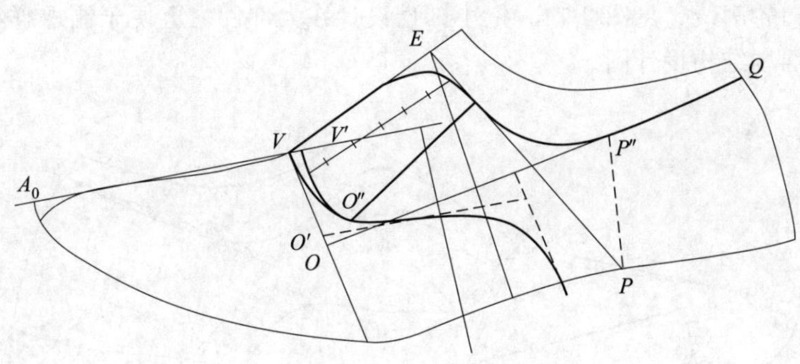

图 2-12 后帮设计图

对于后跟弧线来说，如果使用天然皮革材料，不用另加合缝量，依然用原弧线。如果使用人工革材料，强度低于天然皮革，合缝线的边距在 3 mm 的位置，所以要加放 3 mm 的合缝量。在以后的设计中，这一方法同样适用，将不再重复。

在距离 VE 线 13 mm 的位置作一条平行的眼位线，把鞋耳长度范围内的眼位线等分成 6 份，确定 5 个眼位。

假线在眼位线之下，后端距离眼位线 12 mm，向前略成弯曲状，终止在口门圆弧线的拐弯位置。假线是一条装饰线，可以有多种变化。

3. 鞋舌设计

设计鞋舌是依据鞋耳长度来进行的，首先确定鞋舌基准长度 VE，前端加压 10～12 mm，后端加放量 6～7 mm。后端宽度与假线位置同宽，在 25 mm 左右，前端在 V 点位置宽度比后端少 5 mm，成为后宽前窄的形状。然后在压茬位置收进约 30°倾斜角作为压茬位置标记。最后将后端鞋舌的直角改为圆弧角，见图 2-13。

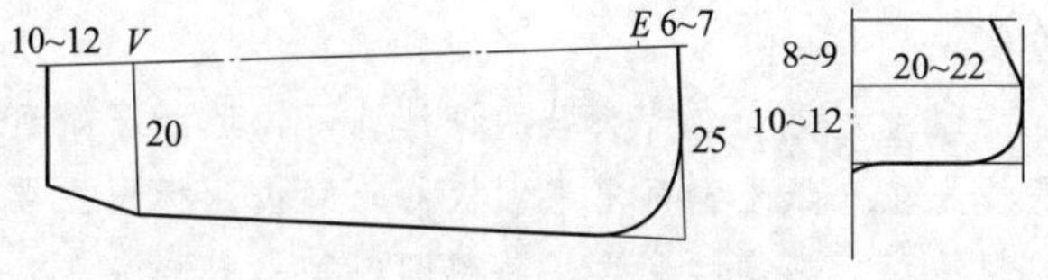

图 2-13 鞋舌与保险皮的设计

4. 保险皮设计

男式二节头和三节头鞋的保险皮都为曲线造型，具有装饰的作用，其他鞋类一般都用“矩形”普通保险皮。曲线的造型类似于“大括弧”，设计步骤如下：

(1) 先作一条竖直线作为保险皮对折中线；

(2) 再作一条竖直线的垂线，并截取长度 20～22 mm；

(3) 在长度的上端作一个约 30°倾斜角作为折回位置标记，再取 8～9 mm 高度后作对折中线的垂线；

(4) 在长度的下端取高度 10～12 mm 作一个垂线，然后顺着宽度线的尾端顺连出半个大括弧外形到达对折中线；

(5) 设计图为半个保险皮外形，对折后剪出样板即为完整的保险皮，见图 2-13。

5. 底口处理

在结构图上的帮部件都设计完成后，再进行底口处理，也就是在底口增加绷帮量和做出里外怀的区别。

一般男鞋的底口前头加放 14 mm，跖趾部位加放 15 mm，腰窝部位加放 16 mm，后跟部位加放 17 mm。利用这些设计参数可以顺连出外怀底口绷帮量。

对于里外怀的区别，在用套样检验时已经得到了相关数据，据此可以标出里怀底口控制位置，

然后顺连出里怀底口轮廓线，见图 2-14。把小部件设计在大部件之上便于制取样板。检查无误后即得到内耳式二节头男鞋结构设计图。

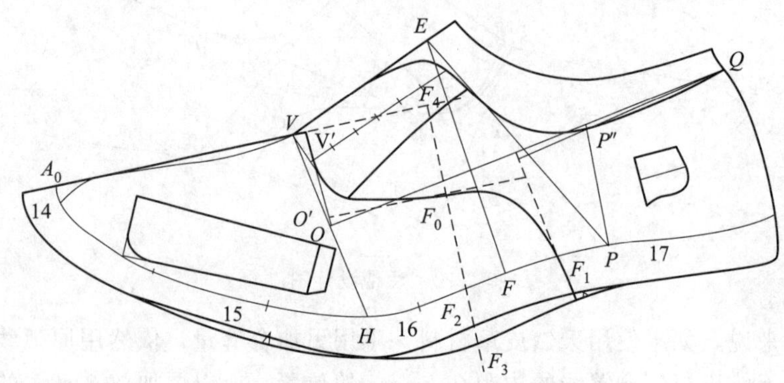

图 2-14　内耳式二节头男鞋帮结构设计图

课后小结

比较男女二节头的设计过程，会发现有许多步骤是相同的。对于内耳式鞋来说，因为结构都相同，所以取跷方法也就相同，都采用定位取跷。它们的区别主要是在部件的造型上，由于男女鞋的风格不同，女鞋的线条设计应该飘逸流畅，男鞋的线条应该庄重大方。这样一来就会出现一些特殊要求，男式二节头的前帮两翼比较丰满，如果过于丰满就会影响到同身套划，造成材料的浪费。因此，就需要控制两翼宽度。而女鞋的线条舒展下滑，一般不需要进行宽度控制。

通过对男女二节头鞋的设计练习，已经了解到结构设计的基本思路，在后续的设计过程中，都是首先在卡纸上描画出半面板的轮廓线，标出主要设计点，连接出前帮控制线、中帮控制线、后帮控制线和后帮高控制线，并用圆规画出取跷角$\sum_{中}$。在底口处理当中，也都是利用绷帮量参数先设计外怀底口轮廓线，然后再根据里外怀的底口区别设计里怀底口轮廓线。

对于作背中线、画取跷角、找到 P''点、设计弧形鞋口等基本技法应该熟练应用。

思考与练习

1. 画出女式二节头鞋成品图，并绘制出帮结构设计图。
2. 画出男式二节头鞋成品图，并绘制出帮结构设计图。
3. 内耳式鞋取跷的特点是什么？

第二节　制取鞋帮样板

鞋帮的结构设计图只是表明了鞋帮部件的搭配关系，要想得到鞋帮还必须制取鞋帮样板，然后再用样板开料制作才能得到成品鞋。制取鞋帮样板也叫打板，广东地区称为出格，是指把设计完成的部件按照加工需要分别制取出来。

生产用的鞋帮样板包括基本样板、开料样板和鞋里样板三种类型。利用结构设计图就可以按图索骥制取基本样板，然后再利用基本样板制取开料和设计鞋里样板。

制取鞋帮样板的方法有多种，早期曾用过扎点法、复写纸法、拷贝法、分解法，现在常用的是划线板法，也就是把结构图改成划线板，利用划线板制取样板。在实际应用中，应该把设计图复印

一份作为档案保存，然后再把设计图改成划线板。

一、制备划线板

1. 划线板

划线板是用来制取基本样板的镂空板，是由结构图改成的。所以首先要把结构设计图直接绘制在卡纸上，然后将部件的基本轮廓用美工刀刻出标记，以便能够顺利制取样板，见图 2-15。

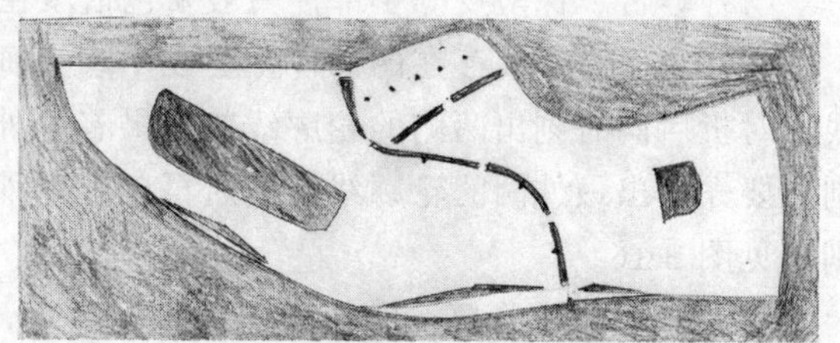

图 2-15 男式二节头鞋的划线板

如图 2-15 所示，帮部件的基本轮廓用划线槽表示，鞋眼位用锥孔表示，保险皮、鞋舌等小部件用镂空表示。槽口有两条线，一条是标记线，另一条是辅助线，在辅助线条上要做出剪口标记，底口部位的断帮位置也有剪口标记。底口上里怀标记要做在部件的底口上。

2. 制备划线板

制备划线板要用到美工刀、塑胶垫板、小钢板尺、扎锥等工具。

刻轮廓线的具体要求如下：

(1) 沿着结构图的最外边的轮廓用美工刀把大轮廓先分割出来，直线部位用小钢板尺比对着分割。

(2) 把较大的部件轮廓间断性分割出来，连接部位的长度在 3～5 mm。分割线距离外轮廓边沿要保持 5 mm 左右，然后在有压茬的一侧开出 2 mm 宽度的槽口。槽口上有两条线，开在设计线上的槽口线是取样板的标记线，要求光滑准确，另一侧槽口线是辅助线，要打出剪刀口以示区别。

(3) 把取跷角镂空出来，距离外轮廓边沿要保留 5 mm 左右的边距，两侧镂空线都要用，不用打剪口标记。

(4) 假线位置也开 2 mm 宽的间断性槽口，两侧槽口线都要用到，也不用打剪口标记。

(5) 在底口部位刻出里外怀的区别，在断帮位置也打剪口。

(6) 把小部件设计在大部件之上，然后用美工刀镂空形成槽口线。

划线板是用来制取基本样板的，刻线标记可以灵活变化，但不要把划线板刻烂，以便多次使用。使用划线板制取样板比较方便和规范，重复性好。在刻错的部位可以用美纹纸粘补重刻。检验划线板是要从背面来检查，观察是否能够包括所有的部件轮廓。

开槽时的辅助线刀口要开在有压茬的部位，因为在帮部件上划出的标记线可以在镶接时被覆盖，如果辅助线槽口位置开错了，部件镶接后标记线会被暴露出来，影响鞋帮面的外观。

二、制取基本样板

基本样板是指帮部件基本轮廓的样板。基本样板用于帮工车间，在鞋帮上划标记线使用的就是基本样板，也称为制作样板。基本样板上一定要有加工标记，但一般不包括压茬量、折边量、合缝量等加工量。为了使用方便，要包括绷帮量。

1. 制取基本样板的方法

制取基本样板的方法就是“按图索骥”，将划线板平放在卡纸上，将部件的外形轮廓描画出来，然后逐一刻出每个部件。

2. 制取样板注意事项

（1）基本样板的轮廓线要完整，特别是取跷角、背中线、底口线等位置不要取错。

（2）基本样板上要标出加工标记，俗称规矩点，例如中点位置、鞋眼位置、假线位置、接帮位置、锁口位置等。

（3）底口轮廓线要有里外怀的区别，在里怀一侧打上剪口标记。

（4）鞋舌、保险皮等小部件一般要包括压茬量、折回量等加工量，使用起来方便。

（5）对于有中线存在的部件，要在中线上画出半切线，对折后同时刻出两侧的轮廓线；如果有里外怀的区别，要先刻出最外圈的轮廓线，然后再刻出里外怀的区别，见图 2-16。

基本样板包括前帮、后帮、鞋舌与保险皮，共计 4 种 5 件，与成品图分析的部件数量相同。基本样板轮廓要完整，上面要有加工标记、里外怀区别。前帮的前端中点可以用切口表示，其他部位的中点用扎点表示，扎点位置距离部件边沿 5 mm。

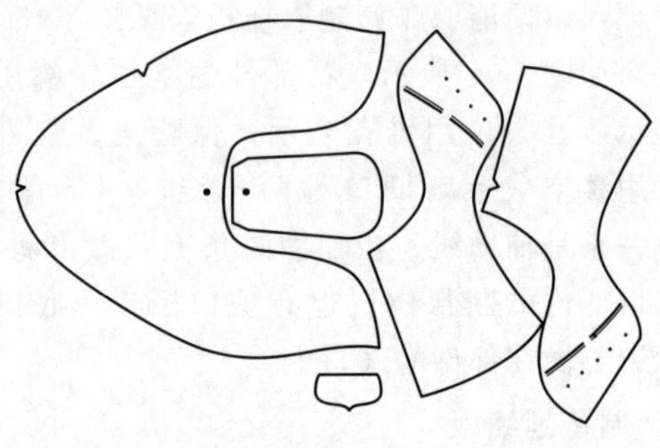

图 2-16　男式二节头鞋的基本样板

三、制取开料样板

开料样板是用来划料裁断的样板。开料样板用于开料车间，又称划料样板、下料样板，也是打制裁断刀模的样板。开料样板上一般不需要加工标记，但一定要包括加工量，否则开料就没有意义。

1. 常用的加工量

开料样板的加工量包括压茬量、折边量、合缝量、翻缝量等。具体需要加放何种加工量，要根据设计要求来决定。

（1）压茬量　当两部件边沿叠加时，下压部件需要留出的搭接量，这就是压茬量，也称搭位量。压茬量一般取 8～9 mm，这个数据最早来源于 1/3 in，可以换算成 8.47 mm，应用时就转化为 8～9 mm。目前国内企业通用为 8 mm。

（2）折边量　有些部件的边沿需要折回，使得边沿光滑整齐好看，这个折回量就是折边量。折边量一般取在 4.5～5 mm。例如，羊面革材料较薄，取 4.5 mm，一般牛面革取 5 mm。如果材料偏厚，或者两个折边部件叠加，可以取 6 mm 左右。常用的平均折边量为 5 mm。

（3）合缝量　两部件贴合并将边沿缝合在一起时，需要留出的缝合量就是合缝量。合缝量的大小与材料的性质有关。对于皮革材料来说，由于自身的强度高，合缝线的边距一般在 1～1.5 mm，所以合缝量就取在 1～1.5 mm。对于人工革材料来说，边沿容易炸线，所以合缝线的边距一般在 2.5～3 mm，所以合缝量就取 2.5～3 mm。

（4）后弧中线的合缝量后弧中线的位置比较特殊，合缝后还需要做劈缝处理。对于天然皮革材料来说，自身的延伸性较好，而缝合边距只有 1～1.2 mm，所以这个合缝量就不用加放，绷帮时完全可以被拉伸出来。对于人工革来说，虽然延伸性好，但回弹性大，拉伸后还会收缩，所以一般要加放 2.5～3 mm 合缝量。

（5）鞋口翻缝量　翻缝工艺的鞋口加工时面与里合缝后还需要翻转，缝合的边距为 3～4 mm，所以留出的翻缝量为 3～4 mm，可以保持鞋口外观不变形。

2. 制取开料样板的方法

制取开料样板的方法比较简单，只需要将基本样板平放在卡纸上，描出基本样板的轮廓后再加

放出所需要的加工量即可，见图 2-17。前帮口门位置、后帮鞋口位置加放了 5 mm 折边量，后帮前端位置加放了8 mm 压茬量。其中的鞋舌样板和保险皮样板、基本样板与开料样板相同，俗称二板合一。

制取前帮开料样板后，要进行套划检验，要求同身样板能够成双套划，见图 2-18。

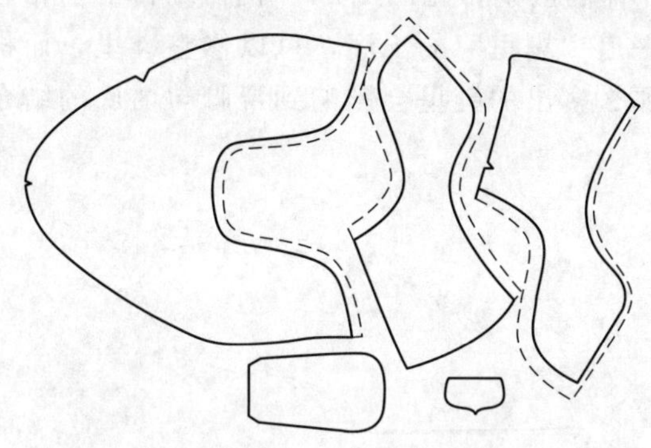

图 2-17 男式二节头鞋的开料样板

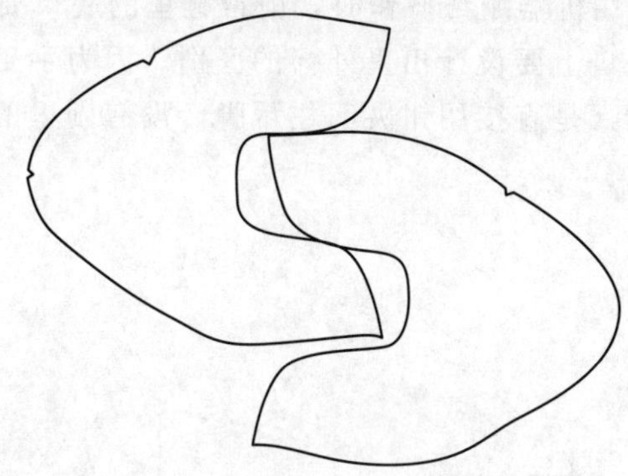

图 2-18 同身样板成双套划

同身样板的成双套划是指左右脚样板的套划。如果两翼宽度控制点不准确就会造成不能套划，如果是绷帮量偏大、折边量偏大也会造成不能套划。

鞋帮的款式虽然变化多端，但是制备划线板的方法和要求是相同的，制取基本样板的和开料样板的方法也是相同的。通过男女二节头鞋样板的制取练习，应该掌握这些方法。

四、制取鞋里样板

制取鞋里样板与制取基本样板和开料样板不同，需要按照基本样板重新设计鞋里部件，然后再制取鞋里样板。

由于鞋帮的结构不同，鞋里的变化也比较大。在这里先学会内耳式鞋里的设计方法，以后逐渐增加知识容量。

1. 内耳式鞋里的结构

设计鞋里以简洁、实用、平整为主，不需要额外的装饰。鞋里结构可分为套式里与分段里两种类型。所谓套式里是指首先把鞋里缝合成鞋套，然后再与鞋帮套组装在一起。例如，女浅口鞋的鞋里、筒靴的鞋里等。所谓分段式鞋里是指分别设计出前帮里与后帮里，然后前帮面与前帮里组合、后帮面与后帮里组合，最后再通过合帮把鞋帮的里和面组装在一起。大部分的满帮鞋都属于分段式鞋里。

二节头鞋的主鞋里属于分段鞋里，有两段式结构和三段式结构两种类型。主鞋里是指前后帮的鞋里，辅助鞋里是可以单独游离出来的鞋里，例如鞋耳里，不计算在主鞋里的段数之内。

（1）两段式鞋里　鞋里分为前帮里和后帮里两段。

（2）三段式鞋里　鞋里分为前帮里、鞋耳里、后跟里三段。

三段式鞋里是由两段式鞋里演变出来的，其前帮里都相同，后帮里如果是一件，就形成两段式鞋里，如果将后帮里分割成两件，就形成三段式鞋里。一般两段式鞋里用于普通鞋款上，三段式鞋里用于档次较高的鞋款上。

2. 内耳式鞋里的设计方法

（1）前帮鞋里的设计　设计前帮里首先要描画出前帮基本样板半边的最外圈轮廓，在手工绷帮

操作时底口可以不用区分里外怀。在前端位置，考虑到前包头的容量，需要下降 2 mm，然后重新连接背中线到鞋口位置，并延长 8 mm 作为压茬量。在底口收进 6～7 mm，便于绷帮时鞋帮与鞋里都能与内底黏合。在前帮后端均匀加放出 8 mm 压茬量，使鞋里形成完整的轮廓线。展开后即得到前帮的鞋里样板，见图 2-19。图中的虚线是前帮里的轮廓。

在机器绷帮操作时，前帮鞋里的底口要做出里外怀的区别，见图 2-20。机器绷帮的前帮鞋里底口上要设计出里外怀的区别。因为手工绷帮有一道“剔里”的工序，可以修整鞋里，而机器绷帮是直接用钳夹叼住帮脚，没有剔里的操作，那么多出的鞋里会影响到帮脚与内底的结合强度。

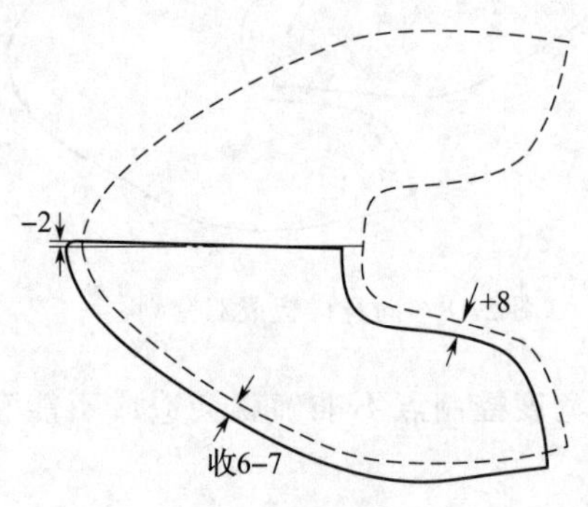

图 2-19　前帮鞋里的设计

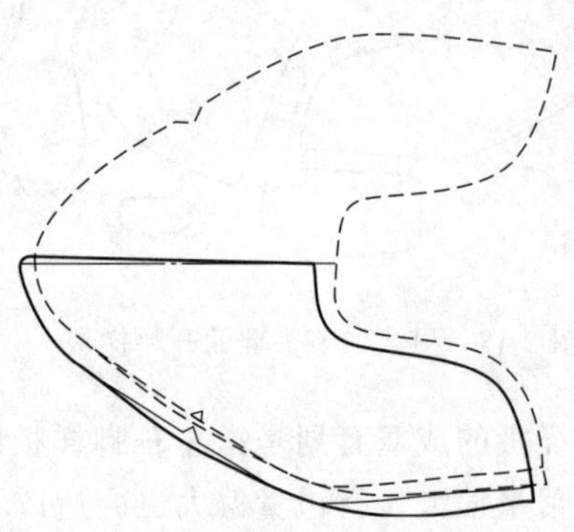

图 2-20　前帮鞋里有里外怀区别的设计

在设计前帮鞋里有里外怀的区别时，需要同时描画出前帮基本样板的里外怀轮廓线，然后分别在里外怀各自收进 6～7 mm，而其他的设计要求不变。

（2）两段式后帮鞋里的设计　两段式鞋里的后帮为一整件。首先要描画出后帮里怀基本样板（面积较大）的轮廓，然后在鞋口线上加放 3 mm 的冲边量，在前下端加放 8 mm 压茬量，在底口收进 6～7 mm。在后跟弧线上的 Q 点位置收进 2 mm、D 点位置收进 3 mm，B 点位置收进 5 mm，然后重新连接一条后弧线，见图2-21。图中的虚线为整件后帮里。

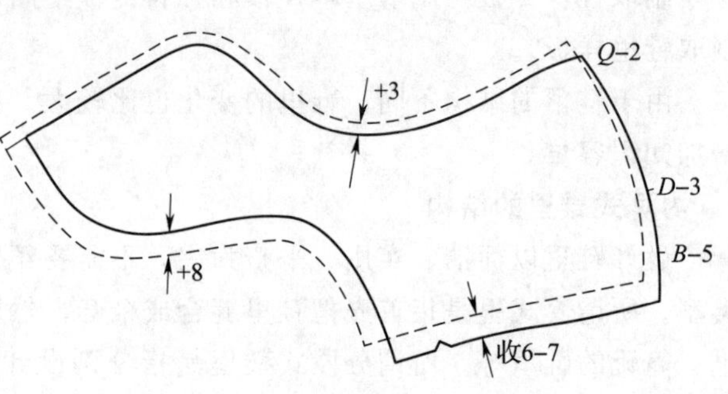

图 2-21　两段式后帮鞋里的设计

缝合鞋口线时，为了保证把鞋里与鞋面顺利缝合住，需要多增加一些缝合量，完成鞋口线的缝合以后再把多余的量用冲刀冲掉，所以叫作冲边量。在后帮里前端加放了 8 mm 压茬量，在前帮里的后端也加放了 8 mm 的压茬量，这是为了保证在合帮时鞋里鞋面都能被缝合住。在后弧位置，重新连接的后弧线比帮面平均收进了 2 mm，这是因为鞋里在内圈、帮面在外圈。由于在半面板上加放了主跟容量，所以在 D 点和 B 点位置还要扣除主跟容量的厚度，形成了 $Q-2$、$D-3$、$B-5$ 的设计参数。由于鞋里材料的延伸性比较大，所以男女鞋都采用这个设计参数。

（3）三段式后帮鞋里的设计　如果将整件后帮里分割开，就形成了三段式后帮里。由于典型耳式鞋的后帮造型特殊，所以分割的位置设计在鞋耳后端最窄的部位。在断开线的位置需要增加一个小压茬量 4 mm，加在鞋耳一侧。所谓小压差是指部件为了省料断开后再缝合的增加量，由于没有

跷度、帮面的干扰，增加量比较少，所以叫作小压差，见图 2-22。

三段式鞋里的设计参数并没有变化，同样是鞋口增加 3 mm 冲边量、前下端增加 8 mm 压茬量，底口收进6～7 mm。后跟弧依然是 $Q-2$、$D-3$、$B-5$ 的设计参数，但是需要将 QD 连成一条直线作为后跟里的中线，DB 仍旧是弧线。按照鞋里设计图制取样板后可得到三段式鞋里的鞋耳里样板和后跟里样板。

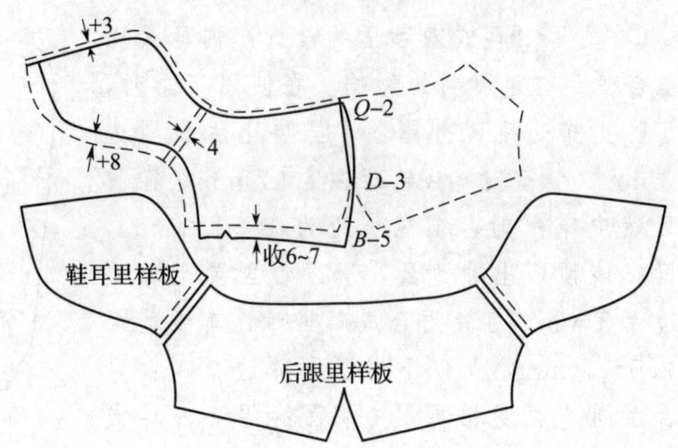

图 2-22 三段式后帮鞋里的设计

课后小结

基本样板简称基样，鞋里样板简称里样，开料样板简称料样，这是制鞋生产必不可少的三种样板。开料时按照料样和里样裁断，制作鞋帮时按照基样标注标志点。学习结构设计不仅要会画结构设计图，还要求会制取样板，因为结构的具体关系都表现在样板上。下面以女式二节头鞋为例，总结制备样板的几个环节：

① 制备划线板：要求按照划线板能够制取每块部件的样板，见图 2-23。

② 制取基本样板：要求有准确的加工标记，见图 2-24。

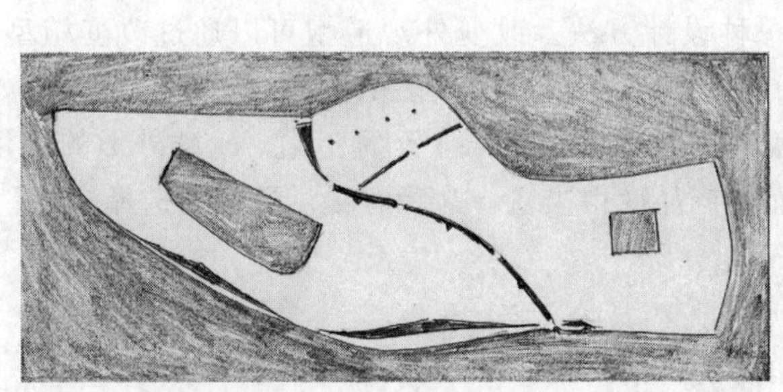

图 2-23 女式二节头鞋的划线板

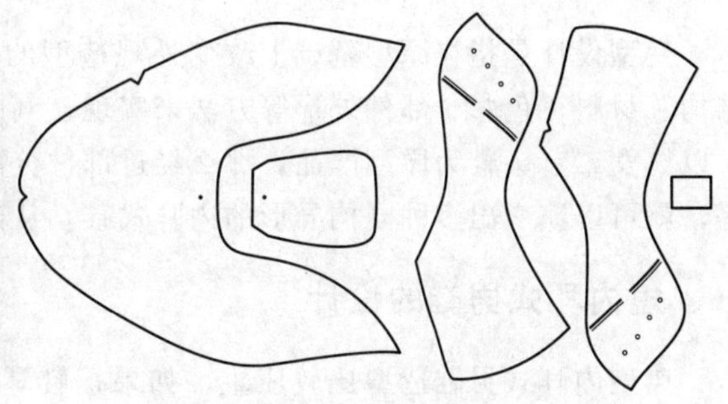

图 2-24 女式二节头鞋的基本样板

③ 按照基本样板制备开料样板：要求有完整的加工量，见图 2-25。

④ 按照基本样板设计并制取鞋里样板：一般鞋里采用两段式结构，见图 2-26。

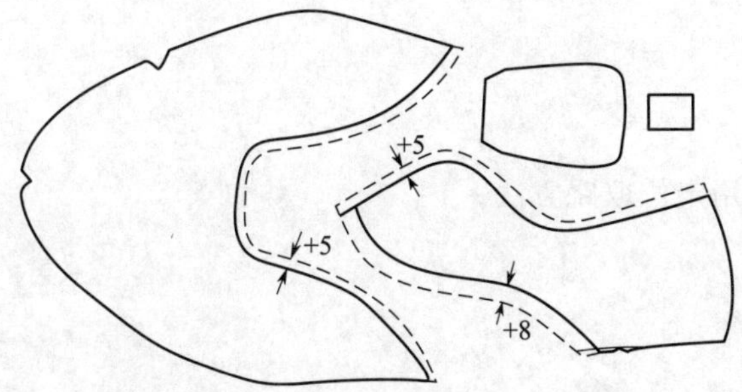

图 2-25 女式二节头鞋的开料样板

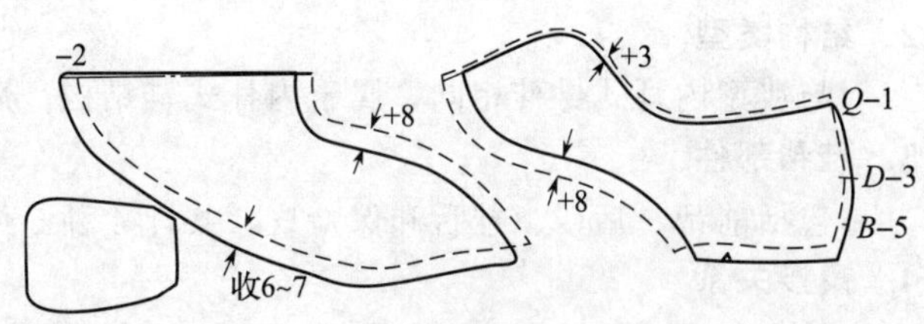

图 2-26 女式二节头鞋里的设计与制取

⑤ 关于内耳式鞋舌里的设计：内耳式鞋舌里会受到鞋里材料的影响。在使用布里时，为了防止布边毛茬外露，舌里要比舌面周边小 3 mm，缝合时车线边距在 6～7 mm。在使用天然皮革里时，车线边距为 1～1.2 mm，鞋里应该预留出冲边量，所以舌里要比舌面周边大 3 mm。在使用合成革里时，车线边距在 2.5～3 mm，所以不用预留冲边量，舌里与舌面周边宽度相同。在前面的男女内耳式二节头鞋的设计中，鞋舌里使用的是合成革材料，所以鞋舌料样与基样二板合一，见图 2-27。

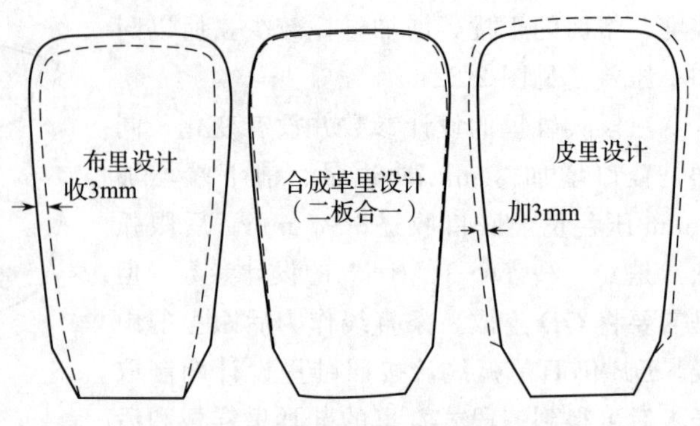

图 2-27　不同材料的暗舌里设计图

思考与练习

1. 制备出内耳式二节头女鞋的划线板，并制取基样、料样和两段式里样。
2. 制备出内耳式二节头男鞋的划线板，并制取基样、料样和三段式里样。
3. 举例说明基样上的加工标记有什么作用。

第三节　内耳式鞋的变型设计

变型设计是指在原型基础上改变外观造型的一种设计方法。改变外观造型可以通过改变楦型、结构、材料、色彩、部件外形等方法来实现，其中在结构设计中应用较多的是改变部件的造型。如果以男女二节头鞋为原型产品，那么经过部件分割比例的变化、断帮位置的变化、轮廓外形的变化等，就可以演变出多种同构异形的内耳式鞋，从而使产品变得丰富，为顾客提供更多的选择余地。

一、短内耳式男鞋的设计

典型内耳式男鞋造型比较庄重，如果把鞋耳的长度缩短，可以使鞋身变得轻便，同时也把前帮适当缩短，以使前后身比例协调，这就形成了短内耳式鞋，见图 2-28。鞋耳变短，只保留了 3 个眼位，同时前帮也缩短，使鞋身变得修长轻巧。

图 2-28　短内耳式男鞋成品图

（一）成品图分析

1. 楦型选择

与典型内耳式男鞋相同，选用男素头楦。

2. 结构类型

与典型内耳式男鞋相同，属于内耳式鞋结构，采用定位取跷方法。

3. 鞋帮部件

包括前帮、后帮、鞋舌和保险皮，共计 4 种 5 件。

4. 镶接关系

前帮压鞋耳，鞋耳压鞋舌，保险皮压后帮中缝。

5. 特殊要求

鞋耳长度有变化时鞋眼位也会有变化，可以采用以平均眼位间距在 11～12 mm 来确定鞋耳长

度，也可以把 E 点前移 20 mm 确定鞋耳长度。鞋耳变短后，前帮也要适当缩短，控制在 HF 区间。如果前帮依旧取在原型位置，鞋耳就会被挤扁，看上去不协调。

（二）结构图设计

从成品图分析可知，短耳鞋的变化在部件长度上，其设计过程和方法与典型内耳式鞋相同。

1. 前帮设计

首先连接前帮背中线 A_0V'，接着自 V'点作 A_0线的垂线，然后顺着垂线设计一条下行的光滑曲线，延伸到 HF 之间。终点的位置不是关键，重点放在线条流畅上。

2. 后帮的设计

E 点前移 20 mm 确定 E'点控制鞋耳长度。过 E'点作 VE 的垂线，然后借助垂直角设计出鞋耳的圆弧角。鞋耳的前端到达 V 点，过 V 点也作 VE 的垂线，顺势连接出取跷角。

确定 P''点，并顺着鞋耳设计出弧形鞋口轮廓线。

在后帮鞋耳上，取边距 13 mm 作一条眼位线，确定 3 个眼位。在距眼位线后端 12 mm 的位置设计一条假线，见图 2-29。短内耳式男鞋的大部分设计内容与典型内耳式鞋相同，这也是变型设计的一个特点。

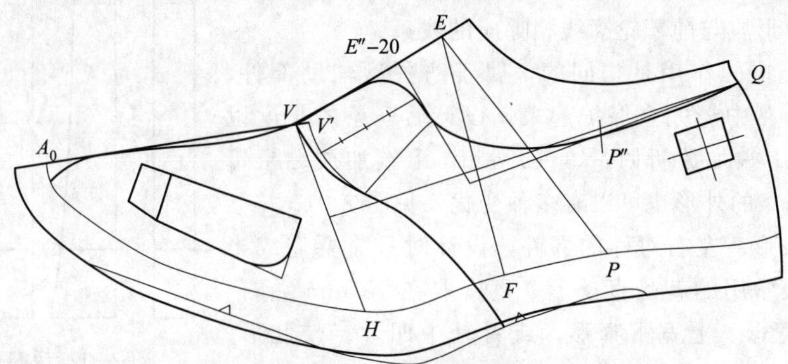

图 2-29 短内耳式男鞋帮结构设计图

3. 鞋舌与保险皮的设计

把鞋舌和保险皮都设计在鞋帮的大部件上。

设计鞋舌以 VE'长度为基准，前端加放压茬 10～12 mm，后端加放量 6～7 mm，后端宽到达假线位置，前端比后端窄 5 mm。轮廓外形设计同典型内耳式男鞋。

设计保险皮为普通类型，总长度在 20～30 mm，总宽度在 16～18 mm。

4. 底口处理

在底口依次加放绷帮量 14、15、16、17 mm，并做出里外怀的区别。修整后可得到短内耳式男鞋结构设计图。

二、三段式内耳男鞋的设计

鞋耳变短前帮也随之变短，这是一种匹配关系。短前帮不用考虑套划，设计比较方便，而且部件变小，裁断时比较省料。能否把短前帮搭配在长耳上呢？短前帮配长鞋耳，鞋耳面积会增大，造型显得蠢笨。此时如果将鞋耳断开，增加一个刀把形的断帮线，就可以减轻后帮的厚重感，也就形成了三段式内耳鞋，见图 2-30。

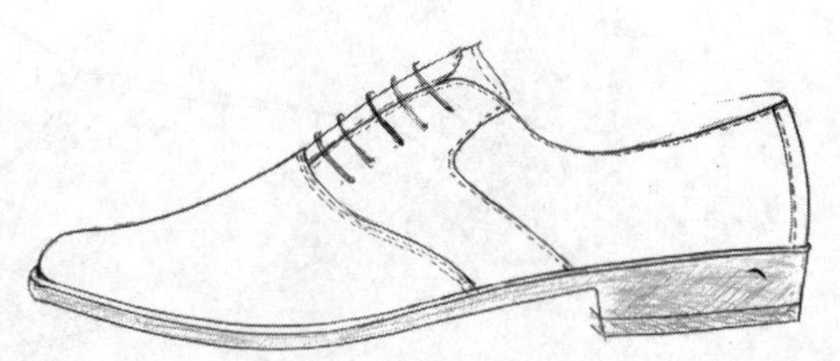

图 2-30 三段式内耳男鞋成品图

短前帮保留了便于套划和省料的优点，长鞋耳保留了庄重感，鞋耳部位刀把形的断帮线使鞋款变得轻盈活泼。

（一）成品图分析

1. 楦型选择

与典型内耳式男鞋相同，选用男素头楦。

2. 结构类型

与典型内耳式男鞋相同，属于内耳式鞋结构，采用定位取跷方法。

3. 鞋帮部件

包括前帮、后中帮、后帮、鞋舌和后筋条，共计 5 种 6 件。

4. 镶接关系

前帮压后中帮，后中帮压后帮，鞋耳压鞋舌，后筋条压后帮中缝。

5. 特殊要求

鞋耳部位的断帮线取在假线的位置，大约在倒数第二个眼位开始拐弯下滑，形成与前帮轮廓线相呼应的线条。

后筋条与保险皮的作用是相同的，属于防护型辅助部件，但后筋条可以把后帮中缝完全保护起来。设计后筋条的长度以 BQ 长度为基准，上端加放折回量 8～9 mm，下端加放绷帮量 16～17 mm，后筋条的外形也可以有多种变化，见图 2-31。

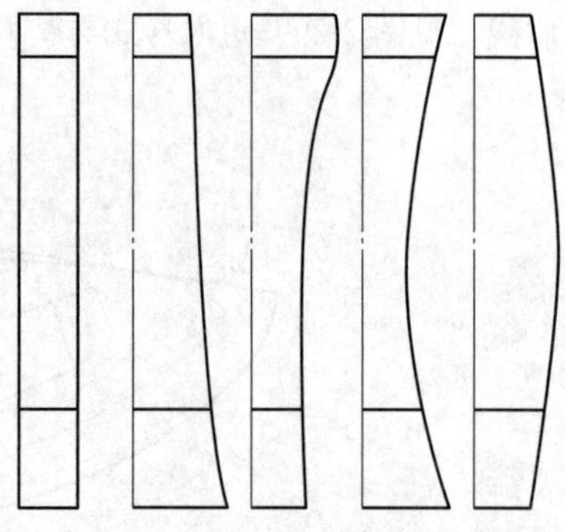

图 2-31　后筋条造型变化图

后筋条为长条形、左右对称的部件，设计时只需要完成半边的图形。一般最常用的就是直条形，宽度取在 10 mm 左右。也会出现上窄下宽形、上宽下窄形，或者是中凹形、鼓肚形。使用何种造型，要依据其他帮部件的造型而定。

（二）结构图设计

从成品图的分析可知，三段式内耳鞋与典型内耳鞋的设计方法是相同的，只是部件的多少发生了变化。

1. 前帮设计

首先连接前帮背中线 A_0V'，接着自 V' 点作 A_0 线的垂线，然后顺着垂线设计一条下行的光滑曲线，延伸到 HF 之间。这与短耳式鞋的前帮是相似的。

2. 后帮的设计

在 E 点位置先把鞋耳圆弧角设计出来，然后顺连出鞋口弧形轮廓线，再把 V 点的取跷角也设计出来，形成一个完整的后帮轮廓，见图 3-32。

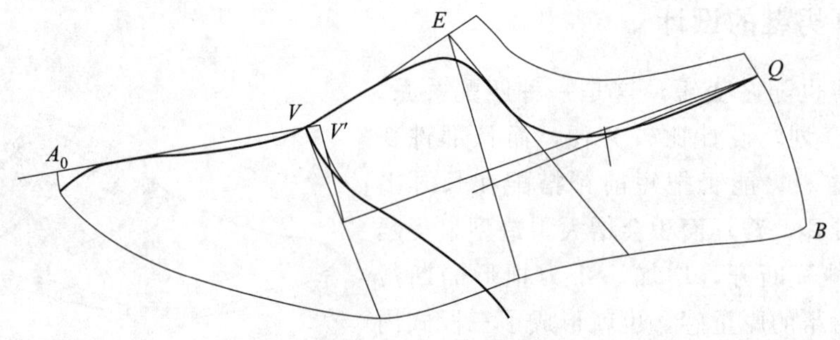

图 2-32　设计出完整的后帮轮廓

在后帮鞋耳上设计出 5 个眼位，眼位线间距 13 mm。自到假线后端位置作 VE 线的平行线，再通过倒数第二个眼位作平行线的垂线，这是两条辅助线。然后借助辅助线设计出刀把形断帮线。刀把形断帮线要与前帮轮廓线相呼应，见图 2-33。

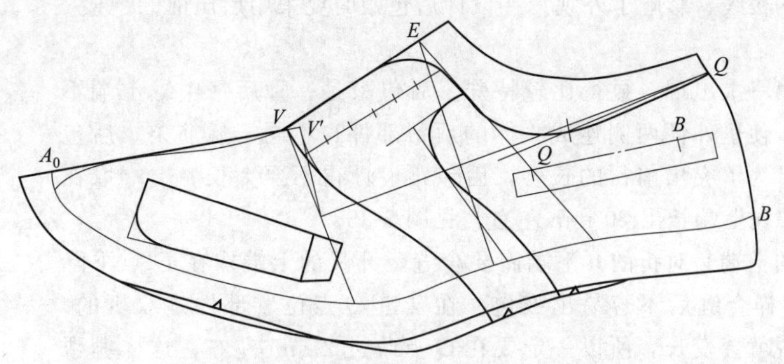

图 2-33　三段式内耳男鞋帮结构设计图

三段式内耳鞋的设计模式与典型内耳式鞋相同，由于部件的多少产生了变化，从而形成了一个新的款式。

3. 鞋舌与后筋条的设计

把鞋舌和后筋条都设计在鞋帮的大部件上。

设计鞋舌以 VE 长度为基准，前端加放压茬 10～12 mm，后端加放量 6～7 mm，后端宽到达假线位置，前端比后端窄 5 mm。轮廓外形与典型内耳式男鞋形同。

设计后筋条为长条形，以 QB 长度为基准，Q 点前加折回量 8～9 mm，B 点后加绷帮量 16～17 mm，半边宽度在 10 mm 左右。

4. 底口处理

在底口依次加放绷帮量 14、15、16、17 mm，并做出里外怀的区别。修整后可得到三段式内耳男鞋帮结构设计图。

三、长前帮式内耳男鞋的设计

把内耳式鞋设计成短前帮得到的是一种轻松休闲的风格，如果设计成长前帮会得到一种稳健庄重的风格，见图 2-34。长前帮像一条船承载着鞋耳，上轻下重的设计增加了鞋款的沉稳性。后跟部位配有后包跟部件，省去了保险皮部件。

图 2-34　长前帮式内耳男鞋成品图

（一）成品图分析

1. 楦型选择

与典型内耳式男鞋相同，选用男素头楦。

2. 结构类型

与典型内耳式男鞋相同，属于内耳式鞋结构，采用定位取跷方法。

3. 鞋帮部件

包括长前帮、鞋耳、后包跟和鞋舌，共计 4 种 5 件。

4. 镶接关系

前帮压鞋耳，鞋耳压鞋舌，后包跟压鞋耳与前帮。鞋楦的后跟部位造型是圆鼓形的，采用后压前的关系时自后往前看是顺茬，使鞋面显得光滑。如果改为前压后的关系看到的就是戗茬，鞋面上会出现一条明显的棱线，影响了外观。在设计后包跟时要采用后压前的镶接关系。

5. 特殊要求

后包跟部件第一次出现，显得比较特殊。后包跟是一种后帮中缝上端不断开、下端开叉，使里外怀两侧连成一体的后帮部件，不同于后筋条。后包跟有长短的区别，为了突出前帮的长度，后包跟设计得不要太长。上端取在25～30 mm，下端比上端长出20 mm左右，见图2-35。

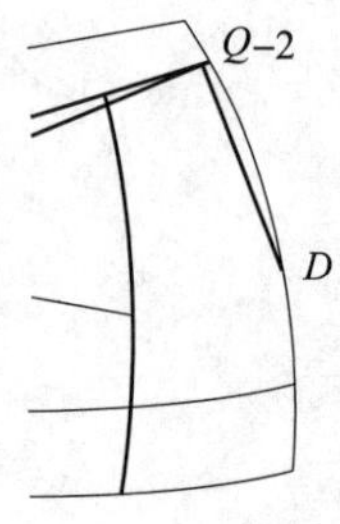

图2-35　后包跟的设计

后包跟部件的上端是对折的，下端需要合缝，开叉的上端取在D点下降1 mm的位置，这样合缝后不容易出鼓包。在鞋口Q点位置部件是双折的，相对于合后缝来说就会变长，所以一定要在Q点收进2 mm左右，这样绷帮时鞋口才会抱楦，否则会出现咧口现象。

（二）结构图设计

从成品图的分析可知，长前帮式内耳鞋与典型内耳鞋的设计方法也是相同的，只是前帮的长度发生了变化，去掉了一块保险皮部件，增加了一块后包跟部件。

1. 前帮设计

首先连接前帮背中线A_0V'，接着自V'点作A_0线的垂线，然后顺着垂线设计一条光滑曲线，延伸到接近后帮中缝的位置。端点位置取在后帮中缝高度的下1/3左右处。

2. 后帮的设计

先把鞋耳圆弧角和鞋口弧形轮廓线设计出来，再把取跷角和假线也设计出来，形成一个完整的鞋耳部件，见图2-36。

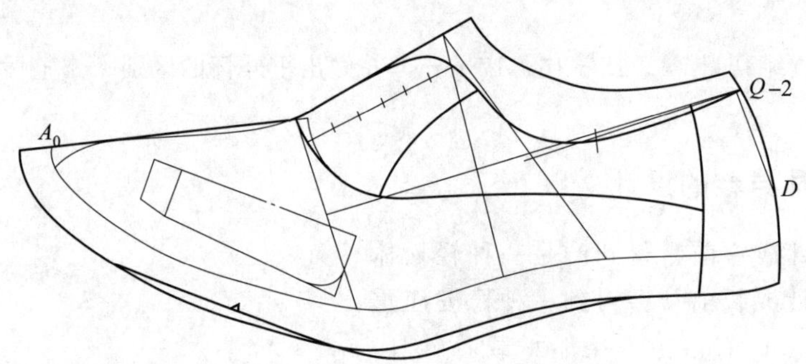

图2-36　长前帮式内耳男鞋帮结构设计图

长前帮鞋的背中线设计、鞋耳圆弧角的设计、鞋口轮廓线的设计以及取跷角的设计，都与前面的设计举例相同。接着要设计出后包跟部件。

曲线型保险皮半侧长度为20～22 mm，后包跟的长度略大于保险皮，上端取在25～30 mm。后包跟的下端长度会出现不同的变化，在本例中取在45～50 mm。在后弧中线部位，Q点位置要收进2 mm，然后连接到D点之下1 mm的位置，形成后包跟的中线。

后包跟设计得不要过窄，否则会类似后筋条。后筋条属于辅助性部件，使用时复合在后帮中缝上。而后包跟属于后帮的部件，与鞋耳的关系为压茬关系。掌握了变型设计可以取得事半功倍的效果。

注意：设计了后包跟部件就不用保险皮了，后包跟兼具了保险皮的作用。在鞋帮的大部件上设

计出鞋舌部件，鞋舌的轮廓外形与典型内耳式二节头男鞋相同。经过修整后即得到长前帮式内耳男鞋帮结构设计图。

四、内耳式女鞋的变型设计

内耳式女鞋的变型设计与男鞋相类似，也可以演变成短耳式、三段式、长前帮式等。其中比较特殊的就是5个眼位的内耳式鞋设计，见图2-37。

在确定设计点时已经知道女楦鞋的 VE 长度比较短，适合于设计4个眼位。如果要设计5个眼位，应该移动后帮的 V 点延伸到 V_0 点附近，使鞋款看起来更有女人味。如果是往后延长 E 点，也可以设计出5个眼位，但好像是男鞋款的复制品。显然在后帮的 V 点往前移动后，取跷中心和取跷角的位置都要发生变化，在跷度处理上需要引进等量代替角。

图2-37 内耳式五眼位女鞋成品图

（一）成品图分析

1. 楦型选择

与典型内耳式女鞋相同，选用女素头楦。

2. 结构类型

与典型内耳式女鞋相同，属于内耳式鞋结构，采用定位取跷方法。

3. 鞋帮部件

包括前帮、后帮、鞋舌和保险皮，共计4种5件。

4. 镶接关系

前帮压后帮，鞋耳压鞋舌，保险皮压后帮中缝。

5. 特殊要求

后帮前端点前移，使得取跷位置和取跷中心都发生变化，需要借用等量代替角进行变化的定位取跷处理，见图2-38。

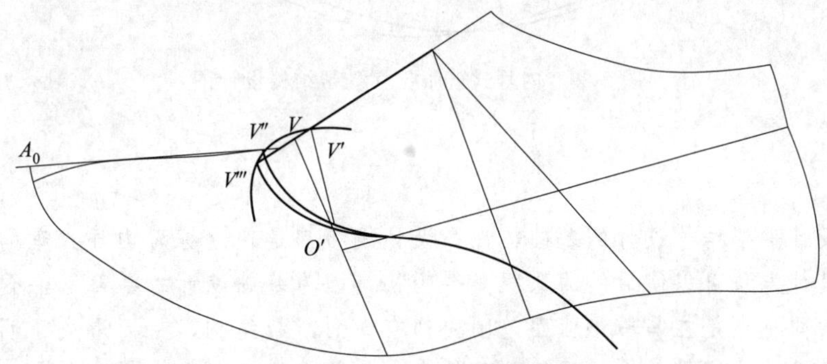

图2-38 内耳式五眼位女鞋取跷原理图

如图2-38所示，前帮的断帮位置取在 V 点之前10～15 mm处定 V'' 点，取跷中心移到 O' 点，取跷位置应该在 $V''O'$ 线之前，这样才能形成重叠的角。以 O' 点为圆心、$V''O'$ 长为半径作大弧线，连接 VO' 和 $V'O'$ 即可得到等量代替角 $\angle VO'V'$，在 V'' 点之前截取等量代替角即得到取跷角 $\angle V''O'V'''$。

（二）结构图设计

从成品图的分析可知，内耳式五眼位女鞋与典型内耳女鞋的设计方法也是相同的，只是鞋耳变长，增加了一个鞋眼位。

1. 前帮设计

首先在 V 点之前 10～15 mm 的位置确定前帮控制点 V''，连接出前帮背中线 A0V″接着过 V'' 点作垂线控制口门外形，并顺着垂线设计出前帮轮廓线，两翼长度到达 FP 之间。在前帮轮廓线与 O 点最近的位置定出取跷中心 O' 点，以 O' 点为圆心、$V''O'$ 长为半径作大圆弧线。

连接 VO' 和 $V'O'$ 并延长，与圆弧相交后即得到等量代替角 $\angle VO'V'$。然后在 V'' 点之前截取等量代替角，确定 V''' 点位置。连接 EV''' 为新的背中线，过 V''' 点作垂线并顺势延伸到 O' 点，此时可得到取跷角 $\angle V''O'V'''$。

2. 后帮的设计

连接 $V'''E$ 为后帮背中线，并把鞋耳圆弧角和鞋口弧形轮廓线设计出来，假线也设计出来，形成完整的后帮部件。

在鞋帮的大部件上设计出鞋舌和普通保险皮部件。鞋舌的长度是以 EV''' 长度为基准进行设计的，略长于典型内耳式二节头女鞋的鞋舌，但外形轮廓相同。保险皮与典型内耳式二节头女鞋的保险皮完全相同。经过修整后即得到内耳式五眼位女鞋帮结构设计图，见图2-39。

内耳式五眼位女鞋与典型内耳女鞋基本相同，由于口门位置前移，使鞋体显得轻盈纤巧。

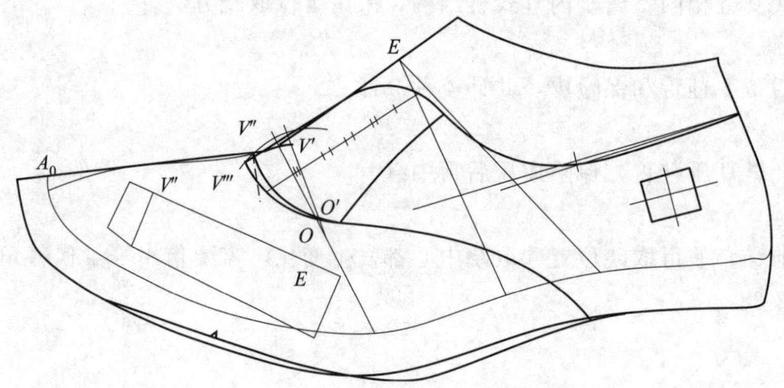

图 2-39　内耳式五眼位女鞋帮结构设计图

课后小结

内耳式鞋的设计是帮结构设计的基础，许多设计技巧都是通过练习内耳式鞋的设计得到的，掌握了内耳式鞋的设计方法可以使后续的课程变得轻松，因为基础设计的要素是在不断重复着的。

内耳式鞋的共同特点是在马鞍形曲面范围内都有横向断帮结构，从而形成了明口门；而在口门位置又都是前帮压后帮的镶接关系。尽管部件的多少与部件的外形会出现变化，但结构的实质却没有改变，因此都可以采用定位取跷进行跷度处理。定位取跷是最基础的取跷方法。

变型设计是一种常用的设计方法，短鞋耳也好，长前帮也好，三段式也好，都是针对原型产品的一种造型变化，都是通过部件的不断变化从而增加了产品的花色品种。如果改变楦型、改变结构，还会增加更多的变化，而且这种变化还会随着时代的进步而继续发展。

变型设计是一种设计技法，掌握这种技法可以达到举一反三的和事半功倍的效果。

思考与练习

1. 画出短耳式、三段式、长前帮内耳式男鞋成品图，并绘制出帮结构设计图。
2. 选择任一款内耳式男鞋制备出划线板，并制取基样、料样和里样。
3. 画出内耳式五眼位女鞋成品图和帮结构设计图，并制备划线板、制取基样、料样和里样。

第四节　内耳式三节头鞋的设计

内耳式三节头鞋是男鞋的经典产品，历经上百年的磨砺依然光彩如故。三节头的鞋身是由前包头、前中帮和后帮这三部分衔接而成，故称为三节头鞋，其中的“头”字则是特指前包头部件。传统的三节头鞋也属于内耳式结构，但是几经发展，已经形成了具有特色的一大类鞋。

英国是世界上生产现代皮鞋最早的国家，早在15世纪就出现了一系列矮帮系带的皮鞋，而以牛津地区的产品最具有代表性，这类鞋被统称为牛津鞋，其中就包括内耳式三节头鞋。历经岁月的变迁，内耳式三节头鞋的结构与造型被完整地保留下来，成为男鞋中的经典之作。

从外观上看，三节头鞋好像是二节头鞋的前帮被分割成前包头和前中帮两部分，而实际上却是利用黄金分割比在进行设计。三节头鞋的前帮长度与鞋耳长度之比，是按照黄金分割比设计的，前帮上前包头长度与前中帮长度之比也是按黄金分割比设计的。这种反复使用黄金分割比的手法是三节头鞋的一大特色，使得鞋帮分割比例非常协调，看上去感觉很舒服，因此三节头鞋也就成为鞋类设计的精品。

一、经典内耳式三节头鞋的设计

经典内耳式三节头鞋稳重大方，常与西装搭配，作为正装鞋出现在正规的场合。在传统的鞋款上，前包头和前中帮要车三道线，使简单的鞋身变得丰满，具有很强的装饰性。曲线型保险皮与前包头形成了前后呼应关系，见图2-40。

图2-40　内耳式三节头鞋成品图

（一）成品图分析

1. 楦型选择

设计内耳式三节头鞋有专用的三节头楦。三节头楦的肥度与同型号的素头楦相同，但是楦底样的长度要多5 mm，增加在放余量上。放余量的增加可以增加前帮部件比例的协调性。现代超长三节头楦的增加量在10 mm或者更多，可以使头形变得尖些瘦些，见表2-3。

表2-3　　男250号（二型半）三节头楦主要尺寸表　　单位：mm

部位名称	男三节头楦（跟高25）	男三节头楦（跟高30）	男超长三节头楦（跟高30）
楦底样长	270±5	270±5	275±5
放余量	25±0.46	25±0.46	30±0.55
后容差	5±0.09	5±0.09	5±0.09
楦跖围	239.5±3.5	239.5±3.5	239.5±3.5
楦跗围	243.5±3.6	243.5±3.6	243.5±3.6
基本宽度	88±1.3	88±1.3	88±1.3

三节头鞋帮的黄金分割比例与三节头鞋楦有直接的关系。楦底样长度增加后，楦背的长度也会增加，传统的三节头鞋在前帮楦面上的长度为 105 mm，鞋耳长度为 67.5 mm，所以前帮长度占前脸总长度的 60.9%，扣除鞋耳斜度的影响，与黄金分割点的 61.8%几乎相等。对于前包头的长度来说，占据前帮长度的 2/3 强，略大于黄金分割比，但扣除楦面前头长度变弯弧的影响，直线距离仍然近似黄金分割比。

如果是在男素头楦上设计前包头，由于放余量较小，再加上前包头轮廓线是横向排列，会产生部件被压缩的感觉，外观视觉就会偏离黄金分割比。所以，在设计正装鞋时，要选用标准三节头楦，在设计时装鞋时一般选用超长三节头楦，楦底样长可增加到 275、280、285 不等。

2. 结构类型

经典三节头鞋属于内耳式结构类型。明口门位置取在 V 点，采用定位取跷进行跷度处理。三节头鞋的整体结构与二节头鞋相似，可以看作是二节头鞋的变型设计。二节头鞋原本叫作素头鞋，由于有了“三”节头的名称，才出现了“二”节头的叫法。

3. 鞋帮部件

鞋帮部件包括前包头、前中帮、后帮、鞋舌和保险皮，共计 5 种 6 件。

4. 镶接关系

前包头压前中帮，前中帮压后帮，鞋耳压鞋舌，保险皮压在后帮中缝上。

5. 特殊要求

三节头鞋的特殊要求表现在前包头的设计上。前包头的长度取在前帮长度的 2/3 位置，定作 V_1 点，这个 V_1 点要取在半面板的曲线上，也就是要处于楦面上，而绝不能先连直线，然后在直线上定 V_1 点。这是因为楦面上有个凹弧，V_1 点取在凹弧线上最贴近楦面，伏楦效果好。如果取在直线上，绷帮时会受到拉伸作用的影响向前移动，会破坏黄金分割比例。

如图 2-41 所示，首先在半面板曲线上确定 AV' 长度，然后取其 2/3 强定 V_1 点。这个强字表示分成 3 份除不尽时，把多余的量放在前包头上。然后过 V_1 点连接曲线最凸点作包头背中线到达 A_0 点止。接着过 V_1 点作背中线的垂线，控制包头弧线外形不要出尖角，也不要出凹角，然后设计一条光滑的圆弧线连到底口，底口距离垂线的位置在 8～10 mm。图中虚线表示打开后的前包头轮廓线，所设计的弧线形成一条完整的光滑曲线。

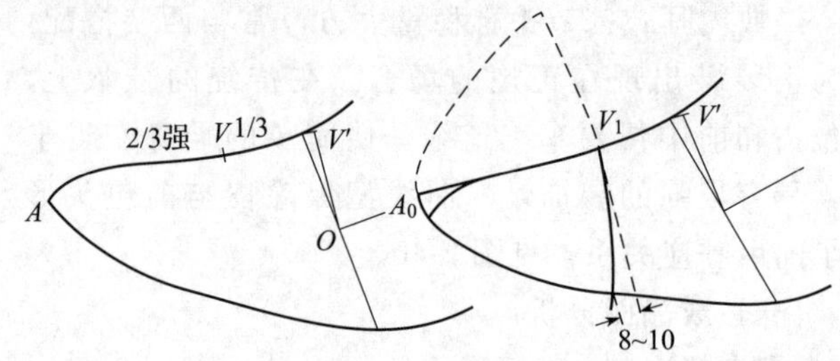

图 2-41 前包头的设计图

对于前中帮来说也需要满足同身套划的要求，由于在设计男式二节头鞋时已经掌握了控制的方法，所以现在就不属于特殊要求了。

（二）结构图设计

三节头鞋的前包头压在前中帮上，部件轮廓最完整，所以先从前包头开始设计。

1. 前包头的设计

从鞋楦的造型看，前包头后端所处的位置在楦面凹陷部位，所以前包头的背中线与前中帮的背中线并不是一条直线，两者之间有一个夹角。这个夹角的存在使得三节头鞋样板的伏楦效果要比二节头好，所以设计前包头并不是把二节头的前帮进行简单的分割。

首先在半面板曲线上量出 AV' 长度，然后取其 2/3 强定 V_1 点，过 V_1 点连接前头最凸位置作包头背中线，前端点依然用 A_0 表示。接着过 V_1 点作背中线的垂线，借用垂线顺势画出包头的弧形轮

廓线，在底口位置距离垂线 8～10 mm。

2. 前中帮的设计

前中帮的前端点是 V_1 点，要连接 V_1V' 为前中帮的背中线。接下来的设计过程与设计二节头鞋相同，需要确定出两翼宽度控制点 F_0。操作步骤如下：

(1) 首先延长前中帮的背中线。

(2) 两翼长度取在 FP 之间的 F_1 点，找到 HF_1 点的中点定为 F_2 点，并过 F_2 点作背中线延长线的垂线，交于 F_3 点。

(3) 自底口 F_2 点位置向下延长 35～36 mm 定 F_4 点。

(4) 在 F_3F_4 之间取上 1/3 定为两翼宽度控制点 F_0。

(5) 把 O 点上移 3 mm 定为 O' 点，连接 $O'F_0$ 并延长即得到两翼宽度控制线。

(6) 过 V' 作前中帮背中线的垂线，并顺着垂线设计出鞋口和两翼轮廓线，见图 2-42。

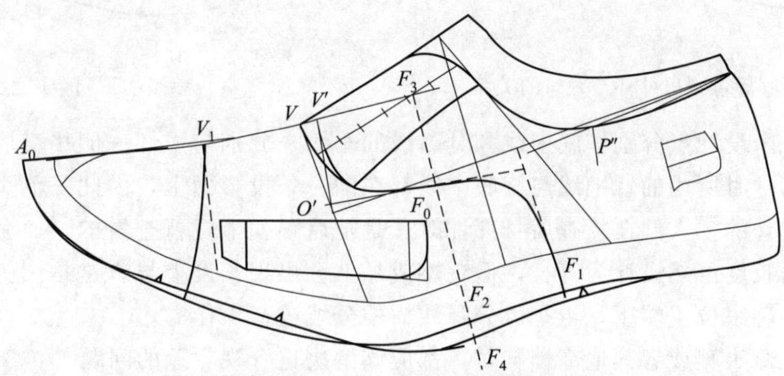

图 2-42 内耳式三节头鞋帮结构设计图

男式三节头鞋的鞋身丰满，显出庄重有力的风格。由于前帮两翼比较宽，因此会使口门相对变窄。为了保证样板能够同身成双套划，就需要控制两翼的宽度。如果套划时依然有困难，可以把 F_0 点适当下降，F_0 点每下降1 mm 就会使鞋口增宽度相对增加 3 mm。

3. 后帮的设计

后帮的设计同二节头鞋，分别作鞋耳圆弧角、过 P'' 点弧形鞋口轮廓线，设计出定位取跷角，以及安排 5 个鞋眼位和假线。

4. 鞋舌与保险皮的设计

鞋舌与保险皮的设计同二节头鞋，也设计在大部件上。需要注意，曲线型保险皮是搭配在男式二节头、三节头鞋上的，一般的鞋款只用普通的矩形保险皮。

5. 底口处理

底口处理也同二节头鞋，分别加放 14、15、16、17 mm 绷帮量，并做出里外怀的区别。经过修整后即得到男式三节头鞋帮结构设计图。

（三）三节头鞋后帮的里外怀区别

作为一般的鞋来说，后帮上的里外怀区别主要是在底口上的宽度差异，但是对于经典三节头鞋来说，还必须做出后帮长度上的区别。此外，使用机器绷帮时还要做出鞋口上的里外怀区别。

1. 后帮长度的里外怀区别

后帮长度为何要做里外怀的区别呢？观察带有后包跟的成品鞋时，先看外怀一侧后包跟长度与跟口位置的关系，再看里怀一侧后包跟长度与跟口位置的关系，会发现外怀一侧比较长而里怀一侧比较短，见图 2-43。

后包跟长度的设计是相同的，如果以跟口位置为参照物，成鞋后会发现外怀一侧比里怀一侧要长。例如，外怀后包跟可以达到跟口，而里怀一侧的后包跟变短，与跟口还有几毫米的距离。

在设计后包跟部件时里外怀的长度原本是相等的，为何到了成品鞋上就出现一长一短呢？这是因为观察鞋部件时，鞋底前身部件的长度是以底中线为参照物，而鞋底后身部件的长度是以分踵线为参照物，因此就造成了长度上的差异，见图 2-44。

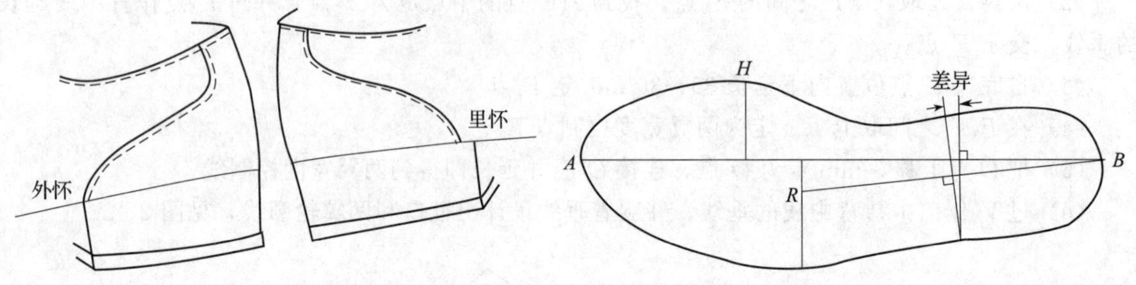

图 2-43 观察后包跟里外怀与跟口的关系

图 2-44 参照物不同会产生长度差异

过外怀的同一个设计点分别作底中线和分踵线的垂线，分别与里怀一侧相交后就会出现长度上的差异。设计帮部件时所用的背中线与楦底中线都在同一条投影面上，因此三节头鞋后帮的长度也是依据底中线来设计的。人们在检查后身部件时，是把后跟朝上进行查看的，而后身的中分线是分踵线。所以，后帮长度虽然设计为等长，但观察成品就会出现长度差异，这是因为参照物不同。在装配鞋跟时为了使鞋跟位置端正，也是以分踵线为中分线进行操作的。

在设计经典三节头鞋或者其他高档鞋时，都应该解决这个视觉差的问题。

具体的操作其实很简单，设计里怀一侧后帮长度时要在底口位置前移 5 mm 左右，并且保持里外怀部件线条轮廓相似，见图 2-45。

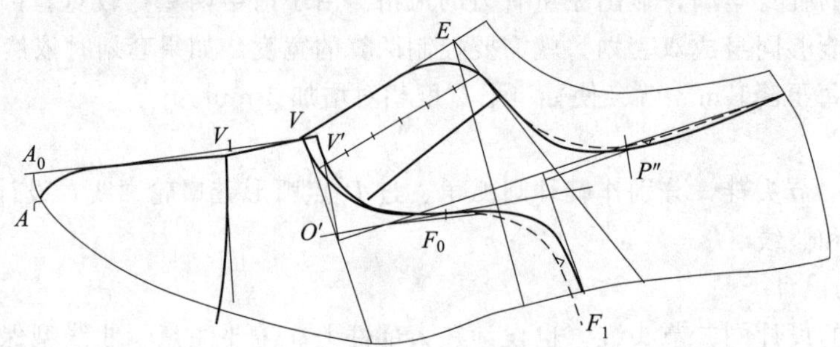

图 2-45 设计出后帮长度的里外怀区别

在底口上，将后帮里怀的断帮位置前移 5 mm 左右，然后仿照外怀的轮廓线设计出相似的里怀轮廓线，如图中虚线所示。由于里外怀轮廓线相似，长度变化也不大，从侧面观察肉眼看不出差异，从楦底或者鞋底上观察，里外怀的长度则是相同的。

一般来说，在断帮位置处于跟口附近时，这种长度差表现得最明显，断帮位置距离跟口较远时可以不用理会。由于后帮长度做出里外怀的区别，会使制备划线板、制取样板变得麻烦，所以在设计一般鞋类时可以不考虑这种区别，但生产高档鞋时应该进行后帮里外怀长度的处理。

2. 后帮鞋口的里外怀区别

在成品鞋的后帮口，习惯上是外怀要低于里怀 2～3 mm。在手工绷帮时，都是特意把外怀一

侧后帮腰往下拉伸 2～3 mm 以形成高度差。现在绷帮经常使用绷帮机操作，绷后帮时是利用机器上的“拥板”把帮脚推倒，没有特意拉伸的操作。为了解决后帮腰的高度差，在设计弧形鞋口轮廓线时，要在 P''点之上 2～3 mm 的位置设计里怀鞋口轮廓线。注意里怀鞋口线的两端要逐渐与外怀轮廓线重合，只有高度上的区别，不要做出长度上的区别。参见图 2-44，图中鞋口虚线为里怀的轮廓线。

（四）制取样板

下面以后帮有里外怀区别的三节头鞋为例来制取样板，其他鞋款制取样板的方法都与此相同，可以模仿练习。

1. 结构设计图

如图 2-46 所示，在后帮长度上设计了里外怀的区别，在鞋口部位也设计了里外怀的区别。

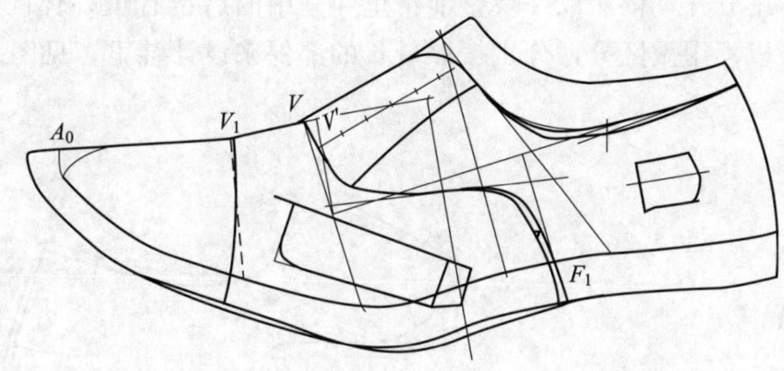

图 2-46 后帮有里外怀区别的三节头鞋帮结构设计图

2. 制备划线版

制备划线板的方法和要求同内耳式二节头男鞋，见图 2-47。为了防止划线板被刻烂，在后帮长度部位采用了镂空的手法。

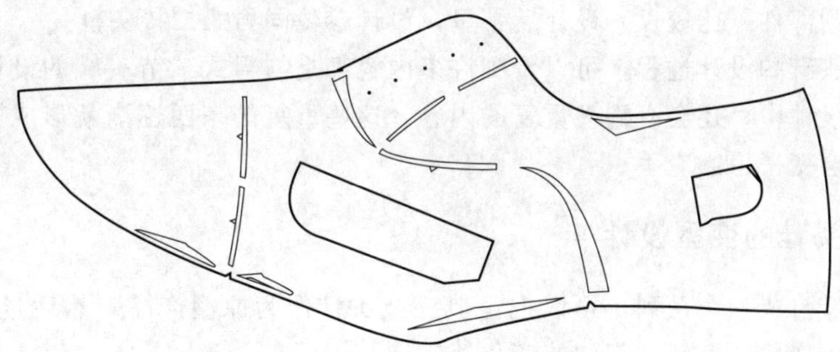

图 2-47 三节头鞋划线板图

3. 制取基本样板

制取基本样板的方法和要求同内耳式二节头男鞋，见图 2-48。部件上标注有加工标记。其中后帮长度上有了区别，那么前帮长度上也一定要有区别，这样才能保持总长度不变。

4. 制取开料样板

制取开料样板的方法和要求同内耳式二节头男鞋，见图 2-49。部件上分别加放了折边量和压茬量。

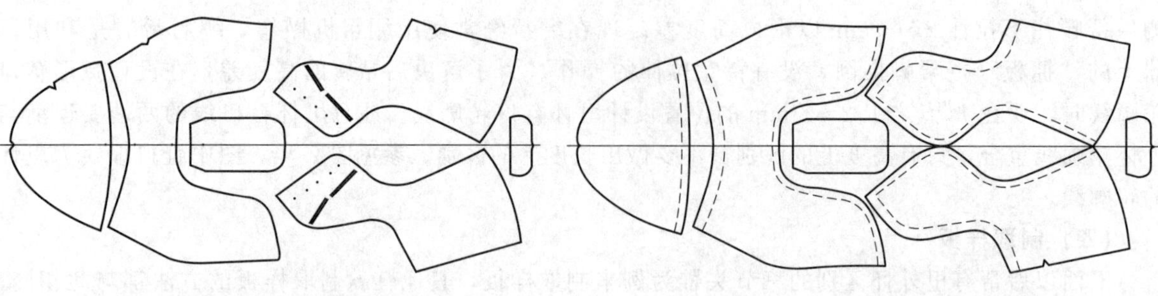

图 2-48　三节头鞋基本样板图　　　　图 2-49　三节头鞋开料样板图

5. 制取鞋里样板

三节头鞋的鞋里采用三段式结构，方法和要求同内耳式二节头男鞋。其中的前帮部件分为两段，但设计鞋里样板不用分开，依然取一块整前帮里。其中的后帮有里外怀区别，使得前中帮也有里外怀区别，但鞋里样板不用做区分，分别按照最长的部件来设计鞋里，见图 2-50。

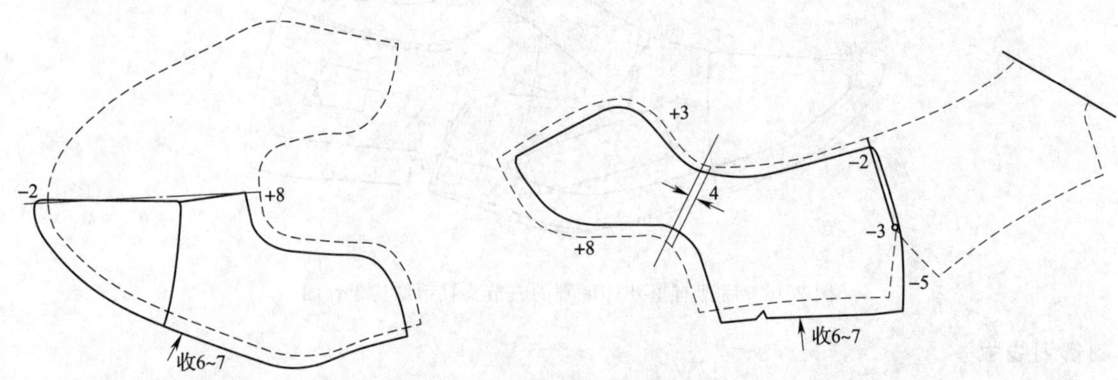

图 2-50　三节头鞋鞋里样板图

把前包头和前中帮拼接起来后在外怀一侧（比较长）设计前帮里，设计参数同男式二接头鞋。利用里怀一侧的后帮部件（比较长）设计后帮里，设计参数同男式二接头鞋。

通过男式三节头鞋的设计过程，可以看到许多内容都是与男式二节头鞋的设计相同的，在后面的三接头鞋的变型设计中，还会有许多重复的内容。这些重复的东西逐渐就形成了设计规律，掌握了这些设计规律就会变得得心应手。

二、内耳式三节头鞋的变型设计

内耳式三节头鞋自成一个系列，可以把经典三节头鞋作为原型产品，然后进行前包头的变化、后帮的变化、中帮的变化以及辅助部件的变化等。

（一）燕尾包头式三节头鞋的设计

在三节头鞋的变型设计中，最成熟的就是燕尾包头式三节头鞋，由于前包头的轮廓线向鞋身后侧伸展，好像燕子的尾巴，故称为燕尾包头，俗称花包头。由于燕尾式三节头鞋造型活泼生动、线条舒展优美，常作为社交鞋来设计。特别是前包头、鞋耳和后包跟部件可以使用同一颜色、同一质地材料制作，与前中帮和后帮形成强烈的反差，成为男鞋中的佼佼者，见图 2-51。

图 2-51　燕尾包头式三节头鞋成品图

1. 成品图分析

(1) 楦型选择　设计花三节头鞋选用三节头楦。

(2) 结构类型　花三节头鞋属于内耳式结构类型。明口门位置取在 V 点，采用定位取跷进行跷度处理。

查看技术资料，在英式设计法中，前帮两翼部件和后包跟部件是并在一起的，在意大利式设计法中，这两个部件拉开了一段距离。从外观上看，英式显得严谨，而意式显得轻松。

(3) 鞋帮部件　鞋帮部件包括花包头、前中帮、鞋耳、后帮、后包跟和暗鞋舌，共计 6 种 8 件。在鞋耳部位是断开的，便于前包头、鞋耳、后包跟选用同色材料进行搭配。

(4) 镶接关系　花包头压前中帮，前中帮压鞋耳和后帮，鞋耳压后帮，鞋耳压鞋舌，后包跟压在后帮上。

(5) 特殊要求　鞋耳断开后形成了上下两层部件，要采用“上压下”的镶接关系，观看鞋款时形成的是顺茬，外观显得平顺。

后包跟采用长包跟，距离前中帮的两翼在5～10 mm。

花包头的外形虽然与圆包头不同，但设计要点是相同的。花包头的长度依然取在前帮长度的2/3位置定作 V_1 点，这个 V_1 点也要取在半面板的曲线上。连接出花包头背中线以后，再过 V_1 点作垂线控制花包头的宽度分配，见图 2-52。

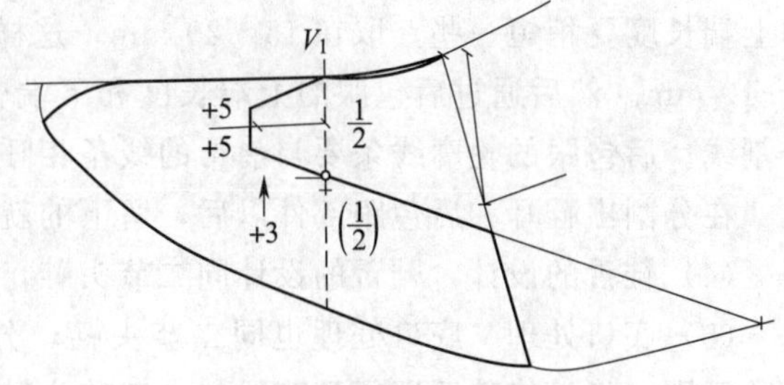

图 2-52　花包头位置的控制

首先在垂线上找到 1/2 位置，然后上移 3 mm 确定花包头的基础宽度。如果基础宽度定在 1/2 处，绷帮后会被拉伸下来，变得过宽。接着在基础宽度的 1/2 位置确定花心的中点，过花心中点作背中线的平行线，并截取基础宽度的 2/3 作为花心的深度。然后将 V_1 点、花心深度点、基础宽度点和花包头长度点连接成辅助线，即可控制花包头的位置，继而顺连成花包头轮廓线。

2. 结构图设计

花三节头鞋的花包头压在前中帮上，部件轮廓最完整，先从花包头开始设计。

(1) 花包头的设计　首先在半面板曲线上确定 AV' 长度，然后取其 2/3 强定 V_1 点，过 V_1 点连接前头最凸位置作花包头背中线，前端点依然用 A_0 表示。接着过 V_1 点作花包头背中线的垂线，找到 1/2 位置并上移 3 mm 来确定花包头的基础宽度。

在基础宽度上再找到 1/2 位置，作为花心的中点。然后过花心的中点作花包头背中线的平行线，并截取基础宽度的 2/3 作为花心的深度。

为了顺利连接花包头的轮廓线，在花心深度位置也作一条垂线，上下各截取 5 mm 作为辅助点，然后连接出辅助线。花包头的底口长度控制在 HF 的 1/2 附近。

最后利用辅助线设计出花包头的轮廓线，见图 2-53。

(2) 前中帮的设计　前中帮的前端点是 V_1 点，要连接 V_1V' 为前中帮的背中线。由于前中帮的轮廓线要与花包头的轮廓线相呼应，所以口门变得比较宽，不再找 F_0 点进行控制，也能够达到同身套划的要求。前中帮两翼长度在 $1/2FP$ 位置之前 3～5 mm。过 V' 点作前中帮背中线的垂线，借着垂线顺势画出两翼轮廓线。

(3) 后帮的设计　花三节头的后帮由鞋耳、后帮和后包跟三部分组成，由于部件之间没有跷度关系，可以先设计出后帮的整体轮廓，然后再分割出各个部件。

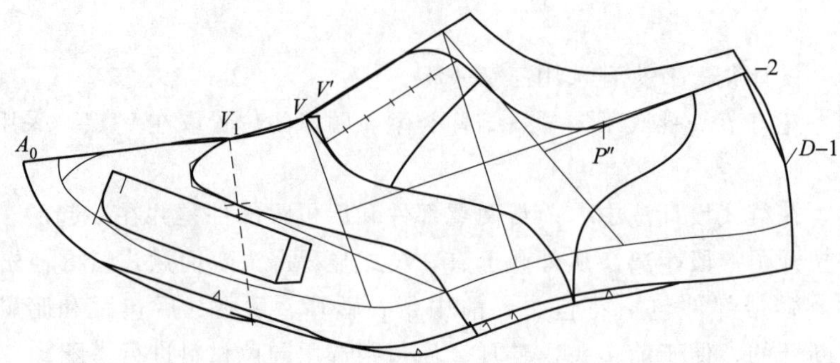

图 2-53　燕尾包头式三节头鞋帮结构设计图

在鞋耳部位，前端做出取跷角，再利用边距 13 mm 连接出眼位线，并等分截出 5 个眼位。在假线位置设计一条轮廓线，作为鞋耳与后帮的分割线，该轮廓线要舒展一些，好与前帮线条协调一致。

在后跟部位，Q 点要收进 2 mm 左右，再与 D 点下降 1 mm 的位置连接成后包跟中线。后包跟的上端长度要稍短一些，取在 15～20 mm，这样可以显得后包跟比较长。后包跟下端，距离前中帮 5～10 mm。然后通过后包跟的上端长度和下端长度设计出后包跟的轮廓线，作为后包跟与后帮的分割线。后包跟的轮廓线条要与前帮的线条相呼应。

在分割出鞋耳和后包跟部件以后，留下的就是后帮部件。

（4）鞋舌的设计　鞋舌的设计同二节头鞋，也设计在大部件之上。

（5）底口处理　底口处理也同二节头鞋，分别加放 14、15、16、17 mm 绷帮量，并做出里外怀的区别。经过修整后即得到燕尾包头三节头鞋帮结构设计图。

3. 花三节头鞋的装饰变化

为了突出花三节头鞋的华丽外观，往往在部件镶接部位的上压件上做出打孔的装饰。这种打孔工艺也称为拷花，常出现在包头、前中帮、鞋耳、后包跟等部件上。经典三接头鞋在作为社交鞋时也会有拷花出现，见图 2-54。这是两款带有拷花装饰的三节头鞋款，在前包头上还有花纹图案。拷花部件的边沿，可以采用折边拷花工艺，也可以采用打花齿工艺。两种工艺的效果虽然不同，但拷花的设计是相似的。

图 2-54　内耳式三节头鞋的拷花与花齿装饰

（1）折边拷花的设计　设计折边拷花需要在开料样板上留出平均 5 mm 折边量，在基本样板上设计出花孔的位置。花孔的排列规律一般是一个大孔配两个小孔。

大孔的位置距离部件边沿在 5 mm 左右，孔间距在 7 mm 左右，孔径在 3 mm 左右，加工时用冲刀（铖刀）冲出花孔。

小孔的位置在大孔的中间部位，小孔的中心点与大孔边沿线对齐，孔径在 1 mm 左右，也是加工时用冲刀（铖刀）冲成，见图 2-55。这是后包跟部件的拷花设计，设计其他部件的拷花规律都相同。

（2）花齿拷花的设计　设计花齿拷花需要在开料样板上留出 2 mm 的打花齿放量，在基本样板上只设计出花孔的位置，不用增加放量。加工时把基样比对在料片上，就可以画出 2 mm 的加工位置，然后用花齿冲刀沿着部件边沿顺次打出花齿来。花齿拷花与折边拷花的花孔排列规律相同、设计要求也相同，见图 2-56。这是花包头部件的打齿拷花设计，设计其他部件的打齿拷花规律都相同。

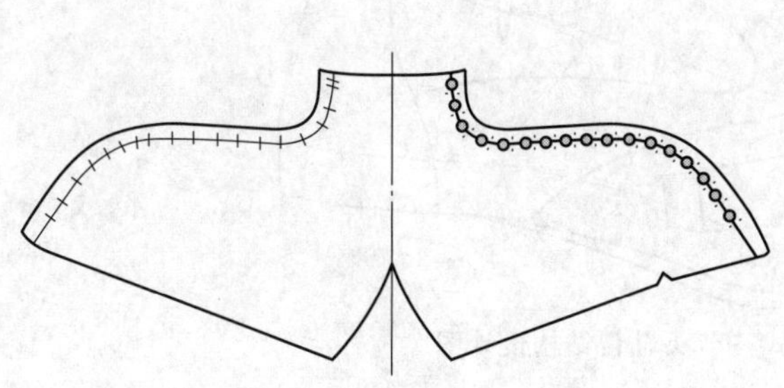

图 2-55 花孔的设计位置

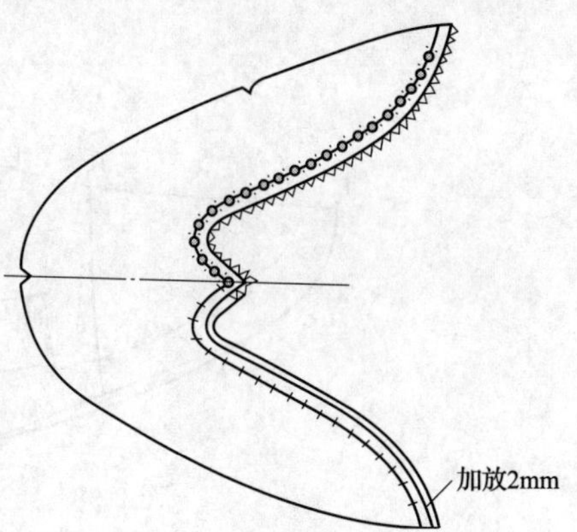

图 2-56 开料样板预留打花齿放量

(二) 组合后帮式三节头鞋的设计

组合后帮式内耳三节头鞋比较有特色，曾被称为“太子鞋”，其前帮保留了经典三节头鞋的前包头特点，后帮采取了花三节头鞋的“三合一”结构。为了突出鞋耳部件，不仅特意把鞋耳拉长，而且有意压低了前中帮两翼和缩短了后包跟长度，使鞋耳的断帮轮廓线像一条舞动的彩带，从鞋耳滑向后包跟，见图 2-57。

图 2-57 组合后帮式三节头鞋成品图

1. 成品图分析

(1) 楦型选择　设计组合后帮式三节头鞋选用三节头楦。

(2) 结构类型　组合后帮式三节头鞋属于内耳式结构类型。明口门位置取在 V 点，采用定位取跷进行跷度处理。

(3) 鞋帮部件　帮部件包括前包头、前中帮、鞋耳、后帮条、后包跟和鞋舌，共计 6 种 8 件。

(4) 镶接关系　前包头压前中帮，前中帮压鞋耳，鞋耳压后帮条，鞋耳压鞋舌，后包跟压在后帮条和鞋耳上。

(5) 特殊要求　鞋耳断开线像一条舞动的彩带，活泼生动，为了突出彩带的动感，有意压低前中帮两翼，为彩带的舞动留出了空间，同时缩短后包跟，突出了鞋耳的长度。

2. 结构图设计

(1) 前包头的设计　首先确定 AV' 长度，然后取其 2/3 强定 V_1 点，过 V_1 点连接曲线最凸位置作前包头背中线，前端点为 A_0。过 V_1 点作前包头背中线的垂线，并设计出前包头弧形轮廓线。

(2) 前中帮的设计　连接 V_1V' 为前中帮的背中线。由于有意压低两翼宽度，所以口门变得比较宽，就不用再找 F_0 点进行控制。前中帮两翼长度依然在 $1/2FP$ 位置。过 V' 点作前中帮背中线的垂线，借着垂线顺势画出两翼轮廓线。

(3) 后帮的设计　后帮由鞋耳、后帮条和后包跟三部分组成，由于部件之间没有跷度关系，可以先设计出后帮的整体轮廓，然后再分割出各个部件。

在后跟部位，Q 点要收进 2 mm 左右，再与 D 点下降 1 mm 的位置连接成后包跟中线。后包跟的上端长度取在 25 mm 左右，下端长度取 50 mm 左右，并连接出前端轮廓线。

在鞋耳部位，前端做出取跷角，再利用边距 13 mm 连接出眼位线，并等分截出 5 个眼位。在假线位置设计一条舞动的轮廓线，于前端在第二个眼位附近开始反转，后端与后包跟的下段自然连接，见图 2-58。

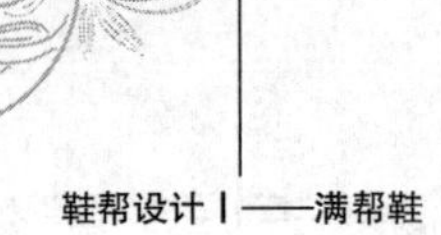

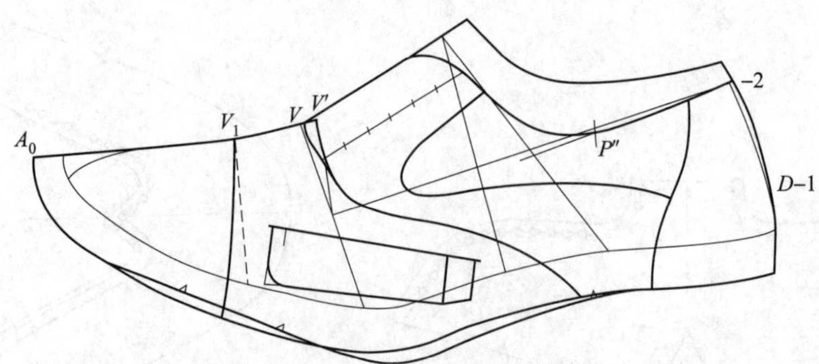

图 2-58　组合后帮式三节头鞋帮结构设计图

鞋耳的造型是本款鞋的特色，要力求使线条舞动起来，增加鞋的动感。

（4）鞋舌的设计　鞋舌的设计同二节头鞋，设计在大部件之上。

（5）底口处理　底口处理也同二节头鞋，分别加放 14、15、16、17 mm 绷帮量，并做出里外怀的区别。经过修整后即得到组合后帮式内耳三节头鞋帮结构设计图。

（三）双侧橡筋式三节头鞋的设计

双侧橡筋式三节头鞋是在经典三节头鞋的后帮两侧都安排了橡筋部件。橡筋是一种辅助部件，橡筋的弹性可以增加鞋口的开闭功能。橡筋完全暴露出来时称为明橡筋，橡筋被掩藏起来时称为暗橡筋。由于设计橡筋要有一定的长度，借此可以适当压低前中帮两翼宽度，省去了确定 F_0 点的麻烦，见图2-59。

图 2-59　双侧橡筋式内耳三节头鞋成品图

橡筋位置安排在假线以下的部位，帮部件掩盖了橡筋，属于暗橡筋类型。为了不影响橡筋的弹性，在掩盖橡筋的部件上有两道切口，车缝时只缝合橡筋的轮廓和切口中心位置。鞋口部位并不缝死，拉伸鞋口时橡筋就会随之延伸。

1. 成品图分析

（1）楦型选择　选用三节头楦。

（2）结构类型　属于内耳式结构类型。明口门位置取在 V 点，采用定位取跷进行跷度处理。

（3）鞋帮部件　包括前包头、前中帮、后帮、橡筋、后筋条和鞋舌，共计 6 种 8 件。

（4）镶接关系　前包头压前中帮，前中帮压后帮，鞋耳压鞋舌，橡筋夹在后帮面里之间，后筋条压在后帮上。

（5）特殊要求　设计橡筋部件需要注意它的使用位置、大小和外形轮廓造型。本款鞋使用暗橡筋主要是装饰作用，开闭功能还是由鞋耳来承担，因此橡筋轮廓外形以好看为主。自假线位置向下留出 24～30 mm 设计橡筋宽度，长度在第三、第四眼位之间，两条切口线等分橡筋的宽度，切口间距在 8～10 mm。橡筋下端设计成小圆弧角，便于车线顺利通过。

2. 结构图设计

（1）前包头的设计　三节头鞋前包头的设计方法都相同，首先确定前包头长度，连接背中线，然后作辅助线，最后设计圆弧轮廓。

（2）前中帮的设计　前中帮的设计模式大致相同，首先连接前中帮背中线，作鞋口垂线，顺势画出两翼轮廓线。控制两翼长度到达 FP 之间，控制两翼宽度略低一些。

（3）后帮的设计　按照二节头鞋后帮的设计方法先设计出完整的后帮轮廓，包括取跷角、鞋耳

圆弧角、5 个眼位、鞋口轮廓线等，然后再设计橡筋部件的轮廓。

自假线后端点斜向口门拐弯位置作一条直线，然后向下 24～30 mm 作一条平行线为橡筋宽度，并将橡筋宽度分成三等份也作平行线。

橡筋长度取在第三和第四眼位之间，并作上述平行线的垂线，将拐角改成圆弧角。

制取橡筋样板时留出 10 mm 压茬量，见图 2-60。

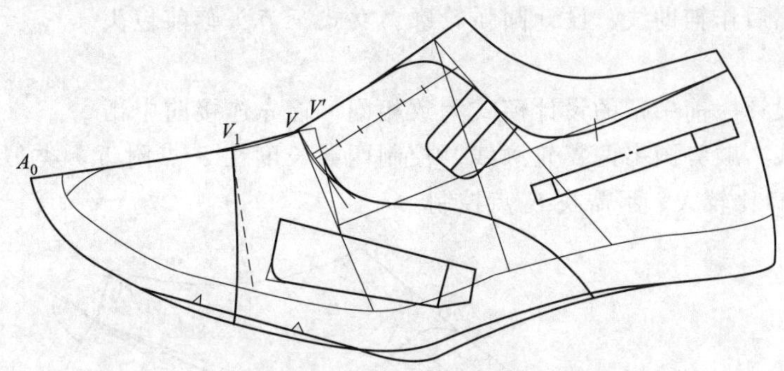

图 2-60　双侧橡筋式三节头鞋帮结构设计图

(4) 鞋舌与后筋条的设计　鞋舌部件与后筋条部件的设计方法同前，都设计在大部件上。

(5) 底口处理　底口处理也同二节头鞋，分别加放 14、15、16、17 mm 绷帮量，并做出里外怀的区别。经过修整后即得到双侧橡筋式三节头鞋帮结构设计图。

(四) 内耳式三节头女鞋的设计

三节头鞋本是男鞋的品种，女式三节头鞋是在模仿男鞋造型，可以不受男鞋传统模式的约束，增加一些女人味，见图 2-61。

由于鞋耳变短、前帮也变短，产生了轻松感。在外怀一侧看不到保险皮，不是没有而是采用了歪保险皮类型。在口门位置有一块护口皮，起到点缀装饰的作用。

图 2-61　内耳式三节头女鞋成品图

1. 成品图分析

(1) 楦型选择　女楦中没有女三节头楦，是用女素头来代替，选用超长女素头楦较好，增加的放余量会使前包头的比例协调。

(2) 结构类型　属于内耳式结构类型。明口门位置取在 V 点，采用定位取跷进行跷度处理。

(3) 鞋帮部件　包括前包头、前中帮、后帮、护口皮和暗鞋舌，共计 5 种 6 件。

(4) 镶接关系　前包头压前中帮，前中帮压后帮，护口皮压在鞋耳上，鞋耳压在鞋舌上。

(5) 特殊要求　护口皮是一件模仿保险皮的辅助部件，保险皮保护后帮口，护口皮保护鞋口。护口皮设计成圆形使用方便，可以选用直径 10 mm 的钺刀冲裁。加工时先与鞋耳缝合，合帮时有一半的量被前帮压住。

歪保险皮是继矩形保险皮、曲线形保险皮之后的第三类保险皮，由于保险皮的一半与后帮外怀连成一体，所以只有在里怀一侧才会看到保险皮，故称为歪保险皮。设计歪保险皮时，先在后弧线上端 10 mm 高度作一条直线，接着再过鞋口 Q 点位置作该直线的垂线，然后以 Q 点为圆心、20 mm长为半径作圆弧。圆弧与外怀鞋口部件相交后会有一个高度，把这个高度转移到里怀一侧。最后自里怀高度点以相同的鞋口轮廓顺连到 Q 点位置，以曲线保险皮的轮廓顺连到 10 mm 位置，见图 2-62。

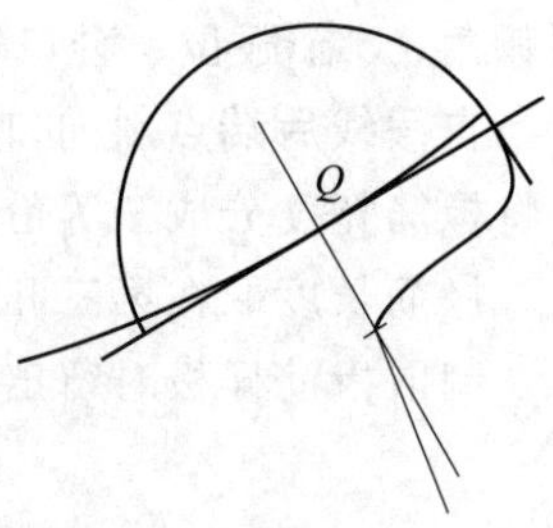

图 2-62　歪保险皮设计图

歪保险皮的上端轮廓线是左右对称的，在制取样板时，是将 10 mm 的高度线对折，同时分割出里外怀轮廓线，这样可以保证左右对称，便于镶接和折边操作。

2. 结构图设计

(1) 前包头的设计　前包头的设计方法都相同，首先确定前包头长度、连接背中线，然后作辅助线、设计圆弧轮廓。女式三节头鞋前包头的弧度略大于男鞋。

(2) 前中帮的设计　前中帮的设计模式大致相同，首先连接前中帮背中线，作鞋口垂线，顺势画出两翼轮廓线。控制两翼长度在 F 点附近，类似女二节头鞋，见图 2-63。前中帮两翼开口比较大，不需找 F_0点控制。

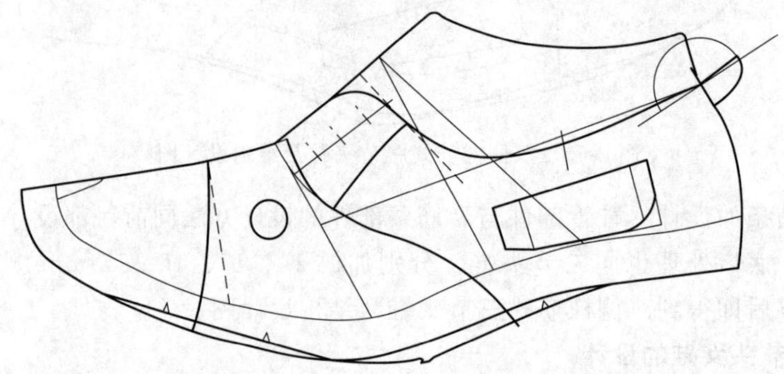

图 2-63　内耳式三节头女鞋帮结构设计图

(3) 后帮的设计　按照二节头鞋后帮的设计方法，先确定有 3 个眼位时鞋耳长度，再设计鞋耳圆弧角，前端设计出取跷角，后端设计出弧形鞋口线，并定出 3 个眼位，设计出假线。接着在鞋口后端设计出半个曲线形歪保险皮轮廓。

(4) 鞋舌与护口皮的设计　鞋舌部件与护口皮部件都设计在大部件上。

(5) 底口处理　底口处理同女式二节头鞋，分别加放 13、14、15、16 mm 绷帮量，并做出里外怀的区别。经过修整后即得到内耳式三节头女鞋帮结构设计图。

课后小结

内耳式三节头男鞋流传至今已经成为了经典产品，经过变型设计可以演变出多种产品，上述举例只是通过典型案例进行分析，从中掌握变型设计的方法。

三节头鞋的变型设计不能偏离三节头鞋的特点，一是有三大段结构，二是带有前包头。尽管燕尾式三节头鞋的前包头变成了花包头，后帮又分成了三块部件，但大的格局依然保留了三节头鞋的特点。女士三节头鞋的风格明显与男式三节头鞋不同，但同样具有三节头鞋的特点。在后续课程里还会有外耳式三节头鞋、舌式三节头鞋的出现，之所以缀上“三节头”的字样，都是在借助经典三节头的名气，吸取三节头鞋的特点，正所谓“师出有名”。

在三节头鞋的变型设计中一再重复“同二节头鞋”，是在提醒入门设计的重要性，基础打好了，后续的设计就变得轻松了。

变型设计是一种设计方法，要通过不断练习才能掌握它的变化规律。

思考与练习

1. 画出经典内耳式三节头鞋的成品图、结构设计图，并制取基样、料样和三段式里样。

2. 画出内耳式花三节头鞋的成品图、结构设计图，并制取划线板和制取三种生产用样板。

3. 自行设计一款变型三节头鞋，同样画出成品图、结构设计图、和制取三种生产用的样板。

第五节　典型外耳式鞋的设计

外耳式鞋是满帮鞋中花色品种最多、产销量最大、适穿范围最广的一类鞋。外耳式鞋的特点是鞋耳压在前帮上，所以称为外耳式。外耳式与内耳式虽然只有一字之差，但设计规律却相去甚远。表面上可以看到后帮鞋耳的完整轮廓，前帮被压在鞋耳下面，而看不到鞋口门位置，因此形成的是暗口门。如果要设计前帮，一定是通过压茬的关系推断出前帮的轮廓线，继而找到口门位置。可见外耳式鞋的设计要比内耳式鞋难度大。

为了简化对成品鞋的分析过程，可以集中对外耳式鞋类共性的特点进行分析；而对每一具体款式的特殊要求，在设计结构图时再细致分析。

一、外耳式鞋的设计特点

1. 楦型特点

设计男女外耳式鞋要选用男女素头楦。素头楦比较肥，可以通过绑带来调节开闭功能，所以外耳式鞋的适穿范围广。

2. 结构特点

外耳式鞋的结构自成一大类型，就是外耳式结构。也就是说在耳式鞋中，包括有内耳式结构和外耳式结构两大类型。外耳式鞋的造型变化、装饰变化等，大都是围绕鞋耳进行演变。

(1) 外耳式鞋的结构是后帮压在前帮上。后帮处于所有部件之上，可以看到完整的轮廓外形，所以设计要从后帮开始入手。而鞋耳又是后帮重要组成，切入点往往是鞋耳的造型。

(2) 鞋耳的造型变化大。鞋耳的外形可以是长鞋耳、短鞋耳，也可以是圆鞋耳、方鞋耳，还可以是尖鞋耳、角形鞋耳等，见图 2-64。

图 2-64　鞋耳的造型变化

(3) 鞋眼位的个数会随鞋耳长度发生变化。在男楦 *VE* 长度内一般安排 5 个眼位，在女楦 *VE* 长度内一般安排 4 个眼位。每减少一个眼位，*E* 点就可以前移 10 mm。如果眼位少于 3 个，要视鞋耳造型来确定鞋耳位置。如果眼位个数超出常规，应该适当向前移动 *V* 点。

(4) 鞋耳高度位置有适当变化。在设计传统的外耳式鞋时，鞋耳的高度距离背中线有 3 mm 的间隙，成鞋后两耳间的间隙还会增大 2～3 mm，这对于瘦脚型来说可以通过系紧鞋带来增加抱脚能力。现在人们的脚型偏瘦，也就出现了把鞋耳高度设计在后帮背中线上，成鞋后两耳间只有较小的间隙。也有成鞋两耳并齐的鞋款，如要设计这种鞋款，鞋耳的高度要超过背中线 2～3 mm，见图 2-65。

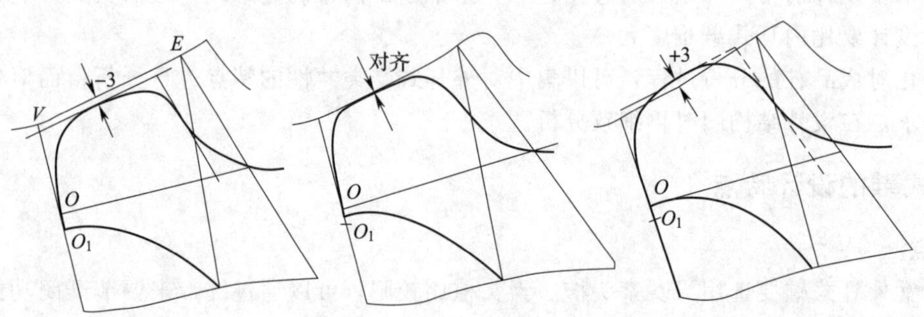

图 2-65　鞋耳的高度位置

(5) 鞋耳的前尖点有里外怀的区别。鞋耳部件的上轮廓线与下轮廓线交汇的前端，会有一个凸起的尖角或圆角，习惯上称为前尖点。一般要控制里怀的前尖点 O_2 高于外怀前尖点 O_1 3～5 mm，长于外怀 2～3 mm，以保证成鞋端正，见图 2-66。

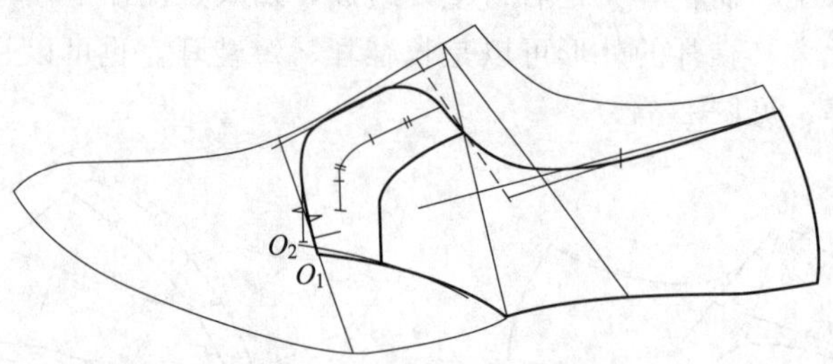

图 2-66　前尖点的里外怀区别

在原始样板的套样检验中提到过后弧上口的长度差，这是因为楦面里外怀的上斜长不同而造成的。楦面里怀一侧凸起，外怀一侧凹陷，所以使得里怀楦面一般要长于外怀 2～3 mm。在设计外耳部件时，如果里外怀的前尖点长度相等，在鞋帮套楦时就会出现里怀前尖点后移变短的现象。鞋楦里怀的弯度大，如果里怀鞋帮变短，就会增加弯度趋势，使鞋帮变歪。所以，在设计前尖点位置时，要把里怀的长度增加 2～3 mm，改变视觉造成的差异。以前在老师傅们中间流传着一句话：十个鞋帮九个歪，一个不歪还得拆。这里的“歪”，就是指要设计出长度差异。

楦面在跖趾部位里外怀的造型不同，外怀比较平缓，里怀比较直立。如果将同样宽度的鞋耳部件套在楦面上，里怀就会出现“下坠”的现象，因此需要适当抬高里怀前尖点的高度。一般上升3～5 mm。

在设计内耳式鞋时并没有出现里外怀的差异，为何在设计外耳式鞋时就要区分里外怀呢？内耳式鞋的鞋耳并拢后，就形成一条背中线，以背中线为参照物，鞋耳两侧宽度相等才算是端正的。而外耳式鞋的鞋耳是分开的，直观上判断鞋耳端正的参照物就转移到鞋帮两侧，而里外怀两侧楦面的

造型是不同的，如果把鞋耳的宽度设计成相等，套楦后会看到鞋耳边沿与鞋帮两侧的距离是里怀较小、外怀较大，产生的感觉就是里怀下坠。如果将里怀的前尖点适当抬升，就能改变视觉造成的高度差。当然，适当抬升 3～5 mm 只是起到改善的作用，如果要完全达到里外怀视觉上的相等可能需要更多的抬升量，这样一来就会明显看出鞋耳是一宽一窄，反而会适得其反。同样的问题在以后设计围盖鞋时还会出现。

(6) 外耳式鞋的取跷位置在前帮与鞋舌之间，与后帮鞋耳无关。设计外耳式鞋也采用定位取跷法，由于取跷中心和取跷位置都发生了变化，所以需要借用等量代替角$\angle VO'V'$。先利用压茬关系确定前帮轮廓线，再确定取跷中心O'点，然后设计出断舌位置，接着在断舌位置后面设计出取跷角$\angle V''O'V'''=\angle VO'V'$，最后再连接出背中$A_0V'''$和底口轮廓线，见图 2-67。

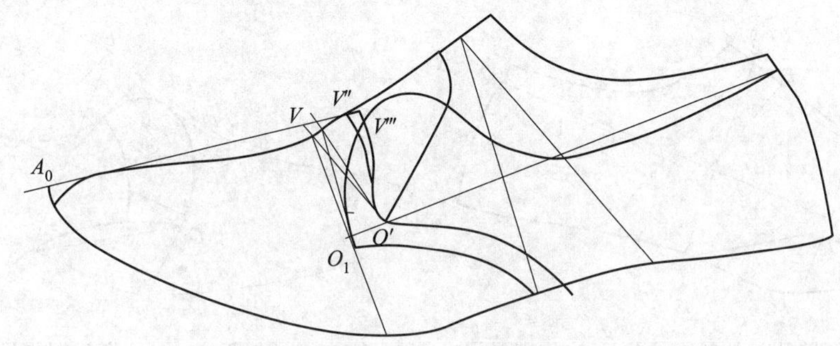

图 2-67 取跷位置在鞋舌与前帮之间

(7) 鞋耳上有锁口线标记。锁口线是为了保护口门不被撕裂而特意加固的线迹，一般在鞋耳前尖点之上 10～12 mm 的位置。要注意虽然里外怀前尖点高度有区别，但锁口线距离里外怀前尖点的长度是相等的，这样才会有对称感。

内耳式鞋也是有锁口线的，只不过是内耳式鞋的锁口线在缝鞋舌时出现，采用“横三竖二”的车缝工艺，就可以使鞋舌与鞋耳牢固结合，起到锁口的作用。在缝合前帮后，这些线迹被掩盖起来，外观上是看不到的。设计外耳式鞋的要求比较多，难度有所增加，但是上述 7 点结构特征都会反复出现在每一鞋款上，经过不断练习就会很快掌握外耳式鞋的设计方法。

二、典型外耳式鞋的设计

外耳式鞋的品种比较多，选择三眼位外耳式鞋作为典型品种，可以概括外耳式鞋的设计特点。

三眼位外耳式鞋的楦型、结构特征已经做了集中分析，具体到本款鞋的帮部件可以看到有前帮、后帮、鞋舌和保险皮，共计 4 种 5 件。其镶接关系为后帮压前帮，前帮压鞋舌，保险皮压在后帮中缝上，见图 2-68。

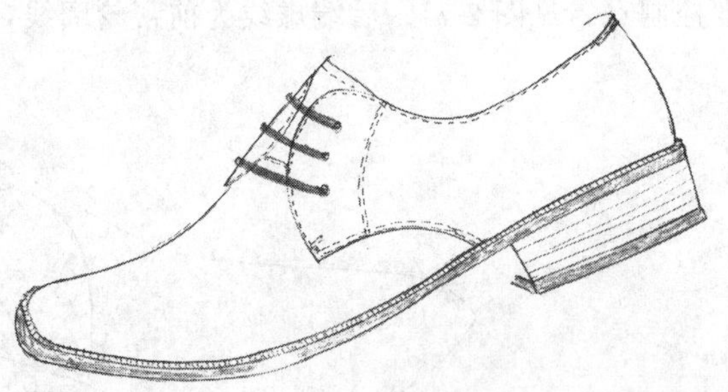

图 2-68 三眼位外耳式鞋成品图

前帮与鞋舌的缝合线要求掩藏在鞋带之下，后帮上有锁口线和假线。特殊的要求就是外耳部件的位置与轮廓外形的设计。

1. 后帮的设计

(1) 确定后帮部件的大体位置。后帮鞋耳有三个眼位置，鞋耳的长度控制在 E 点之前 20 mm 左右的位置，定作 E'点。过 E'点作后帮控制线的一

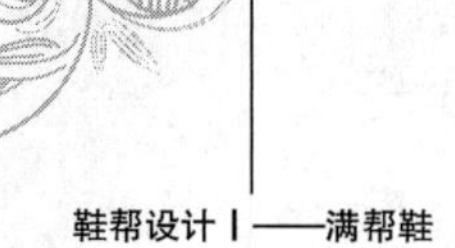

条平行线，控制鞋耳后端位置。鞋耳距离后帮背中线有 3 mm 左右的间隙，作一条平行线。鞋耳前端借用 VO 线，在 O 点之下 5 mm 左右的位置确定外怀前尖点 O_1。鞋耳底口长度在 F 点附近，连接 O_1F 线控制鞋耳前下端。过 P'' 点作鞋口控制线。按照上述要求连接辅助线，可以得到鞋耳的大体位置，见图 2-69。在 $F-O_1-V-E'-P''-Q$ 范围内设计鞋耳外形轮廓。

(2) 设计后帮的外形轮廓线。按照成品图的鞋耳造型设计出圆形鞋耳的轮廓线。轮廓线只能控制鞋耳的大体轮廓，在控制线内可以设计出圆形的、方形的等不同形态的鞋耳，所以设计鞋耳外形时，应该按照成品图的要求来绘制。

圆形鞋耳的前端到达前尖点 O_1，自 O_1 点以弧线顺连出前下端轮廓线到 F 点。自圆形鞋耳后端顺连出鞋口弧形线，过 P'' 点且到 Q 点止，见图 2-70。

图 2-69　鞋耳部件的大体位置　　　　图 2-70　外怀后帮的设计

鞋耳的位置控制在辅助线的范围，利用辅助线来帮助设计鞋耳或后帮的外形轮廓。在 O_1 点之上 10～12 mm 的位置设计出锁口线位置。在距离鞋耳轮廓 13 mm 的位置设计一条眼位线。要注意鞋耳的外形是有变化的，所以眼位线要与鞋耳轮廓线基本平行。

在锁口线位置的后帮是被车线缝住的，不用安排眼位，所以确定 3 个眼位是在锁口线到鞋耳长度之间等分出来的。还要注意最后一个眼位距离鞋耳后端不要少于 13 mm，也要注意系鞋带时不要出现后拉力现象。

在眼位线之下 12 mm 位置设计出假线。

对于后帮里怀，要在前帮轮廓设计完成后再进行处理。

2. 前帮的设计

前帮后端轮廓线是依据 8 mm 的压茬量推导出来的。在鞋耳前下端轮廓线之上以 8 mm 的距离作一条平行线，在平行线距离鞋耳前端 10～15 mm 位置确定 O' 点为取跷中心点，O' 点也是口门宽度控制点，见图 2-71。后端虚线为前帮轮廓线，O' 点在前帮轮廓线上。

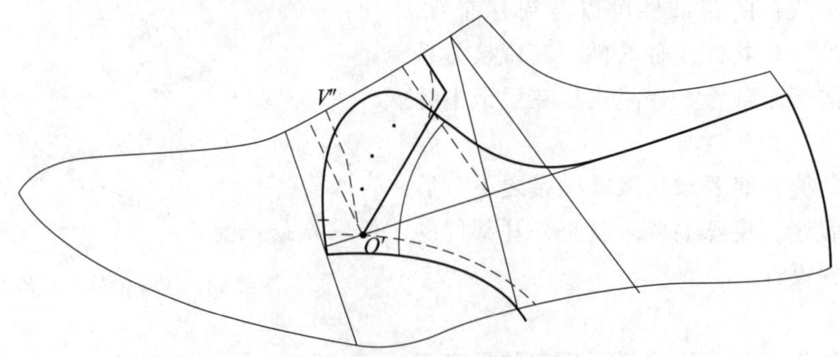

图 2-71　取跷中心与断舌位置

过O'点作背中线的垂线，垂足为暗口门位置。将暗口门位置后移 5～7 mm 定为V''点，这是断舌位置。外耳式鞋的鞋舌是前帮的延伸，不同于内耳式鞋舌。过V''点先作一小段垂线，然后再顺势拐一个 S 弯连到O'点，$V''O'$线就是断舌线。断舌位置后移的目的是把断帮线掩藏在鞋带之下，如果断帮位置靠前，系上鞋带之后会被暴露出来，影响外观。

在鞋耳长度之后增加 6～7 mm 定为鞋舌长度，并作垂线为鞋舌后端的辅助线。在距离最后一个眼位 10 mm 宽度的位置为控制鞋舌的后宽点，然后用直线连接O'点到后宽点并延长为舌宽辅助线，并在辅助线内设计出鞋舌轮廓线。外耳式鞋舌的造型为后窄前宽，与内耳式鞋舌后宽前窄明显不同。

在设计取跷角时，连接VO'和$V'O'$得到等量代替角$\angle VO'V'$，然后在$V''O'$的后端设计出取跷角$\angle V''O'V'''=\angle VO'V'$，并将取跷角与前帮轮廓用圆弧角连接。自$V''$点连接出前帮背中线到$A_0$点，顺连出底口轮廓线，见图 2-72。

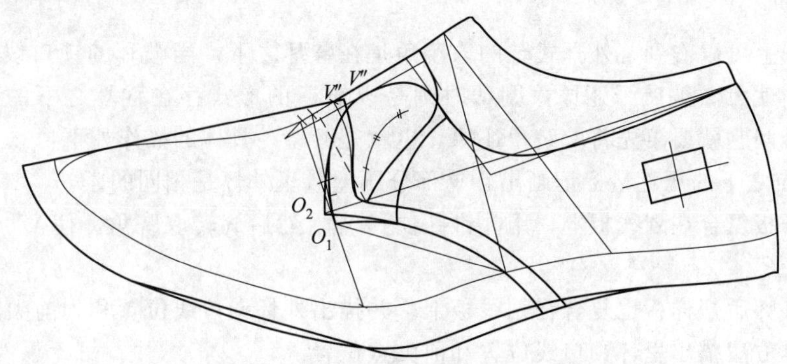

图 2-72　三眼位外耳式鞋帮结构设计图

如果掌握了鞋耳外形轮廓的设计和取跷角的处理，外耳式鞋的结构设计图也就基本完成了。

3. 设计里怀后帮部件

外耳式鞋里外怀的区别主要表现在鞋耳前尖点上。将外怀的前尖O_1点上升 3～5 mm、前移 2～3 mm 定为里怀前尖点O_2。然后沿着外怀鞋耳轮廓线顺连到O_2点，再从O_2点向下顺连到外怀前下端轮廓线上，即可得到后帮里怀部件，标出锁口线位置。

4. 设计保险皮与底口处理

在后帮部件上设计出普通矩形保险皮。

在底口分别加放绷帮量 14、15、16、17 mm，并做出里外怀的底口区别，经修整后可得到三眼位外耳式鞋帮结构设计图。

三、制取样板

制取样板包括制备划线板、制取基本样板、开料样板和鞋里样板几个环节。

1. 制备划线板

制备划线板的方法与内耳式鞋相同。将结构图设计在卡纸上，复制一份存档后将设计图改为划线板，见图 2-73。在划线板上可以找到前帮、里外怀后帮、鞋舌和保险皮部件的轮廓位置，其中的取跷角、鞋耳里外怀区别、前后帮之间的压茬量采用的是镂空的刀法。

2. 制取基本样板

按照划线板制取基本样板，见图 2-74。在基本样板上刻出了加工的标记。需要特别注意，在前帮标注鞋耳前尖点时需要进行“搬跷”处理。所谓搬跷就是要搬动取跷角进行还原。在部件镶接时

有一种“跷镶”的方法，就是搬动部件的取跷角进行镶接，镶接后部件成翘曲状态。例如，三节头鞋的前包头与前中帮就属于跷镶。

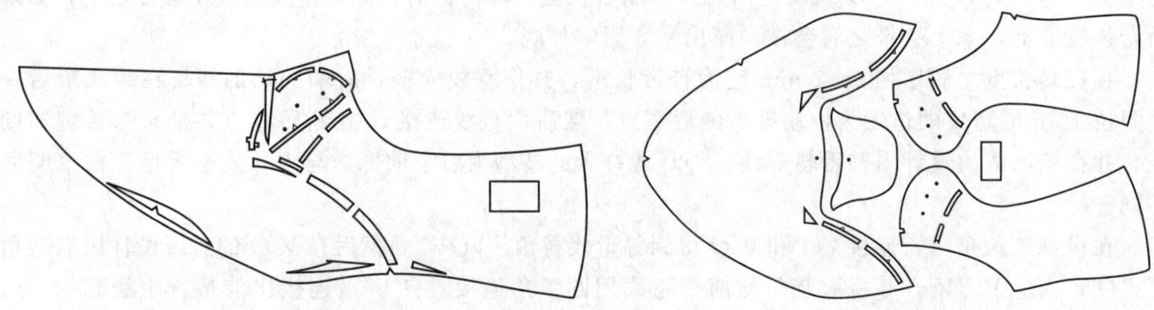

图 2-73　制备划线板　　　　图 2-74　基本样板图

在结构设计图上可以看到，外耳式鞋的取跷角是在鞋耳之下，当鞋耳的锁口线将鞋耳固定在前帮上以后，取跷角就无法被展开还原，绷帮时则是以皱褶的形式存在鞋耳之下的，其结果是不伏楦。要想解决这个问题就要事先将取跷角还原，也就是搬跷。具体的操作如下：

(1) 先将 O' 点之下的压茬量标记画出，这部分压差量里外怀是相同的。

(2) 将前帮样板复合在划线板上，用扎锥扎住 O' 点，然后旋转取跷角，使 V''' 点与 V'' 点重合并固定前帮位置。

(3) 此时将外怀后帮样板也复合在划线板上，并描出外怀锁口线位置和到前尖点位置。

(4) 采用同样方法描出里怀锁口线位置和前尖点位置。

(5) 分别自里外怀前尖点描出鞋耳前下角的轮廓，并与后端的压茬量顺连。

采用搬跷的方法可以解决不伏楦的问题。

二十多年前的时候曾有个学生问我：用定位取跷设计外耳式鞋没有伏楦，改用对位取跷设计后就伏楦了，这是为什么？要回答这个问题先看看用对位取跷设计的外耳式鞋结构图，见图 2-75。

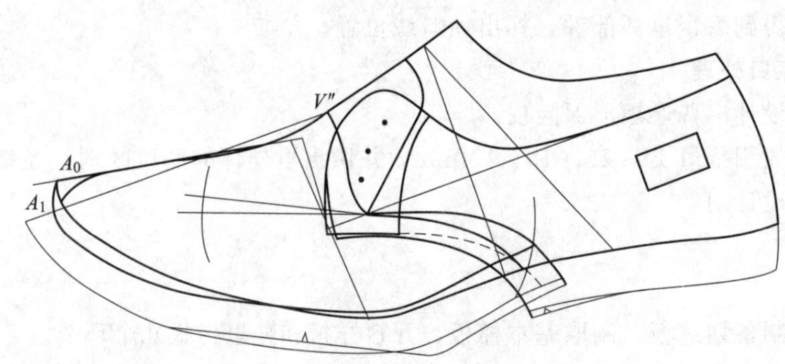

图 2-75　对位取跷法设计外耳式鞋

在对位取跷时，前帮背中线的位置下降到 A_1V''，取跷角已经被还原，此时标注锁口线和前尖点位置，鞋舌位置不会出现皱褶。搬跷就是要把定位取跷位置还原到对位取跷位置。从图中也可以看到，对位取跷比较麻烦，在断帮位置需要设计后帮轮廓线、前帮轮廓线、取跷角轮廓线以及压茬线，显然不如定位取跷处理来得简单，但必须要有一个搬跷标注加工标记的过程，否则会造成不伏楦。

检查是否有搬跷的方法很简单，分别将里外怀后帮样板按照加工标记镶接，如果样板镶接成翘曲状态就对了，如果是很平整的就错了。

3. 制取开料样板

按照基本样板的轮廓分别加放所需要的加工量就得到开料样板，见图 2-76。前帮样板不用折边，而且已经有了压茬量，所以和基样相同。鞋舌样板加放了压茬量，由于需要画出鞋舌的压茬标记，所以基样与料样不要二板合一。后帮上口加放了折边量。后帮前下端在使用天然皮革材料时不用加折边量的。

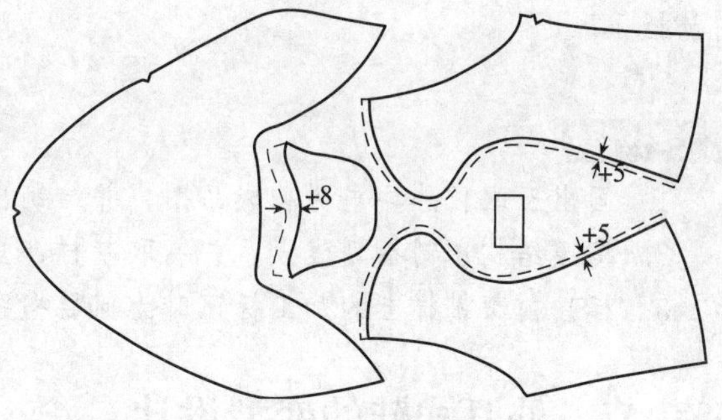

图 2-76 开料样板图

4. 制取鞋里样板

制取鞋里样板的基本方法不变，加放量也不变，但需要灵活运用。

设计前帮鞋里样板与使用的材料有关，见图 2-77。在使用布里时，布料的延伸性较大，可以设计成整布里，前头降 2 mm 后重新连接出背中线，底口收进 6～7 mm，后端加放 1 mm 即可，用来弥补贴里时的误差。设计合成革、人造革鞋里时，要把鞋舌断开，只在鞋舌上留出 8 mm 压茬量即可。这是因为合成革里的回弹性大，有鞋楦支撑时表面是平整的，脱楦后或者放置一段时间后，鞋里材料会收缩，从而引起出皱。由于前帮面是预先缝合的，所以前帮里后端不用再加放压茬量。

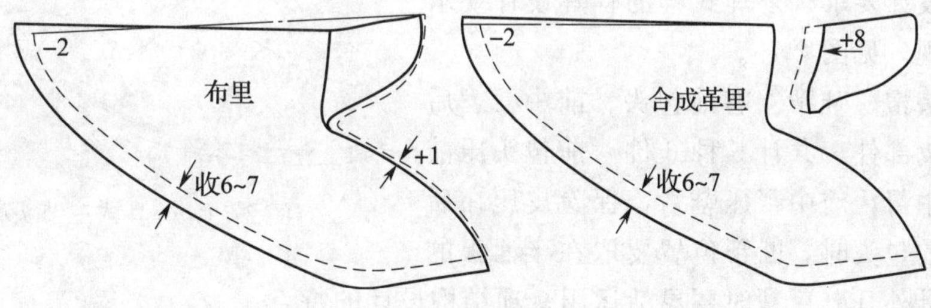

图 2-77 外耳式鞋前帮鞋里设计图

设计后帮鞋里时注意留出剪口，见图 2-78。后帮鞋里鞋口加放冲边量3 mm，前下端加放压茬量 8 mm，后弧收进 2、3、5 mm，底口收进 6～7 mm。在鞋耳前端锁口线之下，朝向取跷中心位置打一剪口，深度超过 O' 点2 mm。这是因为后帮鞋面压在前帮上，而锁口线以下的鞋里要翻转到前帮之下，打一剪口便于翻转，剪口深度一定要超过前帮的压茬位置。

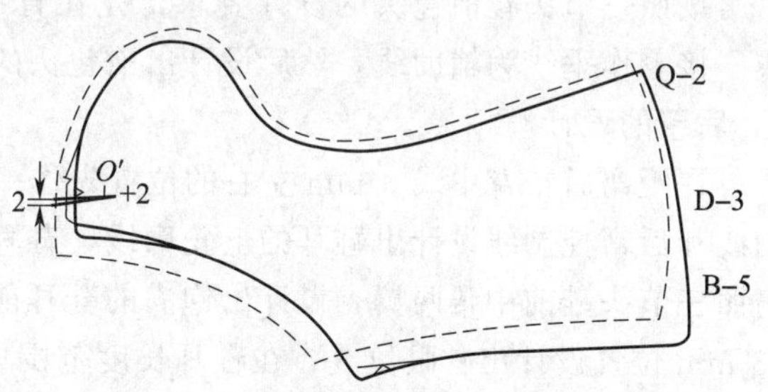

图 2-78 外耳式鞋后帮鞋里设计图

课后小结

设计外耳式鞋比设计内耳式鞋难度大，鞋耳长度、鞋眼位排布、鞋耳间距、锁口线位置、里外怀前尖点区别、取跷中心的确定、取跷角的设计以及制取基样需要搬跷等都必须注意到。内耳式鞋的设计相对比较容易，所以常常作为结构设计的入门，而外耳式鞋的设计比较难，常常作为对结构设计的进一步深入。

设计外耳式鞋的7个结构特点，几乎每款外耳式鞋上都要用到，一旦掌握了这些设计的技能，在后续的设计过程中就会有“一览众山小”的感觉，因为其他满帮鞋的设计元素都已经在外耳式鞋中包括了。

思考与练习

1. 画出三眼位外耳式男鞋成品图，并绘制出结构设计图。
2. 按照结构图制备划线板，并制取基样、里样和料样。
3. 标注前帮基样上的加工标记时为何要搬跷？如何搬跷？

第六节　外耳式鞋的变型设计

外耳式鞋变形设计是以典型的三眼位鞋为基础进行演变的，万变不离其宗，基本的设计方法和设计要求是不变的。

一、外耳式三节头鞋的设计

外耳式三节头鞋是将三眼位外耳式鞋的前帮分割成前包头和前中帮，把鞋耳加长安排出5个眼位，在造型上仿照经典三节头鞋来进行设计的。所以，三节头鞋的前包头的设计要求、外耳式鞋的鞋耳设计要求将会再次重复出现，见图2-79。

图2-79　外耳式三节头鞋成品图

要选用三节头楦。鞋帮上有前包头、前中帮、后帮、鞋舌和保险皮部件，共计5种6件。前包头压前中帮，后帮压前中帮，前中帮压鞋舌，保险皮压在后帮中缝上。设计前包头时，断帮位置要取在半面板的背中曲线上。设计外耳鞋后帮时要灵活运用7项结构设计的特点。

1. 前包头的设计

按照三节头鞋前包头的设计要求，先在背中曲线上确定前包头位置，然后连接出前包头背中线。接着作垂线为辅助线，然后设计出前包头的轮廓线。

2. 后帮的设计

在距离后帮背中线3 mm左右的位置先作一条平行线，用来控制鞋耳上轮廓。然后利用前帮控制线和后帮控制线设计出鞋耳的上轮廓线，鞋耳前端顺延到O点之下5 mm左右位置。鞋耳前下端仿照三节头鞋前中帮两翼，设计出饱满的鞋耳前下端轮廓线，并设计出弧形鞋口轮廓线。距离鞋耳13 mm位置设计出鞋眼位线，在鞋耳长度范围内均匀安排5个眼位，在距离眼位线12 mm的位置设计假线。在距离外怀前尖点12 mm的位置确定外怀的锁口线，见图2-80。

三节头外耳鞋和三眼位外耳鞋的结构是相同的，所以后帮设计方法也是相同的。两者的区别在于鞋耳的长短、眼位的多少、部件的外形轮廓。

3. 前中帮的设计

沿着鞋耳前下端轮廓线加放8 mm的压茬量可得到前中帮后端轮廓线，在距离外怀鞋耳前端15 mm的位置确定取跷中心点，也就是口门宽度点及鞋舌前下端点。对于暗口门鞋的设计来说，一般都是先找到口门宽度，通过口宽再找到口门位置。

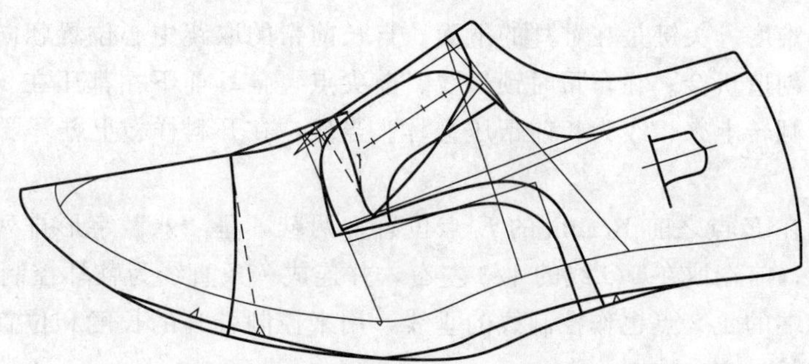

图 2-80 外耳式三节头鞋帮结构设计图

过取跷中心点作后帮背中线的垂线可确定暗口门的位置，自暗口门位置往后移动 5～7 mm 确定断舌位置，自断舌位置作一条垂线，并借用垂线顺连出 S 曲线到口门宽度位置，可得到鞋舌断帮线。鞋舌长度要超过鞋耳 6～7 mm，控制鞋舌后宽距离最后一个眼位 10 mm，可以设计出鞋舌轮廓线。

取跷角设计在断舌线的后端。过取跷中心点分别连接到 V 点和 V' 点可得到等量代替角，使取跷角等于等量代替角，可确定取跷角的后端点。过取跷角后端点先连接到前包头可得到前中帮的背中线，然后再过取跷后端点作垂线，借用垂线设计取跷角外形。在取跷角与前中帮后端轮廓线连接时，把取跷中心改为圆弧角，这样可以分散应用集中的现象，不容易撕破口门。

4. 设计里怀后帮部件

外耳式鞋里外怀的区别主要表现在鞋耳前尖点上。将外怀的前尖点 O_1 点上升 3～5 mm、前移 2～3 mm 定为里怀前尖点 O_2。然后沿着外怀鞋耳轮廓线顺连到 O_2 点，再从 O_2 点向下顺连到外怀前下端轮廓线上，即可得到后帮里怀部件。也取 12 mm 定里怀锁口线位置。

5. 设计保险皮与底口处理

在后帮部件上设计出曲线形保险皮。

在底口分别加放绷帮量 14、15、16、17 mm，并做出里外怀的底口区别，经修整后可得到三节头外耳式鞋帮结构设计图。

制备划线板和制取样板的过程也与三节头外耳鞋相同，可以自行练习。

本例的结构没有标注更多的字母，这是因为它在重复前面学过的内容，要把常用的位置点熟记于心中。前包头的设计是在重复三节头鞋的内容，外耳的设计是在重复典型外耳式鞋的内容，前边的东西掌握了，再学习后边的东西就不觉得困难了。

二、方形外耳式鞋的设计

方形外耳式鞋的鞋耳造型是方中取圆，安排了 4 个眼位，鞋耳长度取在 E 点之前 10 mm 左右。为了增加产品的特殊性，前帮与后帮连成一体成为长前帮，鞋耳设计成独立的部件，后端配有后包跟，可以节省一部分耗料，见图 2-81。

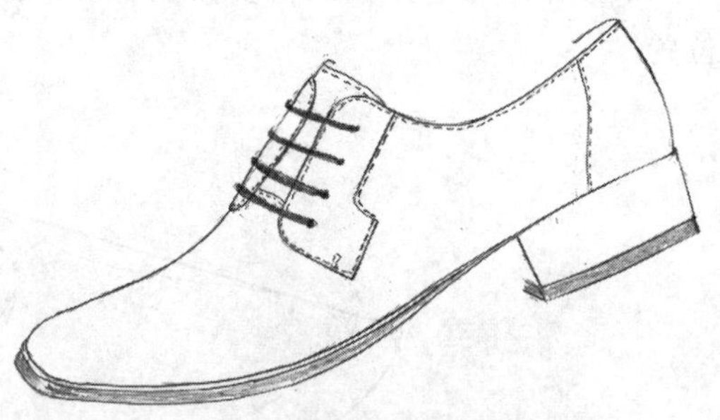

图 2-81 方形外耳式鞋成品图

鞋帮上有长前帮、鞋耳、后包跟和鞋舌部件，共计 4 种 5 件。在镶接时，长前帮压鞋舌，后包跟压长前帮，而鞋耳的前端压在长前帮上，后端翻转成长前帮压鞋耳。这种工艺上的变化突出了产品的亮点，如果鞋耳只是简单地压在鞋帮上，就会显得平淡无奇。

本款鞋设计的特殊性就在鞋耳的翻转上。从外观上看，鞋耳部件只是外形加以改变，并与鞋身

分离，这种设计并无难度。关键是在鞋耳的下面，自长前帮的取跷中心位置朝向鞋耳后端拐点打一剪口，为鞋帮的翻转创造机会。在车帮时锁口线、前尖点、鞋耳前下端都压在长前帮上，而自拐点位置开始，把长前帮翻转上来，改为长前帮压鞋耳。当然，在开料样板上鞋耳要留出压茬量。

1. 鞋耳的设计

方形鞋耳的长度在 E 点之前 10 mm 的 E'点位置。两鞋耳呈“八”字形排列，所以鞋耳后端距离背中线 3 mm 左右，前端取在 VO 线的 1/3 左右，并连成一条直线为鞋耳控制线。过后端 E'点作控制线的垂线，过前端的 1/3 点也作控制线的垂线，用来控制鞋耳的长度和位置。并将鞋耳的两个上角改为圆弧角，这就是方中取圆。

在距离控制线 13 mm 位置作鞋耳线的平行线为眼位线，并均匀定出 4 个眼位。

在距离眼位线 12 mm 的位置作平行线为断帮线，断帮线长度取鞋耳长度的 3/5 位置，然后向下拐，拐出的下端长度在 12 mm 左右定为 O_3点，并将拐角用圆弧连接。

过 O_3点作鞋控制线的平行线，并与过 1/3 点的垂线相交，即得到鞋耳前尖点 O_1，见图 2-82。鞋耳断开后成为全鞋的视觉中心，要先安排好鞋耳的位置，然后再进行其他部件的设计。

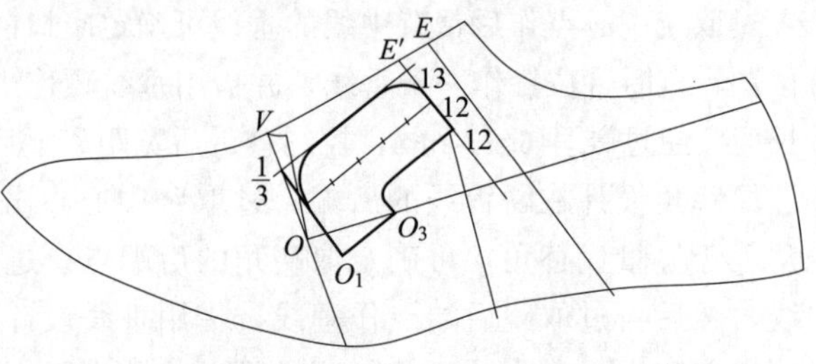

图 2-82 方形鞋耳设计图

2. 长前帮的设计

自鞋耳后端设计出弧形鞋口。

在距离鞋耳下端 8 mm、距离鞋耳前端 10～15 mm 的位置确定取跷中心点。

过取跷中心点作后帮背中线的垂线确定暗口门位置，自暗口门位置往后移动 5～7 mm 确定断舌位置，自断舌位置作一条垂线，并借用垂线顺连出 S 曲线到口门宽度位置，可得到鞋舌断帮线。鞋舌长度要超过鞋耳 6～7 mm，控制鞋舌后宽距离最后一个眼位 10 mm，可以设计出鞋舌轮廓线。

取跷角设计在断舌线的后端。过取跷中心点分别连接到 V 点和 V'点可得到等量代替角，使取跷角等于等量代替角，可确定取跷角的后端点。过取跷角后端点连接到前头凸点可得到前帮的背中线，然后过取跷后端点作垂线，借用垂线设计取跷角的弧形轮廓线。自取跷中心斜向 O_3点连接直线，形成鞋耳与长前帮的分割线。注意在分割线位置，制取开料样板时鞋耳要加放压茬量，长前帮要加放折边量，见图2-83。

取跷中心位置距离后端要保证 5 mm 的折边量。如果达不到这些要求就适当调节取跷中心点的位置。

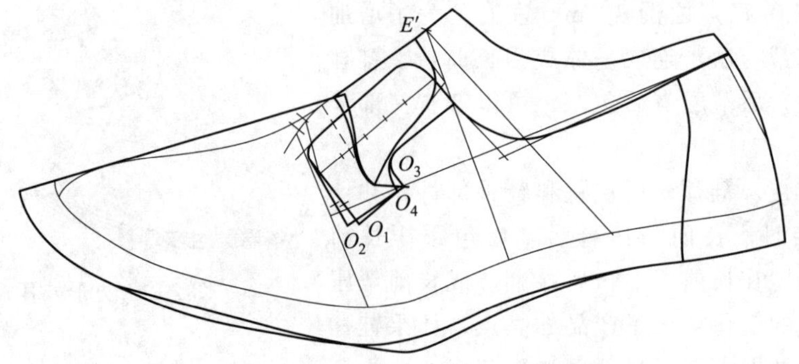

图 2-83 方形外耳式鞋帮结构设计图

3. 设计里怀鞋耳部件

里外怀的区别主要表现在鞋耳下端。首先将外怀的前尖点 O_1 点上升 3～5 mm、前移 2～3 mm 定为里怀前尖点 O_2。然后将外怀的 O_3 点前移 2～3 mm 定里怀的拐点 O_4 点。沿着外怀鞋耳轮廓线顺连到 O_2 点，接着顺连到 O_4 点。也就是说，O_1O_3 为外怀鞋耳线，O_2O_4 为里怀鞋耳线。由于鞋耳下端长度比较短，如果出现长度差会变得很明显，所以要控制 O_1O_3 长度等于 O_2O_4 长度。

4. 设计后包跟

在后帮部件上设计出后包跟部件，注意后弧上口收进 2 mm，后包跟上宽 25 mm 左右，下宽 40 mm左右。为了突出长前帮，后包跟不要取得太大。

5. 底口处理

在底口分别加放绷帮量 14、15、16、17 mm，并做出里外怀的底口区别，经修整后可得到三节头外耳式鞋帮结构设计图。

制备划线板和制取样板的过程都相似，可以自行练习。

三、钎带外耳式鞋的设计

顾名思义，钎带外耳式鞋是指用鞋钎鞋带来连接鞋耳的一种鞋。鞋钎是具有连接功能和装饰功能的辅助部件，现在的鞋款为了穿脱方便，常常用尼龙搭扣来代替鞋钎。外耳式鞋的鞋带，不是简单的条形部件，而是将里怀鞋耳“拉长”，形成鞋带，再与钉在外怀的鞋钎连接，见图 2-84。

图 2-84 钎带外耳式鞋成品图

钎带具有很强的装饰性，往往安排在抢眼的位置。鞋帮上有前帮、后帮、鞋舌和保险皮部件，共计 4 种 5 件。其中的鞋钎属于市售的部件，需要进行选择。镶接时，后帮压前帮，前帮压鞋舌，保险皮压在后帮中缝上。里怀的鞋耳演变成鞋带，搭在外怀鞋耳上，并穿入鞋钎内。钎带外耳式鞋省去了鞋眼位的设计，特殊要求转化为鞋带与鞋钎的配合关系。

1. 外怀后帮的设计

鞋钎装配在外怀鞋耳上，首先要设计出后帮鞋耳轮廓线。一般情况下取三眼位鞋耳长度。仿照三眼位外耳式鞋设计出外怀后帮轮廓线。注意要标注锁口线位置。

2. 鞋钎位置与鞋带的设计

鞋钎安排在鞋耳宽度中线位置上看起来比较端正。设计步骤如下：

(1) 在鞋耳宽度中间位置设计一条弧形中线。

(2) 在鞋耳之下 13 mm＋12 mm＋12 mm 位置确定鞋钎横梁位置。虽然鞋耳上没有鞋眼位，但在习惯上 13 mm 的眼位线、12 mm 的假线位置依然存在，在假线之下 12 mm 的位置设计鞋钎横梁比较适中。在横梁位置做一横线标记。

(3) 鞋钎孔间距取 5 mm，横梁位置有一个钎孔，横梁之上安排一个钎孔，横梁之下安排两个钎孔。

(4) 鞋带的长度取在距离横梁位置 30～35 mm，见图 2-85。

(5) 鞋带的宽度以鞋钎横梁长度为依据，使鞋带宽度小于鞋钎横梁长度 1～2 mm。如果鞋钎孔径宽松量不够，

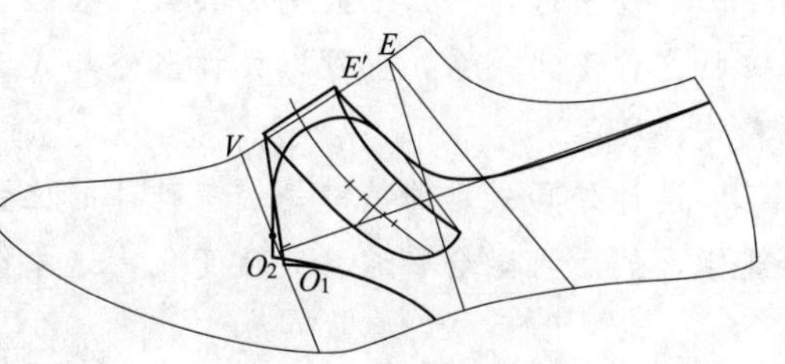

图 2-85 钎带的设计

会把鞋带磨出毛边。所以，设计各种钎带鞋类时首先要选配好鞋钎，然后再根据鞋钎的孔径设计鞋带。

(6) 鞋带上端折回位置控制在 VE 线之上 3 mm，鞋带上端宽度要适当增宽，然后顺连出鞋带的轮廓线。在部件之上设计重叠部件时，要考虑部件的厚度，一般预留出 3 mm 加工量。

(7) 鞋带与里怀鞋耳连成一体。在鞋耳前端，于外怀 O_1 点之上 3～5 mm、之前 2～3 mm 处确定里怀的 O_2 点，然后自 O_2 点顺连到鞋带前宽位置，形成里怀变形的鞋耳前轮廓。在鞋耳后端自鞋带后宽位置直接与鞋耳顺连，形成鞋耳后端轮廓。设计里怀鞋耳的轮廓就是在设计鞋耳里外怀的区别，也要标出里怀锁口线位置。如果连接的线条不顺畅，要适当调节鞋带的宽度，见图 2-86。将里怀鞋耳展开，可以看到鞋耳变鞋带的转变过程。

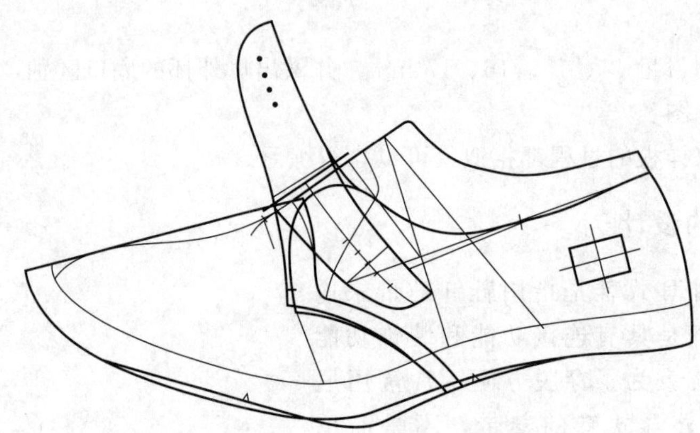

图 2-86 钎带外耳式帮鞋帮结构设计图

3. 前帮的设计

外耳式鞋前帮的设计模式都基本相同，先利用压茬量确定前帮后端轮廓线，在轮廓线上确定取跷中心位置，然后找到暗口门，并且后移 5～7 mm 设计出断舌线，设计出鞋舌轮廓线，找到等量代替角，确定取跷角后端点，连接出前帮背中线，设计出取跷角。

4. 设计保险皮与底口处理

后帮部件上设计出保险皮部件。

在底口分别加放绷帮量 14、15、16、17 mm，并做出里外怀的底口区别，经修整后可得到钎带外耳式鞋帮结构设计图。制备划线板和制取样板的过程都相似，可以自行练习。

课后小结

变型外耳式鞋的设计只是变化部件的外观造型，而内在结构并没有变化，依然需要控制鞋耳长度、鞋眼位的排布、鞋耳的间距、锁口线的位置、里外怀前尖点的区别、取跷中心的确定、取跷角的设计以及制取基样、进行搬跷等。

本节中选择的三个案例都具有代表性，一个变化在前帮，一个变化在鞋耳，一个变化在后帮。按照这种变化关系，也可以设计出外耳式二节头鞋、花包头外耳鞋、三段式外耳、暗橡筋或明橡筋式外耳鞋等。

设计外耳式鞋的关键是控制鞋耳的位置和外形，通过学习设计举例，要掌握变型设计的方法和规律，然后再融会贯通、灵活变化，这才能达到举一反三的效果。

思考与练习

1. 画出三节头外耳式鞋、方形外耳式鞋、钎带外耳式鞋的成品图与结构设计图。

2. 选择其中的一款鞋制备划线板，并制取基样、里样和料样。

3. 自行设计一款变型外耳式鞋，画出成品图、结构设计图，并制备划线板和制取三种生产样板。

第七节　外耳式女鞋的设计

外耳式女鞋的设计模式与外耳式男鞋相同，但由于男女鞋风格上的差异，会出现一些特殊的变化。

一、单眼位外耳式女鞋的设计

设计外耳式女鞋时，为了表现一种轻松、简洁的风格，可以设计成一个眼位。与单眼位搭配的鞋耳应该瘦一些、尖一些，见图 2-87。这是一款单眼位尖耳造型的外耳式鞋，两鞋耳成八字形排列，鞋眼紧随尖角之下。由于鞋眼位少，很难遮掩住鞋舌的断帮线，所以断舌位置便取在了 V 点，特意显露出来，并设计成圆弧造型和配有捣花装饰。与之相呼应的是后包跟和假线位置也采用捣花工艺。

图 2-87　单眼位外耳式女鞋

鞋帮上有前帮、后帮、鞋舌、后包跟部件，共计 4 种 5 件。捣花工艺在设计花三节头时已经介绍了，本款鞋的设计特殊性依然是鞋耳的位置。

1. 后帮的设计

设计一个鞋眼位时，眼位取在 VE 长度的 1/2 比较好，既具有满帮鞋的特征又不觉得单调。与单眼位相对应的是角形鞋耳，与背中线的距离可以适当加大到 OQ 线之上的 1/2。鞋耳前端近乎直线，连接到 O 点之下 5 mm 处。鞋耳后端线与前端线近乎直角，然后顺连成鞋口弧形曲线。

鞋眼位距离角形鞋耳两端宽度在 10～13 mm 间调整。假线距离眼位 12 mm，设计出捣花标记。设计出后包跟部件，同样设计出捣花标记。

后帮里外怀的区别仍然是前尖点，在外怀前尖点之上 3～5 mm、之前 2～3 mm 处确定里怀前尖点位置，并连接出里怀鞋耳轮廓线。在里外怀前尖点之上 10～12 mm 的位置做出锁口线标记，见图 2-88。把单独的鞋眼位安排在居中的位置可以起到均衡的作用。

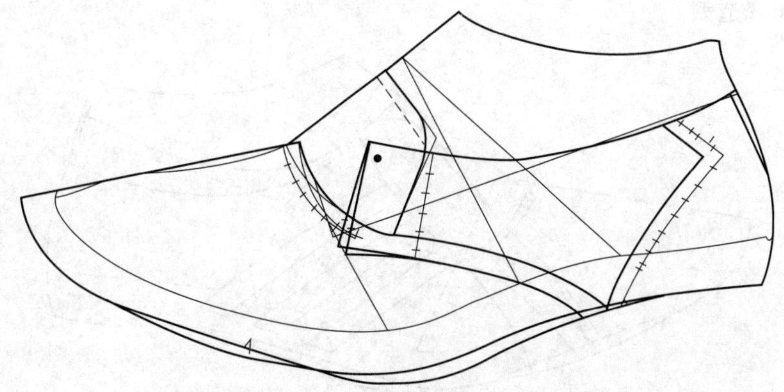

图 2-88　单眼位外耳式女鞋帮结构设计图

2. 前帮的设计

设计前帮依然是依据 8 mm 的压茬量确定前帮后端轮廓线，在轮廓线上确定取跷中心位置。由于取跷位置设计在 V 点，所以要按照内耳式鞋方法进行定位取跷处理。

由于鞋耳比较窄，设计鞋舌的长度时要以假线位置作参照超出假线位置 6～7 mm。

做出定位取跷角，连接出前帮背中线，顺连出底口轮廓线。

在前帮鞋口部位设计出拷花位置，在制取开料样板时注意加放折边量。因为鞋口大范围外露，所以折边后会显得光滑整齐。

3. 底口的处理

在底口分别加放绷帮量 13、14、15、16 mm，并做出里外怀的底口区别，经修整后可得到单眼位外耳式女鞋帮结构设计图。

二、八眼位外耳式女鞋的设计

八眼位外耳式女鞋是指鞋耳上设计有 8 个眼位。对于女鞋来说，鞋眼位超过 4 个眼位都要往前移动后帮的位置，在设计 8 个眼位时，后帮长度可达到小趾端位置，见图 2-89。这是一款模仿休闲运动鞋的产品，8 个眼位排列在眼盖部件上，并配有装饰条，具有运动鞋的风格，软口后帮增加了轻松休闲的味道。但鞋底鞋跟的装配依然保持着皮鞋的特征。

图 2-89　八眼位外耳式女鞋成品图

鞋帮部件包括前帮、鞋舌、鞋眼盖、后帮、鞋口条、装饰条，共计 6 种 13 件，其中的装饰条有 6 件。在镶接时，后帮压在鞋口条上，装饰条压在后帮上，鞋眼盖压在后帮和装饰条上，整个后身压在前帮上，前帮又压在鞋舌上。特殊的要求依然是后帮鞋耳的设计。

1. 后帮的设计

鞋耳长度取在 E 点，后端距离背中线 3 mm 左右，前端到达前帮底口 AH 段的 1/2 附近。先作一条辅助线，然后再设计成曲线，并将鞋耳设计成圆弧角。鞋眼盖的宽度在 20～24 mm，基本上与鞋耳线平行。眼位线取在眼盖宽度的 1/2 位置。锁口线定在鞋耳长度的下 1/4 附近，以锁口线位置为起点，在眼位线上均匀确定 8 个眼位，见图2-90。在眼盖部件设计完成后再设计其他部件。

在后弧的鞋口部位，由于使用软质材料，并且里面衬着泡棉，所以设计的高度可以在 Q 点之上增加 8～10 mm。然后自鞋耳后端设计出弧形鞋口线，并在弧线的后端约 30 mm 设计成坡状凸起，类似于运动鞋的单峰造型。

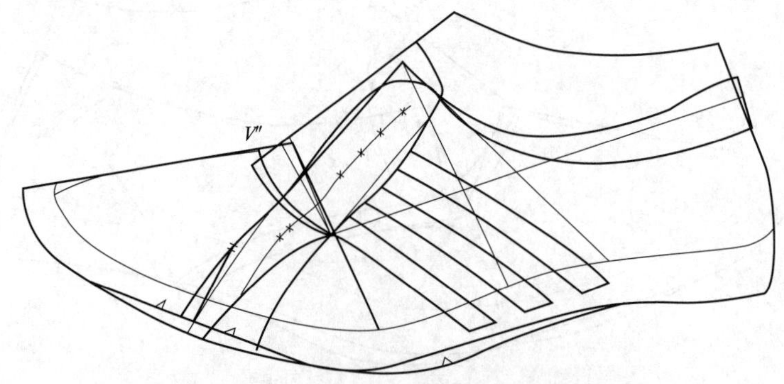

图 2-90　八眼位外耳式女鞋帮结构设计图

由于鞋口内包裹着泡棉材料，所以要适当增加鞋口的长度，增加量为泡棉厚度的1/2。一般使用4 mm厚的泡棉，增加量为2 mm。增加量太小，鞋口会变得没有弹性，而增加量过大，鞋口会变得松弛不抱脚。后弧软口的高度取在20～25 mm，自鞋口增加量位置向下直线连接20～25 mm落在后弧线上，这是软口后帮的里外怀中线。然后自鞋耳后端再设计一条软口轮廓线，到达20～25 mm的软口高度位置。

在第三至第七个眼位之间等间隔地设计出三条装饰条部件。装饰条部件是车缝在后帮上的，下段超出底口线约8 mm，上端留出压茬量8 mm。

在底口后帮鞋耳线之前3～5 mm位置设计出里怀鞋耳线，里怀锁口线位置高于外怀3～5 mm。

2. 前帮的设计

由于鞋耳变长，前帮相应变短，断舌位置取在V点之前10～15 mm的位置定V''点。

过V''点先连接出前帮背中线，然后设计出圆弧形口门轮廓线，口宽一直延伸超过眼位线不少于10 mm的位置。该位置即取跷中心点。

按照变化的定位取跷原理，先找到等量代替角，再在V''点之前确定取跷角前端位置，并连接鞋舌背中线，设计出取跷角轮廓线。鞋舌同样加长6～7 mm，控制后宽距离最后一个眼位10 mm，并设计出鞋舌轮廓线。

在鞋耳下面设计出压差位置。在底口部位的压茬量为8 mm，然后逐渐加宽，一直连接到口宽位置。也就是说在鞋眼位下面一定要有前帮部件做衬托。

3. 底口的处理

在底口分别加放绷帮量13、14、15、16 mm，并做出里外怀的底口区别。经修整后可得到单眼位外耳式女鞋帮结构设计图。

三、不断舌外耳式女鞋的设计

外耳式鞋的鞋舌虽然是前帮的延伸，考虑到样板容易制取，一般都是断开的。鞋舌的断开线掩藏在鞋带之下，使得前帮鞋口造型呈凸起的圆弧，这已经成为外耳式鞋样板的特征。但是在鞋耳较短或者鞋耳位置较低时，断帮线往往掩藏不住，这就需要另作打算。一方面可以在鞋口位置做装饰，例如特意设计成圆形鞋口、方形鞋口，或者采用拷花工艺等对断帮位置进行美化；另一方面则是鞋舌不断开。如果鞋舌不断开，鞋舌就与前帮连成一个整体，这样一来就必须采用转换取跷来进行处理。

在前面的图2-75采用的是用对位取跷来设计的外耳式鞋，会看到在前后帮结合位置出现了必不可少的4条线，这种操作比较麻烦。如果采用常规的转换取跷来设计外耳式鞋，会比对位取跷更加麻烦。为此需要另辟蹊径，采用前帮后降跷法来处理。

鞋舌不断开的鞋款在男鞋女鞋中都会出现，为了容易理解前帮后降跷方法的运用，下面仍然以单眼位外耳式女鞋为例进行设计，见图2-91。

图2-91　单眼位不断舌外耳式女鞋成品图

鞋舌与鞋耳是连成一体的，省去了拷花装饰，使鞋款变得简洁明快。由于鞋舌与前帮不断开，定位取跷已经不起作用，应该采用转换取跷法。

1. 前帮后降跷方法的应用

常规的转换取跷采用的是前降跷，即延长EV线使前后帮的背中线转换成一条直线。前帮后降跷则是往后延长前帮背中线来得到一条直线。考虑到后帮部件的宽度不能变形，所以前帮背中线并不是简单的延长，而是需要进行控制，见图2-92。

图 2-92　前帮后降跷的应用

图中源自 E_1 点的虚线表示原来的鞋舌轮廓，鞋舌背中线与前帮背中线之间有一个夹角，两者并不成是一条直线。为了使鞋舌转换后宽度不变，要利用鞋舌的拐点作为取跷中心 O' 点。然后过 O' 点作后帮背中线的垂线，垂足为 V_2 点。再以 O' 点为圆心、V_2O' 长为半径作圆弧，接着过前头凸点 J 作圆弧的切线并延长，该切线即为转换后的前后帮背中线。这样可以保证转换后的鞋舌宽度不变形，即 $O'V_2=O'V_3$。

接着以 O' 点为圆心、E_1O' 长为半径作圆弧，交于前后帮背中线为鞋舌长度 E_2 点。自 E_2 点开始设计鞋舌轮廓线。切线的前端到达 A_0 点，A_0E_2 即为转换后的背中线。图 2-92 中虚线鞋舌与实线鞋舌之间的阴影即为转换取跷角。

鞋舌被转换后长度发生了变化，增加了多少呢？过 O' 点连接切点 V_3，V_3O' 线会与切线垂直，V_2 点与 V_3 点之间的长度即为转换取跷增加的长度，扣除自然跷的对应长度后即得到在取跷原理中讲到的“长度差”。

鞋舌增长后要进行修正，但不能从后端修正，而是在前端 A_0 点进行修正。修掉增长量的 2/3，定为 A_0' 点。这与取跷原理中保留 1/3 长度差的要求是一致的。

在绷帮操作时鞋舌会以 O' 点为圆心旋转到楦背上，后端到达 E_1 点，此时楦背出现皱褶。随着鞋帮被往前拉伸，马鞍形曲面部位被拉平，皱褶消除，帮脚也随即到达楦底口。

通过对十字取跷原理的分析可知，在圆心周围 360°范围内的任一位置都可以取跷，只要取跷中心不变、取跷角的大小不变，都能达到形同的取跷效果。前帮后降跷法只是取在 360°范围内一个不常用的位置罢了。

2. 结构图的设计

前后两款单眼位外耳式女鞋的结构图设计是相同的。

(1) 后帮的设计　先设计外怀鞋耳的位置和外形，再确定眼位、假线、锁口线，然后分割出后包跟部件。最后做出里外怀鞋耳的区别，见图 2-93。

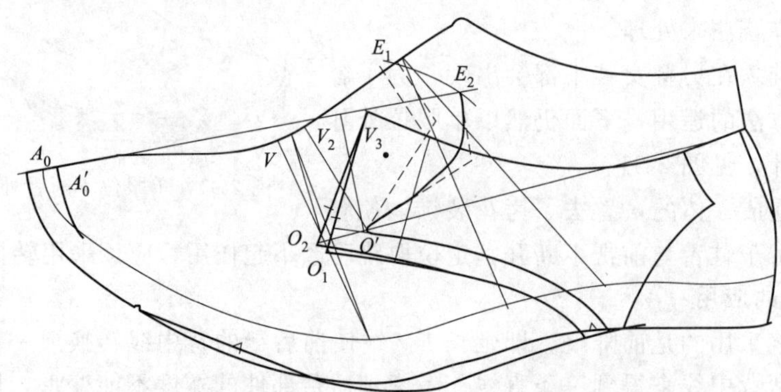

图 2-93　单眼位不断舌外耳式女鞋结构设计图

（2）前帮的设计　以假线位置为参照，往后加放量 6～7 mm 确定鞋舌长度位置 E_1 点，并且设计出鞋舌的基础轮廓。如图 2-93 中虚线所示。

通过 8 mm 压茬量确定前帮后轮廓线，在轮廓线上确定取跷中心 O' 点。

过 O' 点作 VE 的垂线交于 V_2 点。

以 O' 点为圆心、V_2O' 长为半径作圆弧，再从 J 点开始做圆弧的切线，并且前后延长，前端到达 A_0 点。

同样以 O' 点为圆心、E_1O' 长为半径作圆弧，交于切线为舌长控制点 E_2。从 E_2 点开始先设计鞋舌的基础轮廓，然后再设计出圆弧的外形轮廓，到 O' 点止。与前帮以小圆角形式顺连。

鞋耳增长以后要从前端 A_0 点修正。过 O' 点作切线的垂线可得到 V_3 点，而 V_2 点与 V_3 点之间的长度扣除自然跷对应长度后即为鞋舌增加的长度。从 A_0 点往后去掉 2/3 增长量确定 A_0' 点，顺连出底口轮廓。其中 E_2A_0' 即为前后帮背中线。

（3）底口的处理　在底口分别加放绷帮量 13、14、15、16 mm，并做出里外怀的底口区别，经修整后可得到单眼位外耳式女鞋帮结构设计图。

课后小结

设计外耳式女鞋和设计外耳式男鞋的方法相同，款式也可以互换。设计男女外耳式鞋都需要考虑前面强调的 7 项特征。

从内耳式鞋的设计到外耳式鞋的设计，难度有所增加。不过也就难到此处为止，后面的满帮鞋设计主要是变化多，难度超不过外耳式鞋。因此，设计外耳式鞋要求掌握设计规律、掌握设计技巧，能够达到融会贯通、举一反三的要求。

本章的耳式鞋设计是设计的入门阶段，应该明了鞋类设计的实质是一种工业产品的设计。工业品与工艺品、艺术品不是一个概念。鞋类设计也需要艺术创造，也需要精工细作，其目的也是为使产品能更好地为穿着者服务。通过造型设计可以获得所开发产品的形象，通过结构设计可获得制造开发产品的技术支撑。因此，制取生产用的样板也就必须包括在结构设计之内，否则就无法进行生产。

制取生产用的样板是一种操作技巧，不能违背结构设计的要求，而结构设计则是成品图、效果图二次创作，需要花费心思动脑筋，都需要加强练习才能够掌握。

通过本章的学习，已经掌握了前包头、后包跟、保险皮、护口皮、内耳、外耳、暗鞋舌、后筋条等部件的设计方法，也学会了底口处理、里外怀区别处理。在后续的学习过程中，这些设计的基本要素会在不同的鞋款中反复出现，反复应用。

思考与练习

1. 画出单眼位外耳式女鞋成品图、结构设计图，并制取三种生产用样板。
2. 画出八眼位外耳式女鞋成品图、结构设计图，并制取三种生产用样板。
3. 自行设计一款不断舌的外耳式男鞋或者女鞋，并绘制出结构设计图。

综合实训一　耳式鞋的帮结构设计

目的：通过对耳式鞋帮结构的设计，熟练掌握结构设计的技巧与规律。

要求：将设计的过程控制在规定的时间内，考核熟练的程度。

内容：

（一）内耳式女鞋的设计

1. 选择合适的鞋楦，画中线，标设计点，复制出合格的半面板。（在1小时内完成）
2. 任选一款练习过的鞋，画出成品图、结构设计图。（在1小时内完成）
3. 制备划线板和制取三种生产用样板。（在1小时内完成）
4. 进行开料、车帮套、绷帮检验。（在3小时内完成）

（二）外耳式男鞋的设计

1. 选择合适的鞋楦，画中线，标设计点，复制出合格的半面板。（在1小时内完成）
2. 自行设计一款外耳式男鞋，画出成品图、结构设计图。（在1.5小时内完成）
3. 制备划线板和制取三种生产用样板。（在1.5小时内完成）
4. 进行开料、车帮套、绷帮检验。（在3小时内完成）

考核：

1. 满分为100分。
2. 每项操作超时在1小时之内扣5分，2小时之内扣10分，以此类推。
3. 绷帮后达不到伏楦要求扣30分。
4. 部件出现变形、比例不协调、鞋耳歪斜等问题，每项扣5分。
5. 自己能够找出问题，并能及时进行改正，可以将相应项目扣分减半。
6. 统计得分结果：达到60分为及格，达到80分为合格，达到90分及以上为优秀。

附：在实际的生产中，合格的样板经修改后可以进行试帮，试帮后再进行修改才能成制作样品，各种的样品经过多个部门的评审后才能进行投产。对于不合格的样板只能撕掉重来，根本没有及格一说。现实的确很残酷，但对于教学环节来说，其目的是培养人才，给予及格的成绩是为了找出问题所在，便于今后的努力。在求职过程中，企业很强调“有经验”，这个有经验不一定是非在工厂干上几年，而是体现在时间效率上。在规定的时间内能够完成设计要求，说明有一定的经验，如果完不成自然是经验不足。所以在综合练习中增加了时间要求这一项目。

第三章 舌式鞋的设计

要点：本章舌式鞋的设计包括横断舌式鞋和整舌式鞋两大类型。鞋舌在马鞍形曲面上有横断结构时，可以采用定位取跷处理，采用定位取跷不方便还可以改为对位取跷处理。当鞋舌与前帮连成一体时就形成整舌式鞋，需要采用转换取跷处理。

重点：典型横断舌式鞋的设计
横断舌式鞋的变型设计
外舌式鞋的设计
典型整舌式鞋的设计
整舌式鞋的变型设计
类舌式鞋的设计

难点：定位取跷、对位取跷和转换取跷的应用

舌式鞋来源于室内睡装鞋，是一种穿脱方便、轻松休闲的鞋类，演变成生活用鞋后备受大众欢迎，尤其更受年轻人的喜爱。随着市场需求的变化，舌式鞋紧随时尚潮流不断更新，各种休闲舌式鞋、商务舌式鞋、时装舌式鞋、前卫舌式鞋等层出不穷，成为必不可少的一大类鞋。

舌式鞋与耳式鞋相比较，耳式鞋比较传统，舌式鞋比较时尚。

舌式鞋分为横断舌式鞋、纵断舌式鞋、整舌式鞋三大类型，经过演变又派生出多个品种。其中的纵断舌式鞋常以围盖鞋、开胆鞋形式出现，这将在后面专题中讲述。本章集中解决横断舌式和整舌式鞋的有关问题。通过学习舌式鞋的设计，可以全面了解在帮结构设计中不同取跷方法的应用和

变化规律，有利于今后的自主开发设计。

第一节　典型横断舌式鞋的设计

直口后帮舌式鞋是舌式鞋的典型代表，虽然结构简单，但“麻雀虽小，五脏俱全”。通过直口后帮舌式鞋的变化可以了解横断舌式鞋的概貌，通过对直口后舌式鞋的设计可以解决所有横断舌式鞋的设计问题。下面首先对舌式鞋的共同特点进行分析。

一、舌式鞋设计的特点

设计舌式鞋之前也需要分析鞋楦、结构、部件、镶接、特殊要求等内容。

1. 楦型选择

设计男舌式鞋要选用男舌式楦，设计女舌式鞋要选用女素头楦。

250 号二型半男舌式楦的主要数据参见表 3-1。

表 3-1　　男 250 号（二型半）舌式楦主要尺寸表　　单位：mm

部位名称	男舌式楦（跟高 25）		男超长舌式楦（跟高 35）		男超长舌式楦（跟高 40）		男超长舌式楦（跟高 45）	
	尺寸	等差	尺寸	等差	尺寸	等差	尺寸	等差
楦底样长	265	±5	270	±5	270	±5	270	±5
放余量	20	±0.38	25	±0.46	25	±0.46	25	±0.46
后容差	5	±0.09	5	±0.09	5	±0.09	5	±0.09
跖围	236	±3.5	236	±3.5	236	±3.5	236	±3.5
跗围	238	±3.5	237	±3.5	236	±3.5	235	±3.5
基本宽度	86.7	±1.3	86.7	±1.3	86.7	±1.3	85.4	±1.3

男舌式楦是设计男舌式鞋的专用鞋楦，与同型号素头楦相比较，跖围和跗围都比较瘦，这是因为鞋舌鞋的鞋舌可以翻转，不像鞋带可以系紧，相对来讲，抱脚能力比较差。舌式鞋真正起抱脚作用的是楦跖围和窄鞋口，所以舌式楦的跖围就比较小、后身比较瘦。

从表中可以看到，男舌式楦的跟高变化比素头楦大，这是为了适应设计时装鞋的需要。表中的超长量只有 5 mm，而在实际的应用中会有 10～30 mm 之多。男舌式楦的跖围比脚小 7 mm，依然在感觉极限范围内，所以不会勒脚。如果采用男素头楦设计舌式鞋，楦跖围变大，穿鞋时就会不跟脚，脚一抬起鞋就滑脱，造成走路吃力。

对于女楦来说，女素头楦比较肥、女浅口楦比较瘦，而女舌式鞋比女浅口鞋抱脚能力强，所以设计女舌式鞋要选用女素头楦。

每当选用的鞋楦发生变化时，都需要重新确定设计点和复制半面板，并经过套样检验合格后再使用。

2. 鞋帮结构

舌式鞋帮结构的特征表现在鞋舌上。

（1）舌式鞋的鞋舌为明鞋舌，这与耳式鞋的暗鞋舌明显不同，因此在鞋舌上三边需要进行折边，舌里要留冲边量。

（2）鞋舌部件可以翻转，鞋舌两侧不会受到其他部件的束缚。如果男舌式鞋的鞋舌两侧受到松紧布、拉链、鞋扣等部件的束缚，则属于侧开口式鞋，应该选用男素头楦来进行设计。

(3) 鞋舌与前帮有三种组合方式。如果鞋舌与前帮连成一体，就称为整舌式鞋；如果鞋舌与前帮横向断开，就称为横断舌式鞋；如果鞋舌与前帮横向不断而纵向断开就称为纵断舌式鞋。

(4) 在横断舌式鞋中，镶接关系一般是前帮压鞋舌，上面装配有横担部件进行装饰和补强。如果改变镶接关系，把鞋舌压在前帮上，突出鞋舌的造型，就会形成一种外舌式结构鞋。

(5) 舌式鞋都属于暗口门类型，鞋舌翻转后与背中线相交的位置就是暗口门位置。对于暗口门的鞋款来说，着手设计都要先从确定口门宽度开始，口宽位置也就是取跷中心位置。前面讲过的外耳式鞋就属于暗口门，都要先找到取跷中心 O'点，然后才能进行跷度处理。设计舌式鞋也用样是先找到 O'点。

(6) 舌式鞋的取跷中心 O'点一般取在 OQ 线上，根据设计经验，直口后帮舌式鞋取 OO'为 10～15 mm，松紧口后帮舌式鞋取 OO'为 20～25 mm，整舌式鞋取 OO'为 30～35 mm。其中男鞋取值较大，女鞋取值较小。

(7) 鞋舌的造型有多种变化，可以配合不同的部件变化选择使用，以达到整体协调的效果，见图 3-1。

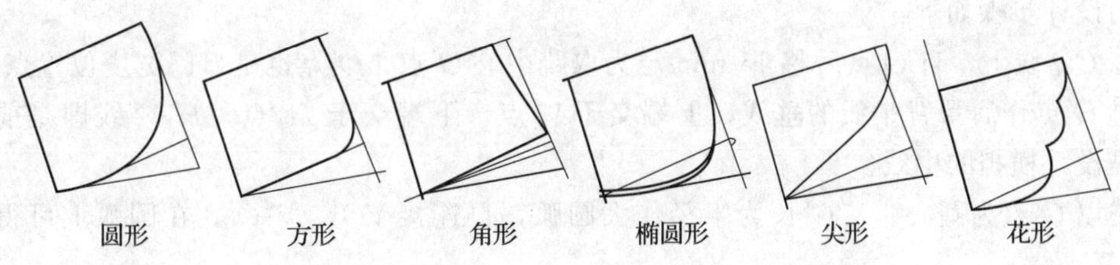

图 3-1 鞋舌的造型变化

圆形鞋舌圆滑柔美，在女鞋中比较常见；椭圆形鞋舌沉稳丰满，在男鞋中比较常见；方形鞋舌方中取圆比较端庄；角形鞋舌棱角分明比较硬朗；尖形鞋舌收敛内秀；花形鞋舌造型奇异。

以上 7 项结构设计特点，会经常出现在各种款式的舌式鞋上。

二、直口后帮男舌式鞋的设计

直口后帮舌式鞋是比较简单的鞋款，由于后帮鞋口呈直线状，所以称为直口后帮舌式鞋。设计直口后帮舌式鞋时 OO'为 10～15 mm，口门位置比较靠前，穿脱比较方便，见图 3-2。

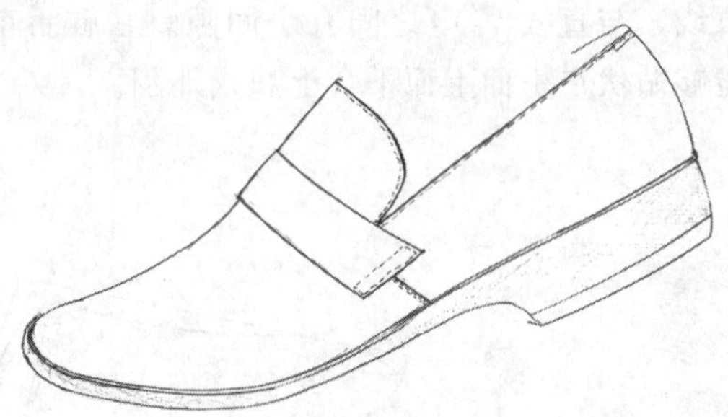

图 3-2 直口后帮男舌式鞋成品图

后帮鞋口成直线形是为了穿脱方便，因此取跷中心位置比较靠前，OO'长度在 15 mm 左右。鞋帮上有前帮、后帮、鞋舌、横担和保险皮部件，共计 5 种 6 件。镶接时前帮压后帮和鞋舌，鞋舌与后帮并列但不重叠，横担压在断帮线上，保险皮压在后帮中缝上。在使用天然皮革材料时，前帮不用折边，以显露出天然皮革材质。

横担是横断舌式鞋特有的部件，横担复合在断帮线上，只在下端位置固定在鞋帮上。固定横担的车线形式一般为矩形，增加缝合牢度，起着锁口线的作用。横担也叫腰箍、横条，处于全鞋最抢眼的黄金分割位置，因此装饰作用很强。横担的造型会出现多种变化，见图 3-3。

横担的造型变化可以表现在外形、工艺、材质和色泽上。从外形上看，横担可以设计成上窄下

图 3-3　横担的造型变化

宽形、上宽下窄形或者上下同宽形。从工艺上看，可以通过打花孔、穿花条、车假线、配饰件、镂空、拼接、复合、镶嵌等手段进行美化。从材质上看，一般是与帮料一致，有和谐感，但是也可选用其他不同材质，利用反差来突出横担的装饰性。从色泽上看，主要是配饰的变化，例如以金属的光泽、水钻的闪烁、串珠的透明、镶嵌的对比色等来提升鞋款的审美性。

1. 前帮的设计

首先要描出半面板的轮廓线，连接 4 条基本控制线，用圆规截出折中自然跷。

前帮的设计步骤如下：

（1）在 OQ 线上，自 O 点后移 15 mm 定为取跷中心 O' 点，O' 点也是口门宽度位置点。

（2）过 O' 点作后帮背中线的垂线，上端交于 V'' 点，下端交于 H_1 点。H_1V'' 线即是前后帮的分割线，也是设计横担的中线。

（3）先以 O' 点为圆心、$V''O'$ 长为半径作大圆弧，再连接 VO'、$V'O'$，在圆弧上可得到等量代替角 $\angle VO'V'$。

（4）在 V'' 点之后截出取跷角 $\angle V''O'V'''$，并且使 $\angle V''O'V'''=\angle VO'V'$。

（5）自 V''' 点起连接前头最突位置 J 点并延长到 A_0 点，A_0V''' 即为前帮背中线。

（6）顺连出底口轮廓到 A_0 点。

（7）过 V''' 点先作前帮背中线的垂线，然后借用垂线顺连出小弧线到 O' 点。

上述 7 个步骤是设计前帮的基本操作，包含了取跷角的位置、大小、外形，以及背中线和底口轮廓线。在后面变型舌式鞋中的前帮设计，都与这 7 个步骤相似，见图 3-4。前帮的 $V'''O'$ 是一条小弧线，与直线 $V'''O'$ 之间有个间隙。在鞋舌前端为直线时，与前帮缝合后会收紧鞋舌的后端两侧，能够贴伏在楦面上而不会上翘或外翻。

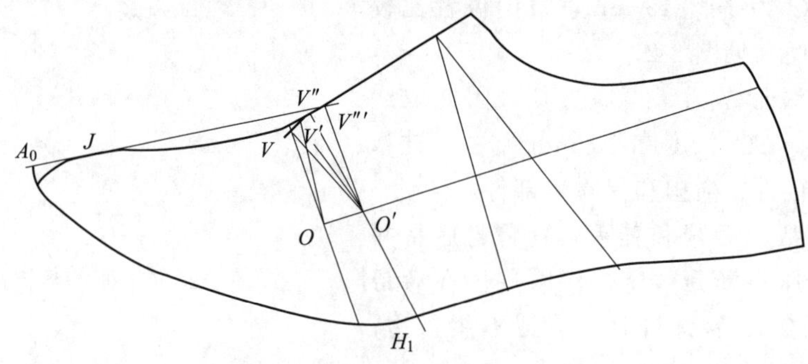

图 3-4　直口后帮舌式鞋前帮的设计

2. 鞋舌的设计

鞋舌的前端控制线为 $V''O'$。为了穿脱方便，O' 点的设计位置比较靠前，所以鞋舌的长度位置 E' 点不宜过长，一般是取在 $V''E$ 线的 2/3 处，或者再短一些。

过 E' 点作后帮背中线的垂线，再过 O' 点作该垂线的垂线，在方形框架内设计出鞋舌的轮廓线。男鞋舌轮廓线一般取椭圆形，鞋舌轮廓不要超过 OQ 线，见图 3-5。

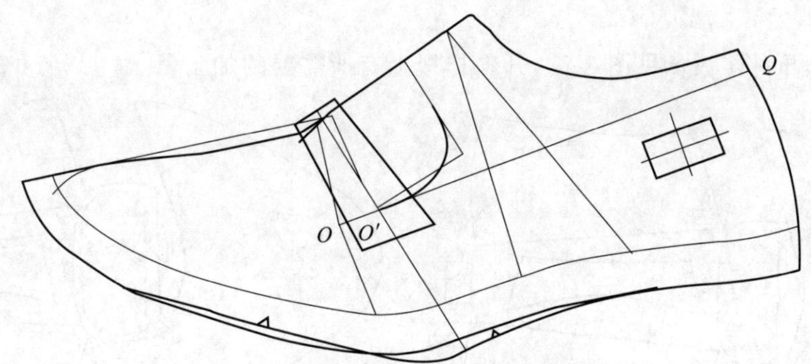

图 3-5　直口后帮男舌式帮结构设计图

注意：鞋舌前轮廓线与前帮后轮廓线对齐时会有一个小间隙，不用去修整。在镶接车帮后小间隙合拢，绷帮时会制约着鞋舌不会向外翻起。

3. 后帮的设计

后帮前端轮廓线是 H_1O'，上轮廓线是 OQ，这是最简单的帮部件。

把普通的矩形保险皮设计在后帮部件上。

在成鞋后鞋口需要有里外怀的区别，在手工绷帮时可以特意拉伸外怀，使外怀鞋口线低于里怀 2～3 mm。如果采用机器绷帮，没有特意拉伸的操作，应该设计出里外怀的区别，也就是把里怀一侧的 O' 点位置抬高，这将在后面的女舌式鞋中讲述。

4. 横担的设计

横担是重叠在鞋帮上的部件，设计时应该高于下面的部件约 3 mm，在设计钎带外耳式鞋中已经接触过了，应该记住这个规律。

高出后帮背中线 3 mm 作一条平行线，这是横担的上端位置。注意：如果横担的位置不够高，绷帮时就会阻碍前帮伏楦，这种教训在贴楦设计时会屡屡发生。

低于 O' 点 12 mm 作一条 OQ 的平行线，这是横担的下端位置。横担下端要锁住鞋口，必须车缝在前后帮上，所以预留量要大于压茬量。

横担的宽度会有变化。下面是以上宽 18～20 mm、下宽 28～30 mm 为例进行设计。横担的上下宽度要以 H_1V'' 线为中线左右等分，也就是说成鞋后横担中线要与断帮线一致。在设计时要用直线连接出横担的轮廓，在制取样板时再进行弧度处理。因为横担展开后要求前后弧线连贯圆顺，采用制取样板时处理会更方便些。

5. 底口的处理

分别在底口加放 14、15、16、17 mm 的绷帮量，顺连出外怀底口轮廓线，然后通过里外怀底口的区别，再顺连出里怀底口轮廓线。经过修整后即得到直口后帮男舌式鞋帮结构设计图。

三、制取样板

制取舌式鞋样板与制取耳式鞋样板的基本方法都相同。

1. 制备划线板

按照常规制备划线板，见图 3-6。划线板上有跷度角和 5 种部件的轮廓标记。

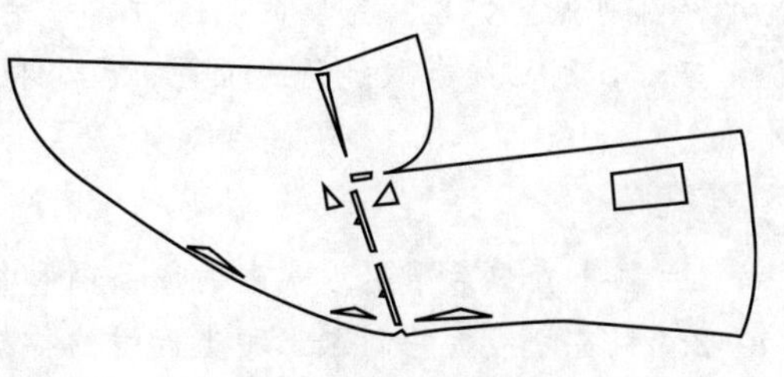

图 3-6　制备划线板

2. 制取基本样板

按照常规制取基本样板，见图 3-7。基本样板上有加工标记。

3. 制取开料样板

按照常规制取开料样板，见图 3-8。开料样板上有所需要的加工量。

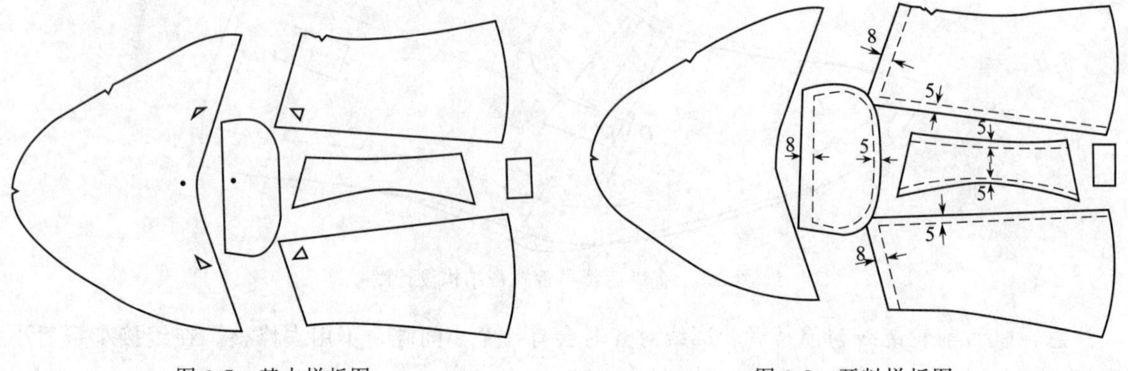

图 3-7 基本样板图　　　　图 3-8 开料样板图

4. 制取鞋里样板

按照常规制取鞋里样板，见图 3-9。前帮里、后帮里以及鞋舌里的设计参数与耳式鞋相同，但部件的外形轮廓不同。

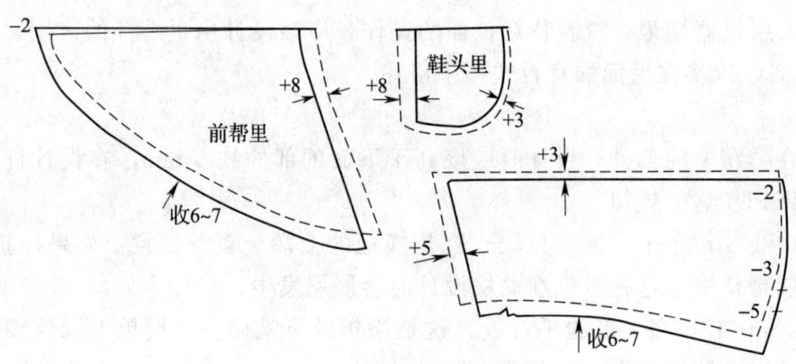

图 3-9 鞋里样板图

课后小结

直口后帮舌式鞋比较简单，很容易上手，所以被当作典型舌式鞋来设计，但其中同样包含了设计舌式鞋的 7 项基本要求。后面将会通过前帮、后帮、楦型、镶接关系的变化等演变成一系列的舌式鞋。

设计前帮的 7 个步骤，是在取跷中心和取跷位置都发生变化时的定位取跷方法，在出现类似的情况时都可照此办理。完整的取跷过程一定要包括取跷角、背中线、底口轮廓线三项内容，对于取跷角来说，则必须有取跷角的位置、大小和外形三项要求。

思考与练习

1. 画出直口后帮男舌式鞋的成品图和结构设计图。
2. 制备划线板并制取三种生产用的样板。
3. 设计舌式鞋横担和制取横担样板都有何要求？

第二节 横断舌式鞋的变型设计

以直口后帮舌式鞋为原型产品，通过变型设计可以演变出不同的花色品种。

一、直口后帮女舌式鞋的设计

通过楦型的改变可以设计出直口后帮女舌式鞋。设计女舌式鞋要选用女素头楦，设计的基本方法和步骤与男舌式鞋相同，但要注意女鞋的线条要柔美一些。如果采用机器绷帮时，后帮要做出里外怀的区别，见图 3-10。

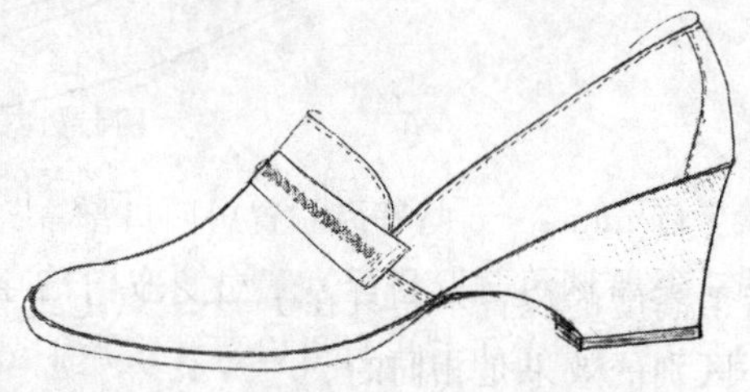

图 3-10 直口后帮女舌式鞋成品图

女舌式鞋的后帮鞋口说是直口，实际上略有弧度，这种线条显得比较柔和。女鞋舌略短于男鞋舌，可以把脚背多暴露一些，显得轻巧。此外，在横担上有花条装饰，保险皮改为了后筋条部件。

鞋帮上有前帮、后帮、鞋舌、横担、后筋条部件，共计 5 种 6 件。部件的镶接的关系与男舌式鞋相同。横担上的花条部件为用细皮条编成，市场上已有成品出售，不用设计。但在横担样板上需要预留出加工位置，装配时在横担上割出切口，然后把花条插入切口内再缝住。

1. 前帮的设计

在 OQ 线上，自 O 点后移 10 mm 定为取跷中心 O'点。女鞋的 OO'长度比男鞋短。

过 O'点作后帮背中线的垂线，上端交于 V''点，下端交于 H_1点。

先以 O'点为圆心、$V''O'$长为半径作圆弧，再连接 VO'、$V'O'$，在圆弧上可得到等量代替角$\angle VO'V'$。

在 V''点之后截出取跷角$\angle V''O'V'''$，并且使$\angle V''O'V'''=\angle VO'V'$。

自 V'''点起连接前头最突位置 J 点并延长到 A_0点，A_0V'''即为前帮背中线。

顺连出底口轮廓到 A_0点。

过 V'''先作前帮背中线的垂线，然后借用垂线顺连出小弧线到 O'点。

2. 鞋舌的设计

鞋舌的前端控制线为 $V''O'$。取在 $V''E$ 的 1/2 处定鞋舌长度 E'点。

过 E'点作后帮背中线的垂线，再过 O'点作该垂线的垂线，在方形框架内设计出鞋舌的轮廓线。女鞋舌轮廓线一般取圆形，鞋舌轮廓不要超过 OQ 线。

3. 后帮的设计

后帮前端轮廓线是 H_1O'，鞋口线是 $O'Q$。将 $O'Q$ 设计成略成弧度的鞋口线。在采用机器绷帮时应该做出鞋口里外怀的区别。在具体操作时，要先设计好外怀一侧，然后再做出里外怀区别，这样思路比较清晰。

鞋口里外怀区别的起始位置在前端，在外怀 O'点之上 3～4 mm 位置定出里怀的 O''点。因为直口后帮鞋口不能设计成凹弧线，为了保证直口的连贯性，要抬高里怀 O'点位置，这样就有了里外怀的区别。仿照外怀鞋口线，自 O''点设计出里怀的鞋口线。

由于后帮的高度出现了差异，所以还要对鞋舌做分怀处理，也就是模仿外怀轮廓设计里怀鞋耳轮廓线，见图 3-11。

鞋舌出现里怀高、外怀低的现象。这会不会使鞋舌变歪呢？设计外耳式鞋前尖点时首次接触了里怀高于外怀 3～5 mm，鞋舌设计出里外怀的区别也是基于同样的道理。在手工绷帮时，往下拉伸

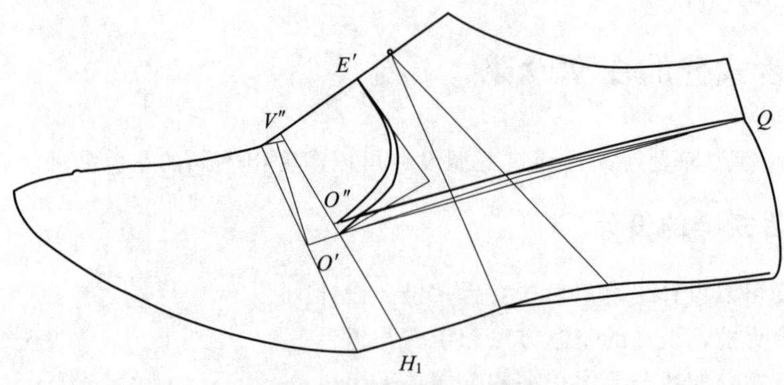

图 3-11　直口后帮女舌式鞋分怀处理

后帮高度的位置不是只在 P'' 一个点上进行，而是自 O' 点开始往后逐渐平稳下降，这与设计出里外怀区别的效果是相同的。

4. 横担的设计

在高出后帮背中线 3 mm 位置作一条平行线，宽度取 16～18 mm，并以 H_1V'' 线为中线左右等分。

在低于 O' 点 12 mm 的位置作一条 OQ 的平行线，宽度取 26～28 mm，也以 H_1V'' 线为中线左右等分。

要用直线连接出横担的轮廓，在制取样板时再进行弧度处理，见图 3-12。鞋舌、后帮都有了里外怀的区别。把上窄下宽形后筋条设计在后帮上。

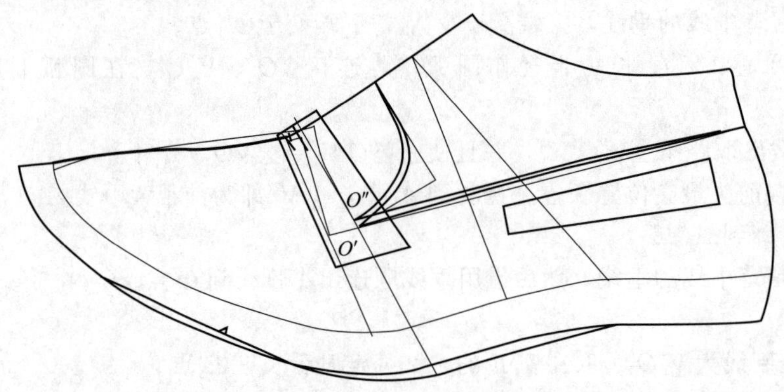

图 3-12　直口后帮女舌式鞋帮结构设计图

5. 底口的处理

分别在底口加放 13、14、15、16 mm 的绷帮量，顺连出外怀底口轮廓线，然后通过里外怀底口的区别，再顺连出里怀底口轮廓线。经过修整后即得到直口后帮女舌式鞋帮结构设计图。

二、松紧口后帮男舌式鞋的设计

将舌式鞋的直口后帮改为弧形鞋口，并且用松紧带连接后帮里外怀，即成为松紧口后帮舌式鞋。松紧口后帮舌式鞋的抱脚能力比较强，也常作为工作鞋出现，见图 3-13。

后帮鞋口是经过 P'' 点的圆弧状，伸进鞋舌的下面，并用松紧带进行连接。松紧带和松紧布都是带有弹性材料（橡胶丝）的织物，但松紧带的宽度比较窄，常用的为 2.0、2.5、3.0、3.2 cm，而且比较薄、手感柔软；而松紧布比较宽，常用的为 5.5、6.0、6.4、7.0 cm，属于双层织物比较厚，挺括性好。为了区别松紧带和松紧布，在习惯上把松紧布称为橡筋布，或简称为橡筋。

鞋帮上有前帮、后帮、鞋舌、横担、后筋条和松紧带部件，共计 6 种 7 件。部件的镶接关系与直口后帮男舌式鞋基本相同，唯独增加了后帮“小马头”压松紧带这一镶接关系，见图 3-14。

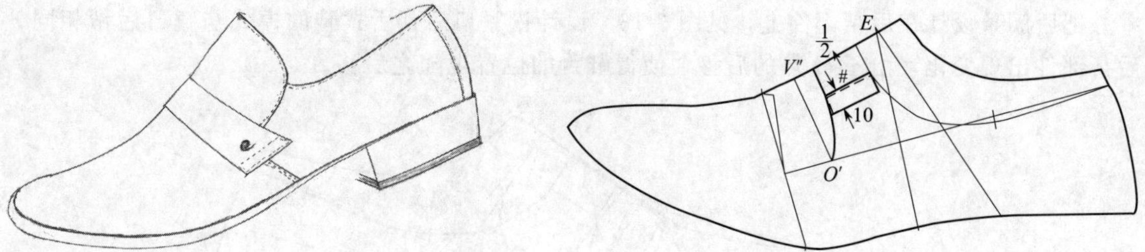

图 3-13　松紧口后帮男舌式鞋成品图　　　　图 3-14　小马头与松紧带的镶接关系

在弧形鞋口的上端，后帮延伸后形成凸起，便于与松紧带连接。由于凸起的形状类似马头，所以称为小马头，在北方习惯称为“台子”。制取样板时，松紧带上留出 10 mm 压茬量，镶接时小马头压松紧带。

1. 前帮的设计

为了进一步增加鞋的抱脚能力，取跷中心位置要比直口后帮靠后，取 OO' 为 20～25 mm。确定 O' 点之后，按照设计舌式鞋前帮的 7 个步骤设计前帮：过 O' 点作垂线为前后帮分割线，连接出等量代替角，确定取跷角的位置和大小，连接出前帮背中线，顺连出底口轮廓线，设计出取跷角外形并顺连到 O' 点。

2. 鞋舌的设计

由于 O' 点的位置后移，所以鞋舌的长度要加长，一般取在 E 点，或者略短些。确定了鞋舌的长度后，作两次垂线，按照椭圆形鞋舌的设计方法设计出鞋舌轮廓线。

3. 后帮的设计

后帮前端轮廓线是 H_1O'，鞋口线是过 P'' 点的圆弧线。

松紧带的中心位置取在鞋舌长度的中点，将松紧带长度 25 mm 做等分，截取前后端点。过松紧带前后端点作背中线的垂线，截取垂线的高度 15 mm 作为松紧带的长度，并在长度位置作背中线的平行线，截取松紧带的外形。松紧带的基本轮廓是在平行线上面的矩形，并做出“♯”符号为织物标记。制取样板时，松紧带留出压茬量为 10 mm。

自松紧带前下端顺连出一条凹弧线过 O' 点，并且延长出 8 mm 的压茬量，再顺势作 H_1O' 的压茬线。注意，此压茬线的上端呈“抹角”状态，所以要在图中特意绘制出来，制取样板时就不要再加放压茬量了。

自松紧带后下端顺连出过 P'' 点的弧形鞋口轮廓线，到 Q 点止，见图 3-15。

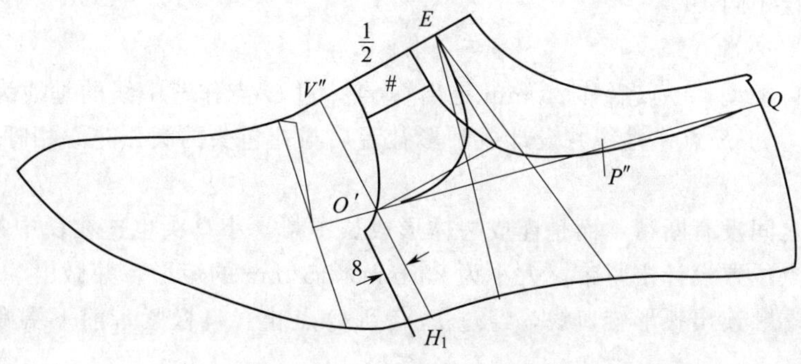

图 3-15　松紧口后帮的设计

4. 横担和后筋条的设计

按照横担设计的基本要求设计出横担部件。

并把后筋条设计在后帮部件上，见图 3-16。设计松紧口后帮舌式鞋的模式与直口后帮相同，只是后帮部件出现变化，由于 O'点的后移，使得鞋舌的位置也随之后移。

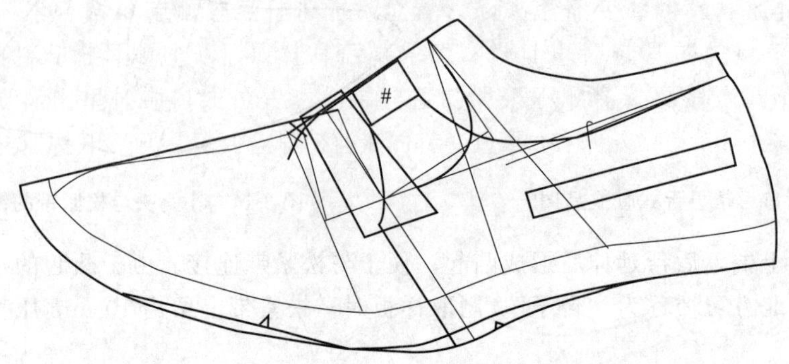

图 3-16　松紧口后帮男舌式鞋帮结构设计图

5. 底口的处理

分别在底口加放 14、15、16、17 mm 的绷帮量，顺连出外怀底口轮廓线，然后通过里外怀底口的区别，再顺连出里怀底口轮廓线。经过修整后即得到松紧口后帮男舌式鞋帮结构设计图。

三、花三节头男舌式鞋的设计

顾名思义，花三节头舌式鞋是借鉴了三节头鞋的燕尾包头以及三段式结构而形成的新鞋款，见图 3-17。鞋帮上有花包头、长中帮、横担、鞋舌、后包跟、松紧带部件，共计 6 种 6 件。其中的长中帮里外怀前后都不断开。图中的所有部件都已经设计过，部件之间的镶接关系也都分析过，但经过部件的重新组合，就形成一个新的款式。我们可以把每个部件都当作一个设计元素，结构设计的重点就是不断地把设计元素进行拆分、搭配、排列、组合。

图 3-17　舌式花三节头男鞋成品图

1. 花包头的设计

花包头位置设计在前帮背中曲线的 2/3 位置，两翼长度设计在底口线 HF 中点附近，其设计方法与燕尾式三节头鞋相同。

2. 鞋舌的设计

后帮属于松紧口类型，O 点后移 25 mm 定出 O'点，过 O'点作背中线的垂线为鞋舌前端轮廓线。鞋舌长度取在 E 点，过 E 点作垂线并设计成圆形鞋舌，与花包头的圆弧花心相呼应。

3. 长中帮的设计

前中帮与后帮之间没有断帮，而是连成一体形成长中帮，小马头也连在长中帮上。

先找到鞋舌中点位置设计松紧带，大小为 25 mm×15 mm 的矩形，并做出＃号标记。

自松紧带后下端顺连出弧形鞋口线，经过 P''点到 Q 点止。自松紧带前下端顺连出凹弧线到 O'点止。

在 O'点位置找到等量代替角，并做出取跷角，连接出长中帮背中线，见图 3-18。

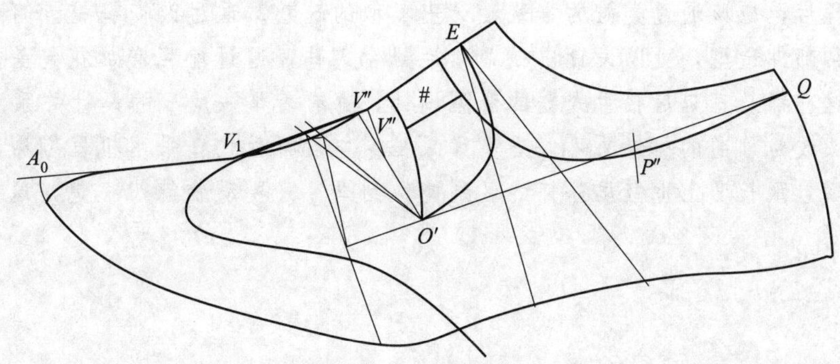

图 3-18 花三节头舌式男鞋长中帮的设计

4. 后包跟的设计

在长中帮后端分割出后包跟部件，后包跟底口长度接近 FP 的 1/2，上端取 25 mm 左右，注意 Q 点收进 2 mm，连接到 D 点下降 1 mm 的位置。

5. 横担的设计

设计横担的中线为断舌线，上端高出背中线 3 mm，下端低于取跷中心点 12 mm。

横担的上下宽度基本相同，取 20 mm 左右，前下端改为圆弧角。

在成品图的横担上有车线的标记，这表示横担需要折边并与横担里缝合，并不意味着把横担车死在鞋舌上，依然是在横担下角车锁口线。

在设计横担时，如果使用的材料比较厚或者挺括，折边后可以不使用里料，在成品图上表示时只标示锁口线；如果使用的材料比较薄或者比较软，折边后需要衬上里料，在成品图上则需要有车线标志和锁口线标志。

6. 底口的处理

分别在底口加放 14、15、16、17 mm 的绷帮量，顺连出外怀底口轮廓线，然后通过里外怀底口的区别，再顺连出里怀底口轮廓线。经过修整后即得到花三节头舌式男鞋帮结构设计图，见图 3-19。

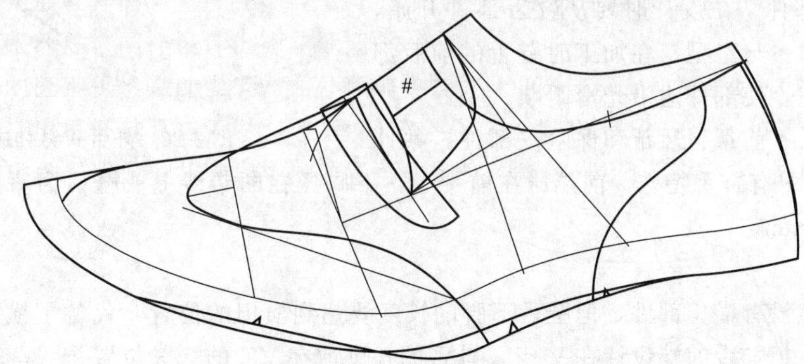

图 3-19 花三节头舌式男鞋帮结构设计图

花包头、后包跟、鞋舌、横担都是重复设计的元素，经过重新组合就成为一种新鞋款，这就是变形设计的魅力。

课后小结

所谓举一反三，是指从一件事情经过类推可以知道更多事情。当掌握了直口后帮舌式鞋的设计

原理、方法和过程后，应该通过类推的方法设计出类似的鞋款。通过改变鞋楦，可以设计出女舌式鞋，通过改变后帮部件造型，可以设计出松紧口后帮舌式鞋，通过前帮增加花包头，可以设计出花三节头舌式鞋。这些都是直口后帮舌式鞋的变型设计，都有着举一反三的设计关系。

如果将花包头改为普通的前包头可以吗？如果松紧口后帮舌式鞋采用机器绷帮时后帮腰高度会处理吗？如果在后包跟长度上也做里外怀的区别能做到吗？只要动脑筋想一想，这些问题现在都能够顺利解决。

思考与练习

1. 分别画出直口后帮女舌式鞋、松紧口后帮男舌式鞋、舌式花三节头男鞋的成品图和结构设计图。
2. 选择其中任一款鞋制取生产用的三种样板。
3. 自行设计一款变型舌式鞋，画出成品图、结构图和制取三种生产用的样板。

第三节　外舌式鞋的设计

外舌式鞋是指鞋舌压在前帮上并被完全显露出来的一类鞋。外舌式鞋的设计是为了使鞋舌的造型更加突出，也是横断舌式鞋的一种变型，改变了鞋舌与前帮的镶接关系，这样可以把鞋舌设计成全鞋的亮点。

一、外舌式男鞋的设计

设计男女外舌式鞋的方法相同，只是部件的轮廓造型和风格有区别。下面先以外舌式男鞋为例进行说明，见图3-20。这是一款比较简约、稳重大方的男舌式鞋，略有变化的鞋舌完全显露在鞋帮上，成为视觉的中心。鞋舌的前端有曲线的变化，鞋舌下端向下延伸，代替了横担部件。在设计时要从鞋舌部件开始，先安排好鞋舌的位置与造型。在加工时鞋舌的前后都需要进行折边工艺，使部件边沿光滑圆顺。

图3-20　外舌式男鞋成品图

鞋帮上有鞋舌、前帮、后帮和保险皮部件，共计4种5件。镶接时只有鞋舌特殊，前端压在前帮上，下脚压在断帮线上。鞋口为直口后帮，取跷中心OO'为10～15 mm。

1. 外鞋舌的设计

外舌式鞋虽然没有横担部件，但鞋舌下脚的长度要达到横担的位置，代替了横担，这样看起来比例协调。所以，把鞋舌前端设计在V点，鞋舌的长度取在VE的2/3位置。

取OO'为15 mm确定取跷中心O'点，并且过O'点作后帮背中线的垂线，交于底口为H_1点，H_1O'线为前后帮的断帮线。

在O'点之下12 mm左右作OQ的平行线，并以断帮线为基准左右截取相等的长度，这是鞋舌的下脚轮廓线。鞋舌下脚的总长度可以灵活变化，本例取在30 mm左右。

鞋舌的前端有一个弯角造型，弯角拐点高度在上1/3位置附近，下段顺连到下脚轮廓前端点。鞋舌的后端按照圆形鞋舌设计，鞋舌下段自然弯曲到下脚轮廓后端点，见图3-21。

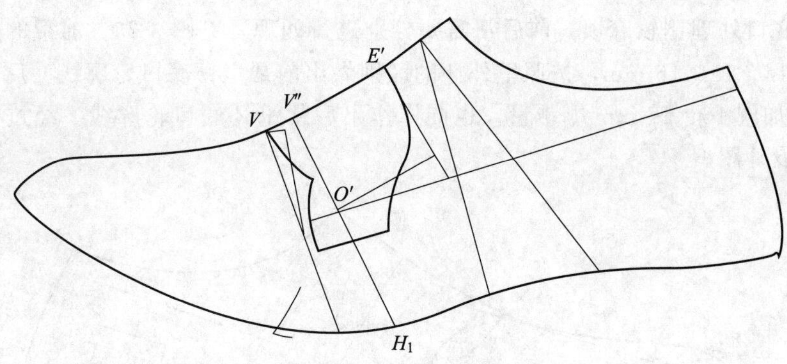

图 3-21 外鞋舌的设计

外鞋舌是全鞋的视觉中心，一定要首先安排好鞋舌的位置和外形轮廓。注意 O'点距离前后轮廓线都要大于 8 mm。

2. 前帮的设计

前帮后端的轮廓线在哪里呢？在鞋舌下面距离前轮廓线有 8 mm 的压茬量。如果在这个位置做定位取跷处理，会发现很麻烦，一方面是取跷角的外形不容易控制，另一方面是取跷后还要重新设计出压茬线，这种状况与设计外耳式鞋采用对位取跷处理一样不方便。既然采用定位取跷不方便，那就改为具有互补关系的对位取跷。具体操作步骤如下：

(1) 首先过 V'点连接出定位取跷线，确定 A_0点。

(2) 以 O 点为圆心、OA_0长为半径作圆弧，再以 V 点为圆心、A_0V'长为半径作圆弧，两弧相交的位置即为 A_1点，连接 VA_1即为前帮背中线。

(3) 连接 A_0O'和 A_1O'可得到等量代替角$\angle A_0O'A_1$，在断帮线 H_1O'上截取等量代替角确定 H_2点，$\angle H_1O'H_2$即是对位取跷角。

(4) 自 A_1点开始，用半面板描出底口轮廓线，到 H_2点止。

(5) 在背中线后端延长 8 mm，仿照鞋舌轮廓线做出压茬量，到 O'点止，见图 3-22。由 A_1线、压茬量、$O'H_2$线、A_1H_2底口线所圈定的轮廓即为前帮部件。在设计不同款式的外舌式鞋时，对位取跷的基本操作步骤都相同。

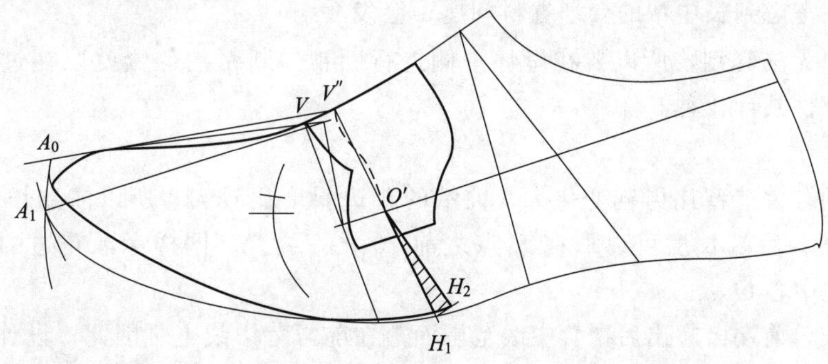

图 3-22 前帮用对位取跷处理

3. 后帮的设计

直口后帮的设计比较简单，鞋口线为 QO'。

把普通保险皮设计在后帮部件上。

4. 底口处理

对位取跷时底口处理比较麻烦，前后帮需要分别进行处理，见图 3-23。前帮的底口到 H_2 点止，分别加放绷帮量 14、15、16 mm，按照里外怀的区别做出前帮里怀底口轮廓线。后帮底口轮廓线自 H_1 点开始，分别加放 16、17 mm 绷帮量，也同样作出后帮里怀底口轮廓线。经过修整后即得到外舌式男鞋帮结构设计图。

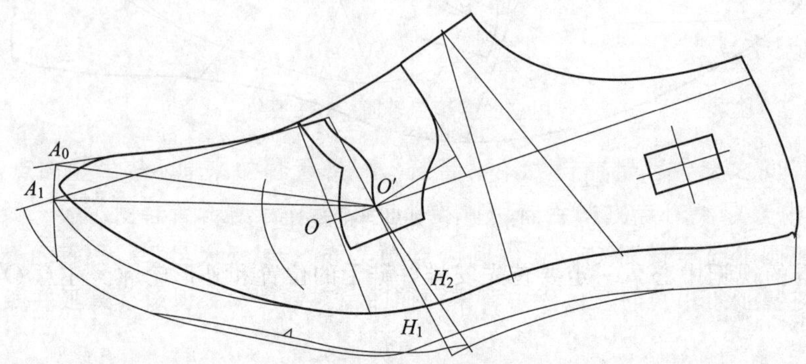

图 3-23　外舌式男鞋帮结构设计图

需要注意的是在制取基本样板时需要搬跷。看一看结构设计图就会明白，取跷角被固定在鞋舌之下，无法舒展开，车帮后会形成皱褶，所以在标注加工标记时，要把后帮的 $O'H_1$ 与前帮的 $O'H_2$ 对齐后在标注鞋舌下角边记。

二、外舌式女鞋的设计

外舌式女鞋比男鞋的花色变化要多一些，女人味更强一些。设计外舌式女鞋同样采用对位取跷法，见图 3-24。

图 3-24　外舌式女鞋成品图

外鞋舌前端设计出花边轮廓，鞋舌下端成角形，有锁口线。前帮增加了前包头部件，后帮增加了后包跟部件，前后帮之间没有断开形成长中帮部件。

鞋帮上有外鞋舌、前包头、长中帮和后包跟部件，应该是 4 种 4 件。考虑到长中帮的套划省料问题，会发现鞋口宽度比较窄无法套划，所以要在里怀一侧进行断帮，断帮的位置就取在过鞋舌下脚的垂线上。如此计算，部件共计 4 种 5 件。

1. 外鞋舌的设计

外舌式女鞋的鞋舌造型比男鞋变化大，前端的花边斜度比较大，所以前端长度取在 V 点之前 10～15 mm 的位置。后端长度可以取在 E 点之前 10 mm 位置。同样考虑花边的斜度，取 OO' 为 15 mm，确定取跷中心 O' 点。

由于鞋舌变长，前端已超出后帮背中线范围而落在前帮背中线上。因此，设计外舌式鞋要采用对位取跷，这样前帮背中线会下降，使鞋舌背中线变得平坦。设计时要先把对位取跷线做出来，由于前帮上还有前包头部件，而前包头部件又必须设计在背中曲线上，所以此时做出的背中线应该描画出曲线。

具体操作时以 O 点为圆心、OA 长为半径作圆弧，再以 V 点为圆心、AV' 长为半径作圆弧，两弧相交的位置即为 $A_1{}'$ 点，用半面板的背中线描出曲线才是所需要的前帮背中曲线。

在V点之前10～15 mm位置定出鞋舌前端点，鞋舌下脚顶点在O'点之下12 mm左右，鞋舌长度在E'点，然后仿照成品图鞋舌的造型设计出鞋舌的外形轮廓，并控制O'点距离前轮廓线要大于8 mm，见图3-25。男女外鞋舌造型不同，对一些设计细节要求自然也就不同。

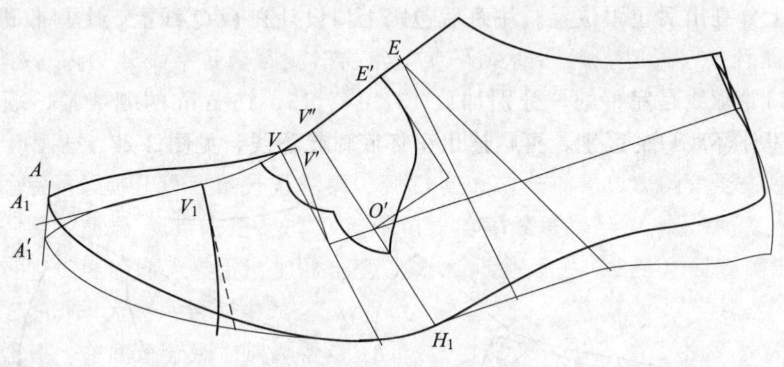

图3-25 外鞋舌的设计

2. 前包头的设计

前包头设计在$A_1{}'$线上。要量取$VA_1{}'$线长度的2/3处定作V_1点，并且连接A_1V_1为前包头背中线，接着过V_1点作垂线并设计出前包头后端轮廓线。同样参见图3-25。

3. 长中帮的设计

长中帮的前后是不断开的，要在底口设计取跷角就不现实。如果假设这里有断帮线，取跷之后再把取跷角向后展开，此时会看到后帮鞋口会升起一个角度。这个角度的大小还是对位取跷角，控制该角的背中线依然是A_1线，但由于取跷位置特殊，所以被称为后帮升跷角，但实质上仍然属于对位取跷。利用后升跷设计长中帮的操作步骤如下：

(1) 连接AO'和$A_1{}'O'$可得到等量代替角$\angle AO'A_1{}'$。A线与$A_1{}'$线同样是曲线，所连接的取跷角大小与连接A_0线与A_1线的取跷角大小是相等的。

(2) 在后帮鞋口OQ线上，以O'点为圆心，适当长度为半径，截取等量代替角后延长至Q'点，并使$O'Q$长度等于$O'Q'$长度。最后所得到的$\angle QO'Q'$即是后帮升跷角。

(3) 自Q'点开始，使半面板上的OQ线与图中$O'Q'$线对齐，然后描出取跷后的后弧线，同时描出后身底口轮廓线，直到与原底口线相交为止。注意：后帮升跷只是后帮位置移动，并不是后帮变高，见图3-26。取跷角处理在后帮鞋口位置上，随着鞋口的升高，整体后帮也不断升高。

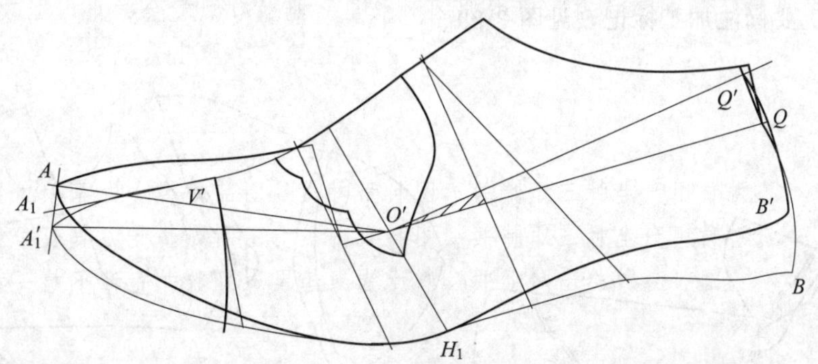

图3-26 长中帮的后升跷处理

在前面取跷原理中已经讲过，取跷的位置变化比较多，但基本的取跷方法只有定位、对位和转换三种取跷方法。如果与取跷角相对应的背中线是A_0线，就属于定位取跷；如果与取跷角相对应

的背中线是 A_1 线，就属于对位取跷；如果与取跷角相对应的背中线是 A_2 线，就属于转换取跷。所以，后帮升跷依然属于对位取跷。

4. 后包跟的设计

在后帮部件上分割出后包跟位置。注意后包跟上口设计在 $O'Q'$ 线上，上口收进 2 mm。

5. 底口的处理

此款鞋的底口轮廓线是完整的，分别加放 13、14、15、16 mm 的绷帮量，顺连出外怀底口轮廓线，然后通过里外怀底口的区别，再顺连出里怀底口轮廓线，见图 3-27。

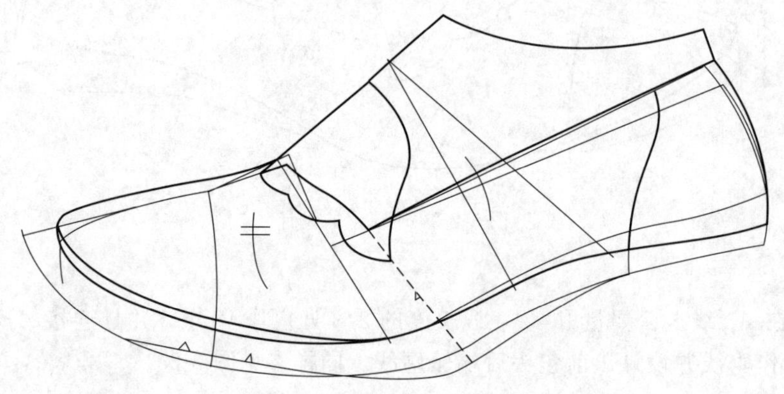

图 3-27 外舌式女鞋帮结构设计图

连接长中帮的背中线以后，往后延长 8 mm 为压茬量，压茬量加放到 O' 点止。最后在里怀一侧做断帮处理，如图中虚线所示，加上剪口边表示只在里怀一侧断帮。经过修整后即得到外舌式女鞋帮结构设计图。

提一个问题：标注加工标记时需要搬跷吗？

由于取跷角处于鞋口位置，不会在部件中间产生皱褶，就不用搬跷了。

三、制取样板

1. 制备划线板

制备划线板时，原背中线可以省去，见图 3-28。

2. 制取基本样板

在基本样板上要标注加工标记，见图 3-29。

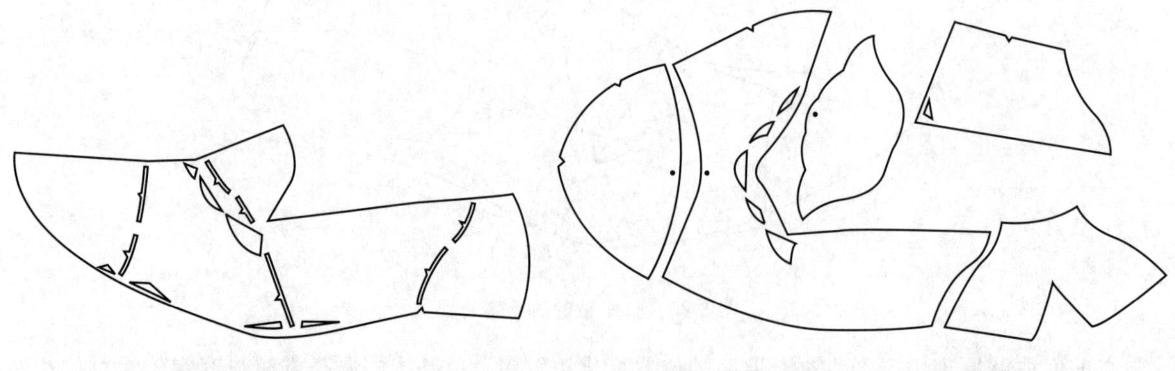

图 3-28 制备划线板　　图 3-29 基本样板图

注意，制取基本样板时可以不用搬跷。从结构设计图可看明白，由于利用后升跷方法设计后帮，取跷角已经被舒展还原，可以直接标注加工标记。

3. 制取开料样板

在开料样板上要加放加工量，见图 3-30。长中帮里怀的断帮位置是前压后，所以在后帮部件上加放压茬量。

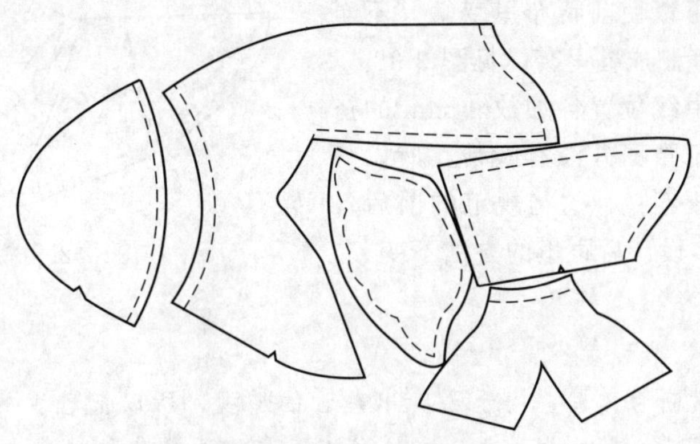

图 3-30 开料样板图

4. 制取鞋里样板

由于外舌式鞋的帮部件可以直接缝制成帮套，所以鞋里也需要缝制成里套，加工时帮套与里套组合再缝鞋口线。所以，外舌式鞋的鞋里属于套式里结构。

(1) 设计套式里可以采用“补跷式”鞋里，见图 3-31。所谓补跷里是指在鞋里设计上增加了一个角形部件，相当于补了一个跷度角。从鞋里设计图中可以看到，除了鞋舌上端多出一个角度外，整个鞋身可以使用一块整里。在鞋舌部位增加一个角就形成补跷式鞋里。为了省料，本案例加入了后包跟里。具体操作步骤如下：

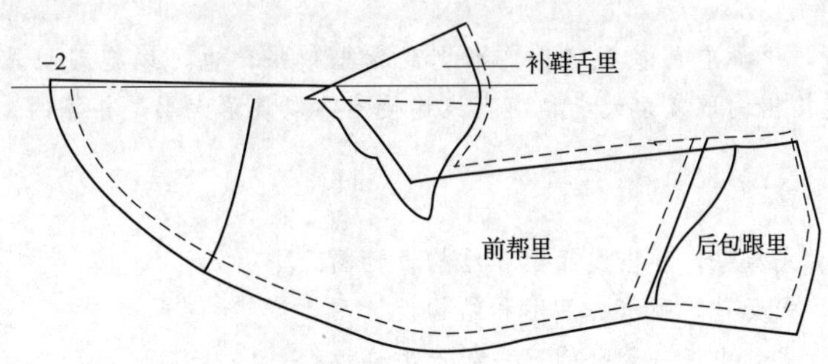

图 3-31 补跷里的设计

① 画出基本样板轮廓图以后，在前端降下 2 mm，然后与长中帮的鞋口连接出鞋里背中线，并且向后延长。

② 在鞋舌、鞋口位置加放 3 mm 冲边量。

③ 在后弧位置分别收进 2、3、5 mm，并连接后包跟里的中线。

④ 底口收进 6～7 mm。

⑤ 在后跟部位做出后包跟里的断帮线，上宽 40 mm 左右，下宽 60 mm 左右，并在前帮里上留出小压茬 4 mm。

⑥ 在鞋舌上端补上一个三角形部件，两边也加放小压茬 4 mm。

按照上述方法即可设计出补跷式鞋里图，按照设计图即可以制取鞋里样板。

由于前帮里比较长，在鞋口可以直接看到前帮里，所以这种补跷里不适宜采用布里，适合设计合成革里。如果设计布里，可以设计成搭接里。

(2) 设计套式里也可以采用“搭接式”鞋里。

所谓搭接里是指后帮里在背中线位置采用搭茬的形式搭接起来，这样可以使前帮布里变短，不至于外露出来。最终也要缝制成鞋里套，见图 3-32。

后帮里外怀里在背中线位置各加放 4 mm 的搭接量，前后帮里之间由于帮面并没有断帮，所以只需要前帮加放 8 mm 的压茬量，这与规范的前后各加 8 mm 压茬量有区别。设计后跟里的方法不变。

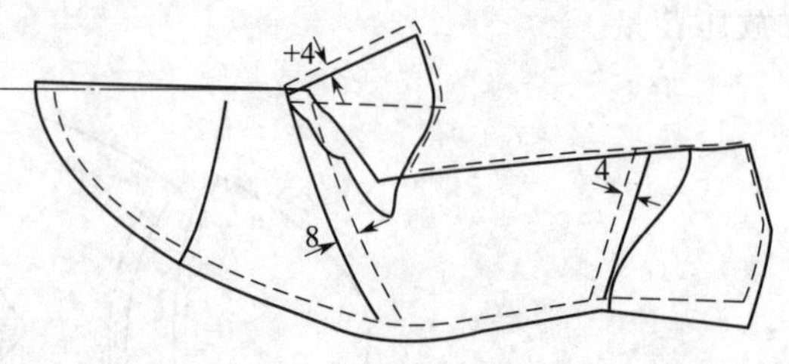

图 3-32　搭接里的设计

课后小结

外舌式鞋也是一种横断舌式鞋，由于要突出鞋舌的造型，所以把鞋舌的镶接关系改为后压前，鞋舌被完全显露出来，成为全鞋的视觉中心。这种情况与外耳式鞋和内耳式鞋的变化相类似，都是由于镶接关系的改变而引起结构的变化，进而使得设计手段也必须改变。

通过外舌式鞋的设计可以体会到定位取跷与对位取跷的互补关系，在使用定位取跷不方便时就可以改为对位取跷处理，同样在对位取跷不方便时也可以改为定位取跷处理。在遇到某一新的鞋款时，只要有横断结构存在，就可以采用定位取跷或者对位取跷来解决。

在采用对位取跷时，首先要确定 A_0点，再确定 A_1点，然后连接出背中线，接着找到等量代替角，并做出取跷角，最后描画出底口轮廓线。由于对位取跷时完整的底口轮廓线被断开，所以要分别设计出前后帮的底口轮廓和里外怀的区别。

对于后升跷来说，虽然也属于对位取跷，但由于取跷位置特殊，使得底口完整，进行底口处理显得比较方便。

在特殊的情况下，比如有前包头部件，考虑到伏楦效果，也可以把对位取跷线设计成曲线状态。那么，由曲线连接出的取跷角大小和由直线连接出的取跷角大小是相等的。

思考与练习

1. 设计一款外舌式男鞋，画出成品图和结构设计图。
2. 设计一款外舌式女鞋，画出成品图和结构设计图。
3. 制取男女外舌式其中任一款鞋的三种生产用样板。

第四节　典型整舌式鞋的设计

整舌式鞋是指鞋舌与前帮连成整体的一类舌式鞋。由于整舌式鞋在马鞍形曲面位置没有断帮，制取样板时需要把前后帮背中线转换成一条直线，所以必须采用转换取跷处理。整舌式鞋与横断舌式鞋比较，部件面积大，外观上简洁，设计难度加大，给人的感觉是“含金量”高。整舌式鞋的前帮面积比较大，常常进行不同的装饰变化来增加花色品种。

典型的整舌式鞋，是指最简单最普及的整舌式鞋，可以在不受花色变化影响下剖析整舌式鞋的设计特点，见图 3-33。这是一款最普通的整舌式鞋，凸显出前帮使用的是一块整料，前帮只做了车

假线的装饰。在鞋舌下端有锁口线，防止前后帮在接帮线处被撕裂。

鞋帮上有整前帮、后帮、保险皮以及松紧带部件，共计 4 种 5 件。整前帮压在后帮上，后帮的镶接关系同松紧口后帮。本款鞋的特殊要求就是利用转换取跷设计前帮部件。

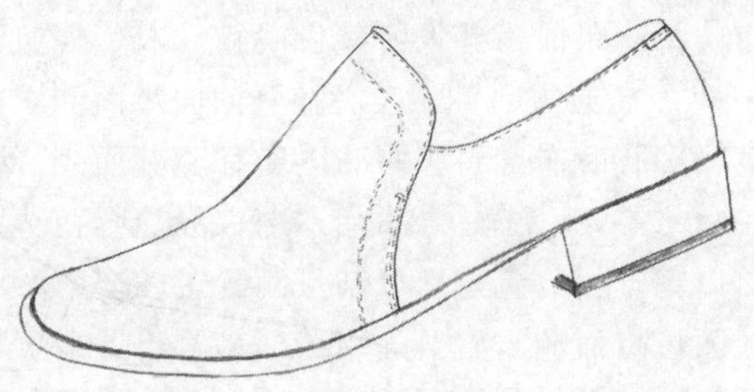

图 3-33　整舌式男鞋成品图

一、转换取跷的应用

设计整舌式鞋时确定取跷中心取 OO' 为 30～35 mm，整舌式鞋的鞋舌长度一般取在 E 点。过 E 点作背中线的垂线，与 OQ 线相交后截取 2/3 宽度控制鞋舌的宽度，并与 O' 点相连，可得到鞋舌的大轮廓。

自 O' 点以直线连接到底口 H_1 点可得到断帮线，与鞋舌一起形成了前帮后端大轮廓。断帮线可连接的位置比较多，向前向后均可，但一定要避开 H 点前后 15 mm，因为 H 点是跖趾关节的弯折部位，设计断帮位置容易造成车线早期断裂。

先连接出定位取跷线 A_0 线，再自 E 点向前延长后帮背中线作为转换后的背中线。接着以 O 点为圆心、OA_0 长为半径作圆弧，与后帮背中线的延长线相交后得到 A_2 点。A_2 点是用于取跷的控制点，A_2 线叫作转换取跷线。连接 A_0O' 和 A_2O' 可得到等量代替角 $\angle A_0O'A_2$。在断帮线位置作取跷角 $\angle H_1O'H_2$ 即为转换取跷角。其中 $\angle H_1O'H_2=\angle A_0O'A_2$，见图 3-34。

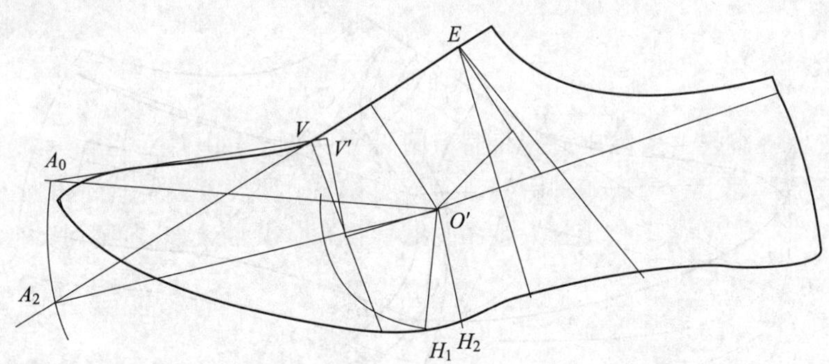

图 3-34　做出转换取跷角

在断帮线后面做出取跷角 $\angle H_1O'H_2$ 即为转换取跷角。只有取跷角还没有完成取跷任务，还必须确定背中线的长度和底口轮廓。

A_2 点的位置是转换后的长度，如果以 A_2 点定做前端点，连接的底口线长度是合适的，但背中线偏长。

如果以 V 点为圆心、A_0V' 长为半径作圆弧，交于后帮延长线为 A_2' 点。A_2' 点的位置是前帮的实际长度。如果以 A_2' 点做前端点，背中线的长度是合适的，但连接的底口线长度偏短。

在 A_2 点和 A_2' 点之间，形成了转换长度与实际长度的差值，简称为长度差。在实际的应用中，背中线的长度在 A_2' 点基础上增加 1/3 长度差，定为 A_2'' 点。从 A_2'' 点开始连接底口轮廓线到 H_2 点止，才算完成取跷的处理，见图 3-35。取跷角为 $\angle H_1O'H_2$，背中线为 $A_2''E$，底口线为 $A_2''H_2$。

确定 O' 点之后设计整舌式鞋还有一项考量的任务，就是口门位置后移会不会造成穿鞋的困难。一般在穿鞋时，脚的前跗骨凸点与后脚后跟之间的长度形成穿鞋的必要尺寸，如果不能满足这个必要尺寸，前跗骨位置就不能穿进鞋内。考察的方式是过 O' 点作后帮背中线的垂线，垂足 V'' 位置不应该落在 $1/2VE$ 长度之后。大凡遇到口门位置偏后的鞋，都要进行这种考量。

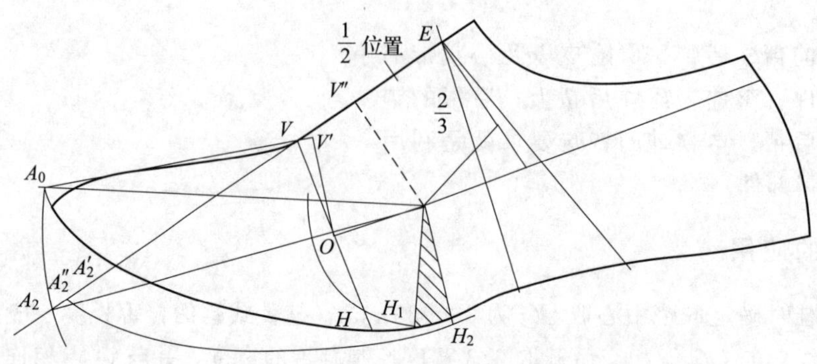

图 3-35　转换取跷的应用

二、整舌式鞋的设计

1. 前帮的设计

鞋舌长度取在 E 点，过 E 点作背中线的垂线，与 OQ 相交后截取 2/3 宽度控制鞋舌的宽度。取 OO'为 35 mm 确定 O'点，并与鞋舌宽度相连。H_1点取在 H 点之后 15 mm 位置，并与 O'点相连，可得到前帮后端大轮廓。将轮廓线顺连成圆弧曲线，即为前帮后端轮廓线，见图 3-36。

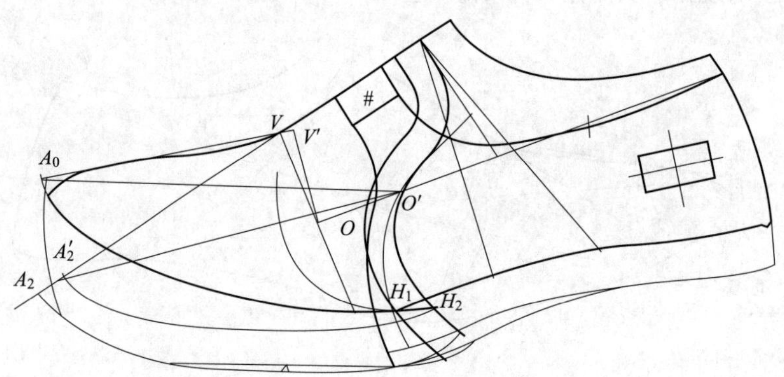

图 3-36　整舌式鞋帮结构设计图

先连接出定位取跷线 A_0线，再向前延长后帮 EV 线。接着以 O 点为圆心、OA_0 长为半径作圆弧，与延长线相交后得到 A_2点。连接 A_0O'和 A_2O'可得到等量代替角$\angle A_0O'A_2$。

以 O'点为圆心、H_1O'长为半径作圆弧，在 H_1O'线后端截取等量代替角，确定 H_2点，自 O'点顺连出取跷角的轮廓线到 H_2点止。

以 V 点为圆心、A_0V'长为半径作圆弧，交于后帮延长线为 A_2' 点。在 A_2点和 A_2' 点之间截取后 1/3 长度差定为 A_2'' 点。A_2'' 点即为前帮长度控制点，EA_2'' 长为转换后的背中线长度，从 A_2'' 点开始用半面板描出底口轮廓线到 H_2点止。

在前帮上有假线，假线位置是距离前帮后端轮廓线 14～16 mm 的平行线。锁口线的位置在 O'点。

2. 后帮的设计

整舌式鞋的后帮属于松紧口后帮。过 O'点作 VE 的垂线，自垂足往后设计出松紧带 25 mm×15 mm，并用♯标示。在松紧带后下端顺连出弧形鞋口轮廓线，注意鞋口线要从鞋舌下端穿出。在

O'点之前加放 8 mm 的压茬量，然后自松紧带的前下端顺连到 8 mm 压茬位置，再以 8 mm 压茬量顺连到底口。压茬量是前后帮的接帮标记，一定要与断帮线 H_1O'平行。

把保险皮设计在后帮部件上。

3. 底口处理

底口采用分段处理的方法。先加放前帮底口绷帮量 14、15、16 mm，接着做出里外怀的区别。然后再加放后帮底口绷帮量 16、17 mm，也做出里外怀的区别。

注意：在前后帮的断帮位置有 4 条设计线，一条是断帮线，一条是取跷线，一条是压茬线，还有一条是假线，几条线之间的关系不要弄混淆。经过修整后即得到整舌式鞋帮结构设计图。

整舌式鞋的底口为什么要取在 A_2'' 点呢？这里有一个演变的过程。早期采用的是手工绷帮，而且使用的是天然材料，那时候前帮的控制点就在 A_2' 点，不用去修正。绷帮套楦时由于底口短，前端帮脚会落在楦底棱之上，但是手工绷帮很灵活，第一钳就要夹住前尖帮脚并拉伸下来。由于材料的延伸性好，很容易控制到位。手工绷帮采用三钉正、五钉伏的手法，先用 3 颗钉子固定住前尖帮脚后，然后再用第 4、第 5 颗钉子固定跖趾部位帮脚。由于鞋帮的底口较短，拉伸帮脚时会使底口变长，对于网状结构的皮革材料来说，底口变长的结果是背部弯曲，所以很容易伏楦。

现在经常使用的是绷帮机操作，绷前帮机的几把钳夹位置是固定的，不会像手工绷帮那样灵活，在帮脚较短时，前尖的夹钳就夹不住帮脚，造成无法绷帮。如果帮脚比较长，钳夹衔住帮脚的量是固定的，就无法绷紧鞋帮，造成不伏楦。所以，使用机器绷帮所用的绷帮量要求很严格。通过实验得知，取在长度差的 1/3 位置比较合适。

现在的手工绷帮虽然操作手法没有大变化，但使用的材料变了。在使用天然皮革材料时往往都要贴衬，大大削弱了材料的延伸性。在使用合成材料时，虽然延伸性大，但回弹性也大，拉伸后还会回缩。鉴于这种情况，对帮脚也需要适当加长。因此，无论是手工绷帮或是机器绷帮，现在一律采用加长 1/3 长度差的办法。

查看早期的资料，转换取跷时取跷角的大小只取 80%，这是因为材料的延伸性好，剩余的 20%可以被拉伸出来，而且材料的定型性也好，拉伸后可以得到稳定的造型。现在的材料发生了变化，要么是天然皮革材料贴衬使延伸性下降，要么是合成材料回弹性大，再取 80%的跷度角就不现实，所以也统一为取 100%。

三、制取样板

制取整舌式鞋样板的方法与横断舌式鞋基本相同，但鞋里的设计有特殊要求。

1. 制备划线板

制备整舌式鞋划线板时，要保留定位取跷线，因为转换取跷线是一条直线，不会影响制取样板，见图 3-37。

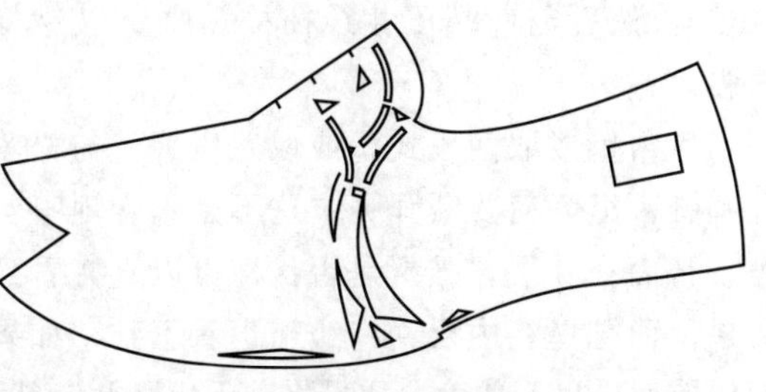

图 3-37 制备划线板

2. 制取基本样板

制取基本样板需要有加工标记，尤其是前帮锁口线位置不要忽略，见图 3-38。图中标出了前帮的假线标记、锁口线标记、后帮的压茬标记以及橡筋的压茬标记。在部件比较小时，可以用切口代替压茬标记。

3. 制取开料样板

在开料样板上加放了折边量，见图 3-39。

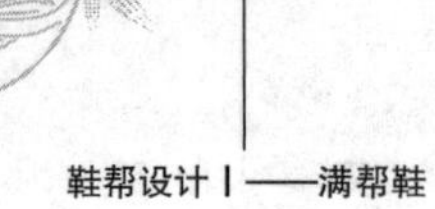

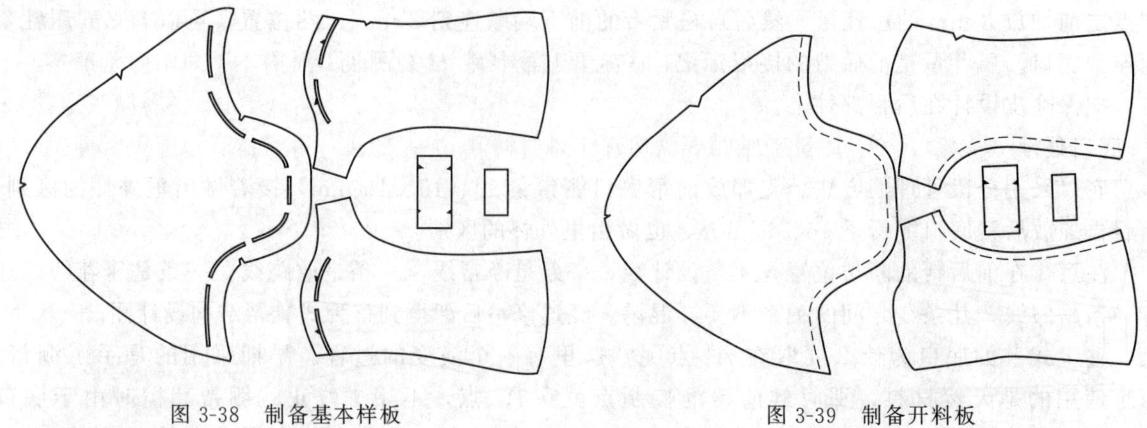

图 3-38 制备基本样板　　图 3-39 制备开料板

4. 制取鞋里样板

整舌式鞋的前帮是一块整部件，按理来说制取一块整鞋里更为方便，但考虑到绷帮的效果，还是应该把鞋舌断开，分别取鞋舌里样板和前帮里样板，见图 3-40。

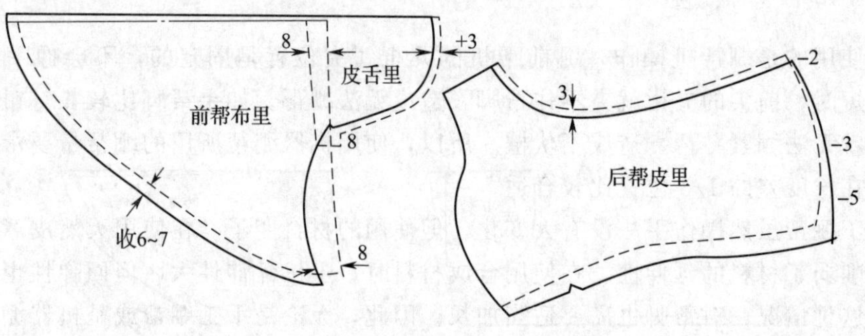

图 3-40 制备鞋里样板

设计前帮鞋里时，自锁口线位置作背中线的一条垂线，向下顺连时要保证前帮底口有 8 mm 的压茬量。由于部件的造型差异，前帮里的后端轮廓线可能是直线，可能是向外弯曲的弧线，也可能是向内弯曲的弧线。

前端下降 2 mm 后重新连接背中线，底口收进 6～7 mm 后可得到前帮里样板。

在鞋舌位置，前端加放 8 mm 压茬量、后端加放 3 mm 冲边量。在锁口线位置，向下延长 8 mm，然后与前端压茬线衔接。之所以这样处理是为了保证锁口线能够车在鞋舌皮里上，缝合的强度高。

后帮里或取两段式，或取三段式，与松紧口后帮里的要求相同。

鞋舌里为何要断开呢？这不是添麻烦吗？整舌式鞋前帮在绷帮时不容易伏楦，这是转换跷在作怪。帮面在外层，鞋帮是否伏楦可以直接看到，通过调换拉帮的位置和力度，总是能够达到伏楦的效果。而鞋里在内层，有皱褶也看不到，如果设计成整前帮里，也需要转换还原，其结果往往是帮面伏楦而鞋里不伏楦。如果将鞋舌里断开，就避开了转换跷的影响，使得马鞍形曲面很容易伏楦。虽然制取样板有些麻烦，但只麻烦一次，能够解决绷帮鞋里不易伏楦的问题，却是省去了上百次的麻烦。

课后小结

掌握典型整舌式鞋的设计是掌握一系列整舌式鞋的设计关键。由于整舌式鞋需要把前后帮背中线转换成一条直线，所以在跷度处理上就比较特殊。在设计鞋里时为了便于鞋里伏楦，就需要把鞋

舌里断开，所以也比较特殊。在鞋帮长度处理上，需要增加长度差的1/3量，如果忽略了这点就会功亏一篑，所以就更显得特殊。

由于转换取跷角的加入，使得前帮变长，这多出的量对绷帮来说没有用，因此就需要修整。那么，应该修整多少呢？在经验设计中也会出现前帮变长的现象，采取的办法就是试帮，试一次不成就修一次，试两次不成就修两次，一般有三次试帮就基本成动了。当然，试帮会增加时间成本和材料成本，如果找到了长度差，修一次就能基本成功。

思考与练习

1. 画出整舌式男鞋成品图、结构设计图，并制取三种生产用的样板。
2. 模仿整舌式男鞋，画出整舌式女鞋成品图、结构设计图，并制取三种生产用的样板。
3. 什么是鞋帮的转换长度差？如何确定长度差？如何应用长度差？

第五节　整舌式鞋的变型设计

整舌式鞋的前帮面积比较大，可以进行各种部件的分割变化。

一、镶条整舌式男鞋的设计

镶条整舌式鞋是把整舌式鞋的假线断开而形成的，这是一种简单的变型设计，见图3-41。

在前帮后轮廓线位置，分割出宽度14～16 mm的条形部件，与其相搭配的是把保险皮改为后筋条部件。

鞋身上有前帮、装饰条、后帮、后筋条和松紧带部件，共计5种7件。其他部件镶接关系没有变化，只增加了前帮压在装饰条上这层关系。特殊的要求就是装饰条部件的安排。

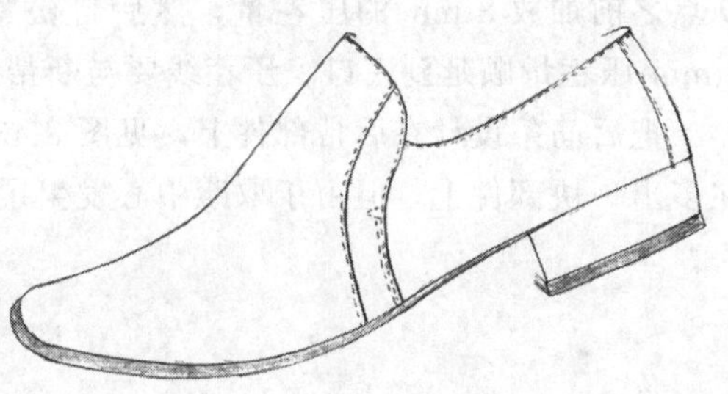

图3-41　镶条整舌式男鞋成品图

1. 前帮的设计

仿照整舌式鞋先设计出前帮部件，然后再分割出装饰条部件。

鞋舌长度取在E点，过E点作背中线的垂线，与OQ相交后截取2/3宽度控制鞋舌的宽度。取OO'为35 mm确定O'点，并与鞋舌宽度相连。断帮位置点取在H点之后30 mm位置，并与O'点相连，可得到前帮后端大轮廓。将轮廓线顺连成圆弧曲线，即为前帮后端轮廓线。锁口线的位置在O'点。

装饰条的位置在距离前帮后端轮廓线14～16 mm的平行线上，上端到达鞋舌后边沿，下端到达底口H_1点。装饰条与OQ相交后得到O''点。

这样一来在OQ上就存在两个取跷中心点，是用O'点还是用O''点呢？在制取半面板时，剪口是打在VO线上，所以取跷中心距离O点越近，其还原效果越好，见图3-42。

取跷中心定在O''点，距离O点比较近，以后遇到类似情况都照此办理。

先连接出定位取跷线A_0线，再向前延长后帮EV线，接着以O点为圆心、OA_0长为半径作圆弧，与延长线相交后得到A_2点。连接A_0O''和A_2O''可得到等量代替角$\angle A_0O''A_2$。

以O''点为圆心、H_1O''长为半径作圆弧，在H_1O''线后端截取等量代替角，确定H_2点，自O''点顺连出取跷角的轮廓线到H_2点止。

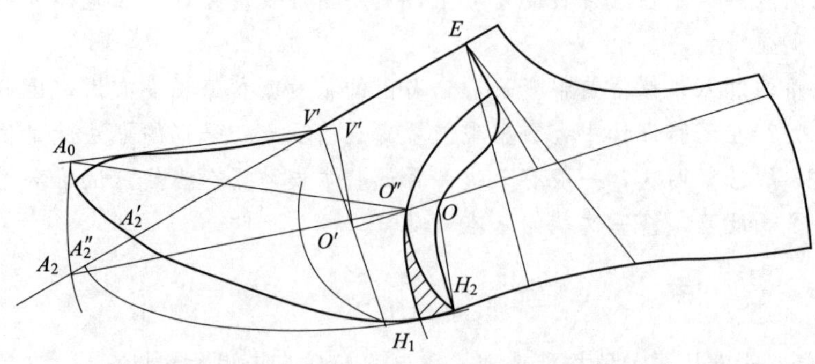

图 3-42　镶条整舌式男鞋的前帮设计

以 V 点为圆心、A_0V'长为半径作圆弧，交于后帮延长线为 A_2' 点。在 A_2点和 A_2' 点之间取后 1/3 长度差定为 A_2'' 点。A_2'' 点即为前帮长度控制点，EA_2'' 长为转换后的背中线长度，从 A_2'' 点开始用半面板描出底口轮廓线到 H_2点止。

2. 后帮的设计

镶饰条整舌式鞋的后帮属于松紧口后帮。过 O'点作 VE 线的垂线，设计出松紧带 25 mm×15 mm，并用#标示。在松紧带后下端顺连出弧形鞋口轮廓线，注意鞋口线要从鞋舌下端穿出。在 O'点之前加放 8 mm 的压茬量，然后自松紧带的前下端顺连到压茬量位置，并继续以前帮后端的 8 mm 压茬量顺延到底口。压茬线要与断帮线平行。

把后筋条设计在后帮部件上，见图 3-43。镶条整舌式鞋与不镶条整舌式鞋相比较，虽然只表现在多出一块部件上，但由于取跷中心发生了变化，在取跷处理上也就产生了差异。

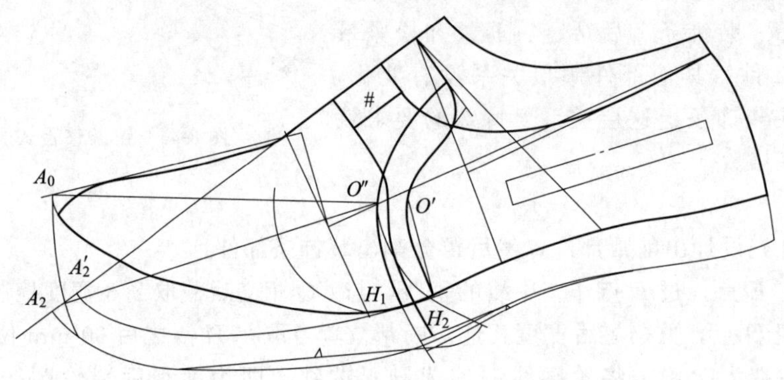

图 3-43　镶条整舌式男鞋帮结构设计图

3. 底口处理

底口采用分段处理的方法。先加放前帮底口绷帮量 14、15、16 到 H_2点止，接着做出里外怀的区别。然后自 H_1点再加放后身底口绷帮量 16、17，也做出里外怀的区别。

在前后帮的衔接位置也有 4 条设计线，一条是断帮线，一条是压茬线，一条是饰条线，还有一条是取跷线，几条线之间的关系要理顺。经过修整后即得到镶条整舌式男鞋帮结构设计图。

二、整舌式三节头男鞋的设计

把三节头鞋的前包头转移到整舌式鞋上就形成了整舌式三节头鞋，见图 3-44。在整舌式鞋的基础上，前帮设计出了前包头部件、后帮设计出了后包跟部件与之呼应，增加了鞋款的稳重性。在假

线位置只有一个金属件做装饰，起到点缀作用，增加了鞋款的灵动性。

鞋帮上有前包头、前中帮、后帮、后包跟和松紧带部件，共计 5 种 6 件。特殊的要求就是如何安排前包头部件。

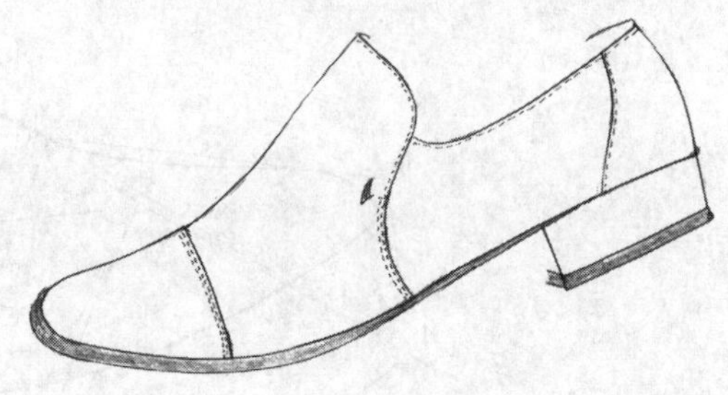

图 3-44 整舌式三节头男鞋成品图

1. 前帮的设计

前包头与前中帮连接紧密，首先要设计出完整前帮的轮廓，然后在前帮上再设计前包头部件。具体步骤如下：

(1) 取 OO' 为 35 mm 确定取跷中心 O' 点。

(2) 延长 EV 为转换取跷线，并确定定位取跷的 A_0 点和转换取跷的 A_2 点。

(3) 鞋舌长度控制在 E 点，并作垂线确定鞋舌的宽度和大轮廓。

(4) 作前后帮的断帮线，并设计出前中帮后端的轮廓线，与底口相交为 H_1 点。

(5) 以 O' 点为取跷中心，连接出等量代替角 $\angle A_0O'A_2$。

(6) 以 O' 点为取跷中心，做出取跷角 $\angle H_1O'H_2$。

(7) 在转换取跷线上分别确定出 A_2' 点和 A_2'' 点，并描画出前帮底口轮廓线。

(8) 在 VA_2' 之间的 2/3 长度处定 V_1 点，这是前包头与前中帮的分界点，但由于 V 点是在直线上，对伏楦效果有影响，所以应该用半面板描出背中曲线来。

(9) 将半面板的 V 点与前中帮的 V 点对齐，前头凸点 J 对齐在直线上，并描出背中曲线轮廓，然后再将 V_1 点转移到对应的曲线上即得到 V_1' 点。

(10) 自 V_1' 点连接直线到 E 点得到前中帮背中线；自 V_1' 点连接 A_2'' 点得到前包头背中线。

(11) 作前包头轮廓线，即得到前帮设计图，见图 3-45。前帮包括前包头与前中帮部件，其中 V_1 点转移 V_1' 点，处理的只是工艺跷，与转换取跷没有关系。

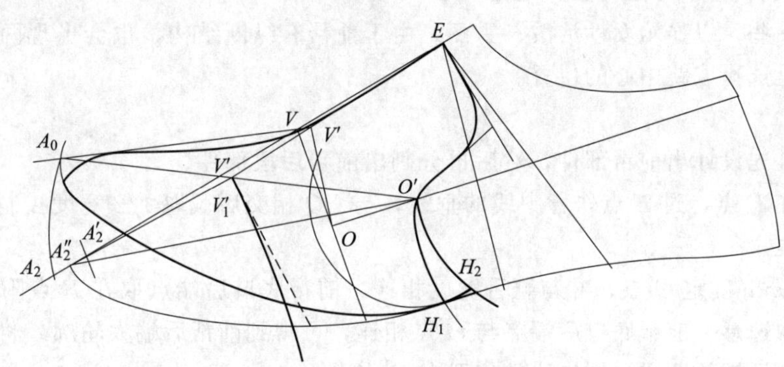

图 3-45 前帮的设计图

2. 后帮的设计

整舌式三节头鞋的后帮属于松紧口后帮。过 O' 点作 VE 线的垂线，设计出松紧带 25 mm×15 mm，并用♯标示。在松紧带后下端顺连出弧形鞋口轮廓线，注意鞋口线要从鞋舌下端穿出。在 O' 点之前加放 8 mm 的压茬量，然后自松紧带的前下端顺连到压茬量位置，并继续以前帮后端的 8 mm 压茬量顺延到底口。压茬线要与断帮线平行。

在后帮上截取后包跟部件，注意后包跟上口收进 2 mm 后连接成中线，见图 3-46。增加了前包头部件不仅改变了鞋款的造型，而且改善了工艺操作，比整舌式鞋容易伏楦。

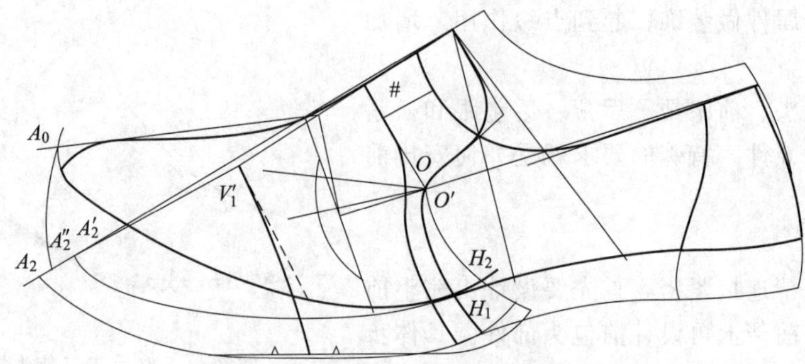

图 3-46　整舌式三节头男帮鞋结构设计图

3. 底口处理

底口分为前后帮两段，需要分段进行处理。前帮底口加放绷帮量 14、15、16，并做出里外怀的区别。后帮底口加放绷帮量 16、17 mm，也做出里外怀的区别。修整后即得到整舌式三节头鞋帮结构设计图。

三、纵断前帮整舌式女鞋的设计

纵断前帮整舌式女鞋也是在整舌式鞋的基础上进行的前帮变化，由于是纵向断开，所以不会对背中线有影响，可以仿照镶条整舌式鞋的那样将前帮部件进行分割，见图 3-47。

图 3-47　纵断前帮整舌式女鞋成品图

鞋帮上有前帮、前帮后段、后帮、保险皮和松紧带部件，共计 5 种 7 件。其中前帮与前帮后段的镶接关系为前压后，看起来是顺茬。由于女鞋与男鞋的风格有差异，虽然同为整舌式鞋，但女鞋的鞋舌要瘦一些、线条变化大一些，以显示女性活泼、秀丽。由于前帮有纵断结构，也会出现两个取跷中心，所以特殊的要求就是选择取跷中心的位置。

1. 前帮的设计

仿照整舌式鞋先设计出前帮部件，然后再分割出前帮后段部件。

鞋舌长度取在 E 点，过 E 点作背中线的垂线，与 OQ 相交后截取 1/2 宽度控制鞋舌的宽度，这样鞋舌会适当变瘦。

取 OO' 为 30 mm 确定 O' 点，并与鞋舌宽度相连。前帮底口后端点取在 F 点附近，有意加长前帮的长度，产生飘逸感。前帮底口后端点与 O' 点相连，可得到前帮后端大轮廓。将轮廓线顺连成圆弧曲线，即为前帮后端轮廓线。锁口线的位置在 O' 点。

分割前帮的上端位置在距离鞋舌 12 mm 左右，下端到达底口 AH 段的 2/3 左右定 H_1 点，并连接出优美的大弧线。该弧线与 VH 线相交后得到 O'' 点。比较 O' 点和 O'' 点到 O 点之间的距离，是 O'' 点距离 O 点更近一些，所以取跷中心要选择在 O'' 点，见图 3-48。取跷中心从 O' 点变化到 O'' 点，是因为断帮位置的变化而引起的。

取跷时先连接出定位取跷线 A_0 线，再向前延长后帮 EV 线，接着以 O 点为圆心、OA_0 长为半径作圆弧，与延长线相交后得到 A_2 点。连接 A_0O'' 和 A_2O'' 得到等量代替角 $\angle A_0O''A_2$。

以 O'' 点为圆心、H_1O'' 长为半径作圆弧，在 H_1O'' 线后端截取等量代替角，确定 H_2 点，自 O' 点顺连出取跷角的轮廓线到 H_2 点止。

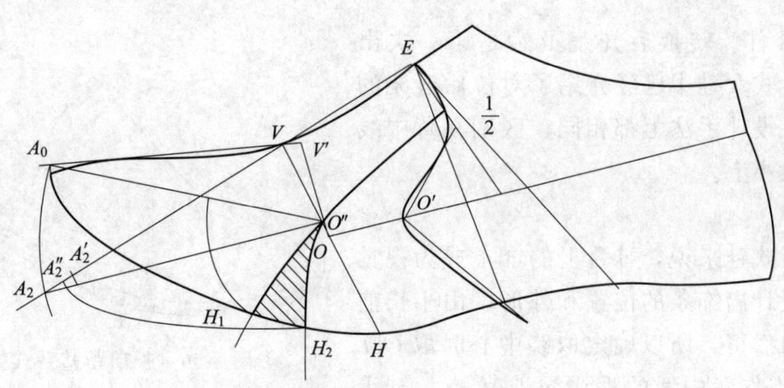

图 3-48 纵断前帮的设计

以 V 点为圆心、A_0V' 长为半径作圆弧，交于后帮延长线为 A_2' 点。在 A_2 点和 A_2' 点之间取后 1/3长度差定为 A_2'' 点。A_2'' 点即为前帮长度控制点，EA_2'' 长为转换后的背中线长度，从 A_2'' 点开始用半面板描出底口轮廓线到 H_2 点止。

2. 后帮的设计

纵断前帮整舌式鞋的后帮属于松紧口后帮。过 O' 点作 VE 线的垂线，然后设计出松紧带 20 mm×15 mm，并用＃标示。由于中号女鞋比男鞋尺寸小，所用的松紧带尺寸也偏小。

在松紧带后下端顺连出弧形鞋口轮廓线，注意鞋口线要从鞋舌下端穿出。在 O' 点之前加放 8 mm 的压茬量，然后自松紧带的前下端顺连到压茬量位置，并继续以前帮后端的 8 mm 压茬量顺延到底口。压茬线要与断帮线平行。

把保险皮设计在后帮部件上，见图 3-49。断帮线的设计要依据鞋款的要求而定，设计女鞋的线条应该柔美、有张力。

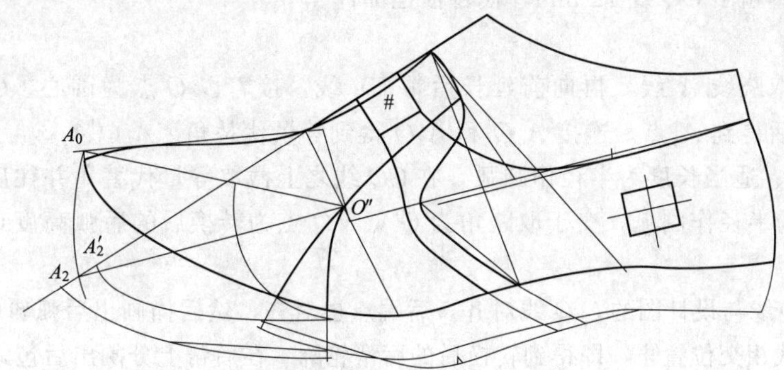

图 3-49 纵断前帮整舌式女鞋结构设计图

3. 底口处理

底口采用分段处理的方法。先加放前帮底口绷帮量 14、15 mm 到 H_2 点止，接着做出里外怀的区别。然后自 H_1 点再加放后身底口绷帮量 15、16、17 mm，也做出里外怀的区别。由于前后帮的断帮线与取跷线没有挤在一起，底口的 4 条线的相互关系就很清晰。经过修整后即得到纵断前帮整舌式女鞋帮结构设计图。

四、长前帮整舌式男鞋的设计

长前帮整舌式鞋是一种特殊的变型设计，由于鞋舌不断开、前后帮也不断开，取跷的位置也就落在鞋口线上了，这就形成了转换后升跷，见图 3-50。

鞋帮很简洁，鞋舌、前帮、后帮连成一体形成长前帮，鞋舌上有装饰条部件，后帮上有后包跟

部件，共计 3 种 3 件。转换后升跷虽然是第一次出现，但在设计外舌式女鞋中已经介绍了对位后升跷的操作步骤，两者在设计手法上都相同，区别在背中线位置和取跷角的大小上。

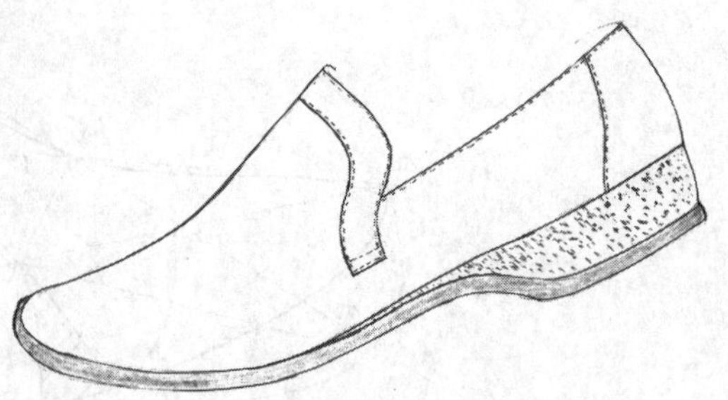

图 3-50　长前帮整舌式男鞋成品图

1. 装设条的设计

对于长前帮舌式鞋来说，鞋舌上的饰条成为视觉中心，应该首先设计出饰条的位置和外形。由于长前帮整舌式鞋为直口后帮，所以确定取跷中心时取 OO' 为 15 mm。过 O' 点作背中线的垂线交于 V'' 点，鞋舌长度 E' 点取在 EV'' 的 2/3 位置，见图 3-51。

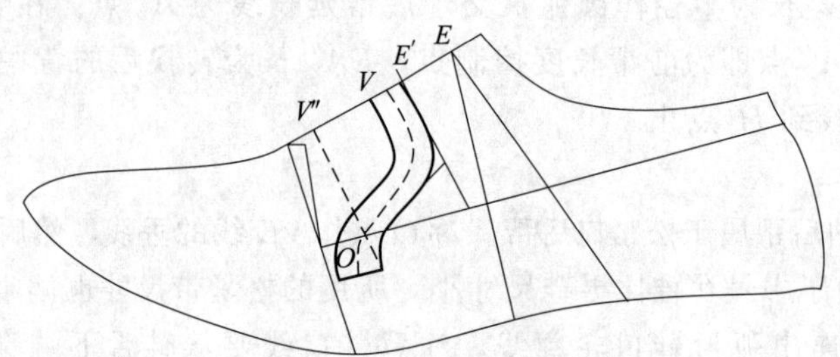

图 3-51　装饰条的设计

自 E' 点往前 14～16 mm 定装饰条的宽度。在距离装饰条前宽 8 mm 位置确定长前帮在背中线上的位置，并设计出鞋舌的轮廓线到 O' 点止。装饰条的前后轮廓线则是依据鞋舌轮廓线绘制出的平行线。装饰条的下脚超出 OQ 线 12 mm，代替横担部件。

2. 长前帮的设计

先连接出定位取跷线 A_0 线，再向前延长后帮 EV 线，接着以 O 点为圆心、OA_0 长为半径作圆弧，与延长线相交后得到 A_2 点。连接 A_0O' 和 A_2O' 得到等量代替角 $\angle A_0O''A_2$。

以 O' 点为圆心、适当长度为半径作圆弧，在 OQ 线之上截取等量代替角并往后延长。再以 O' 点为圆心、QO' 长度为半径作圆弧，交于取跷角为 Q' 点。Q' 点为转换后的后弧高度点，$O'Q'$ 线为转换后的鞋口线。

将半面板的 OQ 线与设计图的 $O'Q'$ 线对齐，后端点也对齐，然后描画出后弧轮廓线和后身底口轮廓线，到与原底口线相交位置止，即得到转换后的后帮轮廓。在后帮上分割出后包跟部件，见图 3-52。

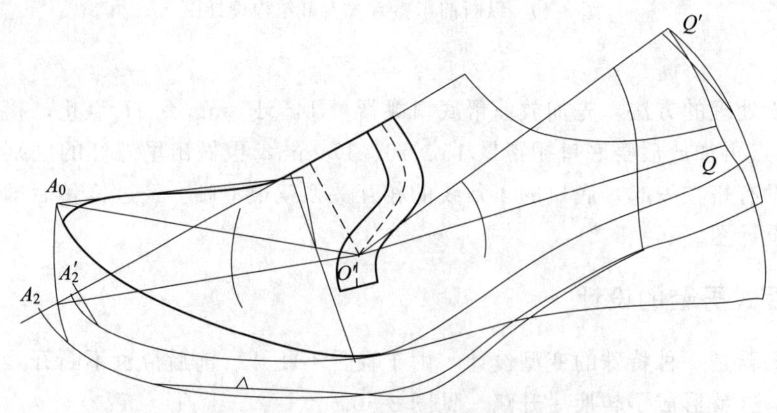

图 3-52　长前帮整舌式男鞋帮结构设计图

后升跷是一种在特殊位置的取跷方法，如果取跷角的大小为自然跷时，就叫对位后升跷，简称为后升跷；如果取跷角的大小为转换跷时，就叫转换后升跷。对位后升跷对应的背中线是A_1线，转换后升跷对应的背中线是A_2线。

在长前帮的前端，以V点为圆心、A_0V'长为半径作圆弧，交于后帮延长线为A_2'点。在A_2点和A_2'点之间取后1/3长度差定为A_2''点。A_2''点即为前帮长度控制点，EA_2''长为转换后的背中线长度，从A_2''点开始用半面板描出底口轮廓线与后身底口线顺接。

3. 底口处理

加放前帮底口绷帮量14、15、16、17 mm，然后做出里外怀的区别。经过修整后即得到长前帮整舌式男鞋帮结构设计图。

课后小结

整舌式鞋的变型设计都源自典型的整舌式鞋，在前帮上可以设计出前包头部件，可以分割出装饰条部件或者纵向分成前后两段部件，就形成不同款式的整舌式鞋。改换成女楦就能设计出整舌式女鞋。

在部件分割时可能会出现两个或者三个取跷中心，但在取跷时只能用一个取跷中心。究竟选用哪个位置作为取跷中心呢？这需要进行比较，一定是选用距离O点最接近的位置作为取跷中心，这样部件的还原效果好。

思考与练习

1. 画出镶条整舌式男鞋和纵断前帮整舌式女鞋的成品图和结构设计图。
2. 画出整舌式三节头男鞋的成品图、结构设计图，并制取三种生产用样板。
3. 设计出长前帮整舌式女鞋的成品图、结构设计图，并制取三种生产用样板。

第六节　类舌式鞋的设计

类舌式鞋是指类似于舌式鞋但又没有鞋舌的一种鞋类。舌式鞋应该有鞋舌，但舌式鞋的抱脚功能主要靠跖围偏瘦、鞋口偏紧，而鞋舌是作为造型装饰存在的，如果把鞋舌压缩到一条鞋口线，或填平鞋舌两侧形成一条鞋口线，也同样能穿用。这一类把鞋舌压缩或填平成一条鞋口线的鞋就属于类舌式鞋。没有鞋舌的类舌式鞋产品造型别具特色，也会演变出花样繁多的品种。

一、无舌式男鞋的设计

无舌式男鞋上没有鞋舌，横担部件演变成后中帮，并且以鞋口线代替了鞋舌，见图3-53。

如果将普通男舌式鞋的鞋舌去掉，将横担延伸到底口并作为后中帮部件，就形成了无舌式鞋。设计无舌式男鞋选用舌式楦，对于正常脚型来说穿着没有问题，在后中帮部件上设计有暗橡筋（松紧布），对于肥脚型的人来说可以起到调节开闭功能的作用。

鞋身上有前帮、后中帮、后帮、鞋口条和橡筋部件，共计5种7件。橡筋（松紧布）比松紧带要厚些，留压茬时加放10 mm压茬量。鞋口条是一种保护鞋口的条形部件，按照加工的方式不同分为包口（卡口）工艺、沿口（滚口）工艺。男鞋多采用包口

图3-53　无舌式男鞋成品图

工艺，显得粗犷有力。

1. 前帮的设计

前帮长度取在 V'点。先连接前帮背中线 A_0V'，再过 V'点作背中线的垂线，然后借用垂线设计出前帮轮廓线。底口长度控制在 HF 之间，属于短前帮类型。

2. 后中帮的设计

考虑到穿鞋的必要尺寸，后中帮的位置取在 $1/2VE$ 长度点或者之前，定为 E'点，$1/2VE$ 长度点位置近似于脚的前跗骨位置。

在 V 点位置设计定位取跷角。

过 E'点作背中线的一条垂线，借用垂线设计一条略向前弯曲的弧线，见图 3-54。后中帮的鞋口线就相当于鞋舌被压缩后而形成的。

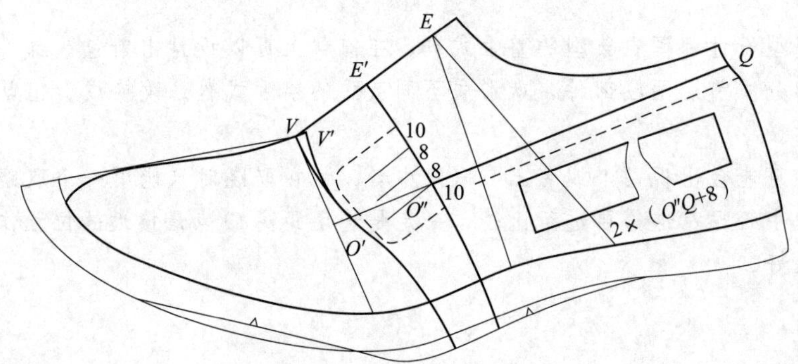

图 3-54 无舌式男鞋帮结构设计图

在后中帮弧线与 OQ 线相交的位置定为 O''点，自 O''点向上设计三条平行于后帮背中线的切口线，切口线的间距在 8 mm 左右，切口线的长度取在后中帮相应位置的 2/3 左右。

切口线的下面是橡筋，上、下、前的三个位置加放压茬量 10 mm。加工时橡筋夹在鞋面与鞋里部件之间并车线固定，切口之间也车线固定，成鞋后再用剪刀冲开切口线之间的橡筋里。

3. 后帮的设计

无舌式男鞋为直口后帮，QO''为鞋口线，设计出包口的宽度位置。

采用包口工艺时，是将鞋口条“骑”在鞋口上然后再车线。车线的边距比较宽，需要事先设定，然后再计算出鞋口条的宽度。

鞋口条宽度＝(车线宽度＋3＋1.5)×2

假设车线的宽度是 5 mm，需要加放 3 mm 冲边量、3 mm 厚度量，鞋口两侧总计在 19 mm，一般控制在 18～20 mm。

鞋口条的基准长度为 $QO''×2$，两端在里外怀要各加放 8 mm 压茬量。

把鞋口条示意图设计在后帮部件上，中间为断开线，用数字表示出实际的长度。

4. 底口处理

底口加放 14、15、16、17 mm 的绷帮量，然后做出里外怀的区别。经过修整后即得到无舌式男鞋帮结构设计图。

二、元宝式女鞋的设计

元宝式女鞋是整舌式女鞋的变形，相当于把鞋舌两侧填平后形成一条鞋口线。由于鞋口线的造型类似“金元宝”的形状，故得名元宝式鞋。

1. 元宝式女鞋成品图

画出元宝式女鞋成品图，见图 3-55。鞋身很简洁，只有一块整帮部件和后筋条。由于鞋口的后端到达 E 点，已经远远超越前跗骨突点位置，如果按照常规的鞋口设计就无法穿入。为此有意将鞋口设计成大凹弧形，穿鞋时可以适当拉平鞋口，使鞋口增长，从而满足穿鞋时的必要尺寸。

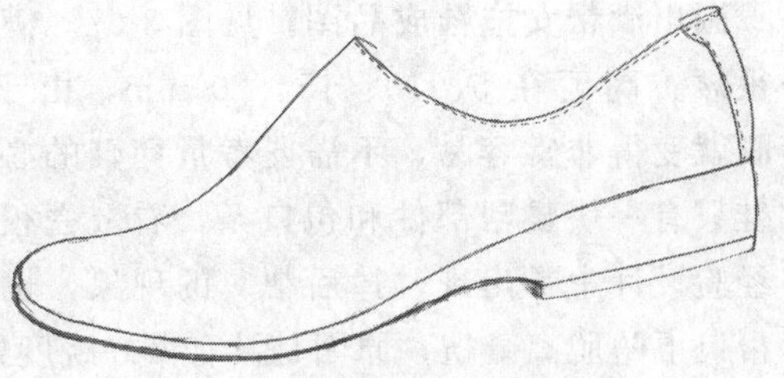

图 3-55 元宝式女鞋成品图

由于需要把前后帮转换成一条直线，所以必须采用转换取跷处理。那么取跷中心设计在什么位置呢？当把鞋口向两端拉平时，会发现鞋口大弧线是从弧底部向两侧伸展的，所以取跷中心就取在凹弧的拐点的位置。一般取在鞋口弧长的前 1/3 确定 O' 点。

2. 鞋帮的设计

鞋帮的设计过程如下：

(1) 过 V' 点连接前帮背中线，确定 A_0 点。

(2) 延长后帮背中线 EV，并以 O 为圆心、OA_0 长为半径作圆弧，交于延长线为 A_2 点。

(3) 过 E 点设计出凹弧鞋口线，见图 3-56。鞋口线凹度是否合适可以考量，连接 Q 点和 1/2VE 点形成一条必要尺寸的直线，测量鞋口曲线的长度，使其大于必要尺寸长度就表示合适。

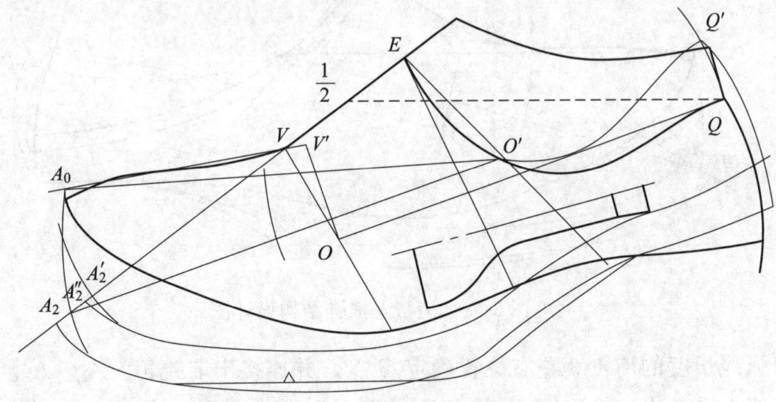

图 3-56 元宝式女鞋结构设计图

(4) 在鞋口弧线长度的前 1/3 左右位置确定 O' 点，并连接出取跷角 $\angle A_0O'A_2$。

(5) 在鞋口线上设计出转换取跷角 $\angle QO'Q'$，且 $\angle QO'Q'=\angle A_0O'A_2$。

(6) 利用半面板描出转换后的后弧轮廓和后身底口轮廓。

(7) 以 V 为圆心、A_0V' 长为半径作圆弧，交于转换取跷线为 A_2' 点，增加长度差的 1/3 确定 A_2'' 点。

(8) 过 A_2'' 点用半面板顺连出前身底口轮廓线。

(9) 在鞋身上设计出后筋条部件。

(10) 进行底口处理，先加放 13、14、15、16 mm 绷帮量，然后做出里外怀的区别。经过修整后即得到元宝式女鞋帮结构设计图。

三、满帮女拖鞋的设计

满帮拖鞋是指把满帮鞋设计成拖鞋的样式。因为是满帮鞋，所以有后帮，但是后帮很矮，看起来很像拖鞋，所以称为满帮拖鞋。

1. 满帮女拖鞋成品图

画出满帮女拖鞋成品图，见图 3-57。满帮拖鞋的后帮很矮，高度在 5、10、15、20 mm，由于后帮变矮，穿脱就变得非常容易，不需要考量穿鞋的必要尺寸。这款鞋只有一块整帮部件和包口条，看上去很简单，但是在经验设计中常出现“掉后帮”的现象，也就是套帮时后帮口下坠脱离鞋楦，原因是没有做好跷度处理。

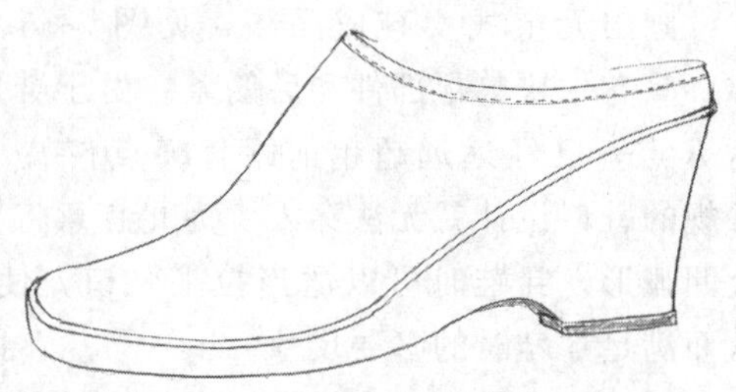

图 3-57 满帮女拖鞋成品图

由于设计满帮女拖鞋需要用转换取跷，所以取跷中心依然取在鞋口线的 2/3 处附近。

2. 鞋帮的设计

鞋帮的设计过程如下：

(1) 过 V'点连接前帮背中线，确定 A_0点。

(2) 延长后帮背中线 EV，并以 O 为圆心、OA_0长为半径作圆弧，交于延长线为 A_2点。

(3) 过 E 点设计出鞋口线到达 D 点，见图 3-58。鞋口线自 E 点直接滑向 D 点，开口很大，不用考虑穿鞋的必要尺寸。

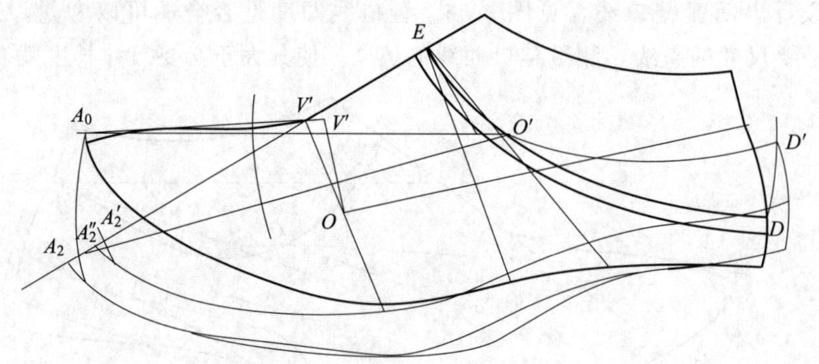

图 3-58 满帮女拖鞋结构设计图

(4) 在鞋口弧线长度的前 1/3 左右位置确定 O'点，并连接出取跷角$\angle A_0O'A_2$。

(5) 在鞋口线上设计出转换取跷角$\angle DO'D'$，且$\angle DO'D'=\angle A_0O'A_2$。

(6) 里用半面板描出转换后的后弧轮廓和后身底口轮廓。

(7) 以 V 为圆心、A_0V'长为半径作圆弧，交于转换取跷线为 A_2' 点，并增加长度差的 1/3 确定 A_2''点。

(8) 过 A_2'' 点用半面板顺连出前身底口轮廓线。

(9) 在鞋口上设计出包口位置，鞋口条长度要加倍和加放 10 mm 重合量，宽度取在 18 mm 左右。

(10) 进行底口处理，先加放 13、14、15、16 mm 绷帮量，然后做出里外怀的区别。经过修整后即得到满帮女拖鞋帮结构设计图。

采用半面板进行结构设计，会有一个准确的跷位，绷帮时后帮升跷角还原到 D 点，可以推动底口向前移动，带动鞋帮在马鞍形曲面凹陷，套帮时就不会出现下坠的现象，经过拉伸作用就很容易达到伏楦的要求。

课后小结

通过典型横断舌式鞋和整舌式鞋的设计练习，要掌握这两类鞋的基本设计方法，这样就会很容易

掌握它们的变型设计。当变型达到极端状态，就演变出了无舌的舌式鞋。

通过对舌式鞋的设计，可以对取跷方法有进一步的认识。基本的取跷方法是定位取跷和对位取跷，而且两者的关系是互补的。也就是说在定位取跷不方便时可以改用对位取跷，在对位取跷不方便时可以改为定位取跷。不方便是指操作起来比较麻烦，不是不能做，而是要多花费时间，如果改变一下取跷方法就可以节约时间成本。

特殊的取跷方法是转换取跷，由于需要把前后帮背中线转换成一条直线，所以取跷角会变大，背中线会变长，需要对前端点进行修整，相比定位对位取跷来说比较麻烦。所以，在不需把前后帮背中线转换成一条直线时就不要用转换取跷。对于后帮升跷、前帮降跷来说，只是取跷的位置特殊，实质上并没有脱离定位、对位和转换取跷。

在取跷原理中讲过：如果取跷中心发生变化，要通过调节取跷角的大小，达到相同的取跷，而与取跷位置无关。那么，如何进行调节呢？在设计每一款鞋时，几乎都会出现一个等量代替角，而等量代替角的取跷中心是在O'点。那么它与取跷中心在O点的取跷角相等吗？显然是不相等。其实做等量代替角的过程就是调节取跷角的过程。经过不断的练习，现在再理解这段话就不会觉得深奥了。

为什么要强调与取跷位置无关呢？取跷位置即断帮位置，也就是部件轮廓线位置，或者说是外观的造型线位置。设计帮部件是要把美好的线条展示出来，如果总是顾忌着取跷，势必影响设计效果。现在明确告诉你与取跷位置无关，就是要你放心大胆地去设计，不用顾忌取跷位置，把外形轮廓造型放在首位，取跷是为造型服务的。

思考与练习

1. 画出无舌式男鞋、元宝式女鞋、满帮女拖鞋的成品图和结构设计图。
2. 选择上题中的任一款鞋制取三种生产用的样板。
3. 自行设计一款类舌式鞋，画出成品图与结构设计图，并制取三种生产用的样板。

综合实训二　舌式鞋的帮结构设计

目的： 通过舌式鞋的帮结构设计，熟练掌握各种取跷的方法和规律。

要求： 重点考核取跷后的试帮效果。

内容：

（一）横断舌式女鞋的设计

1. 选择合适的鞋楦，画中线，标设计点，复制出合格的半面板。
2. 任选一款练习过的舌式鞋，画出成品图，结构设计图。
3. 制备划线板和制取三种生产用样板。
4. 进行开料、车帮套、绷帮检验。

（二）整舌式男鞋的设计

1. 选择合适的鞋楦，画中线，标设计点，复制出合格的半面板。
2. 自行设计一款整舌式男鞋，画出成品图，结构设计图。
3. 制备划线板和制取三种生产用样板。
4. 进行开料、车帮套、绷帮检验。

标准：

1. 跗面、里腰、鞋口等部位要伏楦。
2. 前头、鞋舌、后中缝、横担等部位要端正。
3. 外怀鞋口低于里怀 2～3 mm。
4. 鞋舌、前帮、后帮等部位比例协调。
5. 整体外观造型与成品图对照基本相同。

考核：

1. 满分为 100 分。
2. 鞋帮不伏楦，按程度大小分别扣 20 分、30 分、40 分。
3. 部件出现变形、比例不协调、鞋舌歪斜等问题，每项扣 5 分，总数不超过 40 分。
4. 整体外观造型有缺陷，按程度大小分别扣 5 分、10 分、15 分、20 分。
5. 设计当中有创意可以增加 5～10 分。
6. 统计得分结果：达到 60 分为及格，达到 80 分为合格，达到 90 分及以上为优秀。

第四章 开口式鞋的设计

要点： 开口式鞋的设计包括前开口式鞋和侧开口式鞋两大类型。对于前开口式鞋来说，在开口的位置、宽度和长度发生变化时，都会对取跷的方法产生影响，当前开口达到极限时就形成了开中缝式结构，这是一种特殊类型的鞋。对于侧开口式鞋来说，取跷的方法决定于鞋身结构，而对侧开口的连接，则需要通过各种辅助部件应用来完成。

重点： 前开中宽口鞋的设计
前开窄口鞋的设计
前开宽口鞋的设计
侧开口橡筋鞋的设计
侧开口钎扣鞋的设计
单侧开口鞋的设计
开中缝式鞋的设计

难点： 不同开口的变化以及对取跷的影响

开口式鞋是继耳式鞋、舌式鞋之后的另一大类型鞋。开与闭是相对的，鞋口封闭无法穿用，只有破开才能穿脱，破开就是开口。所以，开口式鞋是指通过破开鞋口来增加开闭功能的一类鞋，它的外观造型特征不是鞋耳、不是鞋舌，而是破开的缺口。为了穿着的需要，破开的缺口往往用绑带、橡筋、鞋钎、鞋扣、拉链等辅助部件来进行连接。对于破开的缺口来说，如果缺口的位置在背中线上就称为前开口式鞋，如果缺口的位置在鞋身两侧或单侧就称为侧开口式鞋。

对于前开口式鞋来说，开口的前端鞋帮里外怀是不断开的，如果断开则演变成耳式鞋。前开口两侧的部件也称为鞋耳，但这不是耳式鞋的鞋耳，与耳式鞋的区别就在于开口前端是完整的部件。皮鞋的前开口位置一般在 V 点附近，运动鞋的前开口位置要靠前一些，一般在 V_0 点附近，随着款式的不同开口宽度也会有多种变化。

对于侧开口式鞋来说，开口前端可断可不断，要依据款式来定。侧开口上端的部件也称为鞋舌，但这不是舌式鞋的鞋舌，与舌式鞋的区别在于鞋舌是否能翻卷。舌式鞋的鞋舌能够翻卷，所以舌式鞋楦跗围比较瘦，而侧开口式鞋的鞋舌不能翻卷，所以跗围应该大一些，要选用素头楦来设计。

前开口式鞋的设计亮点在开口的宽度变化上，而侧开口式鞋的设计亮点在辅助部件的运用上。

第一节　前开中宽口鞋的设计

前开口式鞋是一大类型的鞋，前开中宽口鞋是典型的代表。为何要控制开口的宽度呢？开口的宽度又如何控制呢？这是设计开口式鞋首先要解决的问题。

满帮鞋前开口的位置一般取在 V 点，所以设计鞋耳的参照物就是后帮背中线。所谓的开口宽度是指开口两侧到后帮背中线的距离，设计前开口时要与后帮背中线平行。但前开口的前端是不断开的，如果延长前端的背中线就会发现，鞋耳的设计会受到背中线的制约，也就是设计鞋耳的最高位置不能超越前端背中线延长线，否则就无法开料。如果超越了延长线，鞋耳必定要断帮，这看上去很不舒服。就好比天天照镜子，而镜子上有道裂缝，感觉脸面像是被撕开了一样。因此，控制前开口两侧鞋耳的完整造型就变得很重要，而控制鞋耳完整造型的实质就是控制开口的宽度。

在经验设计中，往往是给你一个数据，比如说开口宽度用 14～16 mm。这个经验数据是通过大量的实践操作得到的。但是在半面板的设计中，后帮背中线、前帮背中线及其延长线都是可见的，只要控制好背中线的位置，开口的宽度就可以信手拈来，见图 4-1。延长定位取跷的 A_0 线时，延长线的位置比较低，适宜设计开宽口式鞋；延长转换取跷的 A_2 线时，延长线的位置比较高，适宜设计开窄口式鞋；延长对位取跷的 A_1 线时，延长线的位置居中，适宜设计中等开口式鞋。

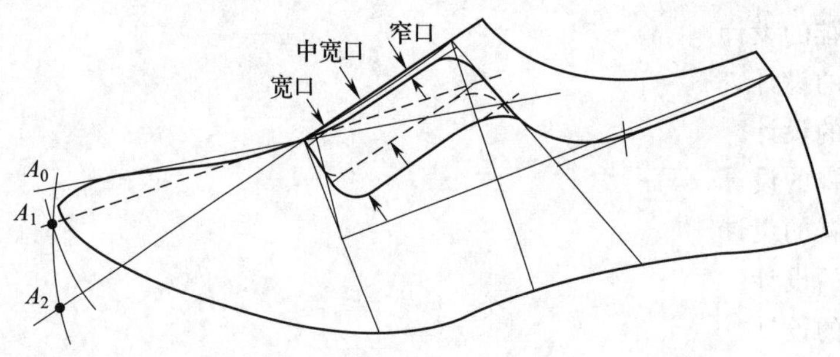

图 4-1　背中线与开口宽度的关系

一、开口式鞋设计的特点

设计不同开口式鞋之前也需要分析鞋楦、结构、部件、镶接、特殊要求等内容。下面先集中分析鞋楦与帮结构的特点。

1. 楦型选择

设计前开口和侧开口式鞋都需要选用男女素头楦。有了开口可以增加鞋口的开闭功能，但脚穿进鞋后还需要有抱脚能力，所以开口后就需要用绑带、橡筋等辅助材料将鞋口封闭。脚被封闭在鞋

腔里时围度不能太瘦，否则会有勒脚的感觉。男女素头楦的跗围比平均脚跗围大 0.5 mm，所以适宜设计各类开口式鞋。

男舌式中号鞋楦的跗围在 234～238 mm，比同型号的男素头楦 243.5 mm 要瘦很多，所以设计前开口式或侧开口式鞋都不要选错，不要用舌式楦。

2. 鞋帮结构

前开口式鞋的鞋帮结构的特征表现在开口上。

(1) 前开口式鞋的口门为明口门类型，一般设计皮鞋类时前开口前端取在 V 点，设计运动鞋类时前开口取在 V_0 点，设计休闲鞋类时前开口取在 V 点与 V_0 点之间。

(2) 前开口的宽度利用前帮背中线的延长线来控制，利用 A_0 线设计开宽口式鞋，利用 A_1 线设计开中宽口式鞋，利用 A_2 线设计开窄口式鞋。

(3) 设计前开口控制线时要与后帮背中线平行，在外观上显得稳定。

(4) 侧开口式鞋的口门为暗口门，开口宽度不受背中线的影响，而是依据款式要求而定。

(5) 开口式鞋里一般属于套式里，需要先把鞋帮车成帮套，鞋里也车成里套，然后帮套与里套组合再车鞋口线。

(6) 开口式鞋的鞋舌比较宽，因为要包括开口的宽度。鞋舌也是一种游离的部件，加工时要在车完鞋口线以后再车鞋舌。

(7) 对于绑带开口鞋来说，鞋眼位的边距除了前开窄口鞋以外，一般都取 10 mm，假线位置依然取 12 mm。

二、前开中宽口男鞋的设计

前开口的宽度居中的鞋款是比较常见的品种，开口直接开在前帮上，使鞋身既具有整舌式鞋的简洁、随意，又具有耳式鞋的庄重、严谨，见图 4-2。鞋帮上有前帮、后帮、后包跟和鞋舌部件，共计 4 种 5 件。在开口的前端可以明显地看到车鞋舌的线迹，这是前开口式鞋共有的特征。镶接时前帮压后帮，后包跟压后帮。前帮的鞋耳上安排了 4 个眼位，眼位边距取10 mm，鞋耳自假线的位置断开，大约在第二个眼位拐向后端。后包跟的造型为了与前帮呼应，设计成凹弧形。

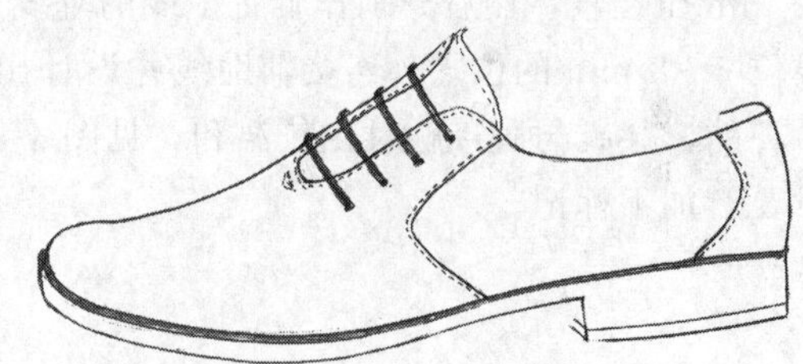

图 4-2　前开中宽口男鞋成品图

1. 前帮的设计

前开口鞋的口门位置取在 V 点。虽说是明口门，但口门的宽度距离 O 点比较远，采用定位取跷的效果并不好，所以要采用对位取跷。

先连接出定位取跷线确定 A_0 点，然后再以 O 点为圆心确定 A_1 点，连接 A_1V 即得到前帮背中线。

鞋耳上的 4 个眼位可以估算出来，一般是以平均眼位间距 11～12 mm 计算的。但要注意确定第一个眼位时要取半个眼位的间距，如果取一个整眼位的间距，会感觉口门位置空旷。按照上述要求确定 4 个眼位之后，还要加一个眼位的边距，这才能确定鞋耳的长度 E' 点。

延长前帮背中线，并过 E' 点作后帮背中线的垂线，两线相交后得到 E_0 点，E_0 点就是前开口宽度的控制点。过 E_0 点作后帮背中线的平行线，这就是前开口宽度的控制线，见图 4-3。E_0 点是前开口宽度的控制点，鞋耳超过 E_0 点后就无法直接开料。

过 V 点也作一条后帮背中线的垂线，借助两条垂线和一条平行线可以设计出鞋耳的轮廓线。鞋耳轮廓线向后延伸即得到弧形鞋口轮廓线。

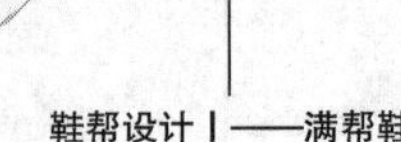

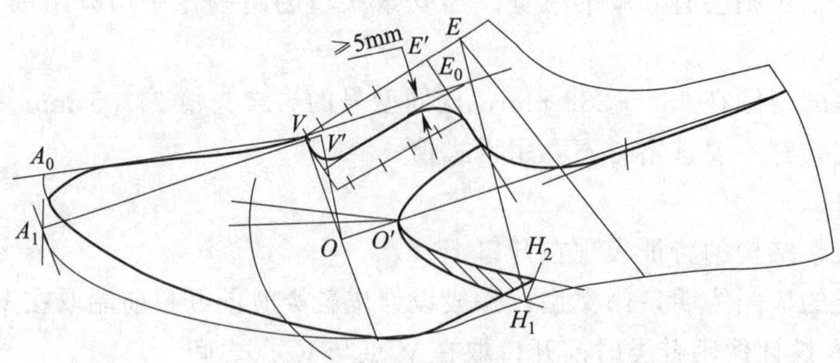

图 4-3　中宽开口的控制

对于鞋口的加工来说，如果采用折边工艺，则鞋耳的顶端距离前帮背中线的延长线要留出 5 mm 的折边量，如果采用滚口工艺，则鞋耳的顶端可以接触到前帮背中线的延长线。本案例采用的是折边工艺，鞋耳顶端之上留有制取开料样板所需要的 5 mm 折边量。

在距离开口控制线 10 mm 的位置作一条开口宽度的平行线，这是眼位线，把已经确定好的 4 个眼位转移到眼位线上。

在距离眼位线 12 mm 的位置设计鞋耳断帮线。鞋耳断帮线斜向前下方，趋向于 O 点，在第二个眼位附近开始拐向后下方，与底口相交后定为 H_1 点。设计前帮造型时，除了考虑线条的流畅和优美外，还要有意将鞋耳断帮拐点往前伸，趋向 O 点，取跷时断帮拐点就是取跷中心点 O'。

确定取跷中心 O' 点，连接出等量代替角 $\angle A_0O'A_1$，做出对位取跷角 $\angle H_1O'H_2$，然后自 A_1 点用半面板描出前帮底口轮廓线，到 H_2 点止。

2. 鞋舌的设计

延长 EV 线为鞋舌中线，在鞋耳长度 E' 点之后加 6～7 mm 放量，在口门 V 点之前加放 10～12 mm 压茬量，然后分别作鞋舌中线的垂线。后端宽度控制到假线位置，前端宽度控制在距第一个眼位 5～8 mm 的位置，连接辅助线并设计出鞋舌轮廓线。注意鞋舌前下角改为圆角，因为鞋舌是后补的，穿鞋与脚接触时比较温和，见图 4-4。车鞋舌的位置距离口门 8～10 mm，在制取基本样板时要有加工标记。

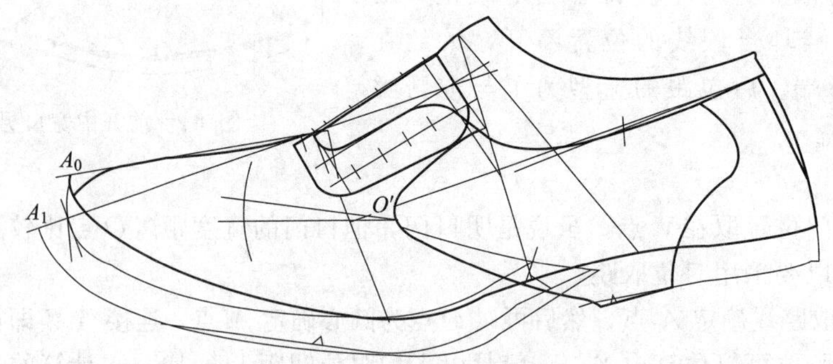

图 4-4　前开中宽口男鞋帮结构设计图

3. 后帮的设计

后帮部件比较简单，上端是弧形鞋口线，前端是鞋耳断帮线。在后端分割出后包跟部件。

4. 底口处理

采用分段进行处理的办法。前帮加放绷帮量 14、15、16 mm，并做出里外怀的区别。后帮加放 16、17 mm，也做出里外怀的区别。经过修整后即得到前开中宽口男鞋帮结构设计图。注意前帮的绷帮量后端，要自 $O'H_2$ 顺延下来，不然底口长度会亏损。

三、鞍脊式女鞋的设计

设计开口式女鞋与设计男鞋的模式是相同的。如果把鞋耳部件分割出来形成后中帮，这就演变成鞍脊式开口鞋，见图 4-5。鞋帮上有前帮、后中帮、后帮、鞋舌和保险皮部件，共计 5 种 6 件。鞋耳上有 4 个眼位。镶接关系为前帮压后中帮、后中帮压后帮的关系。也可以设计成后中帮“压两头”的镶接关系，不过鞋的风格会有所改变，前者婉约，后者张扬。其中的后中帮部件类似马鞍，所以称为鞍脊式。在设计三段式内耳鞋时，后中帮部件与鞍脊式部件很相像，区别在于鞍脊式部件的里外怀是连接在一起的。

图 4-5　鞍脊式女鞋成品图

前开口女鞋的口门位置依然在 V 点，口门前端里外怀连接部位长度在 15 mm 左右，因此前后帮的断帮位置就形成了横断结构，可以采用定为取跷的方法进行处理。

1. 前帮的设计

在 V 点之前 15 mm 左右定 V''点。过 V''点连接前帮背中线到 A_0点。过 V''点作前帮轮廓线，与 VH 相交的位置定取跷中心 O'点。

2. 后中帮的设计

以 O'点为取跷中心、在 $V''O'$线的前端作取跷角$\angle V''O'O'''=\angle VO'V'$。连接 VV'''为后中帮背中线，见图 4-6。

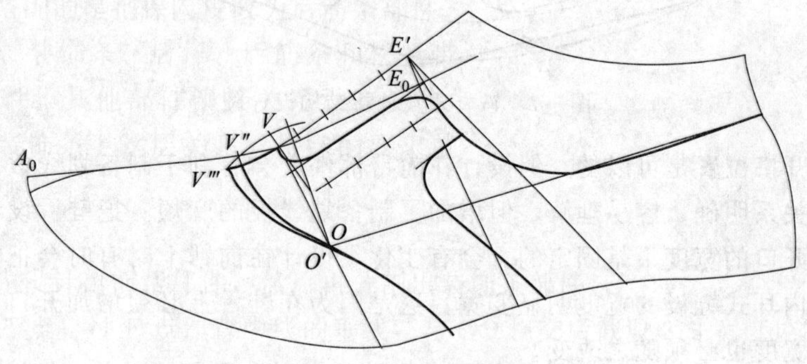

图 4-6　后中帮的设计

在后帮背中线上利用半个眼位间距确定出第一个眼位，接着利用整眼位间距确定第二、第三、第四个眼位，然后再利用整眼位确定鞋耳后端长度位置 E'点。先延长后中帮背中线，再过 E'点作后中帮背中线的垂线，两线相交后得到 E_0点。E_0点就是前开口宽度的控制点。

由于 V'''点的位置比较低，所以延长线的位置比较靠上，因此设计开口的宽度可以根据图形灵活掌握，但注意不要超越后中帮背中线的延长线。

过 E_0点作后帮背中线的垂线，过 V 点也作后帮背中线的垂线，再过 E_0点作后帮背中线的平行线，可得到前开口宽度的控制线。借助两条垂线和一条平行线可以设计出鞋耳的轮廓线。鞋耳轮廓线向后延伸即得到弧形鞋口轮廓线。

在距离开口控制线 10 mm 的位置作一条开口宽度的平行线为眼位线，把已经确定好的 4 个眼位转移到眼位线上。

在距离眼位线 12 mm 的位置设计鞋耳断帮线。鞋耳断帮线斜向前下方，在倒数第二个眼位附

近开始拐向后下方。设计鞋耳断帮线时要与前帮断帮线相呼应，以线条优美为主，哪条线不合适就修改哪条，直至和谐匹配为止。

由于鞍脊式开口鞋的造型特殊，有横断结构可以利用，所以采用定位取跷处理。比较上述前开口式男鞋的设计过程可以看到，采用定位取跷比对位取跷更简单一些，今后过程遇到类似的情况都可以用定位取跷尝试。

3. 后帮的设计

将鞋耳轮廓线向后延伸，设计出弧形鞋口轮廓线。

将保险皮部件设计在后帮上。

4. 鞋舌的设计

男女开口式鞋的鞋舌设计规律是相同的，在鞋耳长度的基础上，前端加放压茬量 10～12 mm，后端加放量 6～7 mm，后端宽度控制在假线位置，前端宽度控制在距离第一个眼位 8 mm 位置。鞋舌前下角改为圆弧角，见图 4-7。

在鞋耳上端距离后中帮背中线有大于 5 mm 的间距，预留出了折边量。

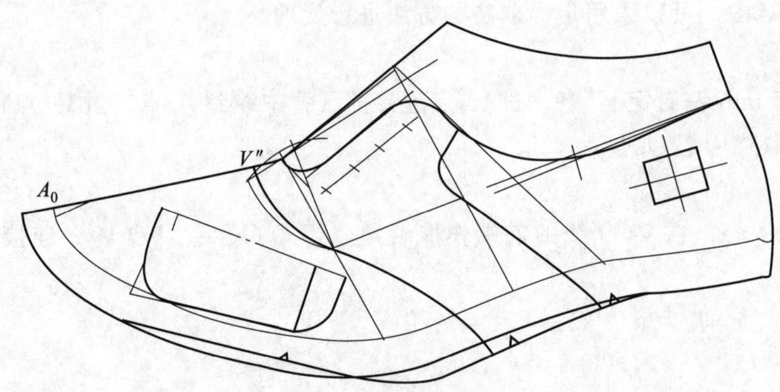

图 4-7　鞍脊式女鞋帮结构设计图

把鞋舌设计在开口位置是可以的，但设计在前帮部件上会有利于制备划线板。鞋舌设计在开口位置时，部件间的关系明确，容易理解，但增加了制备划线板的麻烦。把鞋舌设计在前帮上容易制取样板，但由于前开口的宽度不是固定的，会有变化，设计在前帮上时有时会把宽度搞错。前开口式鞋的鞋舌宽度比内耳式鞋设的宽度明显变宽，这是因为在鞋舌上必须增加开口宽度，如果开口宽度发生变化，鞋舌宽度也必须随之改变。

5. 底口处理

在底口部位分别加放绷帮量 13、14、15、16 mm，然后做出里外怀的区别。经过修整后即得到鞍脊式女鞋帮结构设计图。

四、前开中宽长口男鞋的设计

前开中宽长口鞋是指开口宽度中等、开口的位置比较靠前的类似于运动鞋的一种休闲鞋类，见图 4-8。这是一款模仿运动鞋的休闲鞋，开口比较长，后端起自 E 点，前端到 V_0 点。V_0 点是脚的跖趾部位弯折点，开口位置靠前可以减少鞋帮对脚掌活动的制约。鞋帮上的部件相对比较多，有前包头、鞋眼盖、长前帮、装饰条、后包跟以及鞋舌部件，共计 6 种 8 件。在鞋眼盖上有 6 个眼位，前包头为 T 形包头，后包跟上

图 4-8　前开中宽长口男鞋成品图

端采用软口处理，为双峰造型。

在部件镶接时眼盖压在前包头和长前帮上，前包头压在长前帮上，装饰条也压在长前帮上，后包跟压在长前帮和装饰条上。运动鞋的部件一般都不折边，而是用铍刀裁断出整齐的边沿，体现的是一种粗犷风格。但鞋口与鞋舌都采用翻缝工艺，外观上会变得很精致，其中的装饰条部件采用合成材料下裁。

前开口长度前移会带来取跷的变化吗？我们已经知道在马鞍形曲面位置的楦面是不容易被展平的，但前开口位置前移就使得前帮部件脱离了马鞍形曲面，因此前帮取跷处理就变得简单，只需要在半面板上进行前降跷处理就可以了，而且底口也不用补跷，在此种情况下底口只是亏损了少量的长度。鞋舌虽然处在马鞍形曲面位置，但它是游离的部件，与鞋帮伏楦的关系不大。听起来很烦琐，实际操作起来却再简单不过了。

1. 前帮降跷处理

所谓前帮降跷是指把前帮背中线从定位取跷线下降到对位取跷线位置而底口不用补跷的一种取跷方法，见图 4-9。把半面板复合在半面板的图形上，然后固定 O 点、并以 O 点为圆心旋转半面板的前帮，使 OV' 线与 OV 线重合，此时前帮背中线会下降，描出下降后的背中线轮廓线和底口轮廓线，即得到前降跷后的半面板图形，如图中虚线所示。

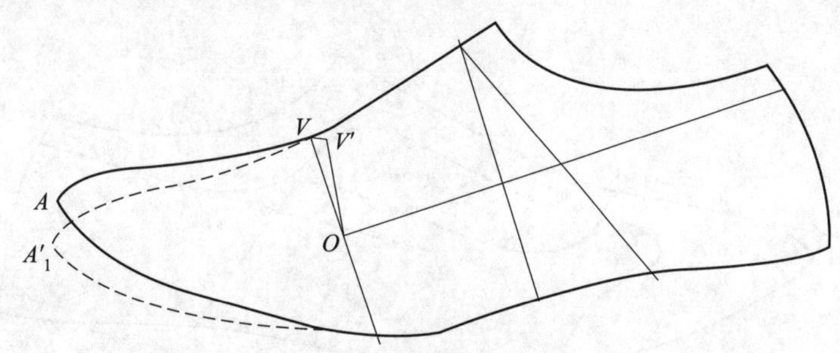

图 4-9 前帮降跷处理图

使用前降跷的半面板进行帮结构设计时，就不用再取跷了，因为跷度已经取在半面板的图形上了。

2. 眼盖的设计

首先对半面板图形进行降跷处理，V_0点为口门位置，在 V_0点之前 15 mm 左右的位置定 V_1点，这是眼盖前端宽位置。连接 V_0V_1线并向后延长，可得到开口宽度控制线。

设计运动鞋时前开口的宽度在 15 mm 左右，比较宽。在设计运动休闲鞋时，由于是模仿运动鞋，开口宽度取在 12 mm 左右，要保留皮鞋的风格，略窄些。所以，在距离后帮背中线 12 mm 的位置作平行线，这是开口宽度辅助线。接着在距离口宽辅助制线 10 mm 的位置也作平行线，这是眼位线。然后在距离眼位线 12 mm 的位置同样作平行线，这是眼盖宽度控制线。

分别过 V_0点和 V_1点作后帮背中线的垂线，借用两条垂线和 EP 线，设计出眼盖的外形轮廓线，见图 4-10。在口门位置和鞋耳位置，都设计成圆弧曲线，在眼盖外形轮廓的前端也设计成圆弧曲线。注意眼盖前端的宽度不要和侧面的宽度相同，大约取在侧宽的 2/3 左右，前端太宽会显得蠢笨。在眼位长度线上截取 6 个眼位，第一个眼位间距取 6 mm，后面的 5 个眼位间距平均分配。

眼盖宽度控制线所采用 12 mm 的数据，只是用来控制眼盖的基本位置，并不限制眼盖的造型。眼盖的后端轮廓可以向上收敛，可以向下伸展，也可以大幅度变形，具体的造型要依据全鞋的风格来选择。本案例的线条造型比较传统，所以眼盖后端只是微微下垂。

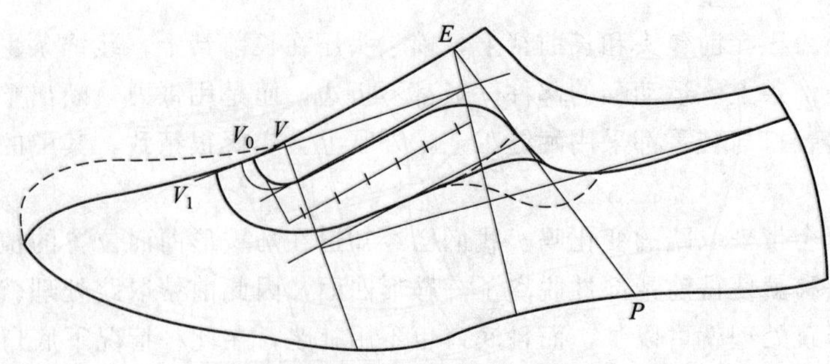

图 4-10　眼盖的设计

3. T形包头的设计

T形包头也叫丁字形包头。在眼盖的前端设计T形包头，过V_1点连接包头背中线，到A_1点止。

T形包头尾端的宽度不要超过开口的宽度，可取在12 mm。尾端的造型先是与包头背中线平行，然后在VJ长度1/2附近开始拐弯，向下弯曲到底口线。包头两翼的造型变化也比较大，可长可短，也是依据全鞋的风格而定。本案例中由于存在着鞋身装饰条，所以没有向后拉长，见图4-11。

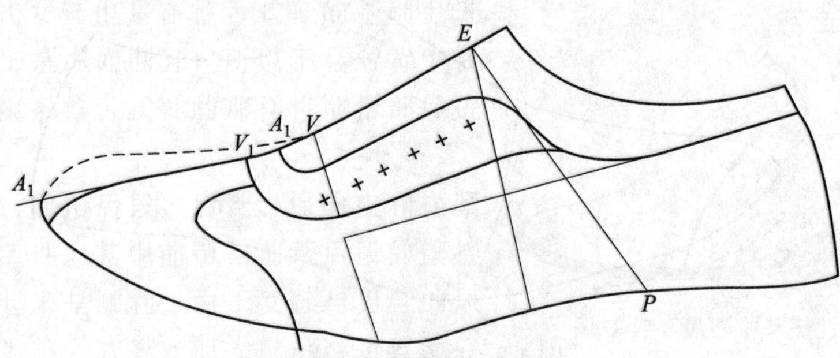

图 4-11　T形包头的设计

4. 后帮的设计

自鞋耳后端先连接出常规的弧形鞋口轮廓线。由于后弧上端采用软口处理，后弧高度可以上升10 mm左右。在后包跟采用双峰造型时，10 mm的峰顶高度要控制在距离后弧线30 mm的位置，然后沿着常规鞋口弧线顺连到峰顶，再缓缓下降到Q点位置。设计后包跟前端轮廓线时，相当于先设计出一个长保险皮，然后弯曲返回，顺连到底口，见图4-12。

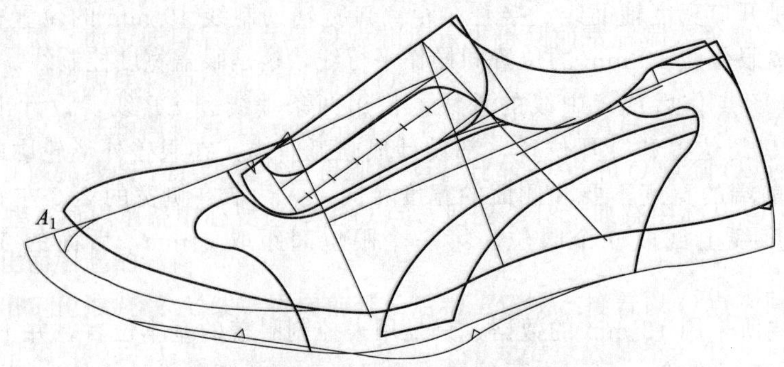

图 4-12　前开中宽长口男鞋帮结构设计图

后包跟的上口要用泡棉材料，后端不要收减，而是要延长 2 mm 增加厚度量，然后用直线连接到后弧最突位置，成为后弧中线。注意：由于使用材料的不同，使得软口后包跟与常规的后包跟设计明显不同。

在鞋眼盖、T 形包头、后包跟区间形成了长前帮部件，制取开料样板时需要在长前帮部件的上、前、后三个位置加放压茬量。

把装饰条部件设计在长前帮上。装饰条是车缝在长前帮上的，所以下端的位置距离底口 6～8 mm，不用区分里外怀。由于长前帮的面积比较大，适宜安排各种装饰部件。

5. 鞋舌的设计

鞋舌的设计是固定的模式，设计在鞋身上或者鞋口位置都可以。由于是仿运动鞋的式样，所以鞋舌后端的放量改为 10～15 mm。

本案例是把鞋舌设计在开口位置，制备划线板时可以不考虑鞋舌部件。在制取样板时利用前开口的长度和宽度重新设计鞋舌部件。

6. 底口的处理

在底口部位分别加放绷帮量 14、15、16、17 mm，然后做出里外怀的区别。经过修整后即得到前开中宽长口男鞋帮结构设计图。

五、制取样板

下面以前开中宽长口男鞋为例介绍制取样板的过程。

1. 制备划线板

在划线板上可以看到 T 形包头、眼盖、长前帮、装饰条和后包跟部件。在眼盖上标出鞋舌加长 10 mm 是指在眼盖长度基础上所加的放量，见图 4-13。在划线板上没有鞋舌部件，这是因为制取鞋舌的模式是固定的，可以通过前开口重新设计鞋舌部件并制取样板，见图 4-14。

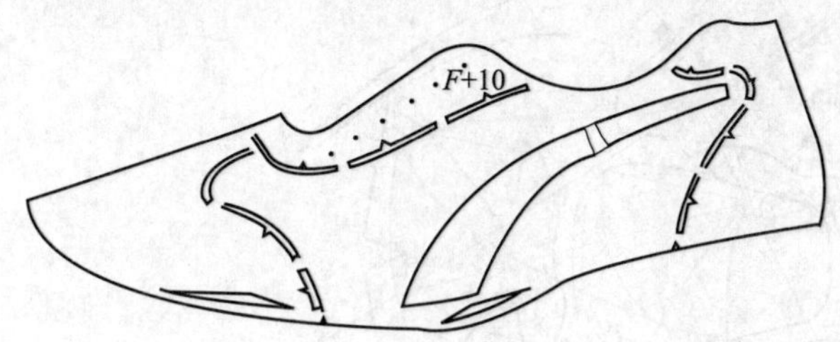

图 4-13 制备划线板

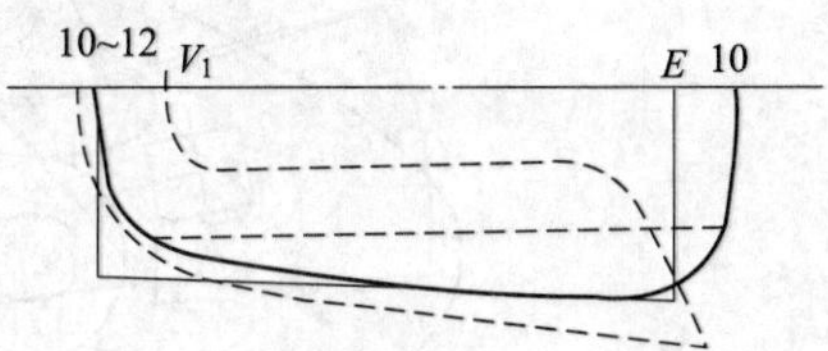

图 4-14 制取鞋舌部件的设计图

在描出前开口的轮廓线（虚线）以后，很容易就设计出鞋舌部件。首先过口门位置（V_1）作眼盖开口宽度的一条平行线，并确定眼盖长度位置点（E），然后前端加压茬量 10～12 mm，后端加放量 10～15 mm。控制鞋舌后端宽度在眼位线之下 12 mm，前端宽度在眼位线之下 8 mm，连接出辅助线以后即可设计出鞋舌轮廓线（实线）。

掌握了这种鞋舌的设计方法，把鞋舌设计在什么位置都没有关系。

2. 制取基本样板

基本样板制取了 6 种 7 件，比规定的要求少了一件，见图 4-15。图中少了一件装饰条样板。在制取装饰条部件时，由于在底口上没有里外怀的区别，所以里外怀部件的外轮廓是相同的，但朝向相反。在裁断时使用的是合成材料，可以多层套裁，所以只需要制取一件样板、打制一件刀模，就可以裁断出一双部件。如果使用的是天然皮革材料，表面会有伤残，不能多层套裁，就必须制取两件样板。

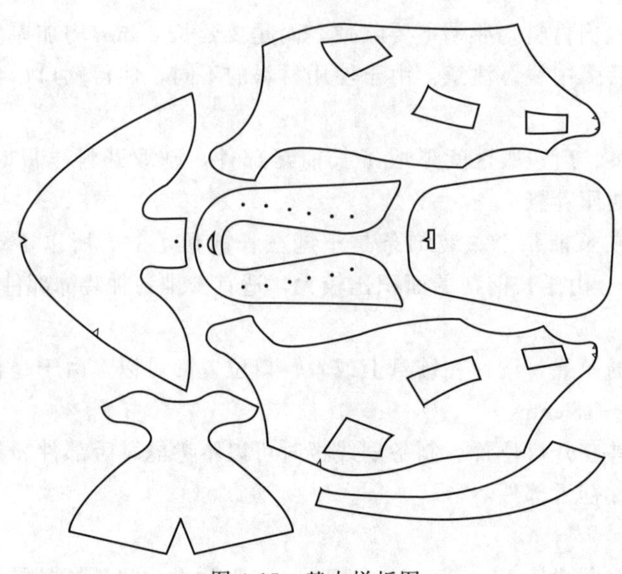

图 4-15　基本样板图

3. 制取开料样板

由于没有采用折边工艺，所以不用加折边量，只加放了压茬量和翻缝量。

在鞋口和鞋舌部位需要加放 3 mm 翻缝量。

在制取装饰条样板时，出现了一对样板。这是考虑到计算用料定额合适必须是成双成对的部件。虽然打刀模只需一件样板。手工划料也可以用一件样板通过翻板套划，但核算定额必须要用成对的样板，由于使用样板的目的不同，所需样板的数量也就不同，见图 4-16。鞋口的翻缝量分摊在长前帮和后包跟两块部件上。鞋舌的翻缝量只需取一半。

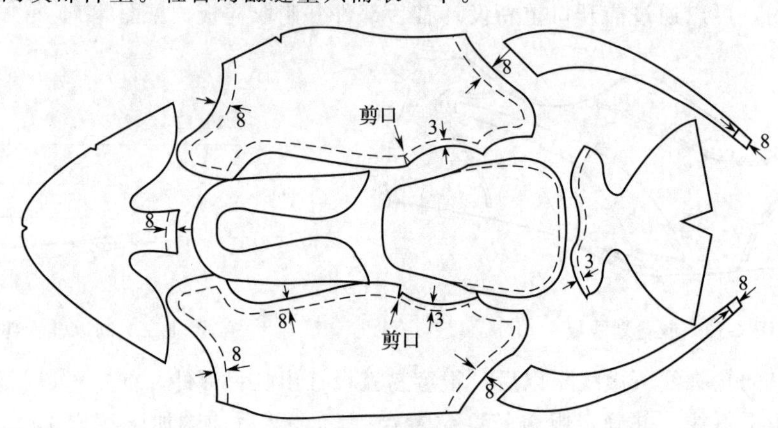

图 4-16　开料样板图

鞋舌采用翻口工艺，是为了与鞋口配合，使外观上整齐、精细。这样一来只需要在鞋舌一半的位置增加翻缝量即可。设计鞋舌开料样板时，先描出鞋舌基本样板轮廓，接着找到 1/2 位置，然后在后半段加放 3 mm 翻缝量，前半段依然采用合缝工艺。为了使舌面和舌里错开，设计鞋里时在前端增加 2 mm 放量。最后把前后段衔接位置的线条理顺，见图 4-17。

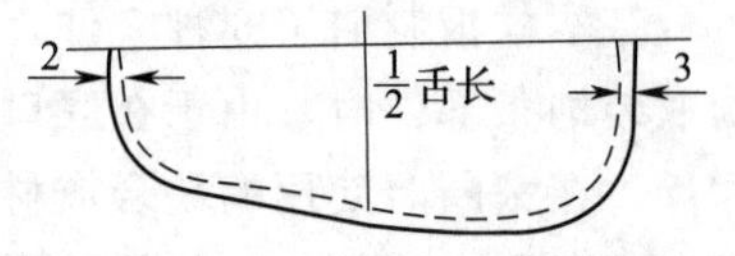

图 4-17　鞋舌翻缝量图示

4. 制取鞋里样板

前开口式鞋的鞋里属于套式里，设计比较简单，见图 4-18。

在前端部位下降 2 mm，然后重新连接背中线到口门位置。在开口位置增加冲边量 3 mm，在鞋口位置增加翻缝量 3 mm，并在鞋耳分界的位置打一剪口。后弧依然是分别收进 2、3、5 mm，底口收进 6～7 mm。前后帮鞋里的断帮线取在前开口位置，要保证前帮里打开后完整。前后帮里采用拼接工艺处理。

泡棉部件属于鞋里的一部分，也需要进行设计，见图 4-19。设计泡棉部件是按照鞋口轮廓进行的，半边的泡棉部件轮廓线为图中虚线。

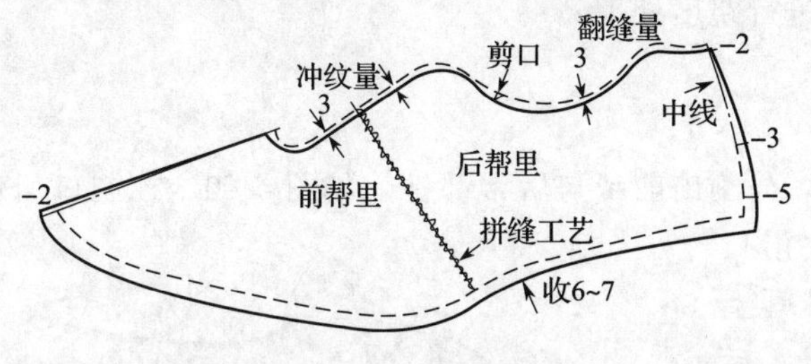

图 4-18 鞋里样板设计图

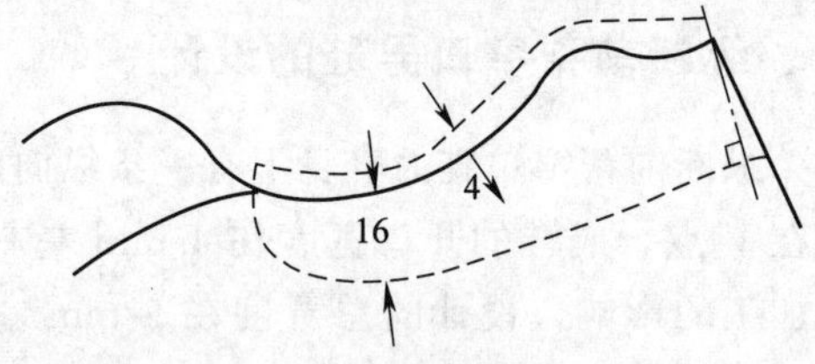

图 4-19 泡棉样板设计图

设计泡棉部件要先描出鞋口轮廓线，接着找到翻口的起点位置。在翻口起点位置之上增加 4 mm 的放量，到后端点止。在翻口起点之下增加基本宽度 16 mm 左右，平稳顺延到后端止。最后自后上端往顺延线作垂线，即得到泡棉后中线。上端增加 4 mm 放量，是为了翻转鞋里后转变为厚度，使鞋口变得蓬松。泡棉后下端与后帮弧线有一定的距离，是为了鞋里翻转后不出皱褶。

运动鞋的工艺与皮鞋的工艺有很大的区别，设计仿运动鞋的休闲鞋只吸取了运动鞋的外观设计特点，工艺加工基本上还是按照皮鞋的要求制作。

课后小结

前三章分别对设计前的准备、结构设计的方法和取跷原理的应用进行了介绍，第四章的学习重心已经转移到部件结构变化上来，通过前开口和侧开口式鞋的部件变化，可以积累更多的设计元素。

设计前开口式鞋需要照顾到前帮背中线和后帮背中线，这是耳式与舌式鞋的设计过程中所没有的。为什么呢？对于耳式或舌式鞋来说，前后帮是分离的，只需要按照前帮背中线设计前帮部件，按照后帮背中线设计后帮部件即可，即使是整舌式鞋，采用转换取跷，对前后帮的分别设计也无大碍。但对于前开口式鞋来说，原本属于后帮的鞋耳却连接在前帮上，就需要按照后帮背中线进行造型设计，按照前帮背中线进行结构设计。

前开口式鞋的不同开口宽度，就是参考了前后帮背中线的相对位置关系后再进行设计的。如果以前开中宽口男鞋为原型进行变型设计，也可以演变出开窄口式鞋、开宽口式鞋等多个品种。

思考与练习

1. 画出前开中宽口男鞋、鞍脊式女鞋、前开中宽长口男鞋的成品图和结构设计图。

2. 任选上述三款鞋中的一款制取三种生产用的样板。

3. 以前开中宽口男鞋为原型演变出一种新鞋款，画出成品图、结构设计图和制取三种生产用的样板。

第二节　前开窄口鞋的设计

前开窄口鞋是指前开口宽度在 3 mm 左右的一类鞋。开口很窄就无法折边，所以要采用沿口工艺处理。开口两侧增加了沿口条以后，几乎就要填满开口，从外观上看去相当于一道缝隙。前开窄口鞋是前开中宽口鞋的变型设计，由于窄口的宽度靠近后帮背中线，在结构设计时就需要把前后帮背中线转换成一条直线，所以要采用转换取跷来进行跷度处理。

一、纵断前帮窄口男鞋的设计

纵断前帮窄口鞋的鞋身上有一条纵向断开线，分割出前帮与后帮部件，见图 4-20。控制口门位置在 V 点，成鞋的开口宽度在 4 mm 左右，除去沿口条加工的影响，设计的总宽度在 6 mm 左右。鞋耳上有 4 个眼位，前帮底口的位置在前掌的 2/3 附近，后包跟比较长，超过跟口位置。鞋身上有前帮、后帮、后包跟、鞋舌和沿口条部件，共计 5 种 6 件。

图 4-20　纵断前帮窄口男鞋成品图

其中的沿口条部件常采用人造革材料，裁断时与横向成 45°角切割，这样可以增大沿条部件的延伸性，便于弯折沿口。沿条的宽度取在 12～14 mm，使用长度自口门位置环绕鞋口一周，再到口门位置止。沿条可以拼接使用，拼接的位置要放在里怀一侧。由于沿条部件是批量切割备用，可以不用制取沿条部件样板。

1. 前帮的设计

以 3 mm 的间距作后帮背中线的一条平行线，按照眼位间距确定鞋耳长度。在鞋耳长度位置作后帮背中线的一条垂线，自口门位置设计出鞋耳轮廓线。眼位线距离开口 12～13 mm，将 4 个眼位转移到眼位线上。

前帮的断帮位置在假线的位置，自鞋耳后端眼位线之下 12 mm 的位置设计断帮线，前端到底口 AH 的前 2/3 位置。断帮线与 VH 线的交点定为取跷中心 O'点。

设计前帮轮廓线时，连接定位取跷线确定 A_0点，延长 EV 线为转换取跷线，以 O 点为圆心确定 A_2点、找到等量代替角$\angle A_0O'A_2$、作取跷角$\angle H_1O'H_2$，最后连接出底口轮廓线，见图 4-21。纵断前帮的设计在设计整舌式女鞋时出现过，设计的步骤与方法大同小异。

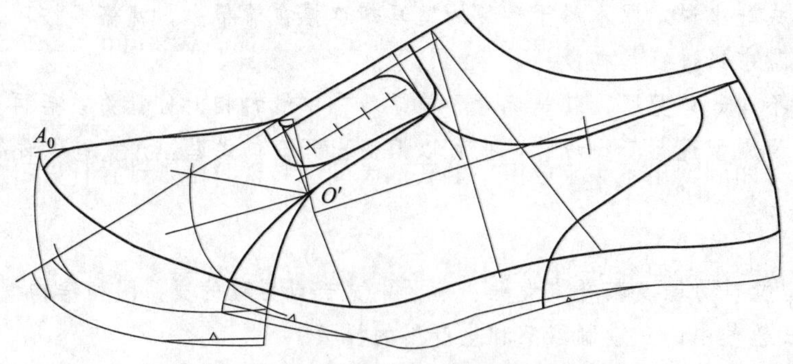

图 4-21　纵断前帮窄口男鞋帮结构设计图

2. 后帮的设计

顺着鞋耳轮廓线的后端设计出弧形鞋口轮廓线，并截取后包跟部件。后包跟上端长度取在

15 mm 左右，前端底口取在 FP 之间，并在 Q 点收进 2 mm。

3. 鞋舌的设计

在鞋耳的后端加 6～7 mm 放量，前端加 10～12 mm 压茬量，后宽取在眼位线之下 12 mm 处，前宽取在眼位线之下 8 mm 处，然后顺连出鞋舌的轮廓线。

4. 底口处理

采用分段进行处理的方法。前帮底口加放绷帮量 14、15 mm，并做出前帮里外怀的区别。后帮底口加放绷帮量 15、16、17 mm，也做出里外怀的区别。经过修整后即得到纵断前帮窄口男鞋帮结构设计图。

二、鞍脊式窄口男鞋的设计

把开中宽口的鞍脊式鞋的开口变窄就得到鞍脊式窄口鞋，见图 4-22。

如图 4-22 所示，鞍脊式窄口男鞋的开口总宽度也在 6 mm 左右，采用沿口工艺，口门位置在 V 点，口门前端不断帮的长度在 10 mm 左右。鞋耳上有 5 个眼位，鞋耳长度可到达 E 点。由于开口的前面有横断结构，所以采用定位取跷处理。鞋帮上有前帮、后中帮、后帮、鞋舌和沿口条部件，共计 5 种 6 件。其中的镶接关系为后中帮压前帮和后帮。

图 4-22 鞍脊式窄口男鞋成品图

1. 后中帮的设计

延长 EV 线 10 mm 左右定 V'' 点。并以 3 mm 的间距作后帮背中线的一条平行线，后端到达 EP 线，前端口门位置在 V 点，借助 EP 线设计出窄开口的鞋耳轮廓线。

眼位线距离开口 12～13 mm，安排出 5 个眼位。在眼位线之下 12 mm 的位置设计后端轮廓线。过 V'' 点设计出前端轮廓线，见图 4-23。由于后中帮在马鞍形曲面位置断开，所以不用转换取跷，而改为定位取跷。

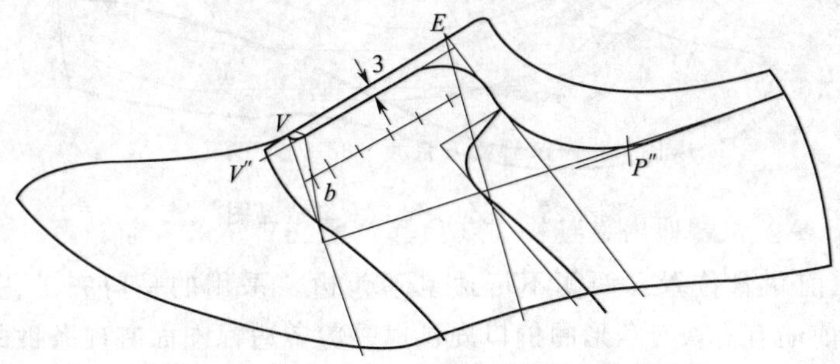

图 4-23 后中帮的设计

2. 前帮的设计

过 V'' 点的断帮线与 VH 线的交点定为取跷中心 O' 点，连接等量代替角 $\angle VO'V'$，做出取跷角 $\angle V''O'V'''$，并过 V''' 连接出背中线到 A_0 点，顺连出底口轮廓，见图 4-24。由于镶接时后中帮压在前帮上，所以先设计出后中帮部件，然后再设计前帮部件并做取跷处理，这与鞍脊式女鞋的设计顺序稍有区别。

3. 后帮的设计

顺着鞋耳轮廓线的后端设计出弧形鞋口轮廓线。

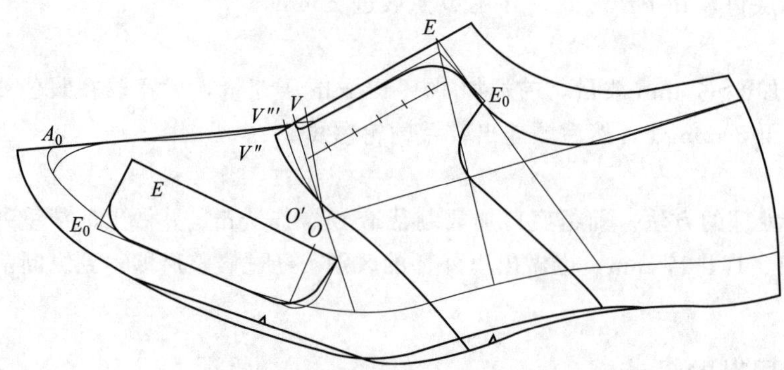

图 4-24　鞍脊式窄口男鞋帮结构设计图

4. 鞋舌的设计

在鞋耳的后端加 6～7 mm 放量，前端加 10～12 mm 压茬量，后宽取在眼位线之下 12 mm 处，前宽取在眼位线之下 8 mm 处，然后顺连出鞋舌的轮廓线。

5. 底口处理

在底口加放绷帮量 14、15、16、17 mm，并做出前里外怀的区别。经过修整后即得到鞍脊式窄口男鞋帮结构设计图。

三、花包头窄口女鞋的设计

在开窄口女鞋的前帮设计出花包头部件即成为花包头窄口女鞋，不过这里的窄口是一个三角口，比较有特色，见图 4-25。

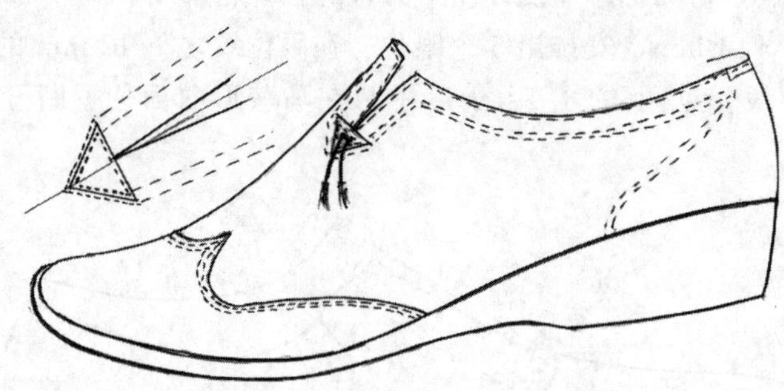

图 4-25　花包头窄口女鞋成品图

三角形开口开在前跗骨位置，两侧不折边也不包边，采用的是剪齐工艺，后侧开口总宽度在 6 mm 左右。开口前端有一块三角形的护口皮，也是剪齐边，上面有皮条做的装饰。鞋帮前端的花包头和后端鞋口需要折边，沿着鞋口车假线。假线为小离线，一道线车在护口皮上边沿，另一道线车在护口皮下边沿。

鞋帮上有花包头、后帮、保险皮和护口皮部件，共计 4 种 4 件。皮条装饰主要是工艺操作，可以不计在设计部件数量之内。假线的边距在 10 mm 左右，车小离线。女鞋上的花包头是仿男鞋来设计的，起着点缀作用。

1. 后帮的设计

延长 EV 线为转换取跷线，在 VE 的 1/2 位置确定开口前端点，后端下降 3 mm 后连接直线即得到开口轮廓。顺着前开口后端点设计出弧形鞋口线到 Q 点止。在鞋口线的前 1/3 位置定取跷中心 O'点。

按照转换后升跷的模式处理：连接定位取跷线确定 A_0 点，以 O 点为圆心确定 A_2 点，找到等量代替角 $\angle A_0O'A_2$，作取跷角 $\angle QO'Q'$，最后描出后弧和后身底口轮廓线。

在鞋帮前端确定出 A_2' 点和 A_2'' 点，并自 A_2'' 点开始连接前身底口轮廓线。在后帮上设计出假线位置，设计出护口皮部件和保险皮部件，见图 4-26。按照转换后升跷的要求先把后帮部件设计好。

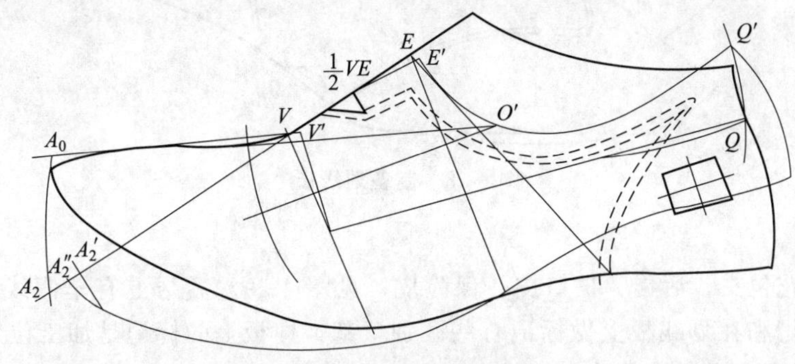

图 4-26 后帮设计图

2. 花包头的设计

参照花三节头男鞋的设计要求把女鞋的花包头部件设计出来，见图 4-27。花包头的背中线与转换取跷线之间有一个工艺跷，不能直接在转换取跷线上分割花包头部件。

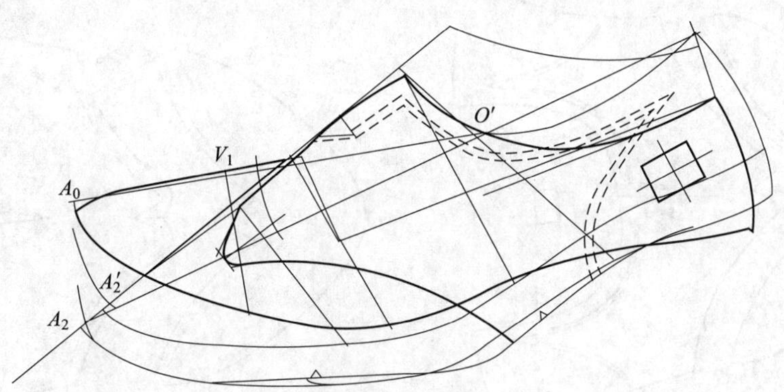

图 4-27 花包头窄口女鞋帮结构设计图

具体操作时，先在 VA_2' 之间的 2/3 强位置确定 A_1 点，然后将半面板的 V 点与图中的 V 点对齐，并把 J 点比齐在前后帮背中线上，描出背中曲线，然后再把 V_1 点转移到曲线上定作 V_1' 点。连接 V_1' 点和 A_2'' 点得到花包头背中线，连接 V_1' 点和开口前端点得到后帮背中线。最后按照花包头的设计要求设计出花包头轮廓线。

3. 底口处理

在底口加放绷帮量 13、14、15、16 mm，并做出前里外怀的区别。经过修整后即得到花包头窄口女鞋帮结构设计图。

四、制取样板

下面以花包头窄口女鞋为例来制取生产用的三种样板。

1. 制备划线板

按照常规制备划线板，做出各个部件的轮廓标记，见图 4-28。划线板上有花包头、后帮、护口皮、保险皮和假线的轮廓标记。

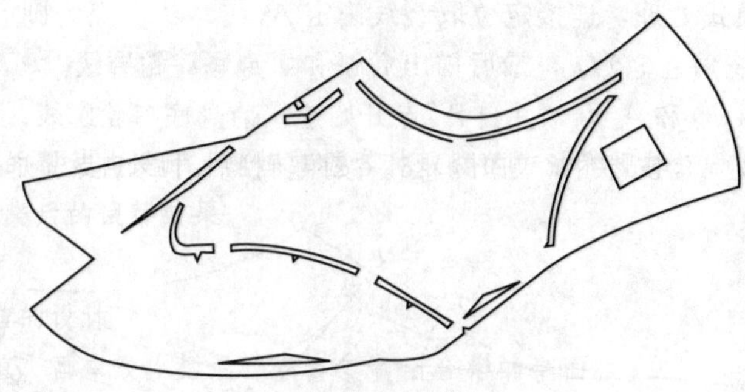

图 4-28　制备划线板

2. 制取基本样板

基本样板包括花包头、后帮、护口皮、保险皮，见图 4-29。后帮上有车假线和护口皮的标记。在基本样板上做标记和在划线板上做标记有些区别，基本样板上的标记是加工位置，起始点、终止点、拐弯位置等都应该明确，而划线板上的标记是为了制取样板，可以借用设计规律，变得比较简单。

3. 制取开料样板

在花包头样板后端和鞋口加放折边量，在后帮前端加放压茬量，见图 4-30。前开口和护口皮都采用剪齐工艺。

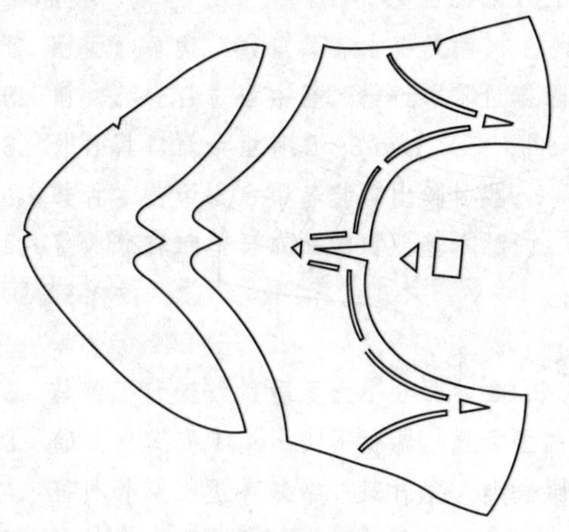

图 4-29　基本样板图

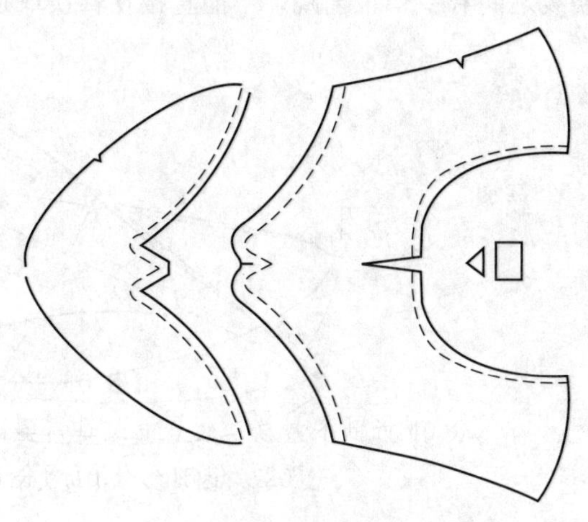

图 4-30　划料样板图

4. 制取鞋里样板

鞋里结构为套式里，鞋里样板为三段式，包括前帮里、后帮里和鞋耳里。其中前帮里的断帮位置并不是在花包头位置，而是在 V 点。后帮鞋口加放冲边量 3 mm、后弧分别收进 2、3、5 mm，底口收进 6～7 mm。其中鞋耳里的是模仿二节头鞋里的断开线，大约在传统的假线位置。在背中线位置设计成一条中线，也就是里外怀鞋耳里部件并不断开，等到制成鞋帮后再冲边，见图 4-31。

前后帮鞋里之间只留一个 8 mm 的压茬量，在鞋里断开而鞋帮不断开时都是加放一个压茬量。在鞋耳与后帮里之间留 4 mm 小压茬量。如果后帮采用拼接里可行吗？从设计角度看是不成问题的，但从使用角度看，脚背部位部件会过厚，起码有四层材料，所以还是采用改良二节头鞋里为好。

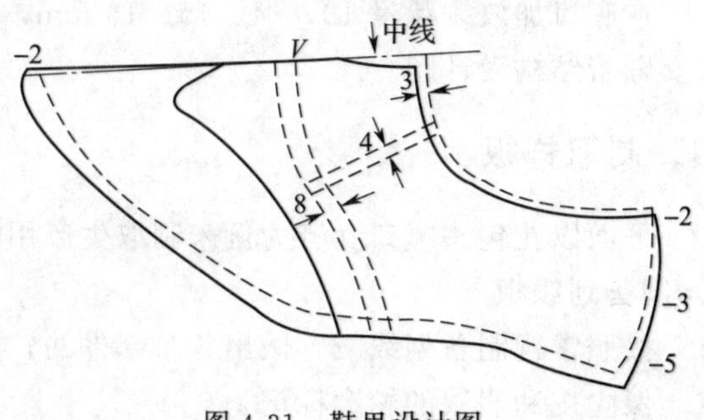

图 4-31　鞋里设计图

课后小结

开窄口式鞋可以看作开中宽口式鞋的变型产品，在开口变窄时需要用 A_2 线来控制，也就是要采用转换取跷进行跷度处理。但是当遇到马鞍形曲面有横断结构时，就要改用定位取跷处理，相对来说要简单些。如果能用定位取跷处理时，就不要用转换取跷，不然会给自己添麻烦。

鞋里的变化也是多端的，但总的原则是越简单越好，容易加工，不影响穿着。

思考与练习

1. 画出纵断前帮窄口男鞋、鞍脊式窄口男鞋和花包头窄口女鞋的成品图和结构设计图。

2. 模仿纵断前帮窄口男鞋设计一款类似的女鞋，画出成品图和结构设计图，并制取三种生产用样板。

3. 模仿鞍脊式窄口男鞋设计一款类似的女鞋，画出成品图和结构设计图，并制取三种生产用样板。

第三节　前开宽口鞋的设计

前开宽口鞋是前开中宽口鞋的另一种变型设计，由于开口比较宽，可以充分利用定位取跷来处理。

一、前开宽口男鞋的设计

前开宽口男鞋是一种轻便鞋，利用宽大的橡筋布可以增加鞋口的开闭功能，穿脱自如，方便轻巧，见图 4-32。鞋款很简单，只有长前帮、橡筋布和后筋条部件，共计 3 种 3 件。宽口门用橡筋布连接，有很强的开闭功能和抱脚能力。口门位置控制在 V 点，把橡筋布安排在黄金分割位置。口门比较宽，采用定位取跷处理。由于全鞋处于“封闭”状态，所以鞋脸总长度控制在 E 点之前 10 mm 左右，就不会感觉到闷脚。

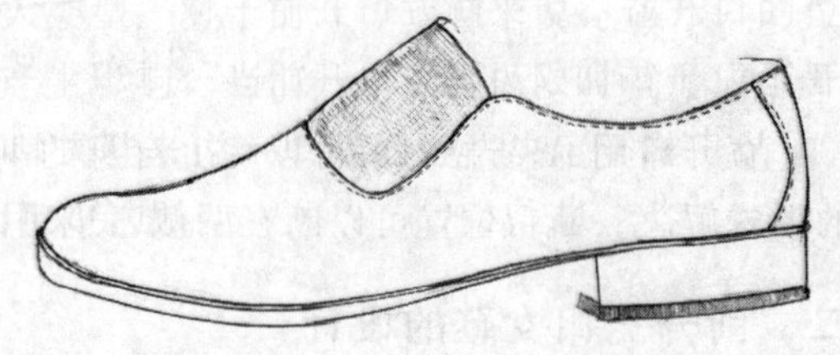

图 4-32　前开宽口男鞋成品图

橡筋布也就是松紧布，习惯上简称为橡筋。镶接时鞋里鞋面夹持住橡筋，橡筋留出 10 mm 的压茬量。制帮时在橡筋下面贴有衬布起到支撑作用，绷帮时就不会单独拉伸橡筋而引起变形，成鞋后再将衬布剪掉，恢复橡筋的开闭功能。

1. 长前帮的设计

过 V' 点连接前帮背中线到 A_0 点，顺连出底口轮廓线。

将前帮背中线向后延长控制开口宽度。

过 V' 点作前帮背中线的垂线，控制口门外形。

连接垂线与 OQ 线的交点和延长线与 EP 线的交点为辅助线，借助垂线、辅助线和 EP 线设计出口门的轮廓线。

鞋口线的后端为圆形鞋耳，鞋耳向后延伸即得到弧形鞋口，见图 4-33。男鞋的宽橡筋造型成“前宽后窄”的状态，有放有收，显得比较庄重。

将鞋耳顶点位置前移 10 mm 左右定为橡筋的后端点，前端点在 V 点，在橡筋前端做出取跷角 $\angle VOV'$。

设计长前帮往往会出现耗料增多的现象，为此可以在里怀一侧设计一条断帮线，便于套划省料。

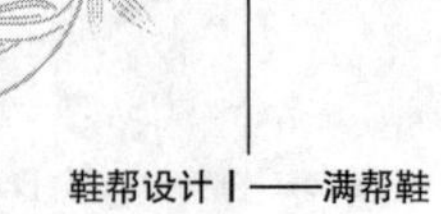

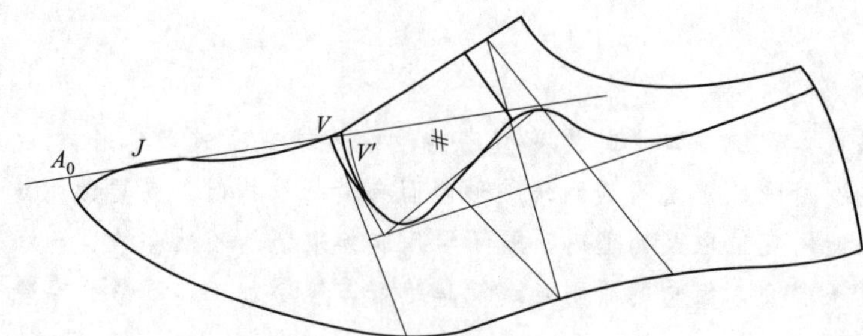

图 4-33　橡筋的位置安排

2. 后筋条的设计

把后筋条部件设计在长前帮上。

3. 底口处理

底口很完整，分别加放绷帮量 14、15、16、17 mm，并做出里外怀的区别。经过修整后即得到前开宽口男鞋帮结构设计图，见图 4-34。

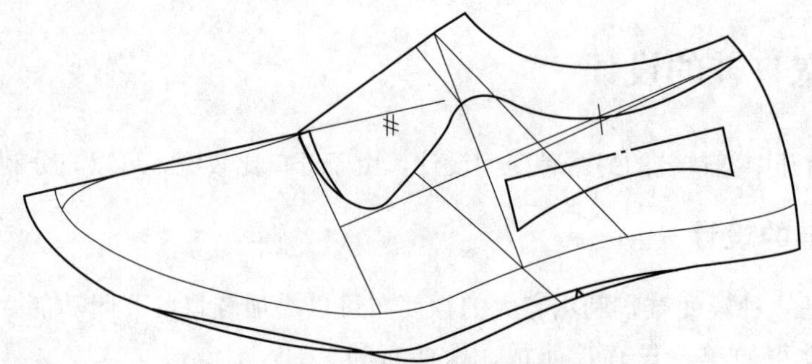

图 4-34　前开宽口男鞋帮结构设计图

宽开口用 A_0 线控制后可以解决自身的划料问题，但却不能满足同身划料要求，可以采用断帮的形式解决。断帮位置可以断在两侧，也可以断在里怀一侧，图中做出的是断帮位置示意线。

二、前开宽口女鞋的设计

前开宽口女鞋在造型上与男鞋略有不同，鞋帮上有前帮、后帮、橡筋和保险皮部件，共计 4 种 4 件，见图 4-35。

前帮位置控制在 V_0 点附近，类似于女浅口鞋，镶接时为前压后的关系。口门位置依旧在 V 点，橡筋虽然比较宽，但造型成“前窄后宽”状态，显得比较轻松。由于在 V 点位置口门宽度比较窄，把取跷的位置转移到 V_0 点。

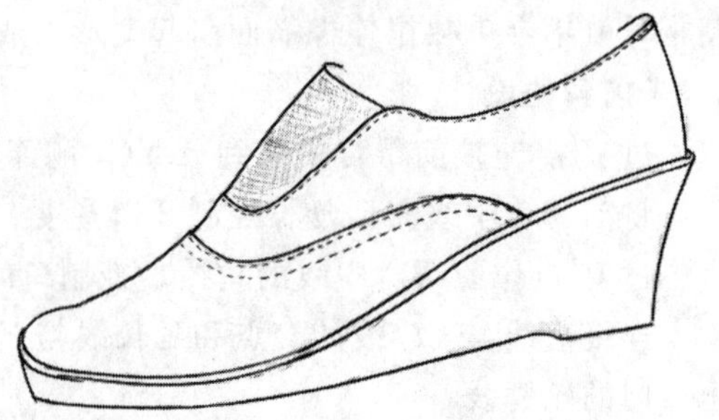

图 4-35　前开宽口女鞋成品图

1. 前帮的设计

把 V' 点前移 15 mm 左右定 V'' 点，过 V'' 点连接前帮背中线到 A_0 点，并顺连出底口轮廓线。

过 V'' 点先作一条垂线，然后借用垂线设计出前帮轮廓线。前帮两翼长度在底口的 FP 之间。

把前帮轮廓线与 VH 线的交点定为取跷中心 O' 点。先连接出等量代替角 $\angle VO'V'$，然后找到取跷角的前端点 V'''，接着连接 VV''' 线为后帮背中线，最后再做出定位取跷角 $\angle V''O'V'''$。注意定位取跷角的两端分别连接着前帮与后帮两条背中线，见图 4-36。

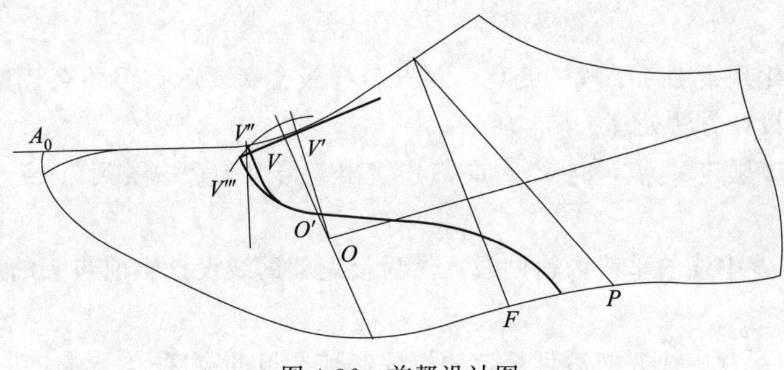

图 4-36　前帮设计图

2. 后帮的设计

往后延长后帮背中线 VV'''，会发现延长线很靠近后帮背中线，也就是说前开口可以控制得比较小。这是因为前后帮已经分开了，橡筋部件是后帮组成的一部分，与前帮无关。遇到这种情况时，开口宽度的设计就比较灵活，只要不超越后帮部件背中线即可。

因为是设计前开宽口女鞋，所以取在 VO 线的 1/2 位置作 VE 线的平行线为辅助线，然后自 V 点起，借用辅助线和 EP 线设计出开口的轮廓线，控制成前窄后宽的造型，见图 4-37。男女前开口式鞋的部件分割位置不同，就引起结构的不同，在取跷处理上也就存在着差异。

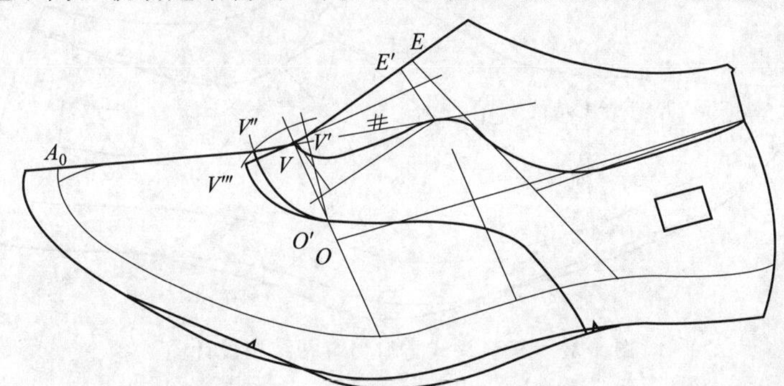

图 4-37　前开宽口女鞋帮结构设计图

顺着开口轮廓线设计出圆形鞋耳，接着往后延伸设计出弧形鞋口。

将鞋耳顶点位置前移 10 mm 左右定为橡筋的后端点，橡筋在前开口的范围之内。把保险皮设计在后帮部件上。

3. 底口处理

底口很完整，分别加放绷帮量 13、14、15、16 mm，并做出里外怀的区别。经过修整后即得到前开宽口女鞋帮结构设计图。

三、三节头式宽口男鞋的设计

三节头式宽口男鞋带有三节头鞋的特征部件前包头，所以也可以看作是另类的三节头鞋，但实质上依然是前开口式结构，见图 4-38。鞋帮上有前包头、前中帮、橡筋、后帮和保险皮部件，共计 5 种 6 件。前包头镶接在前中帮上，但没有看到车缝的线迹，这里采用的是面翻缝工艺。前包头部件需要留出折边量。前中帮部件需要留出压茬量。在前中帮上有刀把形的断帮线，可以解决开料套划的问题。橡筋造型依然很丰满庄重，但不太夸张。

图 4-38　三节头式宽口男鞋成品图

1. 前包头的设计

前包头工艺的变化是指加工手段的变化，对开料样板会有要求，但不会影响结构设计，依然按照三节头鞋前包头的设计方法处理。

在 AV' 长度的 2/3 强定 V_1 点，自 V_1 点向前连接出前帮包头背中线到 A_0 点止，并顺连出底口轮廓线。

过 V_1 点作前包头背中线的垂线为辅助线，然后借用辅助线设计出前包头的后轮廓线。

2. 前中帮的设计

连接 V_1V' 为前中帮背中线并向后延长，用以控制前开口的宽度。

过 V 点作 VE 线的垂线，自延长线与 EP 线的交点作 VE 线的平行线为辅助线，借用垂线、辅助线和 EP 线设计出前开口的轮廓线，并顺势设计出圆形鞋耳轮廓线和弧形鞋口线。

在鞋耳下方 20 mm 左右的位置设计出刀把形断帮线。

将鞋耳顶点位置前移 10 mm 左右定为橡筋的后端点，自橡筋前端的 V 点做出定位取跷角 $\angle VOV'$，见图 4-39。橡筋的外形不是很宽，在辅助线下面设计出明显的弯度变化，可以与刀把形断帮线相呼应。

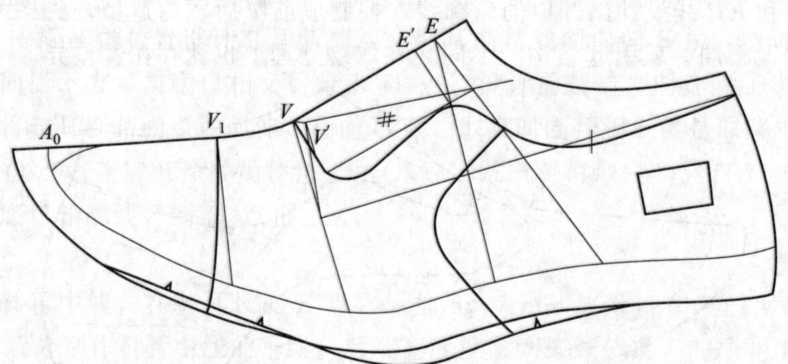

图 4-39　三节头式宽口男鞋帮结构设计图

3. 后帮的设计

在后身刀把形断帮线分割后的部件即是后帮部件。

把保险皮设计在后帮部件上。

4. 底口处理

底口很完整，分别加放绷帮量 14、15、16、17 mm，并做出里外怀的区别。经过修整后即得到三节头式宽口男鞋帮结构设计图。

课后小结

前开口式鞋按照开口的宽窄可分为三种类型：开宽口鞋、开中宽口鞋和开窄口鞋。在开口部位与前帮连成一体时，就需要利用前帮背中线的延长线来控制开口的宽度，利用后帮背中线设计开口的轮廓。一般情况下是利用定位取跷线控制开宽口，利用对位取跷线控制开中宽口，利用转换取跷线控制开窄口。

如果在开口前面马鞍形曲面范围内有横断结构，开口部位就与前帮分离而隶属于后帮部件，开口宽度则不受前帮背中线的控制，而是受开口之前不断帮部件背中线的制约。例如鞍脊式鞋，设计开窄口、开中宽口鞋都是通过不断帮部件背中线来调节。

前开口式鞋的前端部位里外怀是连在一起的，这是前开口式鞋的特色，也是前开口式鞋的标志。如果把前开口的前端断开，则就又退回到耳式鞋。

思考与练习

1. 设计出三款不同前开口宽度的男鞋，画出成品图和结构设计图。
2. 设计出三款不同前开口宽度的女鞋，画出成品图和结构设计图。
3. 选择上述男女各一款鞋制取三种生产用的样板。

第四节　侧开口暗橡筋鞋的设计

在鞋口成封闭状态时往往会造成穿鞋的困难，因此就需要有个开口，如果开口位置在背中线位置就形成前开口，如果开口在鞋帮侧面就形成侧开口。由于侧开口式鞋的开口位置在鞋帮的侧面，所以不会像前开口式鞋那样受到前帮背中线的直接控制。

有了开口虽然可以增加鞋口的长度，但如果开口成呈开的状态，鞋的抱脚能力会降低，穿鞋后会不跟脚，因此还必须对开口进行连接上的处理。前开口的连接方式主要是绑带和橡筋，而侧开口的连接方式变化会多一些。用橡筋来连接只是其中的一种形式。

一、侧开口暗橡筋男鞋的设计

侧开口橡筋鞋是指用松紧布来连接侧开口的一类鞋，橡筋被掩藏在帮部件之下，则称为暗橡筋鞋。暗橡筋鞋是侧开口式鞋的典型代表，见图 4-40。

这是一款典型侧开口暗橡筋男鞋，外观简洁，看不到橡筋，但可以看到固定橡筋的缝线。鞋帮上可以看到前帮、后帮和后筋条部件，而橡筋部件是掩藏在鞋口断帮线之下，共计 4 种 6 件。镶接时前帮上段与后帮对齐，下面镶接有橡筋。橡筋两侧被固定，而上端是开放的。穿鞋时断帮线张开，橡筋被拉伸，鞋口加大，穿鞋后橡筋收缩，断帮线合拢。前帮与后帮是压茬关系，前帮压后帮。

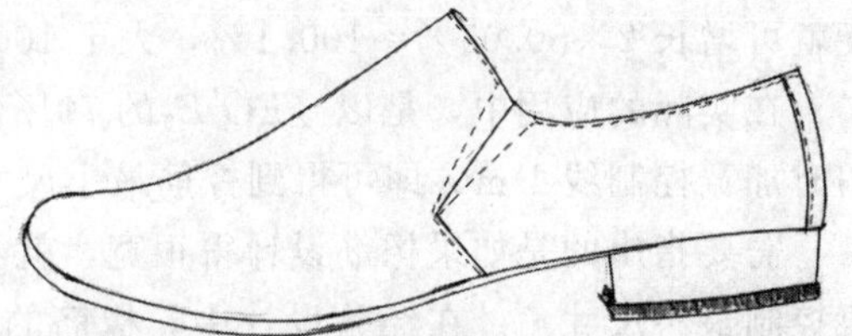

图 4-40　典型侧开口暗橡筋男鞋成品图

暗橡筋鞋的前帮造型类似于整舌式鞋，与整舌式鞋的取跷方法也相同，但由于鞋舌被橡筋封闭起来不能翻转，所以属于侧开口式结构，要选用素头楦来设计。

橡筋在鞋口位置的宽度是否需要控制呢？橡胶材料本身的弹性延伸率很大，回弹率也很大，例如天然橡胶的弹性延伸率最高可达 1 000%，在延伸 350%范围内回弹率在 85%以上。但是用橡胶丝织成橡筋布以后，由于受到纤维材料的影响，其延伸率只有 170%。所以，使用在鞋口部位的橡筋布在较窄情况下会造成穿鞋的困难，应该控制橡筋的最小尺寸。

1. 橡筋最小尺寸的控制

角形橡筋的使用宽度是和橡筋长度相关的，在角度不变的条件下，由于剪刀差的关系，橡筋越长其使用的宽度越大。

设计橡筋部件时，其前端可以看作从一个点出发，逐渐向后扩大延伸，因此控制橡筋的宽度可以转化为控制橡筋的最小尺寸角，这样更容易操作，见图 4-41。

假设鞋舌的长度在 E 点，在鞋口被橡筋封闭以后，只有拉伸橡筋，增加鞋口的长度，才能满足穿进鞋腔的必要尺寸要求。

同样假设鞋口的宽度在 O'点，三角形阴影区域为橡筋材料。拉伸橡筋的关键是拉伸鞋口部位长度，这就形成以 O'点为顶点的橡筋拉伸角度。控制橡筋的宽度实质上是控制橡筋角度，在橡筋角度不变的情况下，橡筋越长，对应的鞋口部位长度越大。

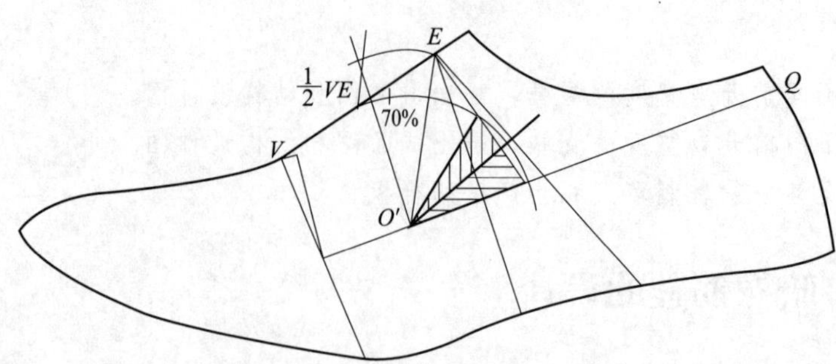

图 4-41　控制橡筋的最小尺寸角

如何确定橡筋的最小尺寸角呢？穿鞋时从脚的前跗骨凸点到脚后跟形成了必要尺寸，如果拉伸橡筋使 E 点旋转前移到 1/2 VE 的角度位置，就可以满足对必要尺寸的要求。

控制最小尺寸角首先以 O'点为圆心、EO'长为半径作圆弧，该圆弧线是 E 点旋转的路径。然后再以 Q 点为圆心、Q 点到 1/2 VE 的长度为半径也作圆弧，该圆弧线是前跗骨凸点穿鞋时的路径。两条路径的交汇点为 E_0，这是 E 点必须到达的位置点，否则就会造成穿鞋的困难。由此可以连接出$\angle EO'E_0$。

$\angle EO'E_0$即最小尺寸角。如果橡筋的延伸率是 100%，那么$\angle EO'E_0$所对应的弧线弦长就是橡筋的最小尺寸。但是橡筋的延伸率只有 70%，所以还需要通过计算得出最小尺寸。如果以$\angle EO'E_0$的 71%作为橡筋的一半宽度，则可增长橡筋的延伸率 71.5%×70%＝50.05%，那么橡筋的整体宽度就可增长 2×50.05%＝100.1%，大于 100%。

在实际的应用中，是以$\angle EO'E_0$的 70%作为最小尺寸角进行设计的，这比较容易控制，但在绘图时加宽控制线 1 mm 即可得到橡筋最小尺寸。

需要指出的是如果橡筋设计得很宽，就不用控制最小尺寸角，而要把橡筋设计得很窄，就必须要控制最小尺寸角。在经验设计中，橡筋的宽度有具体的尺寸，比如 18～20 mm。这个尺寸合适吗？这需通过试帮来验证，如果不合适就改动尺寸。这个经验数据是从实践中得到的，而控制经验数据的原理就是计算最小尺寸角。

2. 前帮的设计

鞋舌的长度取在 E 点之前 10 mm 左右的位置，定 E'点，对封闭类型的鞋来说不会感觉到闷脚。由于鞋舌长度变短，确定取跷中心时在 OQ 线上取 25 mm，然后再下降 5 mm 左右确定 O'点。取跷中心的位置越靠下、越靠前，其开闭功能就越强。

首先设计鞋舌的轮廓线。过 E'点作 VE 线的垂线，与 OQ 线相交后取其 2/3 为鞋舌宽度 E_1点，连接 E_1O'线为鞋舌轮廓线。过 O'点再作鞋舌轮廓线的垂线，交于底口为 H_1点，这是前后帮的断帮线。

接下来是取跷处理。这与整舌式鞋的取跷过程完全相同，包括延长 EV 线作转换取跷线、确定 A_0点和 A_2点、连接等量代替角$\angle A_0O'A_2$和作取跷角$\angle H_1O'H_2$等步骤。最后截取 1/3 长度差确定前端点，描画出底口轮廓线。

3. 后帮的设计

顺着鞋舌后端垂线，顺连出弧形鞋口线。

由鞋口弧线、鞋舌轮廓线和断帮线形成了后帮部件。

4. 橡筋的设计

先以 O'点为圆心、$E'O'$长为半径作圆弧；再以 Q 点为圆心、Q 点到 1/2 VE 处的长度为半径作圆弧，两弧相交后得到 E_0点；然后连接出最小尺寸角$\angle E'O'E_0$。

接着以 O'点为圆心、鞋舌轮廓线长度 $O'E_1$为半径作圆弧，与$\angle E'O'E_0$相交后截取 70%弧长为橡筋的一半宽度。分别在 $O'E_1$线的上下两端截取橡筋的一半宽度并各自增加 0.5 mm，然后连接出

橡筋三角形，其中的 ab 长度为橡筋的最小尺寸，见图 4-42。

最小尺寸角是一种示意，真正需要截取的是橡筋的最小尺寸，而橡筋的最小尺寸受到橡筋长度的制约，因此就通过最小尺寸角的 71.5%来确定橡筋一半的尺寸宽度。量一量 ab 段的长度，就会知道经验设计的 18～29 mm 宽度是如何得到的。

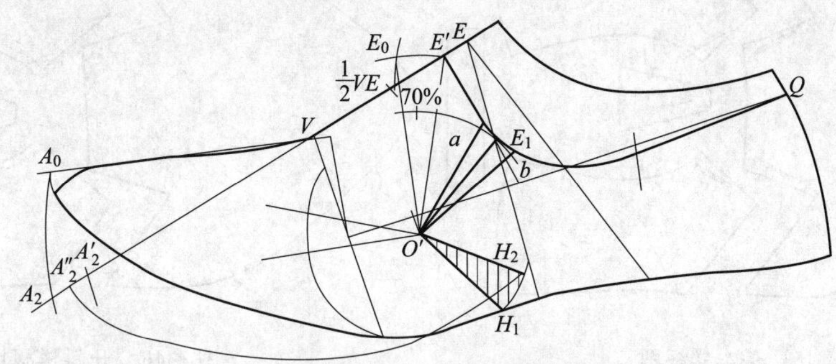

图 4-42　暗橡筋鞋前帮的设计

在加工时，橡筋的两侧各增加压茬量 10 mm。在 ab 段是橡筋的边沿，不能修剪成弧线，而是要修整鞋口线，与橡筋边沿顺连。

5. 底口处理

底口轮廓线分为前后帮两段，需要分别进行处理。在前帮底口增加绷帮量 14、15、16 mm，并做出里外怀的区别。在后帮底口增加绷帮量 16、17 mm，也做出里外怀的区别。

把后筋条设计在后帮部件上。经过修整后即得到侧开口暗橡筋男鞋帮结构设计图，见图 4-43。暗橡筋被掩藏在帮部件之下，外表上看不到，加工时装配在鞋面鞋里之间。成鞋后要把鞋里冲开，穿鞋时橡筋延伸才不会受到帮部件的妨碍，穿鞋后又恢复到原状。

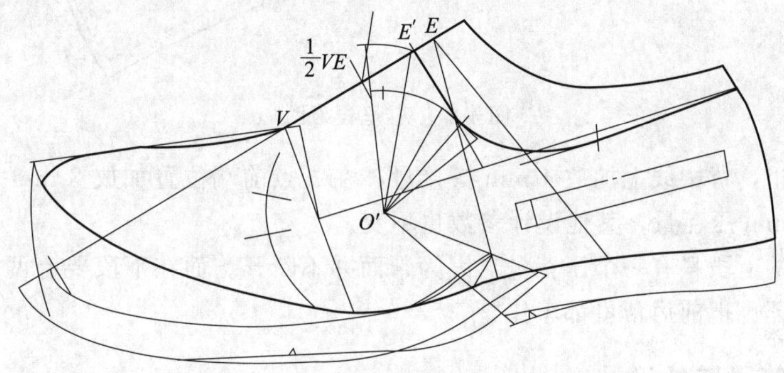

图 4-43　侧开口暗橡筋男鞋帮结构设计图

6. 制取样板

需要制备划线板和制取三种生产用的样板。

(1) 制备划线板　按照常规制备出划线板，要保留定位取跷线，见图 4-44。划线板上有前帮、后帮、橡筋和后筋条 4 种部件。

(2) 制取基本样板　按照常规制取基本样板，见图 4-45。在前后帮部件上都有车橡筋线的标记，橡筋的缝合部位加放 10 mm 压茬量。

(3) 制取开料样板　按照常规制取开料样板，见图 4-46。在前后帮的鞋口部位加放 5 mm 折边量，在缝合

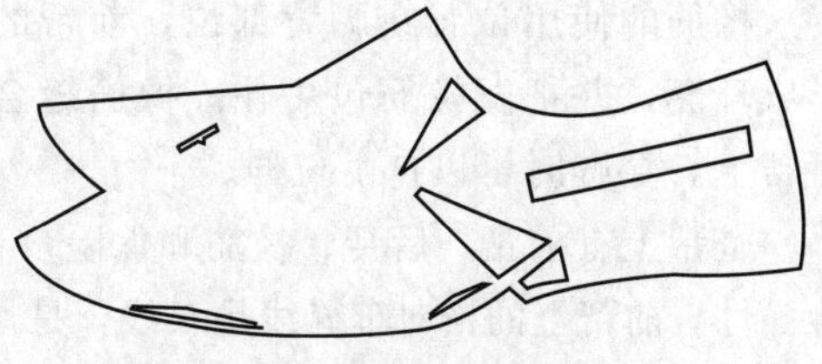

图 4-44　制备划线板

橡筋的位置不加折边量。在断帮部位后帮加放 8 mm 压茬量，前帮不用加折边量。橡筋样板为“二合一”板。

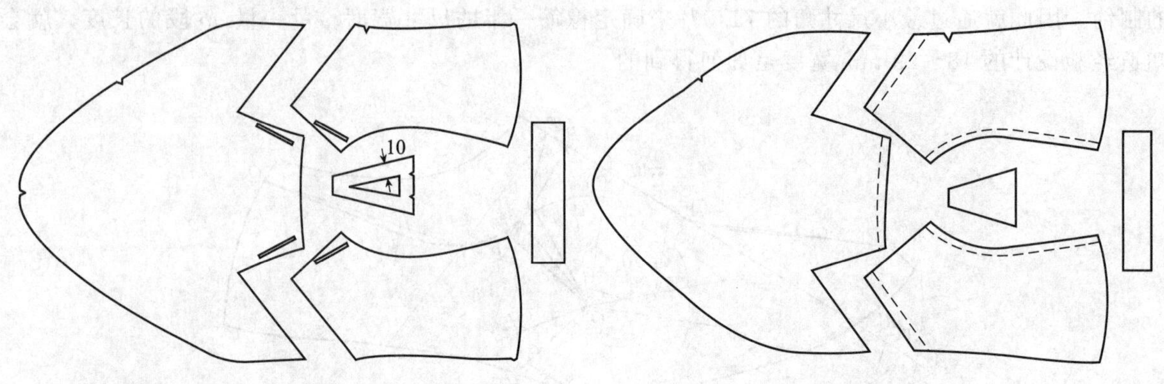

图 4-45　基本样板图　　图 4-46　开料样板图

（4）制取鞋里样板　先进行鞋里的设计，然后制取两段式鞋里样板，见图 4-47。

前帮里在鞋舌部位断开。过 O' 点作背中线的垂线交于 a 点，自 a 点设计出轮廓线，在断帮部位要加放 8 mm 压茬量，其他设计参数不变。

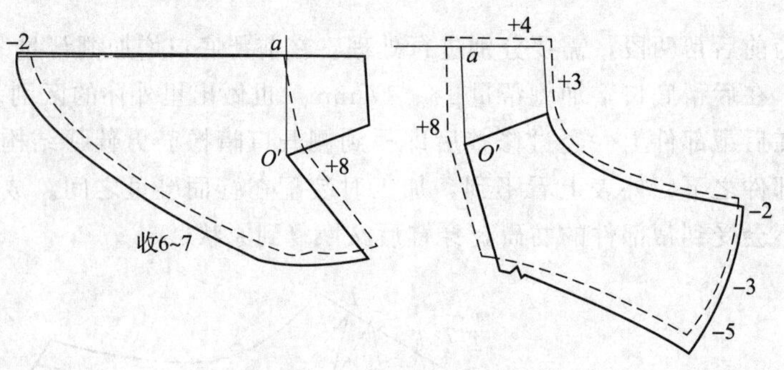

图 4-47　鞋里样板图

后帮里为搭接里，背中线上加放 4 mm 搭接量，在 a 点前端位置加放 8 mm 设计轮廓线，在断帮部位也要加放 8 mm 压茬量，其他设计参数也不变。

注意，在鞋里的上段只有一个压茬量，因为帮面并不断开。而在下段要有两个压茬量，这样在车鞋帮线时才能保证也把前后帮里都车住。

二、侧开口宽橡筋男鞋的设计

通过最小尺寸角可以计算出使用橡筋的最小宽度尺寸，对最小尺寸量（例如 20 mm）也就有了大致的印象。如果橡筋的使用宽度远远超过最小尺寸量，就可以省去最小尺寸角的设计过程，可以直接设计出橡筋的位置，见图 4-48。

橡筋的使用位置在脚背部位，前帮的鞋舌反折后形成环套，并把宽橡筋包裹住。橡筋缝合在里外怀的后帮上，穿鞋时可以自由拉伸。

鞋帮上有前帮、后帮、橡筋和保险皮部件，共计 4 种 5 件。前帮上的横向车缝线是双线，是用来固定弯回后的鞋舌和前帮里的。鞋舌侧面的开口位置只有一条固

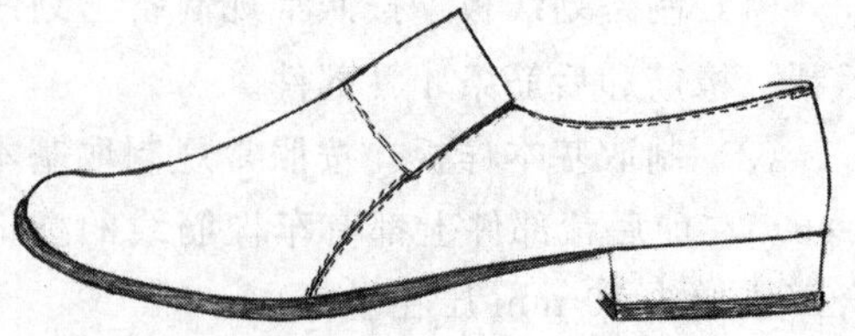

图 4-48　侧开口宽橡筋男鞋成品图

定橡筋车缝线，而在前后帮的断帮位置有两条线，下一条是与车缝橡筋线的顺延线，上一条是固定断帮的车缝线，并且与横向双线形成回路。

1. 前帮的设计

鞋舌的长度取在 E 点之前 10 mm 左右的位置定 E'点，取跷中心在 OQ 线上取 25 mm。

过 E'点作 VE 线的垂线，与 OQ 线相交后取其 2/3 为鞋舌宽度 E_1点，连接 E_1O'并顺势向前下方延长与底口相交为 H_1点，这是前后帮的断帮线。

接下来是取跷处理，延长 EV 作转换取跷线，确定 A_0点和 A_2点，连接出等量代替角$\angle A_0O'A_2$和作取跷角$\angle H_1O'H_2$等步骤。最后截取 1/3 长度差确定前端点，描画出底口轮廓线。

鞋舌上有横向车线位置标记，控制在过 O'点的垂线上。

2. 后帮的设计

顺着鞋舌后端垂线，顺连出弧形鞋口线。

由鞋口弧线和断帮线形成了后帮部件。

后帮鞋口的上端要连接宽橡筋，而橡筋要穿过鞋舌的环套，所以后帮鞋口上端要比鞋舌短 2 mm，然后再作背中线的垂线为橡筋后轮廓线。

橡筋的前轮廓线在鞋舌横向线之后 5 mm 的位置作垂线，橡筋的宽度为 ab 线长度，橡筋的下方在侧开口位置，取样板时加放 10 mm 压茬量。

把保险皮设计在后帮部件上，见图 4-49。在橡筋比较宽时不用设计最小尺寸角。

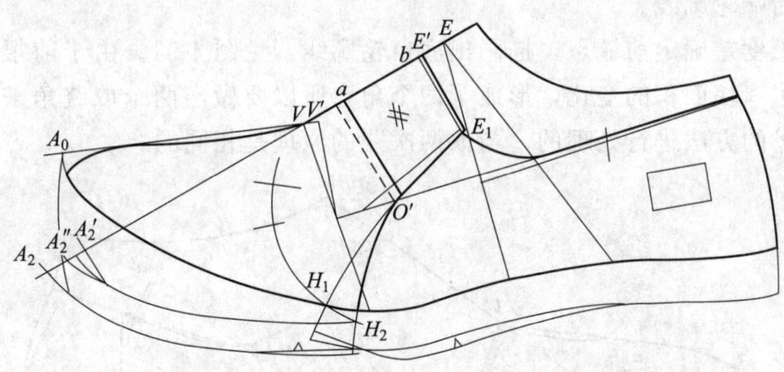

图 4-49　宽橡筋男鞋帮结构设计图

3. 底口处理

底口轮廓线分为前后帮两段，在前帮底口增加绷帮量 14、15 mm，并做出里外怀的区别。在后帮底口增加绷帮量 15、16、17 mm，也做出里外怀的区别。经过修整后即得到侧开口宽橡筋男鞋帮结构设计图。

三、侧开口宽橡筋女鞋的设计

宽橡筋女鞋的橡筋位置设计在鞋帮两侧，由于橡筋的上口不能修剪，所以鞋口上会有一段直线存在。在设计鞋口轮廓线时，要使直线与弧线协调过渡，见图 4-50。在鞋口没有车鞋口线的位置就是橡筋的所在。女鞋的橡筋最小尺寸一般在 18 mm，女鞋宽橡筋的宽度超过 18 mm 后就可不用设计最小尺寸角。

图 4-50　侧开口宽橡筋女鞋成品图

鞋帮上有前帮、后帮条、后包跟和橡筋部件，共

计 4 种 6 件。本案例的橡筋宽度取在 36 mm，复合在后帮条的下面，可以按照后帮条处理，只是在车线时要注意鞋口线是绕过橡筋的。

后帮条上有两组线迹，前面一组橡筋上的线迹是用来固定橡筋的，后面一组线迹是配合橡筋线迹做装饰的。橡筋线迹之间的帮面上有切口，不妨碍成鞋后橡筋的伸缩。

镶接时后包跟压在前帮和后帮条上，其中的前帮后端已不是一条弯弧线，而是形成一个拐角，在取跷时需要做出两个取跷角。

1. 前帮的设计

由于女鞋的 E 点位置比男鞋靠前，所以设计女宽橡筋鞋时鞋舌的长度取在 E 点，取跷中心在 OQ 线上取 25 mm。

过 E 点作 VE 的垂线，与 OQ 相交后取其 1/2 为鞋舌宽度 E_1 点，连接 E_1 点与 25 mm 位置作辅助线，借用辅助线设计出前帮的后弯弧线，并设定弯弧线的凸点为取跷中心 O' 点。

截取适当的宽度设计出后包跟的断帮线，把前帮的弯弧线顺延到后包跟位置，形成前帮与后包跟的镶接线 ab。

接下来是取跷处理，延长 EV 作转换取跷线，确定 A_0 点和 A_2 点，连接出等量代替角$\angle A_0O'A_2$。由于取跷的位置在 $O' \rightarrow a \rightarrow b$ 的位置，所以需要作两次取跷角。

首先以 O' 点为圆心、aO' 长为半径作圆弧，截出取跷角$\angle aO'a'$，确定 a' 点。然后再以 O' 点为圆心、bO' 长为半径作圆弧，截出取跷角$\angle bO'b'$，确定 b' 点。按照后包跟轮廓线形状连接出 $a'b'$ 线，即为取跷后的前帮后端轮廓线。

最后截取 1/3 长度差确定前端点，描画出底口轮廓线，见图 4-51。由于前帮取跷已不是一个角的变化，而是变成了一块面积的变化，形成了两个角，所以要做出两个取跷角来确定轮廓线。在经验设计中是采用拷贝的方法进行处理的，与取两次跷的原理是相同的。

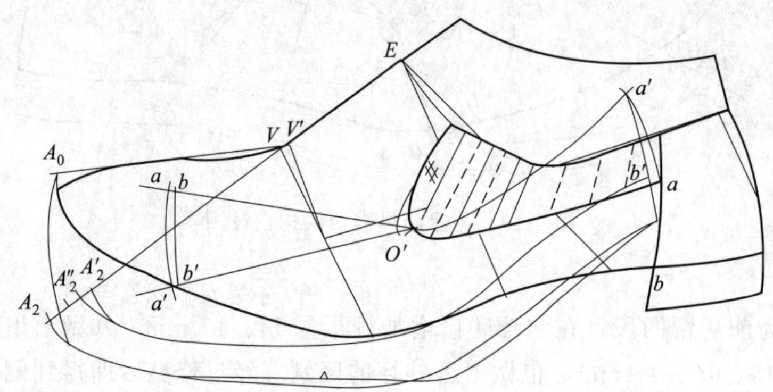

图 4-51 宽橡筋女鞋帮结构设计图

2. 后帮的设计

顺着鞋舌后端垂线，顺连出弧形鞋口线。

鞋口线、前帮线和后包跟线围成的轮廓即为后帮条部件。

在后帮条上先设计出车线的线迹位置，宽度在 10～12 mm，要均匀分配。

橡筋位置紧邻鞋舌，占据 3 条线迹宽度。把橡筋所在位置的鞋口线设计成直线，并在线迹之间设计出切口，切口下端距离前帮有 5 mm 左右距离。

设计出完整的后包跟轮廓线。

3. 底口处理

底口轮廓线分为前后两段，在前帮底口增加绷帮量 14、15、16、17 mm，并做出里外怀的区

别。在后包跟底口增加绷帮量 17 mm，没有里外怀的区别。经过修整后即得到侧开口宽橡筋女鞋帮结构设计图。

课后小结

暗橡筋鞋的橡筋部件都掩藏在帮部件之下，使外观变得比较简洁。这类鞋的造型好像是把脚完全包裹起来，所以鞋帮总长度要略短一些才不会显得闷脚。

在橡筋宽度比较窄的时候，为了保证鞋口开闭功能满足穿鞋的必要尺寸，所以要控制橡筋的最小尺寸。而控制橡筋最小尺寸的方法就是设计出最小尺寸角，然后取最小尺寸角的 70%弧长+0.5 mm 作为橡筋的一半宽度。

在橡筋比较宽的时候，能够保证开闭功能有效，所以就不需要控制橡筋的最小尺寸，可以直接设计出宽橡筋。

思考与练习

1. 设计出两款不同宽度的侧开口暗橡筋男鞋或女鞋，画出成品图和结构设计图。
2. 选择上述任一款鞋制取三种生产用的样板。
3. 计算出在通常情况下男鞋和女鞋所用橡筋的最小尺寸数据。

第五节　侧开口明橡筋鞋的设计

侧开口明橡筋鞋的橡筋部件完全显露出来，利用橡筋与帮面材质的差异来形成对比，所以橡筋不仅起到连接的作用和开闭功能，而且具有很好的装饰性，与暗橡筋相比有异曲同工之妙。

一、侧开口明橡筋男鞋的设计

明橡筋与暗橡筋是两种不同的表现形式，部件的外形会有所变化，但不会影响到结构设计。明橡筋也需要有一定的宽度，穿鞋时被撑开，穿鞋后恢复原状。由于橡筋材料的硬度不如皮料挺括，所以明橡筋使用宽度往往比较窄，尽量减弱鞋口的变形，见图 4-52。明橡筋与暗橡筋使用的位置基本相同，但由于橡筋外露，就需要考虑橡筋的造型。鞋帮上有前帮、橡筋、后帮、保险皮部件，共计 4 种 6 件。

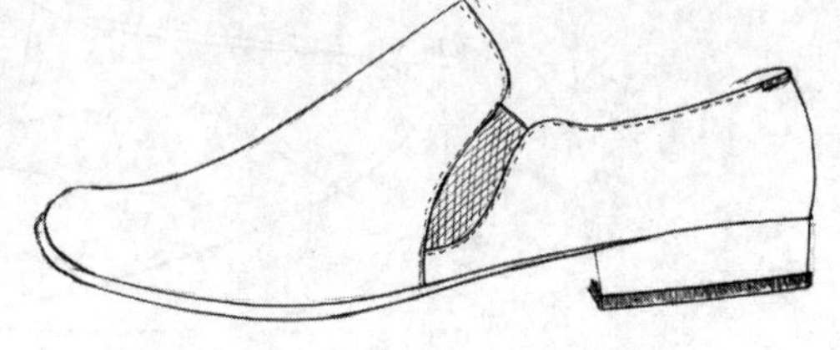

图 4-52　侧开口明橡筋男鞋成品图

由于明橡筋的存在，就像在封闭的鞋口上开了一扇窗户，具有了通透性，所以鞋舌长度依然可以取在 E 点，而不用前移。橡筋部件处于在前后帮之间，有了前后帮的造型轮廓也就有了橡筋的造型轮廓。在设计时可以把橡筋看作是后帮的一部分，前帮需要进行转换取跷，而后帮需要通过最小尺寸角来确定橡筋的宽度。

1. 前帮的设计

明橡筋的前帮造型与整舌式鞋相同，鞋舌的长度取在 E 点，过 E 点作 VE 线的垂线，与 OQ 线相交后取其 2/3 为鞋舌宽度 E_1 点。确定取跷中心时，在 OQ 线上取 30 mm 后再下降 5 mm 左右确定 O' 点。

连接 E_1O' 为鞋舌辅助线，借用辅助线并通过 O' 点设计出鞋舌轮廓线，交于底口为 H_1 点，这是前后帮的断帮线。

接下来是取跷处理，延长 EV 作转换取跷线，并确定 A_0 点和 A_2 点，连接等量代替角 $\angle A_0O'A_2$ 和作取跷角 $\angle H_1O'H_2$ 等。最后截取 1/3 长度差确定前端点，描画出底口轮廓线，见图 4-53。

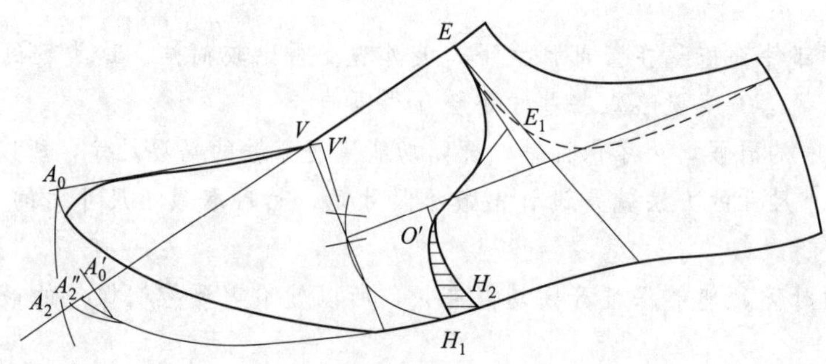

图 4-53　明橡筋鞋前帮的设计

2. 后帮的设计

首先自鞋舌位置设计一条完整的弧形鞋口线，橡筋与后帮部件的外形是在鞋口线基础上设计出来的。

接着以 O' 点为圆心、EO' 长为半径作圆弧，再以 Q 点为圆心、Q 点到 1/2 VE 处的长度为半径作圆弧，两弧相交后连接出最小尺寸角 $\angle EO'E_0$。然后以 O' 点为圆心、E_1O' 长度为半径作圆弧，与最小尺寸角相交后截取 70%弧长+0.5 mm 为橡筋的一半宽度。

直接在鞋口线上截取橡筋的总宽度，并作一条与鞋舌轮廓线近似平行线，前端在接近后帮高度 1/2 的位置开始拐向断帮线，后端设计成圆弧角与鞋口线顺连，所得到的是橡筋的后轮廓线，见图 4-54。前后帮的轮廓线确定了明橡筋的轮廓线。

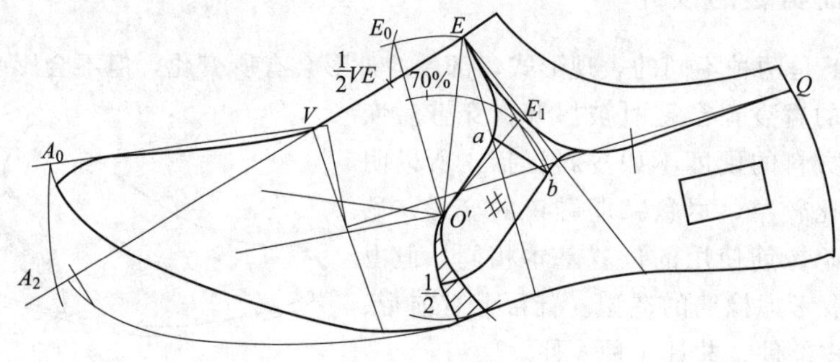

图 4-54　后帮的设计

在鞋口部位修整后帮上角呈圆弧状，并在圆弧拐弯下端 5 mm 左右的位置作一条直线为橡筋上端的轮廓线。橡筋的造型是可以变化的，取三角形、月牙形、长条形、倒梯形等都可以，但橡筋上端的宽度不能小于最小尺寸。

把保险皮设计在后帮部件上。

3. 底口处理

底口轮廓线分为前后帮两段，需要分别进行处理。在前帮底口增加绷帮量 14、15、16 mm，并做出里外怀的区别。在后帮底口增加绷帮量 16、17 mm，也做出里外怀的区别。经过修整后即得到侧开口暗橡筋男鞋帮结构设计图，见图 4-55。

橡筋在鞋舌的下面，考虑到后帮的造型，要控制橡筋上端的宽度位置不要超越 OQ 线。如果超

越了 OQ 线，可适当调整鞋舌的宽度，而不是缩减橡筋的宽度。在制取基本样板时，要标出镶接橡筋的位置标记。

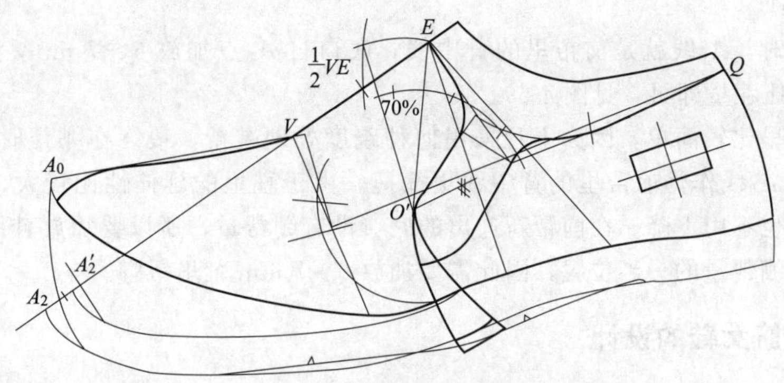

图 4-55　侧开口明橡筋男鞋帮结构设计图

4. 制取样板

(1) 制备划线板　需要制备划线板和制取三种生产用的样板。

按照常规制备出划线板，要保留定位取跷线，见图 4-56。划线板上有前帮、后帮、橡筋、保险皮部件。

(2) 制取基本样板　按照常规制取基本样板，见图 4-57。前帮样板上有镶接橡筋和后帮的标记，后帮上有镶接橡筋的标记，橡筋上有压茬的标记。橡筋布可以用一件刀模开料，所以制备一件样板。

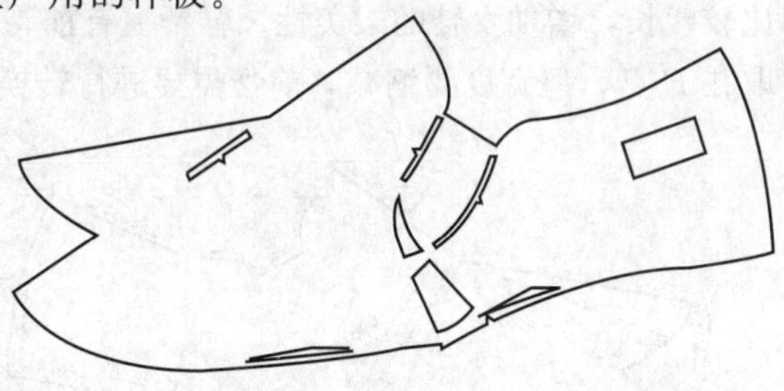

图 4-56　制备划线板

(3) 制取开料样板　按照常规制取开料样板，见图 4-58。前帮后端加放 5 mm 折边量，后帮上口加放 5 mm 折边量、前端加放 8 mm 压茬量。橡筋与保险皮为二板合一。

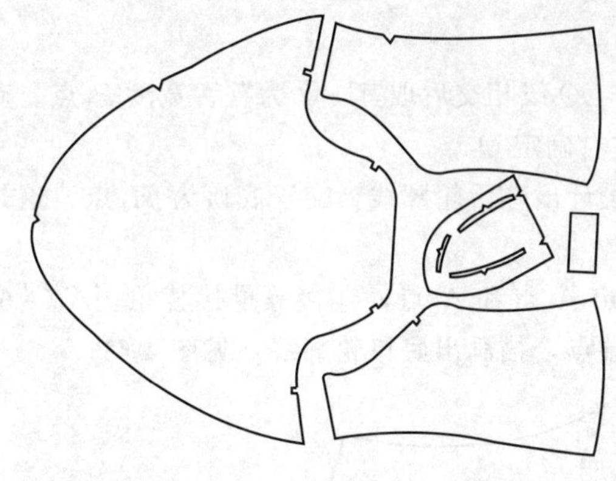

图 4-57　基本样板图

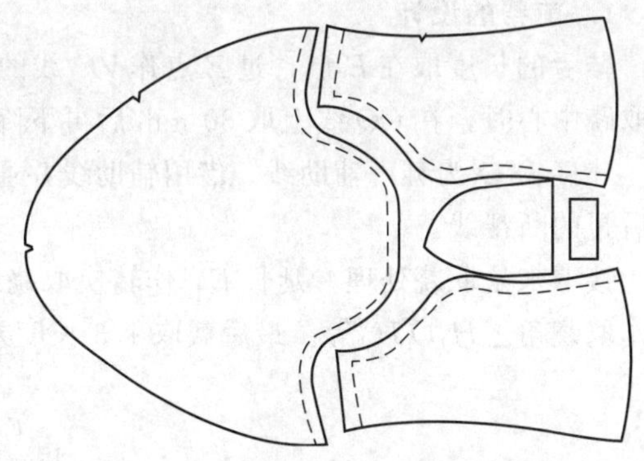

图 4-58　开料样板图

(4) 制取鞋里样板　制取鞋里样板需要注意两点：一个是设计整舌式类型的鞋里时要把舌里断开，这有利于绷帮时伏楦；另一个是在橡筋部位需要有衬里，防止绷帮时直接拉扯橡筋而引起变形。为此后帮设计成搭接里，橡筋衬里用后帮里代替。考虑到舌里断开位置与鞋帮并不重合，故采用对位法设计鞋里。

具体操作时先描出划线板的外轮廓，并利用设计图找到 O 点和自然跷，接着再确定对位取跷时的 A_1 点，并顺势描出前帮的底口轮廓线。

前后帮的断帮位置在 V 点，先设计后帮里。过 V 点设计一条后帮里的断帮线，并在背中线上加放 4 mm 搭接量，在鞋口加放 3 mm 冲边量，在后弧分别减少 2、3、5 mm 并连出新的后弧线，底口收进 6～7 mm。

在设计前帮里时，A_1 线就是前帮里的背中线，底口自 A_1 点加放 6～7 mm，并与后帮里顺连，在后端加放 8 mm 压茬量即可，见图 4-59。

对位法设计鞋里比较简单，因为不管采用何种跷度处理鞋帮，最终在绷帮时都会还原到 A_1 线位置，所以直接用 A_1 线作为前帮里的背中线更简捷。由于鞋里的延伸性比较大，在底口部位不用补跷，在前端部位也不用下降。在前帮新连出的底口没有绷帮量，所以要加放鞋里绷帮量。鞋里帮脚位置基本在帮面绷帮量的一半位置，因此需要加放 6～7 mm 鞋里帮脚。

二、侧开口明橡筋女鞋的设计

设计侧开口明橡筋女鞋与设计男鞋的模式是相同的，但需要注意女鞋的外观造型与男鞋有区别。例如，男式鞋舌宽度取在 2/3 的位置比较宽，可以增加稳重感，而女式鞋舌取在 1/2 位置比较窄，可以使鞋舌轮廓线显得修长。女鞋橡筋造型取弯角形，看起来更加苗条，见图 4-60。鞋舌和橡筋的造型都比较瘦长，增加女鞋的柔美性。鞋帮上有前帮、橡筋、后帮、保险皮部件，共计 4 种 6 件。鞋舌长度取在 E 点，但宽度要缩减，前帮需要进行转换取跷，后帮也通过最小尺寸角来确定橡筋的宽度。

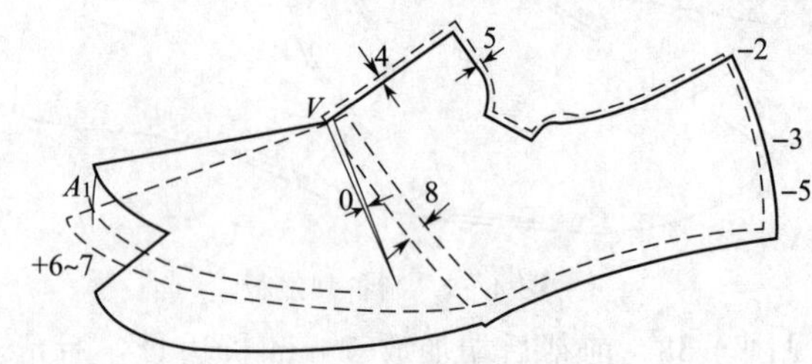

图 4-59　鞋里的设计

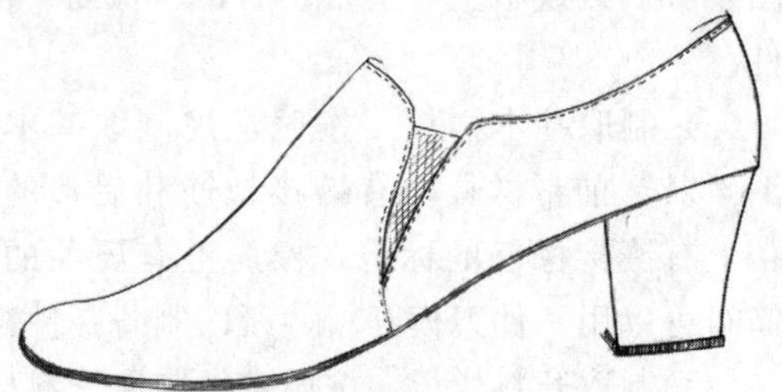

图 4-60　侧开口明橡筋女鞋成品图

1. 前帮的设计

鞋舌的长度取在 E 点，过 E 点作 VE 线的垂线，与 OQ 线相交后取其 1/2 为鞋舌宽度 E_1 点。确定取跷中心时，在 OQ 线上取 30 mm 后再下降 5 mm 左右确定 O' 点。

连接 E_1O' 为鞋舌辅助线。借用辅助线并通过 O' 点设计出鞋舌轮廓线，交于底口为 H_1 点，这是前后帮的断帮线。

接下来是取跷处理，延长 EV 作转换取跷线，并确定 A_0 点和 A_2 点，连接等量代替角 $\angle A_0O'A_2$ 和作取跷角 $\angle H_1O'H_2$ 等。最后截取 1/3 长度差确定前端点，描画出底口轮廓线，见图 4-61。

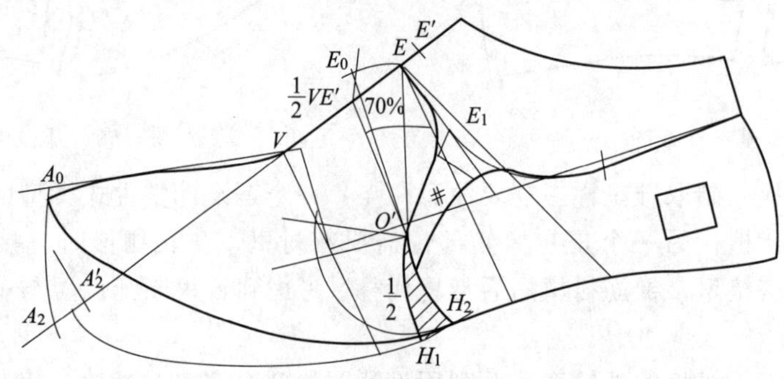

图 4-61　明橡筋女鞋前帮的设计

2. 后帮的设计

首先自鞋舌位置设计一条完整的鞋口曲线，在鞋口线基础上再设计橡筋与后帮的外形。

女鞋的 VE 长只有脚长的 25%，为了准确起见，要先找到脚长 27%的位置 E'点，也就是把 E 点后移 4.6 mm。

接着以 O'点为圆心、EO'长为半径作圆弧，再以 Q 点为圆心、Q 点到 1/2 VE'处的长度为半径作圆弧，两弧相交后得到 E_0点，然后连接出最小尺寸角$\angle EO'E_0$。然后以 O'点为圆心、$O'E_1$长度为半径作圆弧，与$\angle EO'E_0$相交后截取 70%弧长+0.5 mm 为橡筋的一半宽度。

直接在鞋口线上截取橡筋的宽度，并设计一条弯弧线，后端设计成圆弧线与鞋口线顺连，前端顺连到后帮高度线之下的 1/2 位置。这是橡筋的后轮廓线。

在鞋口部位修整后帮上角成圆弧状，并在圆弧拐弯下端 5 mm 左右的位置作一条直线为橡筋长度的上轮廓线。

把保险皮设计在后帮部件上。

3. 底口处理

底口轮廓线分为前后帮两段，需要分别进行处理。在前帮底口增加绷帮量 13、14、15 mm，并做出里外怀的区别。在后帮底口增加绷帮量 15、16 mm，也做出里外怀的区别。经过修整后即得到侧开口明橡筋女鞋帮结构设计图，见图 4-62。侧开口明橡筋女鞋在造型上比男鞋显得修长，但在结构上是完全相同的。

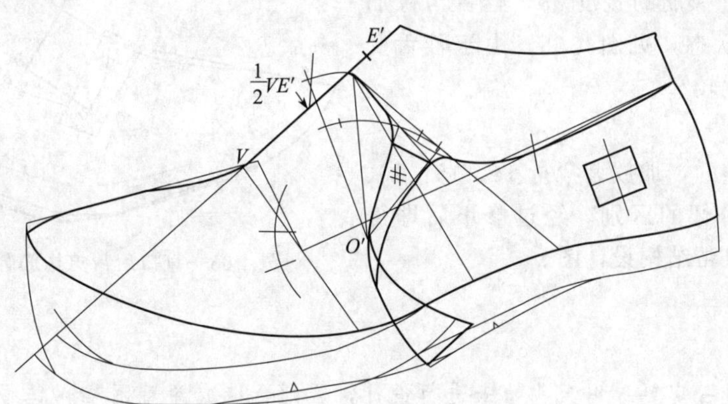

图 4-62　侧开口明橡筋女鞋帮结构设计图

三、直口后帮男橡筋鞋的设计

直口后帮男橡筋鞋看上去如同横断舌式鞋，并配有横担。但由于用橡筋部件封闭了鞋舌，就演变成侧开口式鞋，见图 4-63。鞋帮上有长前帮、鞋舌、橡筋、横担和后包跟部件，共计 5 种 6 件。鞋舌下端连接着角形橡筋。鞋口为直口后帮，设定取跷中心 OO'为 15 mm，采用定位取跷处理。

1. 橡筋的设计

橡筋部件上边是鞋舌，下边是后帮，由于后帮为直口造型不能随意改动，所以可以改变的只能是鞋舌的宽度。因此，要先设计出橡筋的位置和宽度，再依据橡筋部件决定鞋舌的宽度。

在 OQ 线上截取 OO'为 15 mm 确定 O'点。过 O'点作后帮背中线的垂线交于 V''点。在 EV''长度的 2/3 定鞋舌长度 E'点，过 E'点作 VE 线的垂线为鞋舌控制线。

图 4-63　直口后帮男橡筋鞋成品图

接下来设计最小尺寸角。先以 O' 点为圆心、$O'E'$ 长为半径作圆弧，再以 Q 点为圆心、Q 点到 1/2 VE 处的长度为半径作圆弧，两弧相交在 E_0 点，可得到最小尺寸角 $\angle E'O'E_0$。

截取最小尺寸角的 70%弧长+0.5 mm 为橡筋的一半宽度，可以得到橡筋的总宽度 ab。橡筋上端即是鞋舌的宽度，见图 4-64。

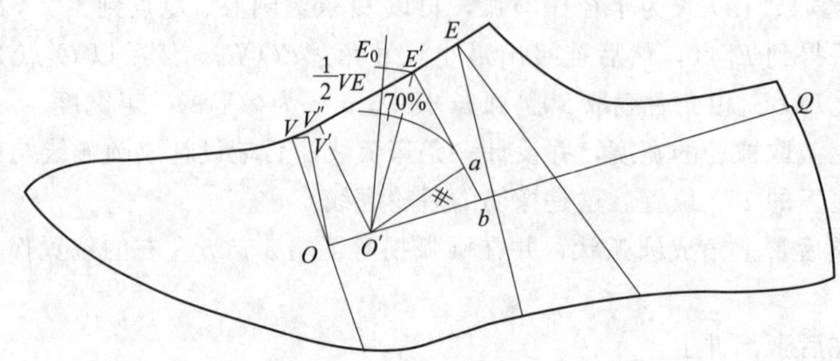

图 4-64　橡筋的宽度设计

2. 鞋帮的设计

按照直口后帮横断舌式鞋的设计方法设计出长前帮、鞋舌、横担和后包部件，采用定位取跷处理。

在鞋舌的下端是橡筋的宽度 ab，鞋舌与橡筋连成一体形成封闭状态，见图 4-65。由于鞋舌变短，所以橡筋变得比较窄。

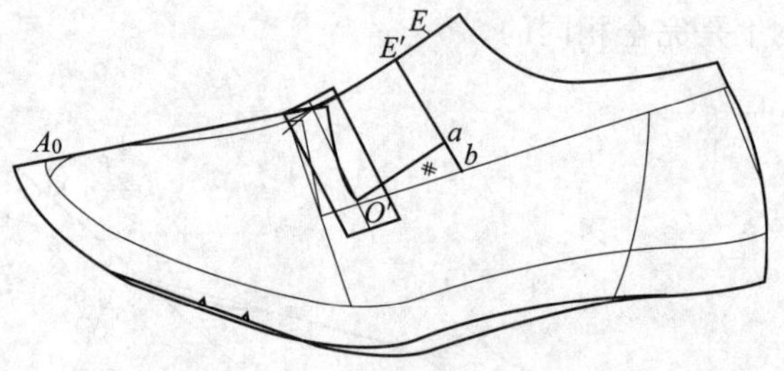

图 4-65　直口后帮男橡筋鞋帮结构设计图

3. 底口的处理

底口轮廓是完整的，加放绷帮量 14、15、16、17 mm，并做出里外怀的区别。经过修正后即得到直口后帮男橡筋鞋帮结构设计图。

课后小结

设计侧开口式鞋一定要选用素头楦来进行设计，否则会造成穿着困难。鞋帮的造型有时看起来就如同舌式鞋，但不能用舌式鞋楦来设计。使用舌式楦不是不能设计，而是设计完成后鞋腔容积小。利用橡筋的延伸性虽然也能把脚伸进鞋腔，但鞋帮会紧箍在脚面上，穿着者很难受。

明橡筋鞋的橡筋摆在明面上，除了起到连接作用、增加开闭功能以外，还具有装饰作用，因此橡筋的造型往往成为视觉焦点，对于橡筋的位置、大小和形态都需要精心处理，以保证鞋体造型的完整统一。

思考与练习

1. 设计侧开口暗橡筋男女鞋各一款，画出成品图和结构设计图。
2. 选择上述任一款鞋制取三种生产用的样板。
3. 自行设计一款侧开口明橡筋鞋，画出成品图、结构设计图和制取三种生产用的样板。

第六节　侧开口钎带鞋的设计

侧开口钎带鞋是指用鞋钎来固定开口的一类鞋，鞋钎常与鞋带配合使用，故叫作钎带鞋。钎带

鞋在女浅口鞋中很常见，在满帮鞋中典型的品种就是丁带鞋。丁带鞋是由横向带和纵向带组成，组合后类似“丁”字，故而得名丁带鞋。其中的纵向带习惯上就叫作丁带。

一、女丁带鞋的设计

丁带鞋的前脸有一定的长度，通过横向带和丁带把鞋口封闭起来，所以属于满帮鞋结构，见图 4-66。丁带的长度一般设计在 E 点，反折后形成环套，横带从环套中穿过，再利用鞋钎固定在外怀一侧。女丁带鞋的横带宽度一般取 10～12 mm，丁带总宽度在 16～18 mm，与横带宽度大约成黄金分割比。侧开口形成的是眼洞，眼洞有造型的要求，开得大一些比较舒展，前端可达到 O 点附近。

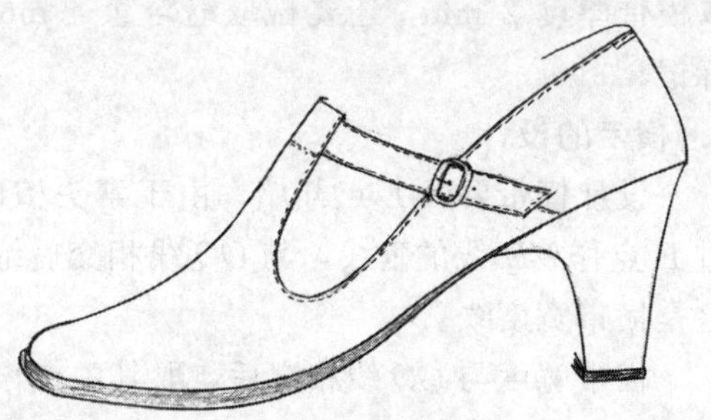

图 4-66 女丁带鞋成品图

鞋帮上有前帮、后帮、横带、保险皮以及钎子皮部件，共计 5 种 6 件。其中的钎子皮是用来包裹鞋钎横梁的，也经常使用松紧带来代替。前后帮的断帮位置掩藏在横带下面，属于前帮压后帮。由于丁带与前帮没有断开，属于整丁带式样，所以要采用转换取跷处理。

1. 前后帮的设计

前后帮之间只有一条断帮线，可先设计出鞋帮的整体，然后再分割出后帮部件。

丁带长度取在 E 点，设计丁带宽度要考虑横带的宽度。

如果横带的宽度设定为 10 mm，依据黄金比可设定丁带总宽度在 16 mm 左右，单侧宽度为 8 mm。横带宽度在 10 mm 时需要选配 12 mm 孔径的鞋钎进行搭配，鞋钎孔经大于横带宽度是为了防止鞋带早期被磨损。配套的鞋钎子皮宽度也为 12 mm，长度在 25 mm 左右。

过 E 点作 VE 线的垂线，截取 8 mm 作为丁带宽度点。然后自宽度点设计眼洞的轮廓线，前端到达 O 点附近。返回时低于 OQ 线，可以使眼洞开得大一些。眼洞线继续向后延伸形成鞋口线，在 OQ 线 1/2 处附近要高出 1 mm，然后再顺延到 Q 点，见图 4-67。

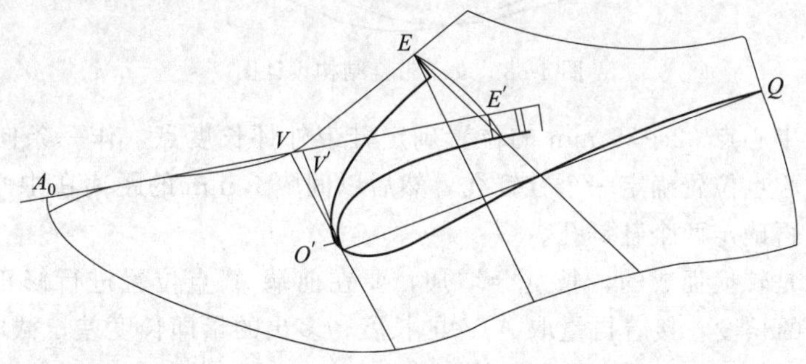

图 4-67 丁带的设计

设计后的丁带背中线与前帮背中线不在一条直线上，所以还不是制取样板的轮廓线。设计制取样板的轮廓线需要进行转换取跷处理，采用后降跷的方法比较方便。此处可以用定位取跷线 A_0V' 的延长线来代替转换取跷线。

在前面设计不断舌外耳式鞋时，需要控制取跷中心到后帮背中线的距离和到转换取跷线的距离相等，所以需要作一条切线。现在女丁带鞋的眼洞开得比较靠前，取跷中心 O' 点就定在眼洞的最前端，距离后帮背中线和转换取跷线的长度近似相等，因此可以用 A_0V' 的延长线作为转换

取跷线。

然后以 O'点为圆心、EO'长度为半径作圆弧，交于转换取跷线为 E′点，再从 E'点开始截取丁带的宽度 8 mm，描绘出丁带的轮廓线到 O'点止。这才是制取丁带样板的轮廓线，当丁带与前帮背中线连成一体时，可以顺利制取样板。

固定横带的环套长度要在 E'点之后设计出来。延长丁带背中线，先截取横带宽度 8 mm，再截取横带厚度 2 mm，还要截取缝合量 4 mm。制取样板时要在 E'点之前 8 mm 处做出缝合环套的标记。

2. 横带的设计

设计横带要从 E 点开始，由于素头楦的跗围比脚跗围大 0.5 mm，可以直接设计在 VE 线上。过 E 点作 VE 线的垂线，与 OQ 线相交后继续延长。在 E 点之前 10 mm 的位置也作 VE 线的垂线，这是横带宽度线。

横带宽度与 OQ 线相交后，取其中点作一条宽度线的平行线，这是前后帮的断帮线，要掩藏在横带之下。以断帮线上端距离鞋口 14 mm 的位置作为固定鞋钎横梁的中心点，过该点作鞋口线的平行线，该点也是横带里怀长度位置点及第二个钎孔位置点，见图 4-68。丁带与横带的位置有着协调关系，绷帮时 E'点会旋转上移到 E 点，正好与横带重合。在经验设计时经常会出现横带翻卷或者丁带拱起的毛病，这是因为丁带与横带位置关系没有找对。做套样检查时，横带与丁带都应该平伏地贴在楦面上。

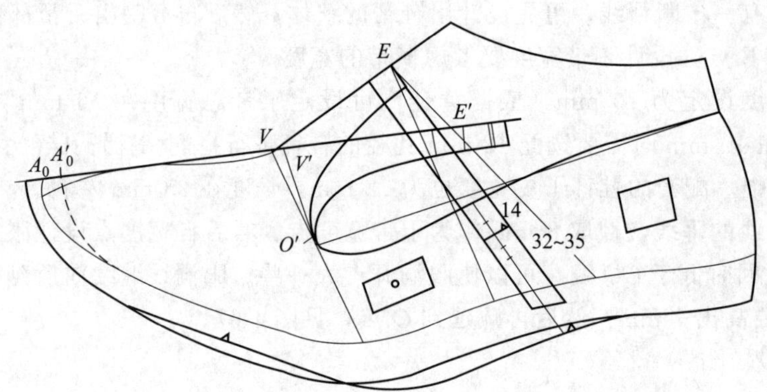

图 4-68　女丁带鞋结构设计图

鞋带在距离横梁中心点 32～35 mm 的位置确定鞋带外怀长度点，作一条向后倾斜的直线为鞋带外怀长度线。在中心点位置确定一个鞋钎孔，然后以间隔 5 mm 的距离在中心点之上确定一个鞋钎孔，在中心点之下再确定两个鞋钎孔。

由于前帮背中线是转换而成的，长度会增加，要在前端 A_0点位置进行修正。具体的操作是自 E'点向前先量取 EV 的长度，接着再量取 A_0V'的长度，多出的量即长度差，截取 1/3 补充在背中线上，得到前帮前端点 A_0'。自 A_0'顺连出底口轮廓线。

把保险皮和钎子皮部件设计在大部件之上，在钎子皮的中心位置有一个钎子孔标记。

3. 底口的设计

底口有着完整的轮廓线，分别加放绷帮量 13、14、15、16 mm，然后做出里外怀的区别。经过修整后即得到女丁带鞋帮结构设计图。

早期在鞋帮加工时，里怀的横带是直接缝合在鞋帮上面，所以要留出 14 mm 的加工量。现代工艺往往是把横带缝合在帮面与帮里之间，可以只留出 8 mm 加工量。但外怀一侧的鞋钎横梁位置依然要取在 14 mm 的位置。

4. 制取样板

(1) 制备划线板　按照常规制备划线板。划线板上有前帮、后帮、鞋带、鞋钎子皮和保险皮部件，丁带上有环套的缝合位置和缝合量标记，横带部位有断帮线标记、鞋钎子孔标记，见图 4-69。

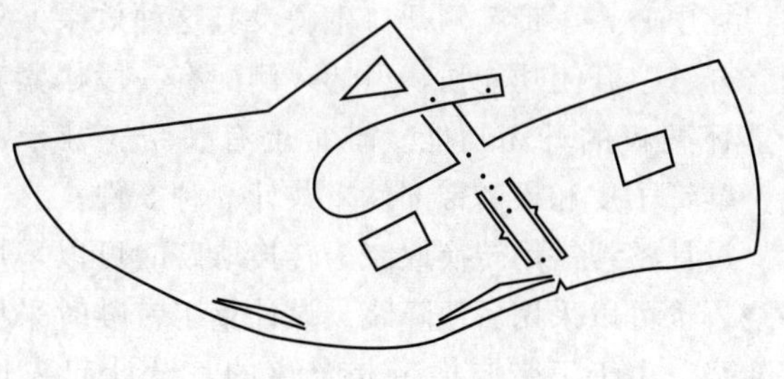

图 4-69　制备划线板

(2) 制取基本样板　按照常规制取基本样板。样板上要有缝合环套、里怀钉鞋带和外怀钉鞋钎位置标记。鞋带上有缝合位置和打孔标记，以及鞋钎子皮的中心孔标记，见图 4-70。

(3) 制取开料样板　按照常规制取开料样板，见图 4-71。前帮上加放 5 mm 折边量，后帮上加放 5 mm 折边量和 8 mm 压茬量，鞋带两侧加放 5 mm 折边量，鞋钎子皮和保险皮二板合一。

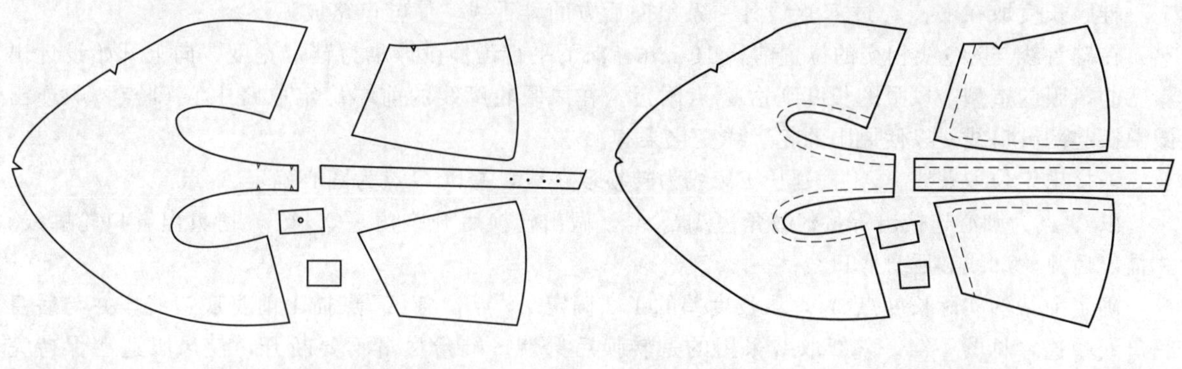

图 4-70　基本样板图　　　　图 4-71　开料样板图

(4) 制取鞋里样板　设计鞋里样板要在丁带部位要断开，可以解决鞋里伏楦问题，见图 4-72。前帮用布里，取在眼洞之前 15 mm 左右的位置。后帮用皮里，与前帮里之间有 8 mm 压茬量，鞋口部位加放 3 mm 冲边量，后弧部位依然是减少 2、3、5 mm，底口收进 6～7 mm。丁带部位鞋里取在环套缝合位置之后 4 mm 处，与前帮里之间的压茬为 8 mm，与后帮里之间的压茬为 4 mm。

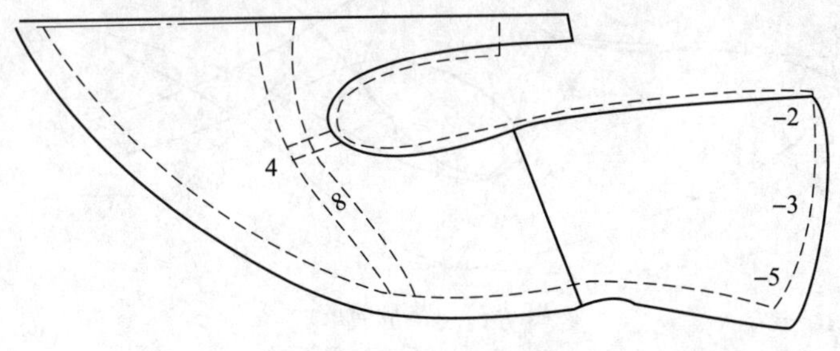

图 4-72　鞋里样板图

如果丁带鞋的采用沿口工艺，可以设计成长前帮布里，后端配后跟里，丁带里也包括在长前帮里之中，可以不用断开。这是因为布里比皮里柔软，容易伏楦。

二、凤眼女鞋的设计

凤眼女鞋是女丁带鞋的变型设计，相当于把横带与丁带合成一体，外怀一侧依然用鞋钎来固定，里怀一侧配有一段松紧带来改善鞋口的开闭功能。这样一来就形成一个完整的眼洞，类似于凤

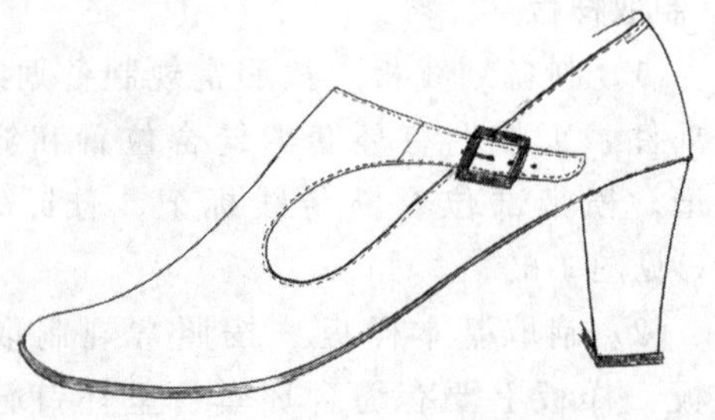

图 4-73　凤眼女鞋成品图

眼，故称为凤眼女鞋，见图 4-73。

侧开口由鞋带与鞋帮围成一个凤眼形状，这是全鞋的视觉中心，丁带鞋侧开口生硬没有这种效果。外怀一侧有鞋钎，开闭功能强，里怀一侧配有一段松紧布，配合里怀鞋口的开闭功能。鞋帮上有整帮、鞋带、保险皮、鞋钎子皮和松紧带部件，共计 5 种 5 件。

设计整帮需用转换取跷，转换取跷时可以采用前帮降跷，也可以采用后帮降跷。设计整丁带鞋时采用的是后降跷，由于丁带与横带是分离的，设计起来比较方便。对于凤眼鞋来说，鞋带与鞋舌是镶接在一起的，那在何处断帮呢？如果采用前降跷处理就可以清楚地表明这种结构关系。

1. 整帮的设计

鞋脸长度取在 E 点，过 E 点设计一条斜向后方的鞋舌线，使鞋口略成弧形。

在鞋舌线与 OQ 线相交的位置前移 10 mm，向下平行延伸设计成为鞋带宽度，向上开始设计出漂亮的凤眼的造型。凤眼的长度到达 O 点附近。在凤眼轮廓线的前端确定取跷中心 O' 点，顺连出微微拱起的鞋口线，以使凤眼的轮廓线变化柔和。

连接出定位取跷线 A_0V'，延长 EV 线为转换取跷线，并以 O 点为圆心确定 A_2 点。

以 O' 点为圆心连接出等量代替角$\angle A_0O'A_2$，做出转换后升跷角$\angle QO'Q'$，拷贝出鞋口轮廓线，并描出后弧轮廓线和后身底口线。

确定前帮的实际长度点 A_2'，取长度差的 1/3 确定 A_2''点，自 A_2''点描出前身底口线，并与后身底口线顺连，见图 4-74。整帮取跷采用的是转换后升跷。鞋帮尽量不要断开，使凤眼造型保持完整，如果为了省料可以分割出后包跟部件。凤眼的位置与丁带鞋相似，但外形上有区别，线条要圆顺、柔和、有张力，以显示高贵气质。

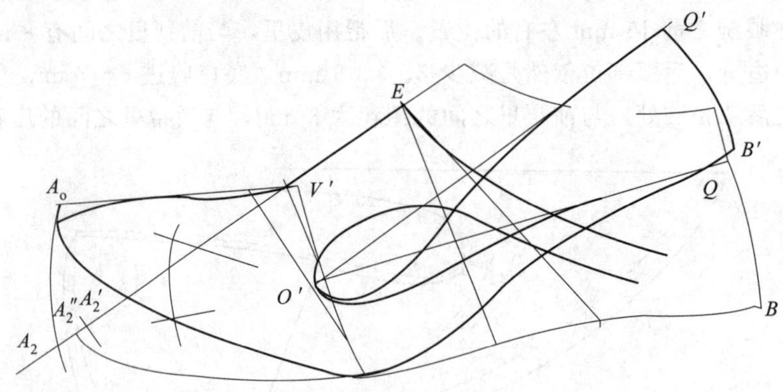

图 4-74　整帮的设计

2. 鞋带的设计

在整帮的设计完成后，就可以看到新的鞋口线位置上升，在新的鞋口线与鞋舌线相交位置之上设计鞋带的断帮线，这样不会影响开料。断帮线为斜直线，距离新的鞋口线不能少于 5 mm，见图 4-75。断帮线以下的外怀位置为鞋带，鞋带的基础宽度为 10 mm，选配 12 mm 孔径的鞋钎。

鞋带的长度要用 OQ 线来控制，在距离 OQ 线 14 mm 的位置确定鞋钎横梁中心位置，这也是鞋钎第二个孔的位置，然后取长度32～35 mm 确定鞋带的长度，并设计出鞋带弧形轮廓线。并以 5 mm 的间距确定其他 3 个鞋钎孔的位置。

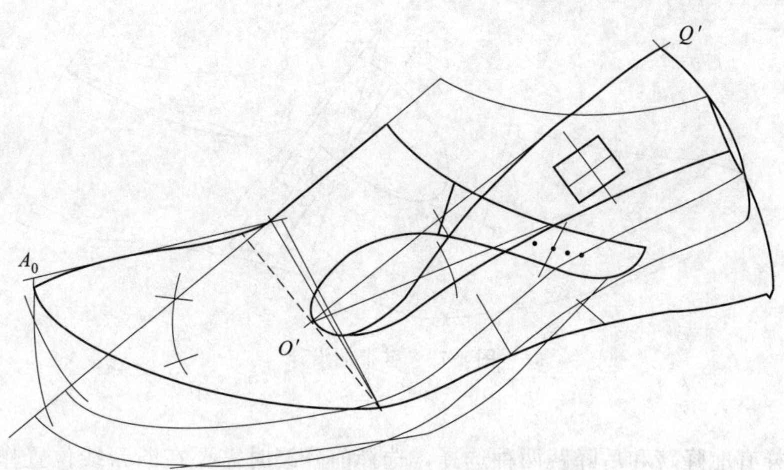

图 4-75 凤眼女鞋帮结构设计图

在里怀一侧，将断帮线与 OQ 线之间的一段使用松紧带来连接。

把保险皮设计在鞋帮上。

3. 底口的设计

底口轮廓线依然是完整的，分别加放绷帮量 13、14、15、16 mm，然后做出里外怀的区别。经过修整后即得到凤眼女鞋帮结构设计图。

三、男丁带鞋的设计

男丁带鞋是模仿女丁带鞋的变型设计，但要有男鞋的特点。比如，鞋带比较宽、线条比较直、侧开口暴露部位少等，见图 4-76。侧开口前端位置距离 O 点有 20 mm 左右，减少了暴露的部位，横带的宽度在 16 mm 左右，丁带总宽度在 24 mm 左右，都比女鞋的鞋带宽。

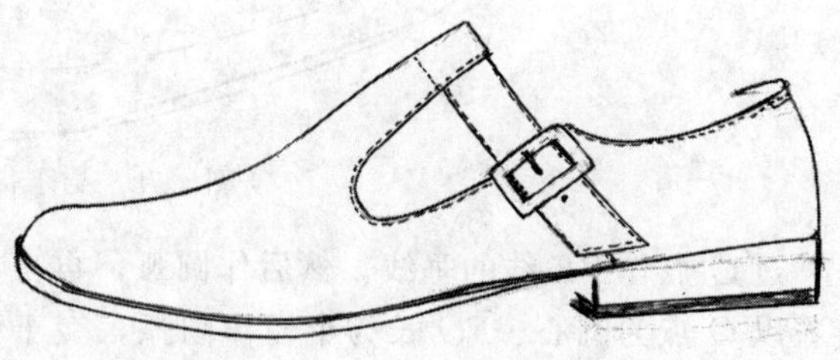

图 4-76 男丁带鞋成品图

鞋帮上有前帮、后帮、横带、鞋钎子皮和保险皮部件，共计 5 种 6 件。前后帮的断帮线掩藏在横带之下，要选配 18 mm 孔径的鞋钎。

1. 鞋带的设计

丁带的长度取在 E 点，过 E 点作 VE 线的垂线，截取半侧宽度 12 mm。

在 EP 线与 OQ 线相交的位置上升 10 mm，作为凸弧线鞋口控制点。

在 O 点之后 20 mm 左右的位置定 O' 点。然后通过丁带宽度点、鞋口控制点和 O' 点设计侧开口轮廓线。向后延长侧开口轮廓线，形成弧形鞋口线，并把鞋口控制点位置处理成圆弧形。

过 E 点所作的垂线为横带的后轮廓线，在 E 点之前 16 mm 的位置也作一条垂线为横带前轮廓线。在横带与鞋口线相交的位置之下 14 mm 定鞋钎横梁中心的位置，这也是里怀钉横带的位置。在横梁位置之下 37～40 mm 处为横带长度位置。横带的总长度是从里怀的 14 mm 标记开始到外怀的延长 37～40 mm 为止。

鞋钎孔以 5 mm 距离排列，在横梁位置为第二个孔，上面再安排 1 个孔，下面再安排 2 个孔，见图 4-77。丁带与横带依然有着搭配关系，鞋带加宽、暴露部位减少是为了体现男鞋的稳重感。

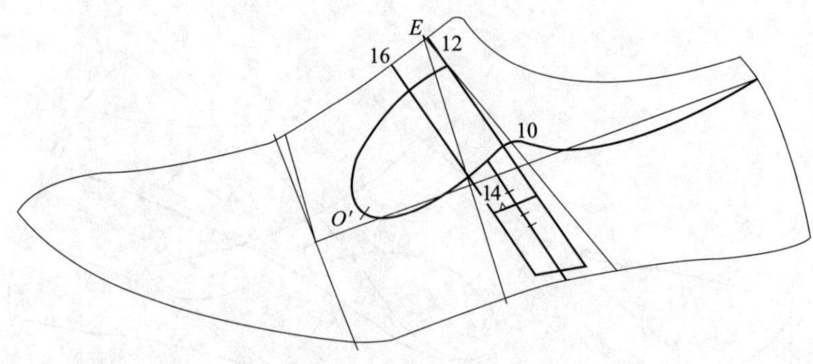

图 4-77　鞋带的设计

2. 取跷处理

取跷处理同样有前降跷和后降跷两种选择，选择前降跷时需要在断帮线位置作两次取跷角，选择后降跷时需要作切线，难易的程度差不多。本案例选择的是后降跷，这有利于制备划线板，见图 4-78。

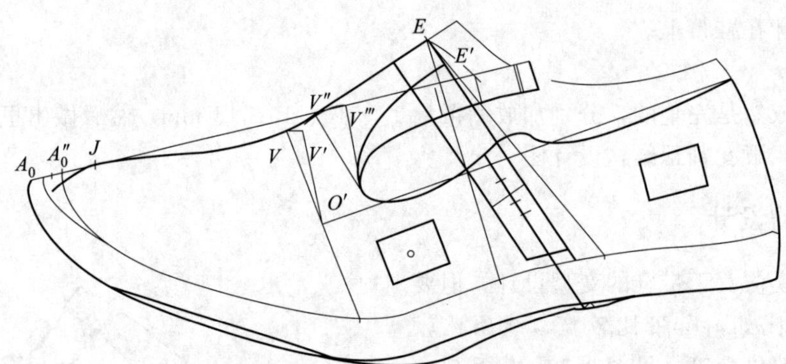

图 4-78　男丁带鞋帮结构设计图

过 O' 点作 VE 线的垂线，然后作圆弧，再自 J 点作圆弧切线为转换取跷线，前端控制到 A_0 点。接着以 O' 点为圆心、EO' 长为半径作圆弧，交于切线为 E' 点。自 E' 点拷贝出丁带的轮廓线并顺连到 O' 点，自 E' 点向后延长 16 mm＋2 mm＋4 mm 为丁带的长度，设计出丁带轮廓线。

在前端位置，要测量出背中线实际的长度，再加上 1/3 的长度差为 A_0' 点，然后顺连出底口轮廓线。把保险皮和鞋钎子皮设计在大部件上。

3. 底口的设计

底口轮廓线是完整的，分别加放绷帮量 14、15、16、17 mm，然后做出里外怀的区别。经过修整后即得到男丁带鞋帮结构设计图。

课后小结

丁带鞋在女鞋中很常见，一般都采用女浅口楦设计成女浅口鞋。但丁带鞋的结构属于满帮鞋类型，用素头楦也能进行设计和穿用，女浅口丁带鞋是满帮丁带鞋的变型设计，改变的是鞋楦品种。如果鞋楦品种改为男素头楦，设计出来的就是男丁带鞋。

设计丁带鞋时要注意丁带与横带的配合关系，因为在经验设计时经常会出现不匹配现象。这是为什么呢？画在楦面上丁带与横带的关系看起来是匹配的，但是一经过跷度处理，丁带的长度发生了改变，这种平衡的关系就被破坏了，需要建立新的平衡关系。由于是经验设计，没有可查的依据，只能通过试帮来解决。

使用鞋钎时也有横带宽度的配比关系，横带宽度略小于鞋钎横梁长度，现在也经常使用挂钩类型的鞋钎，穿脱比较方便，设计总要求不变。

穿鞋时看到的是丁带与横带的外在关系，丁带过宽或者横带过宽都会产生不协调感，在没有特定要求时，可以采用黄金分割法进行处理，丁带是支撑的主力，应该略宽于横带。

思考与练习

1. 设计男女丁带鞋各一款，画出成品图和结构设计图。
2. 选择上述任一款鞋制取三种生产用的样板。
3. 自行设计一款侧开口钎带鞋，画出成品图、结构设计图和制取三种生产用的样板。

第七节 单侧开口鞋的设计

单侧开口鞋虽然是双侧开口鞋的变型设计，但这是一种不对称结构，需要里外怀分别进行处理。单侧开口位置一般设计在外怀一侧，把开口作为一种装饰处理。双侧开口鞋的开闭功能强，而单侧开口的开闭功能会受到制约，所以要求开口的长度位置都要超过 1/2 VE，以保证穿鞋的顺利。连接侧开口的方法比较多，可以采用绑带、钎扣、拉链等形式。

一、单侧开口绑带男鞋的设计

单侧开口绑带鞋是典型的侧开口式鞋，采用打鞋孔系鞋带的方式连接开口的两侧，由于开口具有装饰作用，所以把开口设计成纺锤形，见图 4-79。大面积的整前帮使鞋身变得简洁，外怀的侧开口外形类似于前开口，开口的前端不断帮，开口两侧的鞋耳用系鞋带方式连接，开口下面有鞋舌衬垫。如果开口前端设计成断帮结构，取跷就比较顺利，但却失去了完整的开口造型。在里怀一侧鞋口是封闭的，形成了里外怀不对称结构。

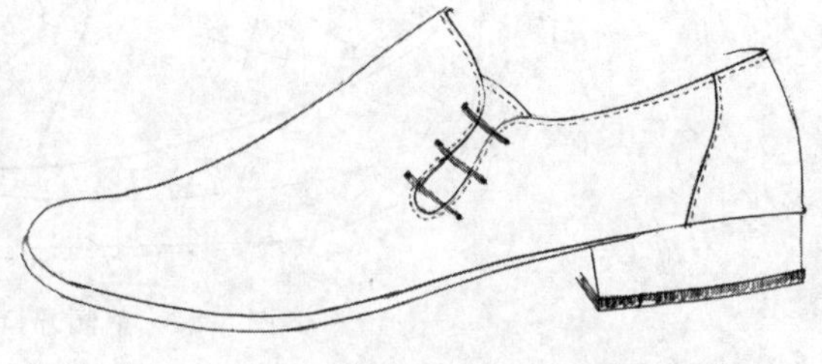

图 4-79 单侧开口绑带男鞋成品图

鞋帮上有整前帮、后包跟和鞋舌部件，共计 3 种 3 件。由于整前帮是不对称结构，所以在取跷处理时可以先不考虑侧开口，而是直接对整前帮进行转换后升跷处理，然后再单独进行外怀的开口造型设计。

1. 整前帮的设计

整前帮采用转换后升跷处理。

前帮总长度取在 E 点之前 10 mm 的位置定位 E' 点。过 E' 点作一条垂线控制鞋口外形，然后借用垂线设计出弧形鞋口轮廓线。接着在鞋口前 1/3 附近定出取跷中心 O' 点。

连接定位取跷线确定 A_0 点。延长 EV 线为转换取跷线，然后以 O 点为圆心截取 A_2 点。

连接出等量代替角$\angle A_0O'A_2$，做出转换后升跷角$\angle QO'Q'$。并描出后弧轮廓线和后身底口轮廓线。

找到前帮实际长度 A_2' 点，截取长度的 1/3 补充在前帮上作为鞋帮前端点，然后顺连出前身底口轮廓线，见图 4-80。利用转换后升跷进行整前帮的设计。

2. 开口的处理

在外怀一侧，取过 E' 点的垂线与 OQ 线相交位置的 2/3 为开口的后端点 a，取 O 点之后 25 mm 并下降 5 mm 的位置作为开口的前端点 b，连接 ab 得到开口的中线。

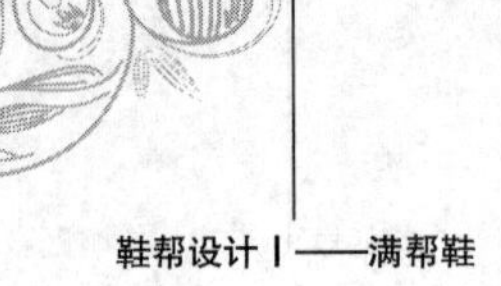

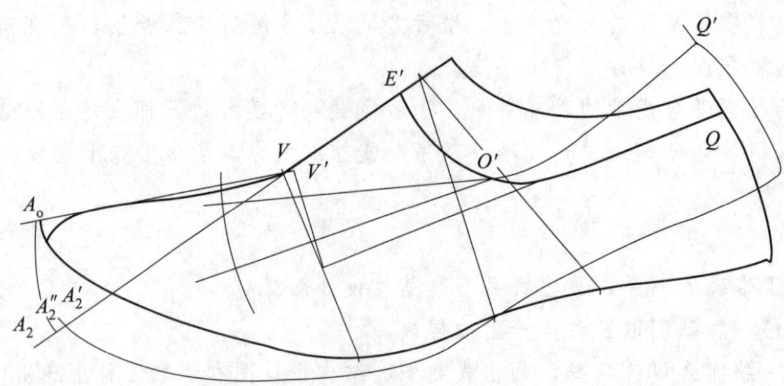

图 4-80　整前帮的设计

以开口的中线为基准设计出开口的外形轮廓。由于开口的外形与取跷无关，所以开口的宽度、轮廓可以自行设计。本案例开口后端宽度取 10 mm，可以保证折边量，造型为纺锤形，开口两端用圆弧角顺连，见图 4-81。鞋口的外怀有侧开口，而鞋口里怀成封闭状态。取跷后的鞋口线对于里怀来说造型不一定圆滑舒展，因为里外怀鞋口是不对称的结构，可以对里怀鞋口轮廓线进行修正。

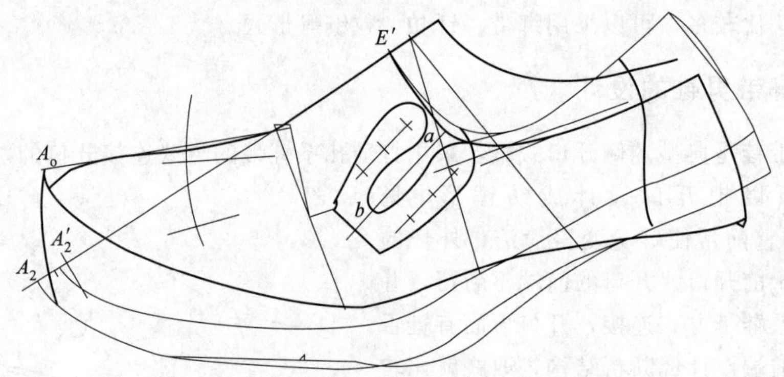

图 4-81　单侧开口绑带男鞋帮结构设计图

在开口两侧各有 3 个眼位，眼位的边距取 10 mm，在鞋耳的长度范围内等分。为了突出侧开口的装饰性，第一个眼位不用取半眼位间距。

在开口的周边设计出鞋舌部件。鞋舌上端超出鞋口 5 mm，鞋舌下端留出压茬量 12 mm，两侧上宽超出最后一个眼位 10 mm，下宽超出第一个眼位 5 mm，连接出控制线后再设计出鞋舌轮廓线。侧开口的鞋舌在设计上与前开口的鞋舌有所不同，由于前开口的鞋舌在穿用时容易左右移动，所以设计得比较宽，而侧开口的鞋舌相对稳定，可以设计得窄一些。

3. 底口的设计

底口轮廓线是完整的，分别加放绷帮量 14、15、16、17 mm，然后做出里外怀的区别。经过修整后即得到单侧开口绑带男鞋帮结构设计图。

4. 制取样板

（1）制备划线板　按照常规制备划线板，见图 4-82。划线板上有整前帮、后包跟和鞋舌部件标记。

（2）制取基本样板　按照常规制取基本样板，见图 4-83。制取的整前帮样板上有孔位的标

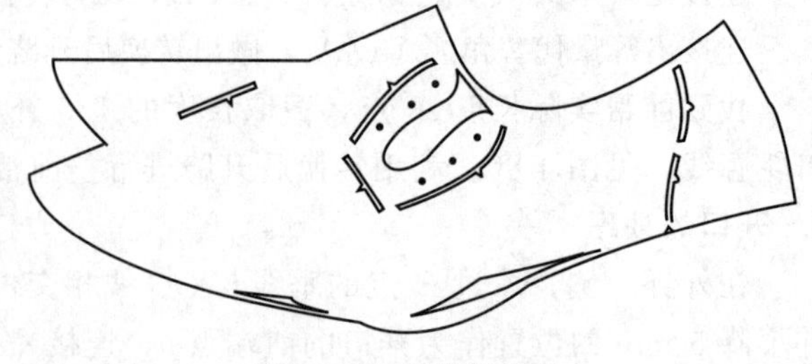

图 4-82　制备划线板

记，鞋舌样板上有压茬标记。

(3) 制取开料样板　按照常规制取开料样板，见图 4-84。在整前帮上加放了 5 mm 折边量和 8 mm 的压茬量，在后包跟上加放了 5 mm 折边量，鞋舌样板为二板合一。

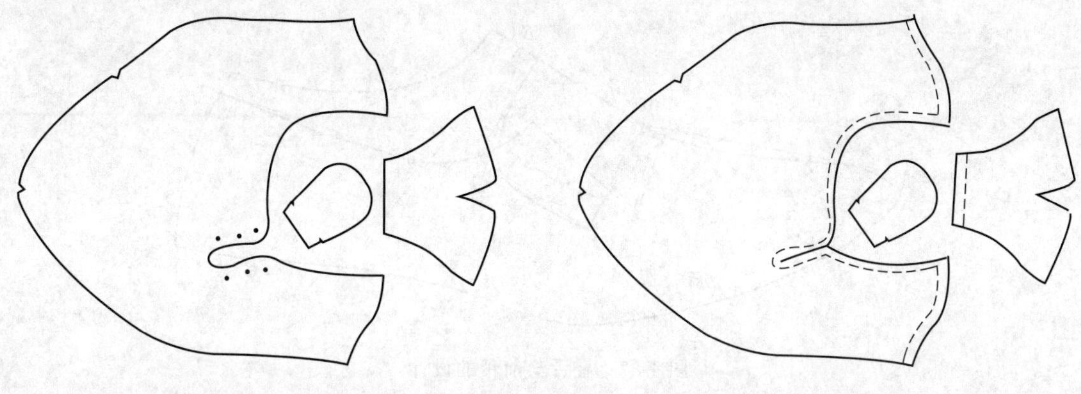

图 4-83　基本样板图　　　　图 4-84　开料样板图

(4) 制取鞋里样板　利用对位法设计出两段式拼接里，见图 4-85。在描出划线板外轮廓的基础上，先设计后帮鞋里。鞋里的断帮位置在 V 点，上端加放 4 mm 搭茬量，鞋口加放3 mm冲边量，后弧分别减少 2、3、5 mm，底口收进 6～7 mm。

在设计前帮鞋里时，要用半面板找到 O 点和自然跷，然后利用对位取跷的方法找到 A_1 点，并自 A_1 点描出一段底口线。接着加放 6～7 mm 前帮里底口轮廓线，并与后帮底口轮廓线顺接。在后帮里断帮线之后加放 8 mm 压茬量。

二、单侧开口男扣鞋的设计

单侧开口男扣鞋是用四件扣来连接外怀的侧开口鞋，从外观上看很像外舌式鞋，见图 4-86。外怀的鞋舌压在前帮上，鞋帮不断开，鞋口有类似松紧口后帮的小马头，鞋舌上有两粒四件扣起到开闭的作用。但在里怀一侧前后帮是断开的，后帮与鞋舌连成一体。

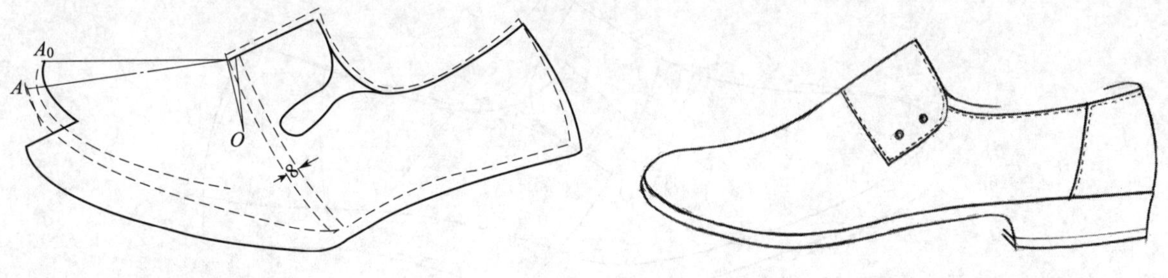

图 4-85　鞋里设计图　　　　图 4-86　单侧开口男扣鞋成品图

鞋帮上有前帮、里怀后帮、后包跟部件，共计 3 种 3 件。其中，里怀后帮延伸到外怀后形成外怀的鞋舌。

1. 外怀鞋舌的设计

外怀的鞋舌部件是全鞋的视觉中心，就如同外舌式鞋一样，可以按照松紧口后帮舌式鞋的模式处理。考虑到鞋口的封闭性强，鞋舌的长度应该取在 E 点之前 10 mm 左右的 E'点位置，相应的 OO'长度取在 15 mm 左右。

自 O 点向后量取 15 mm 并下降 5 mm 定 O'点，再过 O'点作 VE 线的垂线交于 V''点。

过 E' 点作 VE 线的垂线，过 O' 点作该垂线的垂线，在两条垂线范围内设计出鞋舌的轮廓线。在距离鞋舌下轮廓线 10 mm 的位置作一条眼位线，等分后截取两个装配鞋扣的位置，见图 4-87。

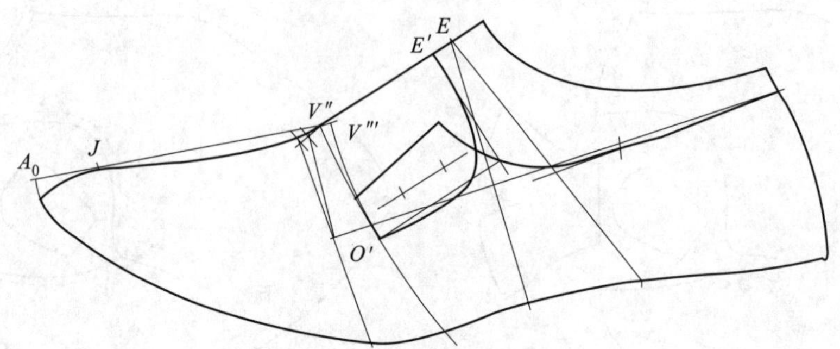

图 4-87　鞋舌与前帮的设计

2. 前帮的设计

V'' 点为前后帮的断帮位置，沿着 $V''O'$ 线向下延伸作为里怀的断帮线。

以 O' 为取跷中心，连接出等量代替角 $\angle VO'V'$，并作定位取跷角 $\angle V''O'V'''$。过 J 点连接出前帮背中线 A_0V'''。

前帮外怀是不断开的，在前鞋扣之上 10 mm、后鞋扣之上 15 mm 的位置连接一条斜直线，用来设计小马头部件。小马头后端距离鞋舌线不少于 10 mm，然后顺连出外怀的弧形鞋口轮廓线。

小马头部件与外怀前帮是连成一体的，制取样板时鞋舌和小马头上都要有钉鞋扣的标记。

3. 里怀后帮的设计

自 E' 点顺连出里怀一侧鞋口轮廓线，并分割出后包跟部件，见图 4-88。在鞋口部位里外怀也是不对称结构。由于鞋舌部件直接覆盖在脚背上，所以不用高出 3 mm 的距离。

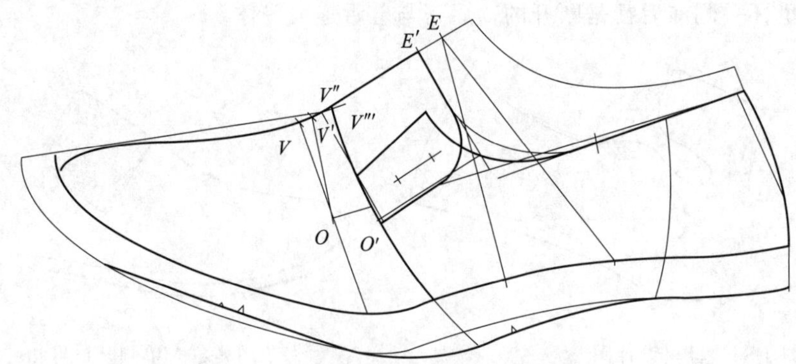

图 4-88　单侧开口男扣鞋帮结构设计图

4. 底口的设计

底口轮廓线是完整的，分别加放绷帮量 14、15、16、17 mm，然后做出里外怀的区别。经过修整后即得到单侧开口男扣鞋帮结构设计图。

三、单侧拉链女鞋的设计

单侧拉链女鞋是用拉链来连接侧开口的鞋。绑带、鞋扣、拉链都是连接侧开口的不同形式，其

中以拉链的使用最为方便，见图 4-89。鞋的前帮自鞋口斜向断开，里外怀断帮线对称，拉链只装配在外怀后帮上。在设计靴类产品时，拉链都设计在里怀一侧，由于拉链比较长，设计在里怀拉动比较方便。设计满帮鞋时，拉链兼具有装饰作用，所以设计在外怀一侧。

鞋帮上有前帮、后帮、后筋条以及拉链舌部件，共计 4 种 5 件。

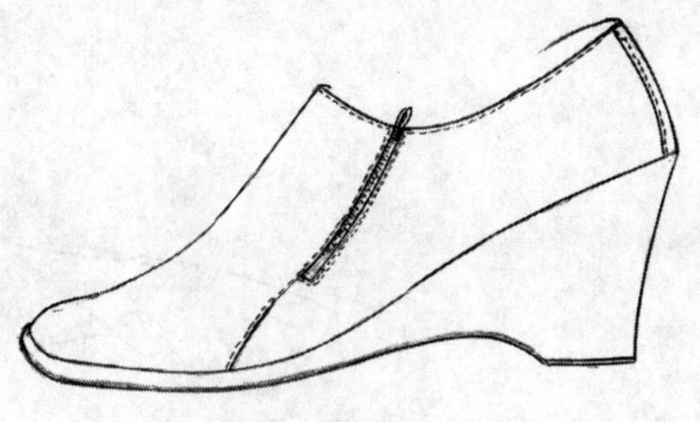

图 4-89 单侧拉链女鞋成品图

鞋用拉链选用粗齿的尼龙拉链比较好用，拉链的长度可以根据需要截取，拉链锁头的宽度约为 10 mm。为了防止拉链磨脚，在拉链下面需要设计拉链舌。拉链舌的装配以穿鞋时顺脚为主，此款鞋的拉链舌装配在后帮部件上。加工时先把拉链与鞋帮车在一起形成帮套，合里后在车鞋口线时再把拉链舌车住，所以在拉链一侧为车双线，一道线车拉链，一道线车拉链舌。

1. 前帮的设计

鞋脸长度取在 E 点，过 E 点作 VE 线的垂线，与 OQ 线相交后大约在 1/2 的位置定鞋舌宽度 E' 点。

过 E' 点设计一条斜向断帮线，与底口交于 H_1 点，与 VH 线交于 O' 点。

作定位取跷线 A_0V'，延长 EV 线为转换取跷线，并以 O 点为圆心截出 A_2 点。

连接等量代替角 $\angle A_0O'A_2$，作转换取跷角 $\angle H_1O'H_2$，截取长度差的 1/3 后顺连出前帮底口轮廓线，见图 4-90。

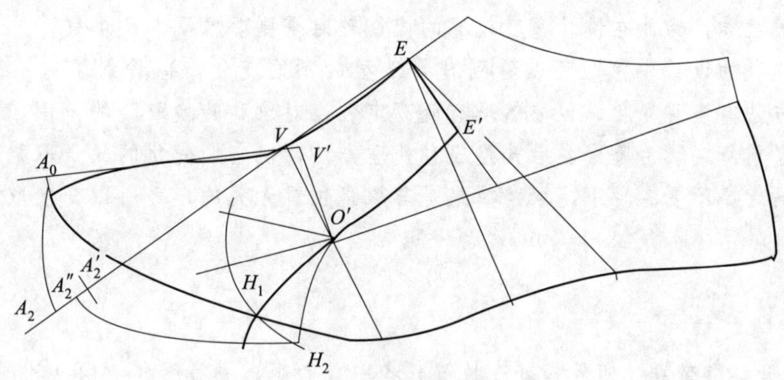

图 4-90 前帮的设计

2. 后帮的设计

过 E 点借用垂线设计出鞋口弧线，同时也对 E' 点位置进行了修正。

在断帮线的下面设计拉链位置。距离断帮线 10 mm 作平行线，长度控制在 O' 点附近。拉链线可以设计成直线，也可以设计成略有弯曲的线，随自己的喜好而定，但要注意弯曲度不能太大。

在拉链的上方设计出拉链舌部件，最宽的位置超出拉链 10 mm 左右。把后筋条部件设计在后帮上，见图 4-91。

3. 底口的设计

底口轮廓线分为前后两段，要分别进行处理。在前身底口加放绷帮量 13、14 mm，并做出里外怀的区别。在后身底口加放绷帮量 14、15、16 mm，也做出里外怀的区别。经过修整后即得到单侧拉链女鞋帮结构设计图。

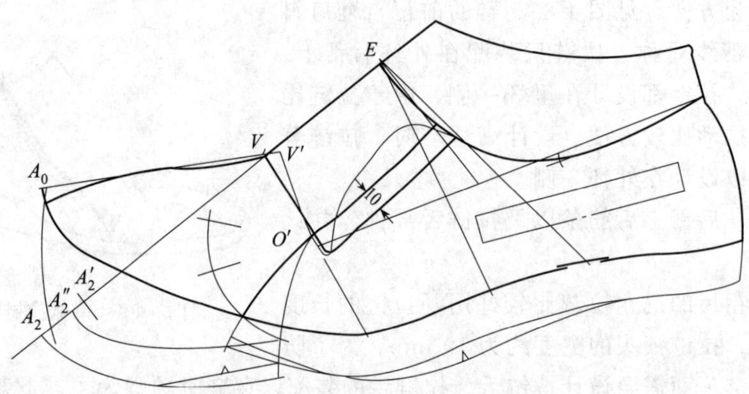

图 4-91　单侧拉链女鞋帮结构设计图

课后小结

侧开口式鞋是通过橡筋、拉链、钎扣或者绑带等辅助部件连接的，从而就形成了侧开口的橡筋鞋、拉链鞋、钎扣鞋、绑带鞋等不同的品种。单侧开口和双侧开口是两种不同的开口形式，双侧开口要比单侧开口的开闭功能大一些。

无论设计何种侧开口式鞋，都应保证穿脱的便利，所以侧开口的长度位置一般要超过 1/2 *VE* 点。其中的拉链鞋、钎扣鞋和绑带鞋，一旦束缚被打开，就形成开放式结构。而橡筋鞋的束缚是无法打开的，只能被拉伸，为此在设计宽度较窄的橡筋鞋时需要考虑最小尺寸角。

通过侧开口式鞋的设计举例，可以看到鞋帮造型的不同变化，也看到了对不同款式的跷度处理。尽管取跷的方法有多种变化，但依然没有脱离定位、对位和转换取跷的范围。需要注意的是转换取跷虽然出现了前降跷、后降跷、后升跷三种处理方法，但它们变化的只是取跷位置。在取跷中心不变、取跷角的大小不变条件下，取跷效果是与取跷位置无关的，之所以变换取跷位置是为了操作简便。

思考与练习

1. 设计单侧开口绑带鞋、四件扣鞋、拉链鞋各一款，画出成品图和结构设计图。
2. 选择上述任一款鞋制取三种生产用的样板。
3. 自行设计一款单侧开口鞋，画出成品图、结构设计图和制取三种生产用的样板。

第八节　开中缝式鞋的设计

开中缝式鞋是指鞋帮背中线被断开的一类鞋。这类鞋很特殊，由于马鞍形曲面部位的背中线被断开，分成了里外怀两部分，便于把楦面展平，所以能大大简化设计过程。

把开中缝式鞋归结在开口式鞋内是有着演变关系的。如果把前开口式鞋开得很长，长到前尖的底口部位，又把前开口开得很窄，窄到只有一条缝隙，这就形成了开中缝式鞋。开中缝式鞋属于前开口式鞋的一种变型设计。

在设计前开中宽长口男鞋时我们用到了前降跷的处理方法，大大简化了操作的过程，那么设计开中缝式鞋都要用到前降跷处理，由于用量比较大，也可以制备出前降跷半面板来进行设计，见图 4-92。(a) 表示把半面板上重叠的自然跷$\angle VOV'$还原，背中线和底口线会随之下降，利用还原

后的轮廓线制作样板就是前降跷板。(b) 表示的是前降跷样板，要注意在前降跷板上不能再出现取跷角，表示在结构设计中也不用再处理自然跷了。

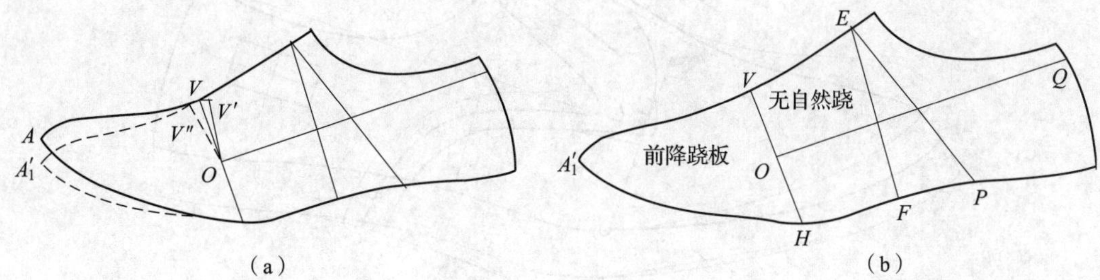

图 4-92　制备前降跷板

在对位取跷时，前帮降跷后在底口部位要补跷，那么降跷板为何不用补跷呢？在最初利用套样检验半面板时，是制取两片原始板粘成套样，首次套楦时样板并不贴楦，当把背中线打上剪口再套楦时就能伏楦了。前降跷板相当于打上剪口后的套样，可以达到伏楦的目的。由于降跷板的背中线是曲线，与楦面背中曲线相吻合，此时底口的补跷只起到弥补长度的作用，由于帮脚长度足够用，所以制备的降跷板可以不用补跷。

需要注意的是一般鞋的前帮里外怀是连在一起的，背中线是直线而不是曲线，不能直接与楦曲面吻合，所以就需要通过取跷进行处理，当自然跷被还原后就需要在底口补跷，这就形成了对位取跷。

开中缝式鞋也有多种款式变化，以背中线断开的部位来区分可以有全开中缝、前开中缝、后开中缝、中开中缝和类开中缝等类型。

一、全开中缝男鞋的设计

全开中缝表示背中线从前到后完全断开，见图 4-93。这是一款全开中缝的外耳式男鞋，前帮背中线被完全断开，为了掩饰断帮线，便在断帮线位置增加了一条彩色织带作为装饰。

鞋帮上有前帮、后帮、保险皮和织带部件，共计 4 种 6 件，其中的织带为市售的成品，不用设计，只需选择颜色和宽度，使用时截取一定的长度即可。在后帮上有假线做装饰。

图 4-93　全开中缝式男鞋成品图

1. 鞋帮的设计

利用降跷法或者降跷板进行设计。

由于背中线被完全断开，鞋帮分成里外怀两部分，所以先按照背中曲线设计外怀一侧，然后再做出里外怀的区别。

由于鞋款为外耳式形式，要先设计出后帮外怀鞋耳轮廓线、鞋口轮廓线、鞋耳下轮廓线，然后确定 5 个眼位的位置、假线的位置以及锁口线的位置。

在外怀一侧设计完成后再做出前尖点里外怀的区别，见图 4-94。后帮鞋耳的设计过程与前面讲过的设计外耳式鞋完全相同。

前帮的设计比较简单，背中曲线就是前帮的背中线。鞋舌长度超过鞋耳 6～7 mm，鞋舌后宽超过最后一个眼位 10 mm，鞋舌拐弯位置距离鞋耳前端 15 mm 左右，压茬量 8 mm，利用这些设计参数可以设计出前帮后端轮廓线。

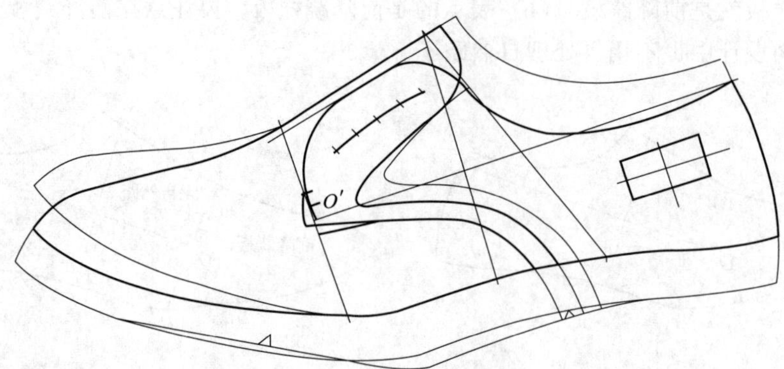

图 4-94　全开中缝式男鞋帮结构设计图

把保险皮设计在后帮部件上。

底口加放绷帮连，并做出里外怀的区别，经修整后即得到全开中缝式男鞋帮结构设计图。

2. 制取样板

（1）制备划线板　按照常规制备划线板，见图 4-95。划线板上有前帮、后帮和保险皮 4 种部件轮廓，前帮上有里外怀的压茬标记，后帮上有鞋眼位、锁口线、假线的标记。

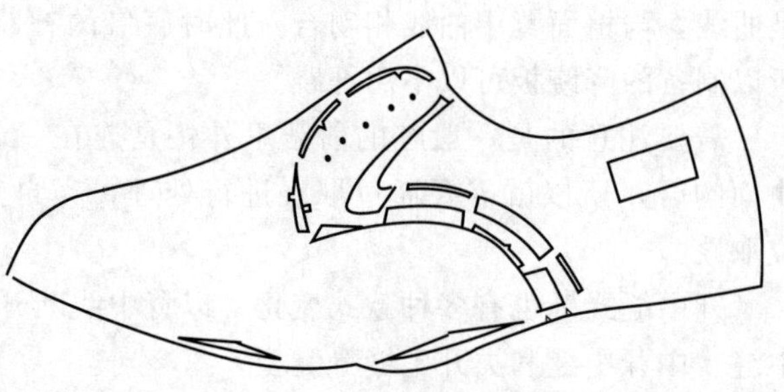

图 4-95　制备划线板

（2）制取基本样板　按照常规制取基本样板，见图 4-96。前帮样板上有压茬标记，后帮样板上有鞋眼位、锁口线以及假线的标记。注意：背中线在 A_1 线位置，标记前帮压茬量时不用再搬跷。

（3）制取开料样板　按照常规制取开料样板，见图 4-97。前帮样板的背中线加放了 1.5～2 mm 的合缝量，后帮加放了 5 mm 折边量，保险皮为二板合一。注意：开料样板多出了织带样板。织带为市售成品材料，不用设计基本样板。使用时要选择宽度在 12 mm 左右的，截取适当长度制取开料样板。

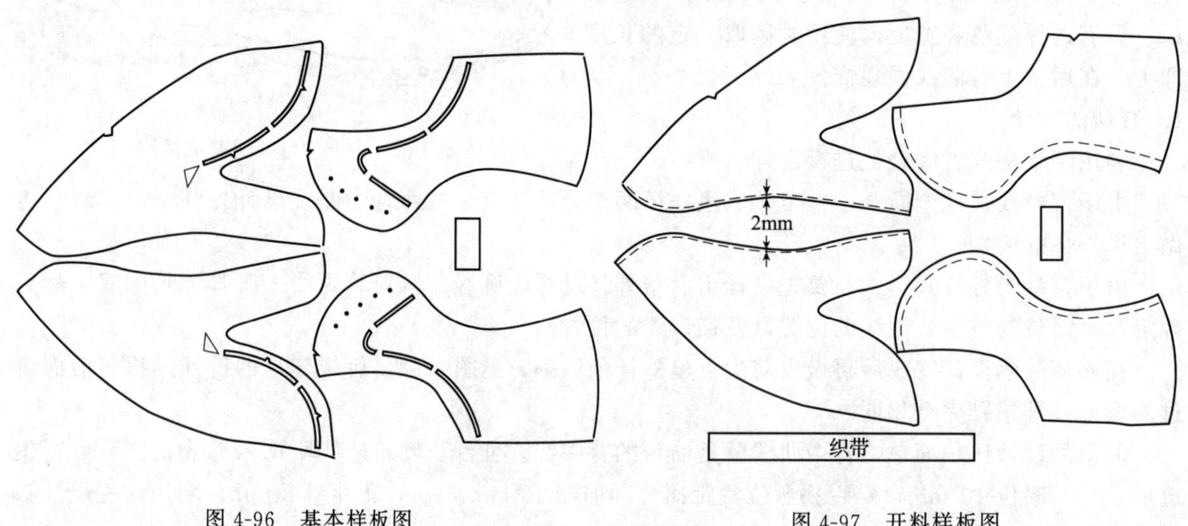

图 4-96　基本样板图　　　　图 4-97　开料样板图

(4) 制取鞋里样板　分别设计前帮里和后帮里，见图 4-98。前帮分割成前帮里和鞋舌里，前帮里加放 8 mm 压茬量，鞋舌用皮里时加放2 mm修剪量。后帮里加放 3 mm 冲边量和8 mm压茬量，在外耳式鞋里翻转部位打出剪口。后弧和底口收减量不变。

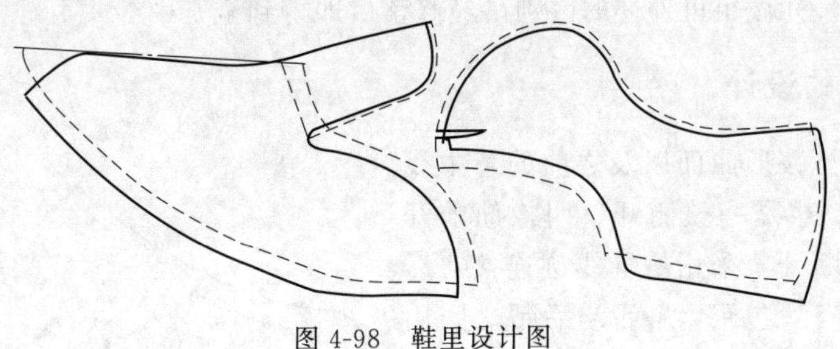

图 4-98　鞋里设计图

二、后开中缝男鞋的设计

后开中缝表示自马鞍形曲面以及之后的背中线被断开，见图 4-99。这是一款后开中缝式侧开口鞋。鞋帮上有前包头、前中帮、后帮、暗橡筋和保险皮部件，共计 5 种 8 件。背中线断开部位采用压缝并车双线，后帮侧开口部位有暗橡筋，橡筋总宽度在 30 mm 左右，比较宽，可以不用设计最小尺寸角。

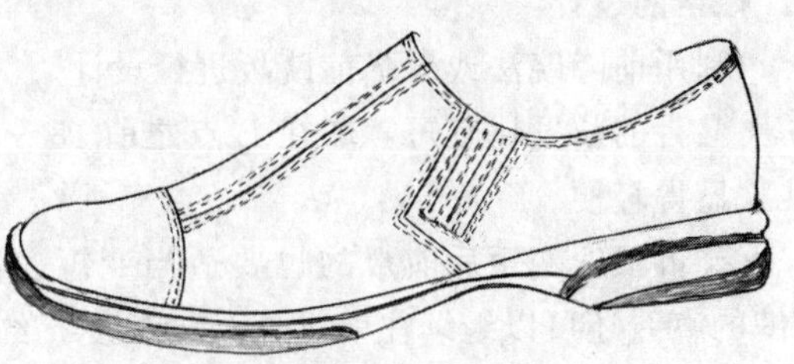

图 4-99　后开中缝式男鞋成品图

1. 鞋帮的设计

利用前降跷法或者前降跷板进行设计。

由于鞋帮的前包头背中线并不断开，要按照三接头鞋的前包头来设计。以前帮长度的 2/3 强为前包头的长度，连接出直线的背中线，并作垂线为辅助线，设计出前包头后端弧形后轮廓线。

自前包头之后的前中帮背中线为曲线，前脸长度取在 E' 点。过 E' 点作背中线的垂线，并顺连出弧形鞋口线。以垂线与 OQ 线相交的 2/3 位置作为断帮位置，斜向前下方设计出鞋舌线，再作鞋舌断开线的垂线，并设计出前后帮断开线，见图 4-100。前中帮的轮廓线与前面设计过的暗橡筋男鞋的轮廓线相似，区别在于背中线被断开。

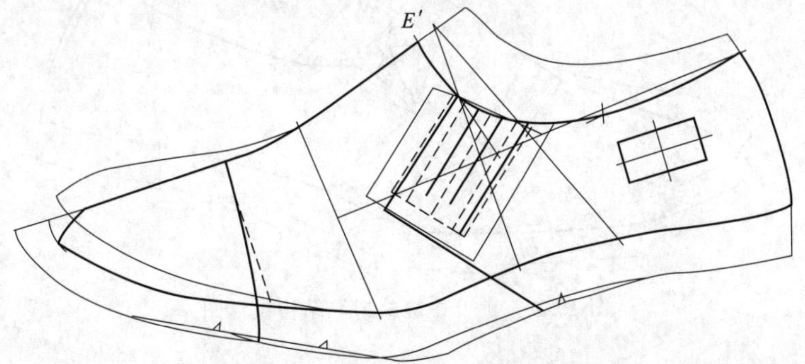

图 4-100　后开中缝男鞋帮结构设计图

2. 橡筋的设计

后帮上的橡筋也为暗橡筋，覆盖在后帮部件之下。橡筋的基本宽度为 30 mm，自断舌位置开始设计。在后帮橡筋位置有 3 道切口线，第三道切口线略长，与断舌线相呼应，距离下端断帮线有 12 mm 的长度。在每两道切口线之间是橡筋的缝合线。

第三道切口线表示出了橡筋的基本宽度和基本长度，在制取样板时两侧和下端分别加放 10 mm 压茬量即可。

把保险皮设计在后帮上。

底口加放绷帮量，并做出里外怀的区别，经修整后即得到全开中缝式男鞋帮结构设计图。

三、前开中缝男鞋的设计

前开中缝表示自马鞍形曲面以及之前的背中线被断开，见图 4-101。这是一款侧开口明橡筋前开中缝式男鞋，前帮被断开，采用拼缝线迹连接，后中帮为鞋舌，后帮上有后包跟，鞋舌与后帮之间用明橡筋连接。鞋帮上有前帮、后中帮、后帮、后包跟、橡筋部件，共计 5 种 8 件。其中的橡筋宽度比较窄，要采用最小尺寸角来控制。此款鞋为休闲类型，鞋脸的总长度比较短。

图 4-101　前开中缝式男鞋成品图

1. 鞋帮的设计

利用前降跷法或者降前跷板进行设计。

鞋舌的长度比较短，取在 E 点之前 15～20 mm 的位置定 E' 点，这样可以增加鞋口的长度，使鞋款显得轻便。

鞋舌长度变短后前帮的也要适当变短，使得前后比例协调。由于前帮背中线位置下降，连接 VE 的直线还可以继续往前延伸一段长度，约 15 mm 到达 V'' 点。前帮背中线保留原背中曲线，然后自 V'' 点设计一条向后倾斜的断帮线。

过 E' 点作一条 VE 线的垂线，再借用垂线设计出弧形鞋口线，并在后帮上截出后包跟位置。

在过 E' 点垂线与 OQ 线相交的 1/2 位置设计鞋舌轮廓线，鞋舌轮廓线的拐点 O' 距离断帮线不要太近，大约在 V 点与舌长的一半位置，然后设计出鞋舌下端刀把形轮廓线，见图 4-102。短鞋舌、短前帮、短后包跟要与窄橡筋搭配比较协调。

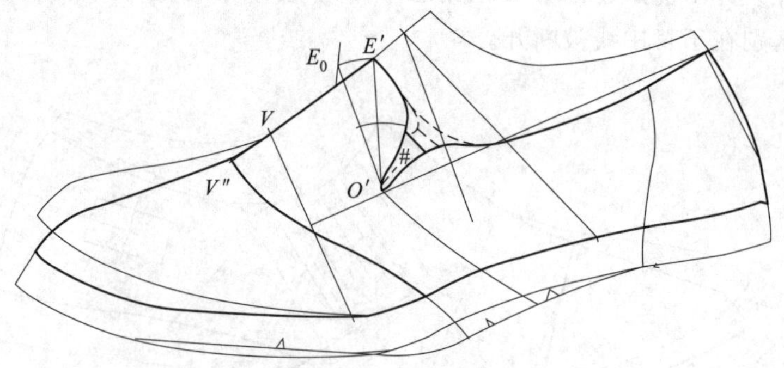

图 4-102　前开中缝式男鞋结构设计图

2. 橡筋的设计

橡筋的宽度比较窄，需要做出最小尺寸角。以 O' 点为圆心、$O'E'$ 长为半径作弧线，再以 Q 点为圆心、Q 点到 1/2 VE 处的长度为半径作弧线，两弧线相交于 E_0 点。连接出最小尺寸角 $\angle E_0O'E'$，并取其 70%＋0.5 mm 为橡筋一半的宽度，设计出橡筋位置。然后修整后帮与橡筋的镶接线，并与鞋口线成圆弧角顺连。

底口加放绷帮量，并做出里外怀的区别，经修整后即得到前开中缝男鞋帮结构设计图。

四、中开中缝女鞋的设计

中开中缝表示马鞍形背中线的中间一段被断开，见图 4-103。这是一款满帮女拖鞋，前端鞋头有一小包头部件，后端鞋口有较宽的护口条部件，两部件之间的背中线是断开的。鞋帮有小包头、鞋身、护口条部件，共计 3 种 4 件。

1. 小包头的设计

利用前降跷法或者前降跷板进行设计。

在背中曲线的前端设计出小包头部件，见图 4-104。小包头部件的后端在 J 点附近，不要太长，容易处理成直线，后端多出一个尖角造型，小包头底口长度接近跖趾关节。

图 4-103 中开中缝女鞋成品图

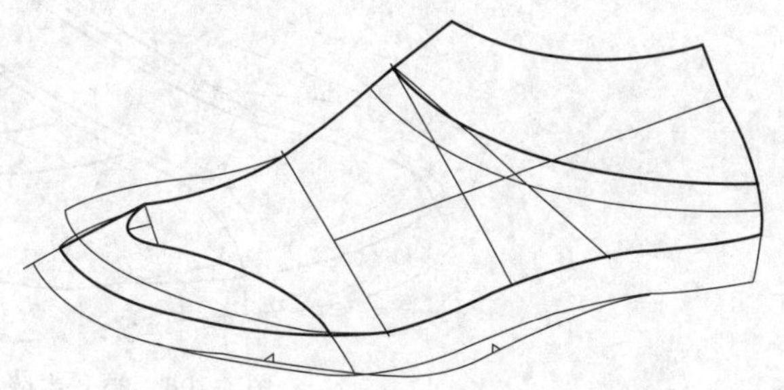

图 4-104 中开中缝女鞋帮结构设计图

2. 鞋身与护口条的设计

鞋帮前脸的总长度在 E 点，后帮的高度在 20 mm 的位置，或者更低一些，一般不要超过后跟突度点高度。

自 E 点设计一条弧形鞋口线。

护口条的宽度取在 15 mm 左右，作一条鞋口线的平行线。护口条的背中线也要取直线。

夹在小包头与护口条之间的部件即为鞋身部件，鞋身的背中线是原背中曲线。

底口加放绷帮量，并做出里外怀的区别，经修整后即得到中开中缝女鞋帮结构设计图。

五、类开中缝男鞋的设计

类开中缝表示背中线虽然没有被断开，但侧帮的结构类似于开中缝，见图 4-105。鞋帮的结构属于外耳式类型，但鞋耳很长，一直长到前端底口。鞋耳间距很窄，窄到只留出几毫米的缝隙。在鞋耳的下面，前段是衬条，后段是鞋舌。这类鞋的衬条和鞋舌虽然在背中线没有断开，但它们都是从属于鞋耳的辅助部件，并不需要进行取跷，而是采用前降跷法进行处理，故而称为类开中缝鞋，表示类似于开中缝鞋。

鞋帮上有长鞋耳、鞋身、装饰条、后口皮、后包跟、衬条和鞋舌部件，共计 7 种 10 件。鞋眼盖上有 8 个眼位和锁口线，装饰条采用合成材料车缝在鞋身上，后包跟的高度比较矮，上面有比较大的后口皮。后口皮属于鞋后帮的一个组成部分，与保险皮有区别。

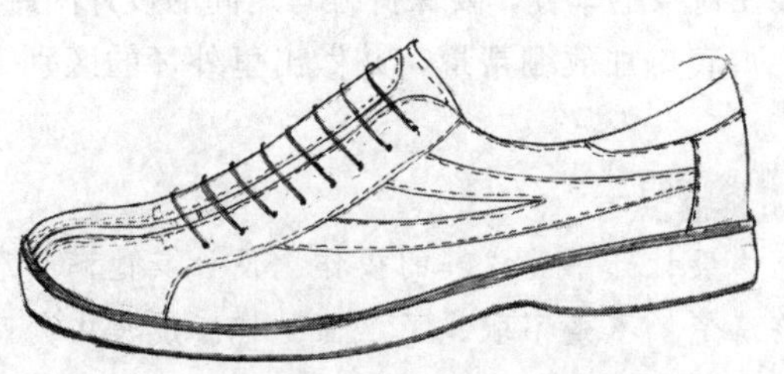

图 4-105 类开中缝男鞋成品图

1. 长鞋耳的设计

长鞋耳的上轮廓线为曲线，在距离背中曲线 3 mm 左右作一条平行线。

鞋耳长度取在 E 点，鞋耳设计成圆弧角。

距离上轮廓线 13mm 的位置为眼位线，按照 12 mm 的间距确定 8 个眼位，并在第一个眼位之前 12 mm 的位置确定锁口线。注意：此时的锁口线是以两鞋耳间的缝隙为参照物的，不用做里外怀的区别。

长鞋耳的后端宽度距离眼位线 12 mm，设计出鞋耳宽度线，在超过第一个眼位后下滑到底口，形成类似包头的造型，见图 4-106。长鞋耳是全鞋的视觉中心，其余的部件都是依据长鞋耳来设计的。

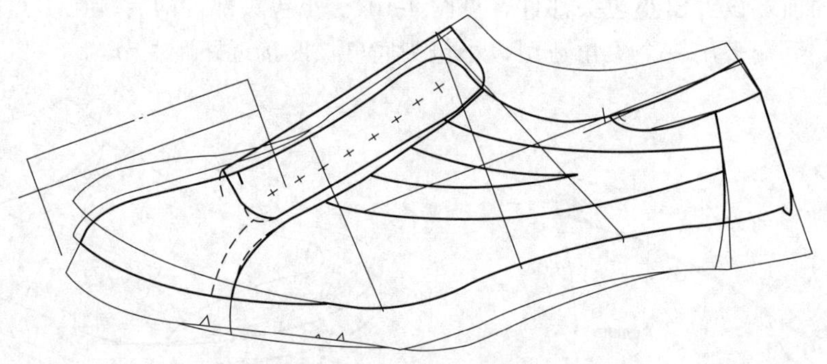

图 4-106　类开中缝男帮鞋结构设计图

2. 其他部件的设计

顺着鞋耳圆弧角向后延伸，顺连出弧形鞋口轮廓线。

后口皮的长度取在接近鞋口长度的 1/2 位置，后中线部位宽度取在 15 mm 左右，前端用弧线顺连。

后包跟比较矮，后中线上没有开叉，所以要从后口皮位置开始连接后弧突度点作一条直线为后包跟中线。后包跟的宽度比较小，上端在 20 mm 左右，下端在 30 mm 左右，连接的前轮廓线为弧线。

需要注意的是后包跟的后中线与半面板的后弧线之间会出现一个夹角，无形之中就增加了底口的长度。处理的办法是在后包跟前轮廓线的后面在设计一条轮廓线，第二条线与第一条线之间也形成一个同样大小的夹角，这个夹角就是部件的工艺跷。制取样板时，前一条线是鞋身轮廓线，后一条线是后包跟轮廓线，两线之间有一间隙，部件镶接后可以消除底口增加的长度。

在长鞋耳、鞋口、后口皮和后包跟之间是鞋身部件，在鞋身上设计出装饰条部件。装饰条部件可以进行多种变换。

在鞋眼位下面设计鞋舌部件，后端加放量 6～7 mm，前端加压茬 12～15 mm，宽度超过鞋眼位 10 mm。

衬条是一直条，半侧宽度为 3+8 mm，后端长度超过锁口线 15 mm。加工时，里外怀的鞋耳要镶接在衬条上车缝，要保持鞋耳之间的设计间距不变。衬条要压在鞋舌上，保持前压后的镶接关系。

底口加放绷帮量，并做出里外怀的区别，经修整后即得到类开中缝男鞋帮结构设计图。

课后小结

设计开中缝式鞋的操作比设计其他满帮鞋都来得简单，省去了对部件进行跷度处理的过程。应该清楚：不是不取跷了，而是把跷度集中处理在半面板上。设计开中缝的各种类型鞋一定要使用降跷处理或者降跷板。

开中缝结构也可以看作是一种花色变化，能够与耳式鞋、舌式鞋、开口式鞋相搭配的鞋，从而丰富了鞋类产品。

鞋帮的中缝断开后如何连接呢？通常的办法是合缝，如果是正面合缝，正面可以把缝线作为装饰，或者增加饰条进行掩盖；如果是反面合缝，背面一定要贴衬增加牢度。此外也可以采用压茬缝、拼缝或者面翻缝。采用压茬缝时，是里怀部件压外怀部件，可以产生一种浮雕感。采用拼缝时，要使用曲线缝纫机操作，用之字形线迹做装饰，背面也要贴衬条。采用面翻缝，外观类似于折边，但看不到明线，显得平整简洁。

思考与练习

1. 分别设计全开、中开、前开、后开以及类开中锋鞋各一款，画出成品图与结构设计图。
2. 在上述鞋款中选择任一款制取三种生产用样板。
3. 参考下面图 4-107，完成结构设计图，并制取三种生产用样板。

图 4-107

综合实训三　开口式鞋的帮结构设计

目的：通过开口式鞋的帮结构设计，熟练掌握各种帮部件造型变化的方法和规律。

要求：重点考核帮部件的造型变化

内容：

（一）前开口式女鞋的设计

1. 选择合适的鞋楦，画中线，标设计点，复制出合格的半面板。
2. 自行设计一款前开口式女鞋，画出成品图、结构设计图。
3. 制备划线板和制取三种生产用样板。
4. 进行开料、车帮套、绷帮检验。

（二）侧开口式男鞋的设计

1. 选择合适的鞋楦，画中线，标设计点，复制出合格的半面板。
2. 自行设计一款侧开口式男鞋，画出成品图、结构设计图。
3. 制备划线板和制取三种生产用样板。
4. 进行开料、车帮套、绷帮检验。

标准：

1. 鞋帮部件造型要有适当变化、线条要流畅。
2. 部件镶接要求简洁。
3. 鞋里搭配要合理。
4. 绷帮效果能到到设计要求。
5. 分析设计效果时能提出进一步改进的地方。

考核：

1. 满分为100分。
2. 鞋帮不伏楦，按程度大小分别扣20分、30分、40分。
3. 绷帮后达不到设计效果酌情扣5分、10分、20分、30分。
4. 部件变化有创新性可增加5～20分。
5. 能提出合理的改进意见可增加5～10分。
6. 统计得分结果：达到60分为及格，达到80分为合格，达到90分及以上为优秀。

第五章 围盖鞋的设计

要点： 围盖鞋是指鞋前帮被分割成围条与鞋盖两部分的一种鞋类，围盖是鞋前帮的一种花色变化，围盖与不同的后帮相搭配就形成了不同款式的围盖鞋，例如舌式围盖鞋、外耳式围盖鞋、开口式围盖鞋等。掌握围盖鞋设计的关键是掌握围盖的设计，设计围盖需要事先制备好拷贝板，利用拷贝板可以顺利地设计出不同款式的围盖鞋。设计围盖鞋需要利用双线取跷，而拷贝板的使用过程也就是双线取跷的过程。

重点： 围盖的设计
舌式围盖鞋的设计
外耳式围盖鞋的设计
开口式围盖鞋的设计

难点： 双线取跷的应用

围盖鞋是指鞋前帮被分割成围条与鞋盖两部分的一种鞋类，环绕周边的条形部件叫围条，被围在中心的部件叫鞋盖。对于素头鞋来说，围盖的出现相当于锦上添花，使鞋款从单调走向丰满、从平淡走向新颖，因此围盖鞋深受广大消费者的喜爱。

围盖只是鞋前帮上的一种花色变化，对鞋体的结构没有太大的影响。如果围盖与舌式鞋搭配就形成了舌式围盖鞋，如果与耳式鞋搭配就形成了耳式围盖鞋，如果与开口式鞋搭配就形成了开口式围盖鞋。

对于围盖本身来讲，围条与鞋盖的镶接关系发生变化，也会形成不同类型的鞋款。如果是围条

压在鞋盖上就形成了围子鞋，如果是鞋盖压在围条上就形成了盖鞋，如果是围条与鞋盖翻缝就形成了翻围子鞋，如果是围条与鞋盖缝出一道埂就形成了缝埂鞋，如果是围条与鞋盖之间有区分但不断开就形成了假围盖鞋。

围盖鞋的品种有很多，要想掌握围盖鞋的设计，首先要掌握围盖的设计，然后再与不同的后帮相搭配，或者改变围盖的镶接关系。

第一节　围盖的设计

围盖是前帮的一种花色变化，看起来很简单，其实不然，可由下面的试验来证明。

普通舌式鞋的前帮绷帮时很容易伏楦，把前帮分割出围条与鞋盖后再车缝起来，此时绷帮就会发现楦背上有皱褶，即使用力拉扯也难伏楦。

这是为什么呢？对于普通舌式鞋的前帮来说，前帮是完整的，鞋帮材料的网状结构是连续的，绷帮时通过网状节点的连动原理，很容易把鞋帮绷伏在楦面上。但是对于分割成围条与鞋盖的前帮来说，虽然面积大小和外形轮廓没有大变化，但是车缝的线迹改变了鞋帮材料的延伸性，拉伸鞋帮时皮料的延伸性比较大，而缝纫线的强度高但延伸率小，很难与皮料的网状纤维连动，因此就无法被绷平。

有什么办法能够解决这个问题呢？通常的办法是做工艺跷处理。也就是说把前帮分成围条与鞋盖两部分后，还要在围盖之间去掉一个月牙形的工艺跷。围盖间有了工艺跷以后，形成了鞋盖短、围条长的状态，在车帮的时候特意拉伸鞋盖的底边长度与围条相等，然后再缝合起来。当鞋盖底边被拉长后，背中线部位会自然弯曲，在工艺跷取得比较准的时候，鞋盖背中线弯曲度会与楦面吻合，此时鞋盖就很容易贴伏在楦面上，见图 5-1。平面状的鞋盖部件，拉伸鞋盖的底边以后，背中线弯曲，变成半立体状态，很容易贴伏在楦面上。

(a) 平面鞋面

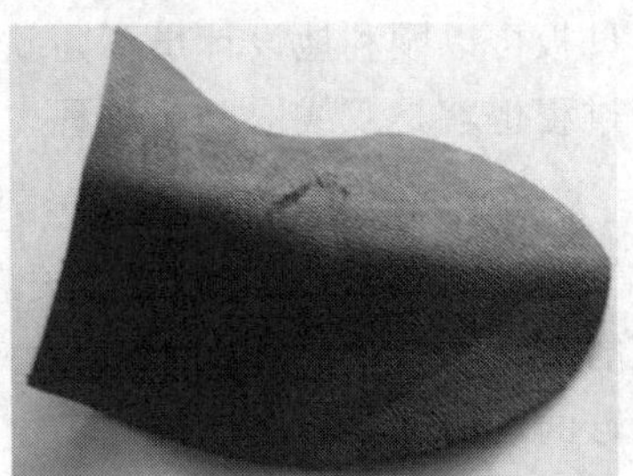

(b) 立体鞋面

图 5-1　平面鞋盖的底边经拉伸后形成半立体的曲面

之所以说设计围盖并不简单，是因为有一个工艺跷问题需要解决，而除了工艺跷之外，还需要解决围盖的位置、外形、里外怀区别等因素的影响。

一、围盖鞋的类型

围盖鞋是一种统称，如果以围条与鞋盖的镶接关系来划分会有多种类型出现。例如，围子鞋、盖鞋、翻围子鞋、缝埂鞋和假围盖鞋，等等。了解围盖鞋的类型是为了化解围盖鞋设计的难点。

1. 围子鞋

围子鞋是指围条压在鞋盖上的一类鞋，突出的是围条部件，一般在加工时围条折边、鞋盖加放压茬量，见图 5-2。鞋盖被围条包围在中间，有种收缩的感觉，使鞋头显得比较秀气，适于设计沉稳、严谨、内敛风格的鞋类。

2. 盖鞋

盖鞋是指鞋盖压在围条上的一类鞋，突出的是鞋盖，一般在加工时鞋盖折边、围条加放压茬量，见图 5-3。鞋盖的边沿暴露在外面，有种浮雕感，会使人联想到延伸、扩张，使鞋头显得比较硬朗，适于设计潇洒、活泼、有动感风格的鞋类。

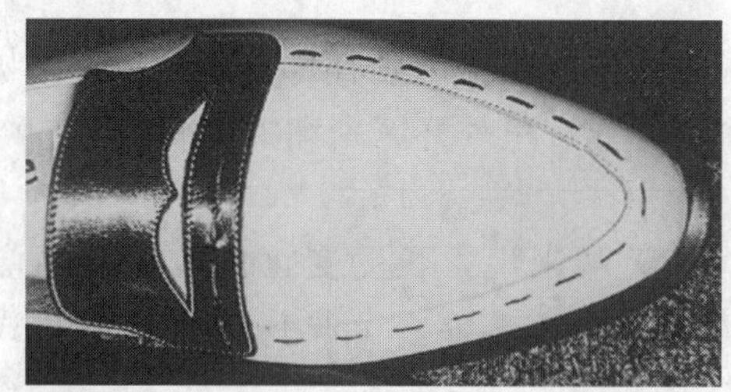

图 5-2 围子鞋

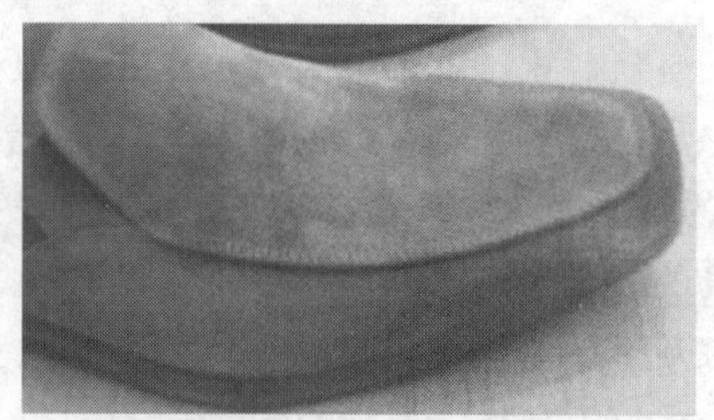

图 5-3 盖鞋

3. 翻围子鞋

翻围子鞋是指围条与鞋盖合缝后再翻转的一类鞋，围条与鞋盖之间看不到线迹，突出的是帮面简洁，在加工时围条和鞋盖都加放合缝量，见图 5-4。围条与鞋盖之间看不到明线，感觉加工比较精致，使鞋头显得很简洁，适于设计清秀、含蓄、俊朗风格的鞋类。

4. 缝埂鞋

缝埂鞋是指在围条与鞋盖之间缝出立体棱线的一类鞋，突出的是立体感，一般在加工时围条和鞋盖都加放缝合量，见图 5-5。围条与鞋盖之间缝出一道埂，形成了立体的造型，使鞋头外观具有视觉冲击力，适于设计厚重、休闲、前卫的鞋类。

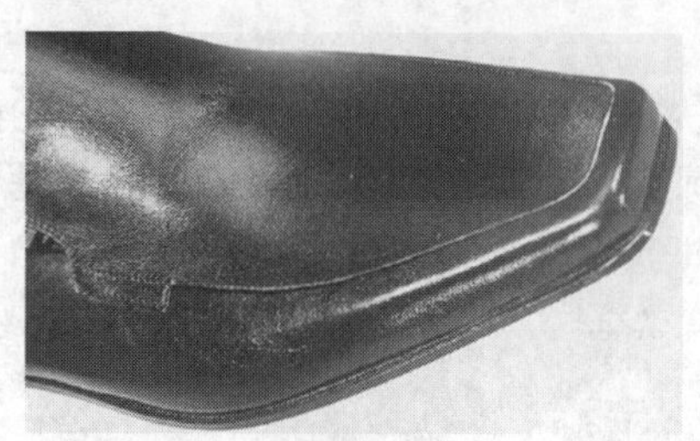

图 5-4 翻围子鞋

图 5-5 缝埂鞋

5. 假围盖鞋

假围盖鞋是指围条与鞋盖只有分割的位置，但并不真正断开的一类鞋，突出的是装饰作用。一般在加工时沿着分割线进行打花孔、穿花条等工艺操作，见图 5-6。前帮没有断开，利用打孔串缝的方式分割出围条与鞋盖，具有装饰作用，适于设计休闲、轻便、简约的鞋类。

图 5-6 假围盖鞋

综上所述，依据鞋盖与围条的镶接关系，围盖鞋基本划分成

五种类型，但每种类型中还会有变型，如果不同类型再与不同的后帮相搭配，就会演变成繁多的围盖鞋品种。

面对诸多的品种的设计是很难面面俱到的，但是从对围盖鞋的类型分析中可以发现，不同类型鞋的区别在于工艺加工方法不同，加放的工艺量不同，而围条与鞋盖的分割位置基本上是不变的。也就是说，在围条与鞋盖的分割位置确定后，既可以设计围子鞋、盖鞋，也可以设计翻围子鞋、缝埂鞋以及假围盖鞋。掌握了这个变化规律后就可以使围盖的设计变得简单了，所以围盖设计的关键是要设计围条与鞋盖的分割位置。

二、影响围盖设计的因素

围条与鞋盖相比较，鞋盖占据着主动地位，而围条是围绕鞋盖的延伸部件，所以影响围盖设计的因素主要是指对鞋盖设计的影响，包括鞋盖的位置、外形、里外怀区别和围盖间的工艺跷。

1. 鞋盖的位置

鞋盖的位置是用前后两端和两侧来控制的。对于后端来说，长度变化比较大，要依据款式的需要来确定。对于两侧来说，大致的位置在楦面宽度的 1/2 左右，具体到不同的款式也会有调整。

控制鞋盖位置的关键是前端点，一般情况下是选取楦头突点位置 J 来控制。对于设计围盖鞋的专用鞋楦来说，由于楦墙直立，J 点位置很突出，是控制鞋盖在楦面上的位置。但是在制取样板时还需要考虑绷帮时往前的拉伸作用，所以在设计图上所应用的鞋盖前端点是在 J 点之后 2～3 mm 的 J' 点位置。要根据材料延伸性的大小来确定 2 mm 或 3 mm，见图 5-7。

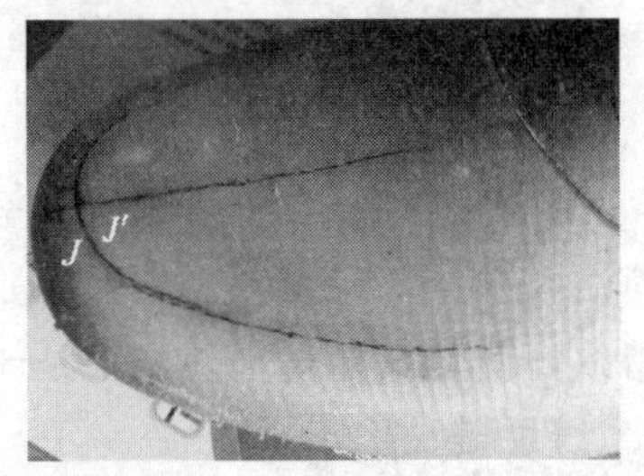

图 5-7　鞋盖前端的位置

楦面上的 J 点是成鞋后的鞋盖前端点，楦面上的 J' 点是设计鞋盖的前端点，绷帮时经过拉伸后会前移到 J 点位置。

如果就选择在 J 点进行设计，绷帮时肯定要往前拉伸帮脚，会造成前端点超过了前头突点，会产生下坠、不稳定的感觉，影响到外观的视觉效果，也就是俗称的“掉炕”。

2. 鞋盖的外形

鞋盖的外形要随鞋楦的头型来变化，要区分圆头形、方头形、尖头形等。鞋盖头型的变化是否合适，是否好看，全凭眼光，要多观察、多比较、多训练才能使眼光独到。最好的办法是把围盖的轮廓线描画在楦面上，在不同的楦头造型上搭配协调的鞋盖，见图 5-8。

图 5-8　鞋盖的外形要随鞋楦头型而变化

不管是圆头形、尖头形或者尖头形，鞋盖的外形应该与鞋楦的头型相似，使环绕鞋盖的围条宽度看上去要均匀。由于楦面是立体造型，所以这种均匀是视觉上的均匀而不是测量上的均匀。围盖在楦面上最终定位，还要经过绷帮的拉伸作用，所以在制取样板时，鞋盖要取在分割线内圈，从经

验上说就是“宁亏勿过”。

3. 里外怀区别

在鞋盖的两侧要有里外怀的区别，里怀位置高于外怀 3～5 mm，这与外耳式鞋前尖点的高度区别是相通的。一般里外怀的区别位置是取在 O 点之前 20 mm 左右，由于围盖的外形为弧线形，做出里外怀区别后也要以弧线的形式顺连，见图 5-9。

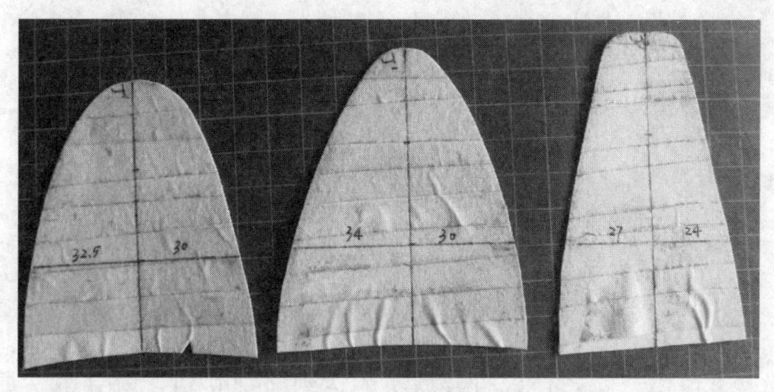

图 5-9 鞋盖里外怀的区别

外怀一侧宽度比里怀一侧宽，外怀鞋盖轮廓线的位置会比里怀低。围盖上设计里外怀的区别是为了使鞋盖位置看起来端正，有些楦面里外怀的实际区别比较大，如果完全按照实际差别设计，反而会使鞋盖变形。因此鞋盖的里外怀区别要适度，也就是在楦面上看起来端正即可，不要死套数据。

4. 工艺跷处理

围盖鞋的工艺跷分为两部位，一个是围盖间的工艺跷，另一个是围条前端的工艺跷。

（1）围盖间的工艺跷　鞋盖的背中线是一条直线，它与楦曲面不能吻合。那么在背中直线与背中曲线之间存在一个月牙形的间隙，这个间隙的大小就是围盖间工艺跷的大小，这个间隙的位置就是围盖间工艺跷的位置。在设计围盖时，把这个间隙从围盖之间除掉，见图 5-10。

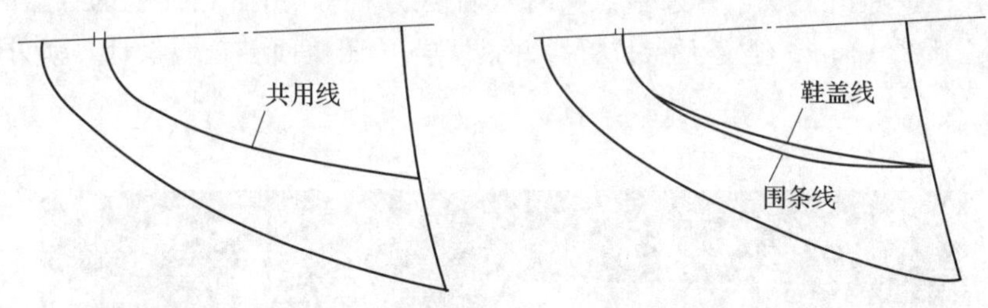

图 5-10 围盖间有跷与无跷的区别

围盖共用一条线时没有工艺跷，围条与鞋盖轮廓线分开后就出现了工艺跷。围盖间的工艺跷处于围条与鞋盖之间，处理在围条上或者鞋盖上都可以。在后面的设计中将采用双线取跷法，可以很好地解决这个问题。

（2）围条前端的工艺跷　围条前端为何要取工艺跷？在围条设计完成后还需要增加折边量或者压茬量，当把围条部件打开进行同身套划时往往不能套划，这会造成浪费大量的材料，以此需要在围条前端去掉一个角，也就是取工艺跷，以解决样板套划的问题。

围条前端取工艺跷的办法是在围条背中线上端去掉一个角，使取跷后的围条样板打开后开口增加，可以满足套划的要求，见图 5-11。

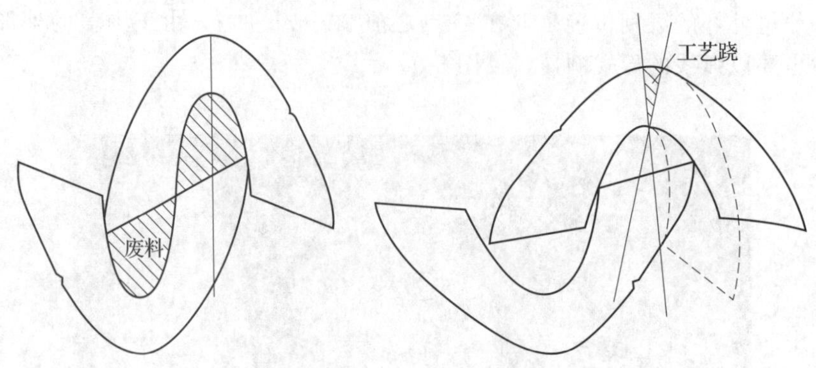

图 5-11　围条前端是否取工艺跷的差异

左图围条的前端没有取工艺跷，样板打开后不能达到同身套划，就会浪费原材料。而右图取了工艺跷，两翼张开的角度加大，就可以满足同身套划的要求，可以节省原材料。样板开口的大小是通过工艺跷的大小来调节的，开口过大也不一定就省料，要以样板的实际套划效果为准。

综上所述，可见设计围盖鞋的要求比较多，所以才比较麻烦。那么，有没有简捷的办法呢？答案是肯定的，通过制备鞋盖拷贝板的办法可以一揽子解决上述诸多问题。

三、拷贝板的制备

拷贝板是指鞋盖在楦面上的基本样板。有了拷贝板可以解决鞋盖的位置问题、外形问题、里外怀区别问题以及围盖间工艺跷问题。

1. 制备拷贝板的方法

制备拷贝板可按下列步骤进行：

（1）在楦头部位画出背中线到达 V 点附近，接着用美纹纸贴满外怀一侧。

（2）用铅笔在楦头标出 J 点，并过 J 点沿着楦墙棱线涂抹出外怀楦面上的鞋盖的位置。

（3）在 J 点之后 2～3 mm 确定 J'点位置，并过 J'点仿照楦面鞋盖线设计一条外怀样板鞋盖线，见图 5-12。

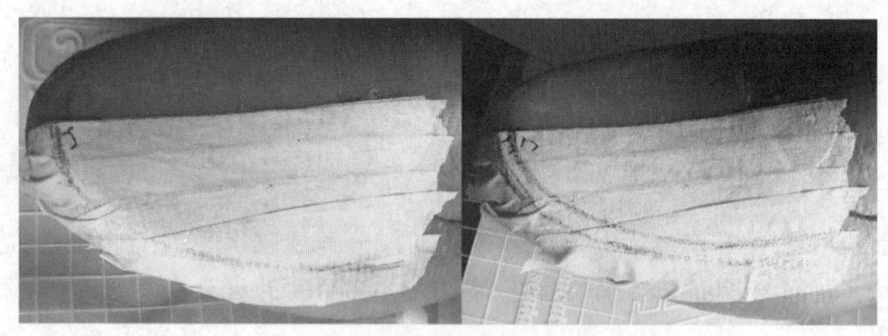

图 5-12　仿照楦面鞋盖线设计外怀样板鞋盖线

（4）在里怀一侧也贴上美纹纸，背中线对齐，仿照外怀样板鞋盖线设计出里怀样板鞋盖线，见图 5-13。

图 5-13 仿照外怀鞋盖线设计里怀鞋盖线

(5) 揭下美纹纸贴在卡纸上，贴平时要保证鞋盖轮廓线平整，有皱褶处理在背中线上，见图 5-14。

图 5-14 展平贴楦纸

(6) 沿着鞋盖轮廓线剪出样板来即得到里外怀的拷贝板，见图 5-15。拷贝板周边轮廓线要进行修整，刀口要光滑圆顺，并使里外怀的线条风格保持一致。在里怀的拷贝板上打上剪口标记。

2. 对拷贝板的要求

(1) 拷贝板一定是里外怀两块部件，不能取一整块，这样可以保留背中线的弯曲状态。

(2) 把里外怀的拷贝板拼接起来，中间部位会有空隙，这是取围盖间工艺跷的基础。

(3) 拼接后的拷贝板周边轮廓线应该圆滑、流畅和完整。

(4) 检验拷贝板时要把拷贝板复合在楦面上，J 点后退 2～3 mm与 J' 点对齐，背中线合拢，考察周边分割出的围条轮廓线是否均匀，见图 5-16。

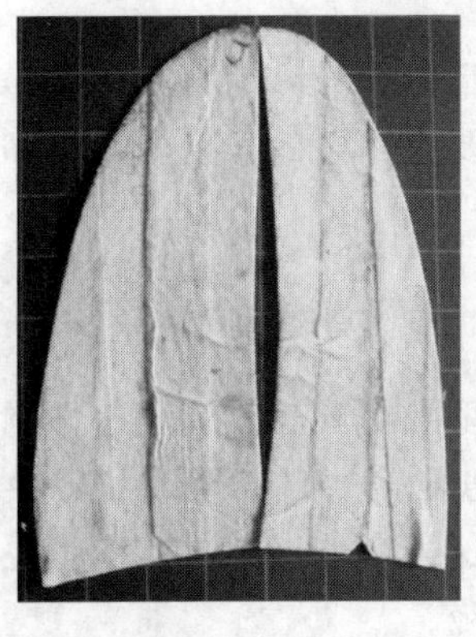

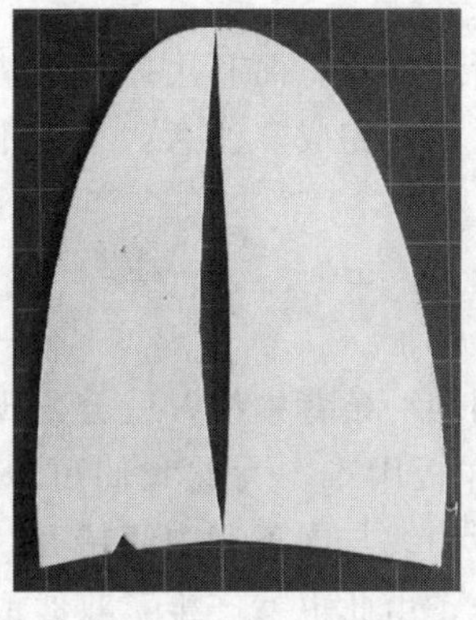

图 5-15 制备拷贝板

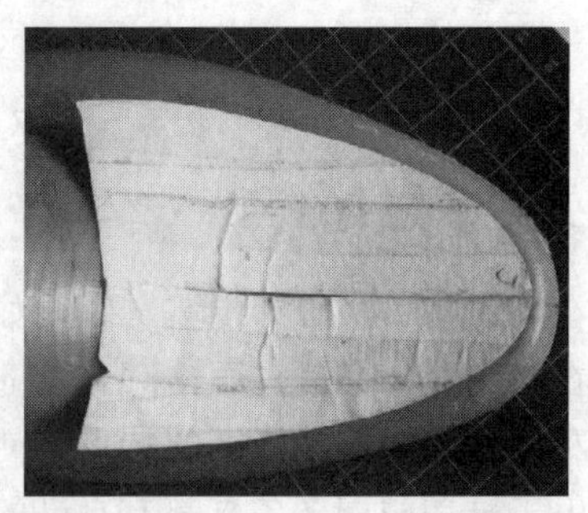

图 5-16 检验拷贝板

拷贝板上有鞋盖的位置、鞋盖的外形、里外怀的区别和围盖间工艺跷的大小，只要拷贝板使用得当，就能满足围盖设计的四种影响因素。

3. 拷贝板的使用

应用拷贝板主要是利用拷贝板前 1/2 的头型变化和后 1/2 的线条变化。楦头的造型是固定的，鞋盖与楦头造型要协调一致，所以基本上是用拷贝板前 1/2 的头型描出鞋盖轮廓线的。由于鞋盖的长度和后端的宽度会随着鞋款变化而变化，所以后端轮廓不会是千篇一律，而是利用拷贝板后 1/2 线条的变化顺延鞋盖轮廓的。

应用拷贝板时，如果沿着直线一边旋转一边描画拷贝板轮廓线，得到的是鞋盖轮廓线。如果沿着楦背曲线直接描画拷贝板轮廓线，得到的是围条轮廓线。如果把两次描画的轮廓线叠加起来，就会看到鞋盖轮廓线与围条轮廓线分离，中间出现一个间隙，这就是工艺跷，见图 5-17。

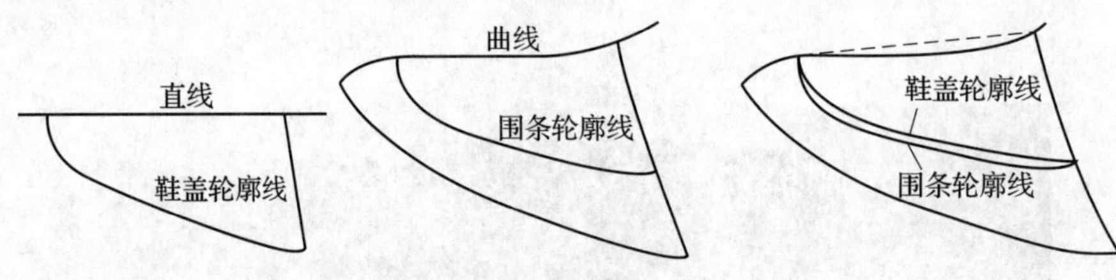

图 5-17　拷贝板的使用

边旋转变描画拷贝板轮廓线的方法叫作旋转取跷，描画的结果是保证了鞋盖的面积大小不变，并且把背中线转换成一条直线，见图 5-18。拷贝板的背中线是一条曲线，并不能与直线对齐。但是可以把拷贝板的背中线分成几段，每一段都可以近似与直线对齐。描画鞋盖轮廓线时，可以先对齐第一段，直接画出一小段鞋盖轮廓，然后固定“1”点，再对齐第二段，接着再描一小段鞋盖轮廓，以此类推，最后就会得到完整的鞋盖轮廓线，而且背中线也转换成了一条直线。

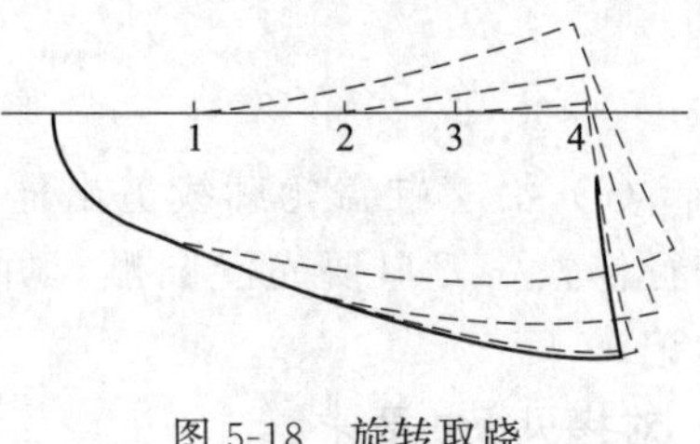

图 5-18　旋转取跷

如果用同样的方法也描出里怀拷贝板，再把里外怀图形拼接就得到鞋盖的完整轮廓，而且头型和里外怀的区别都与楦面一致。

当把描出的围条轮廓与鞋盖轮廓拼接，就会发现在围盖间有一间隙，这就是围盖间的工艺跷。描画的结果是鞋盖镶接线短、围条镶接线长，加工时适当拉伸鞋盖的底边，不但能顺利镶接，而且背中线位置会自然弯曲，正好吻合在楦面上。

利用经验法设计围盖很麻烦，需要不断地修改，而利用拷贝板进行围盖设计变得很简单，可以一箭三雕，外形、工艺跷、里外怀区别可以一并完成。注意：千万不要把围条的长度修剪得和鞋盖一样长。

四、双线取跷的应用

在利用拷贝板设计围盖鞋时，如果使用同一条背中线，就会出现里外怀鞋盖线和里外怀围条线重叠在一起，四条线重叠出现就会造成取样板困难。为此我们可以把鞋盖的自然跷或者转换跷还原，利用鞋盖与围条断开的特点，使鞋盖背中线与围条背中线错开，这样就能够解决四线重叠的现象。由于鞋盖与围条各自都有自己的背中线，由此也就产生了双线取跷。

所谓双线取跷就是指利用两条背中线进行跷度处理的过程。设计满帮鞋需要进行跷度处理，双

线取跷完全可以代替定位取跷、对位取跷和转换取跷。双线取跷是专门用于设计围盖鞋的取跷方法，既可以解决围盖的设计问题，又可以解决满帮鞋的跷度处理问题。

1. 双线取跷的来源

引出双线取跷并非空穴来风，它有着实践的基础，可以参见下面的实例。

(1) 源自定位取跷角还原　在利用定位取跷设计围盖鞋时，如果把定位取跷角向前旋转还原，并且使 $O'V'''$ 线与 $V''O'$ 线重合，就会使鞋盖的背中线下降到 J_1 线位置，其结果是形成了双线取跷的模式，见图 5-19。

围条与鞋盖原本是同一条背中线（A_0 线），在鞋盖上的取跷角还原后就出现了另一条背中线（A_1 线），从而出现了两条背中线，也就是说设计围盖使用了两条背中线，一条是鞋盖背中线，另一条是围条背中线。鞋盖的虚线与围条的实线之间形成的是双线取跷角。

(2) 源自对位取跷角还原　同样在利用对位取跷设计围盖鞋时，如果把对位取跷角向前旋转还原，并且使 $O'H_2$ 线与 $O'H_1$ 线重合，就会使围条的背中线上升到 J' 线位置，其结果也是形成了双线取跷的模式，见图 5-20。

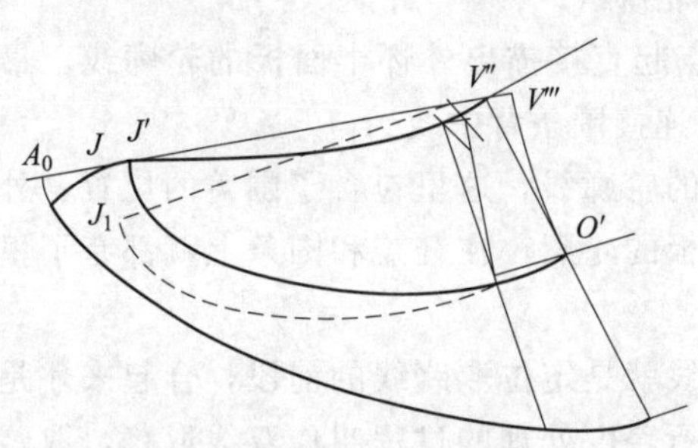

图 5-19　源自定位取跷角还原的双线取跷

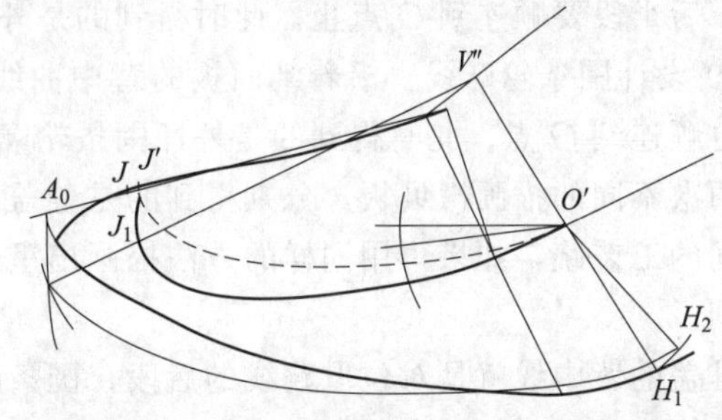

图 5-20　源自对位取跷角还原的双线取跷

围条与鞋盖原本是同一条背中线（A_1 线），在围条上的取跷角还原后就出现了另一条背中线（A_0 线），从而出现了两条背中线，也就是说设计围盖使用了两条背中线，一条是鞋盖背中线，另一条是围条背中线。鞋盖的实线与围条的虚线之间形成的是双线取跷角。

(3) 源自转换取跷角还原　在利用转换取跷设计围盖鞋时，如果使转换取跷角向前旋转还原，并且也使 $O'H_2$ 线与 $O'H_1$ 线重合，同样会使围条的背中线上升，不过上升到达的位置并不是 J' 点，而是与 J' 点还有一定的距离。这是因为转换取跷时前帮有长度差的问题，但还原的结果还是形成了双线取跷的模式，见图 5-21。

围条与鞋盖原本是同一条背中线（A_2 线），在围条上的取跷角还原后就出现了另一条背中线（A_0 线），从而出现了两条背中线，也就是说设计围盖使用了两条背中线，一条是鞋盖背中线，另一条是围条背中线。鞋盖的实线与围条的虚线之间形成的是双线取跷角。

综上所述，利用定位、对位和转换取跷都可以转化成双线取跷，但从背中线的变化来说，双线取跷只有 A_0/A_1 线和 A_0/A_2 线两种方式。

2. 双线取跷的应用

应用双线取跷需要分别设计出鞋盖背中线和围条背中线。

(1) A_0/A_1 线的应用　在设计背中线有横断结构的围盖鞋时要利用 A_0/A_1 线。假设前帮为舌式鞋前帮，取跷中心定在 O' 点，鞋盖长度就取在 O' 点，见图 5-22。

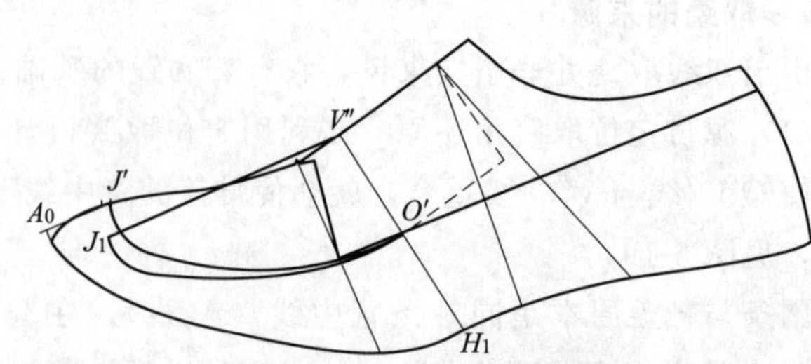

图 5-21　源自转换取跷角还原的双线取跷

图 5-22　A_0/A_1线的应用

① 设计鞋盖轮廓线：首先以 O 点为圆心、以 OJ'为半径作圆弧，然后再以 V 点为圆心、$V'J'$长为半径作圆弧，两弧交于 J_1点。

直线连接 $V''J_1$为鞋盖背中线，然后自 J_1点起采用旋转取跷的方法描出外怀拷贝板前半段的轮廓线，后半段要顺连到 O'点止。此时得到的是外怀鞋盖轮廓线。

② 设计围条轮廓线：沿着半面板的背中曲线自 J'点起直接描出外怀半面板的轮廓线，最后的端点也顺连到 O'点。此时得到的是外怀围条轮廓线，并连接围条背中线 A_0J'。

两次不同的描画拷贝板，分别得到的是鞋盖和围条的轮廓线，这里包含了围盖的位置、外形和围盖间的工艺跷，如果再用同样的方法描画出里怀拷贝板的轮廓，在鞋盖和围条上就都有了里外怀的区别。

鞋盖的背中线就是对位取跷线的后段，围条的背中线就是定位取跷线的前段，合起来才是完整的背中线，就是 A_0/A_1线。所以，把利用两条取跷线进行跷度处理的过程叫作双线取跷，取跷角的位置就在鞋盖与围条的两弧线之间。

鞋盖的背中线在 A_1线上，围条的背中线在 A_0线上，在实际的设计中，围条前端还要取工艺跷，这是 A_0线的变型。

（2）A_0/A_2线的应用　在转换取跷线上设计围盖鞋时要利用 A_0/A_2线。假设前帮为整舌式鞋，取跷中心在 O'点，鞋盖长度取在 O'点，见图 5-23。

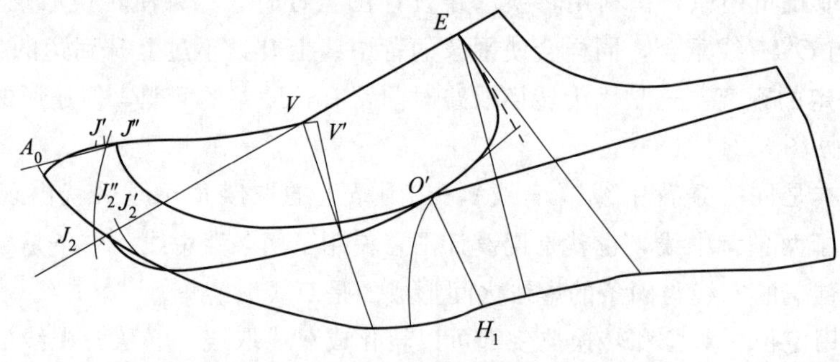

图 5-23　A_0/A_2线的应用

① 设计鞋盖轮廓线：首先延长 EV 线为转换取跷线，然后以 O 点为圆心、以 OJ'为半径作圆弧，交于 J_2点。由于 J_2点使鞋盖的背中线变长，要通过 $V'J'$长找到鞋盖背中线的实际长度，定为 J_2'点，要截取 J_2J_2'的 1/3 长度差定为 J_2''点，然后自 J_2''点起采用旋转取跷的方法描出外怀拷贝板前

半段的轮廓线，后半段顺连到 O'点。此时得到的是外怀鞋盖的轮廓线。

② 设计围条轮廓线：把 J'点往后延长一个 1/3 长度差定为 J''点，再沿着半面板的背中曲线自 J''点起直接描出外怀半面板的轮廓线，后半段也顺连到 O'点。此时得到的是外怀围条轮廓线。

两次不同的描画拷贝板，分别得到的是鞋盖和围条的轮廓线，这里包含了围盖的位置、外形和围盖间的工艺跷，如果再用同样的方法描画出里怀拷贝板的轮廓，在鞋盖和围条上就都有了里外怀的区别。

鞋盖的背中线就是转换取跷线的后段，围条的背中线就是定位取跷线的前段，合起来才是完整的背中线，就是 A_0/A_2线。这种利用两条取跷线进行跷度处理的过程叫作双线取跷，取跷角的位置就在鞋盖与围条两弧线之间。

鞋盖的背中线在 A_2线上，围条的背中线在 A_0线上，在实际的设计中，围条前端还要取工艺跷，这也是 A_0线的变型。

围条的 J'点为何要往后延长呢？在图 5-21 中已经看到，鞋盖前端还原的位置与 J'点有一个差距，这个差距取多大合适呢？在转换取跷时背中线的前端是经过修正的，也即是说 J_2点是鞋盖的转换长度、J_2'点是鞋盖的实际长度，按照背中线前端修正的办法处理后 J_2''点是鞋盖的应用长度。那么在接帮时鞋盖与围条之间就会存在 2/3 长度差的距离，如果鞋帮材料的延伸性好，镶接是不成问题的，但现在鞋帮面往往要贴衬，延伸性受到影响，于是就采用增加围条 1/3 长度差的办法促使接帮顺利，所以 J'点就延长到了 J''点。

综上所述，双线取跷的应用就是利用鞋盖的背中直线旋转取跷设计鞋盖的轮廓线，利用半面板的背中曲线设计围条的轮廓线。利用双线取跷可以大大简化设计过程。

课后小结

围盖鞋的品种虽然繁多，但设计围盖鞋的关键就是设计围条与鞋盖的分界线。围条与鞋盖的分界线包含着位置、外形、里外怀区别和工艺跷等方面的内容，依然很复杂。为此，用拷贝板作为辅助工具，采用双线取跷法进行处理，就可以顺利地解决围盖鞋的设计问题。

总结起来，前面已经学习过了定位取跷、对位取跷、转换取跷、对位后升跷、转换后升跷、转换后降跷以及前降跷等多种取跷方法，现在又增加了双线取跷。取跷的名目虽然多，但最基本的取跷方法依然是定位、对位和转换取跷。

为了简化设计过程，使用最简单手段、最短的时间来完成设计任务，所以才派生出不同的取跷方法。双线取跷是专门用于围盖鞋的取跷方法，可以把一个复杂、烦琐的设计过程简化为拷贝板的灵活运用。

思考与练习

1. 分别制备出男女围盖鞋楦的拷贝板。
2. 使鞋盖贴伏于楦面的原理是什么？
3. 双线取跷是如何应用的？

第二节　舌式围盖鞋的设计

在设计舌式鞋的基础上把前帮分割出鞋盖与围条部件，就形成了舌式围盖鞋。

一、松紧口后帮男舌式围子鞋的设计

松紧口后帮舌式围子鞋是在松紧口后帮舌式鞋的基础上再加上鞋盖与围条的变化而形成的，由于是围子鞋，要求围条压在鞋盖上，见图5-24。鞋身为松紧口后帮舌式鞋，在前帮设计出了鞋盖与围条部件，而且围条压在鞋盖上，这就形成了松紧口后帮男舌式围子鞋。设计时应该选用男舌式楦，采用双线取跷。鞋帮上有围条、鞋盖、鞋舌、后帮、横担、松紧带和后筋条部件，共计7种8件。镶接时，围条压鞋盖，围条压后帮，鞋盖压鞋舌，鞋舌压后帮，后帮小马头压松紧带，后筋条压后帮中缝，横担压在断帮线上。特殊的要求就是要制备出鞋盖的里外怀拷贝板，采用A_0/A_1双线取跷法设计围盖。

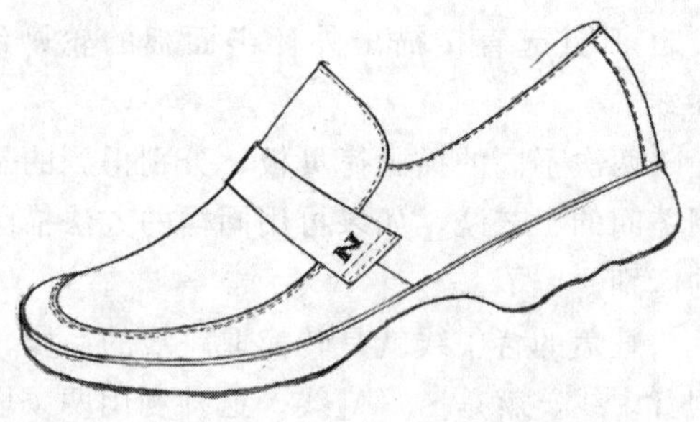

图5-24 松紧口后帮男舌式围子鞋成品图

设计的步骤一般是先设计出松紧口后帮男舌式鞋，然后再设计出围条与鞋盖，最后完成松紧口后帮舌式围盖鞋的设计。

1. 松紧口后帮男舌式鞋的设计

设计舌式鞋时主要是设计外形轮廓，不要设计取跷角，见图5-25。V''点为断帮位置，J点是楦面鞋盖前端位置，J'点是鞋盖设计位置。为了能看清围盖的线条，可以先不设计横担部件。

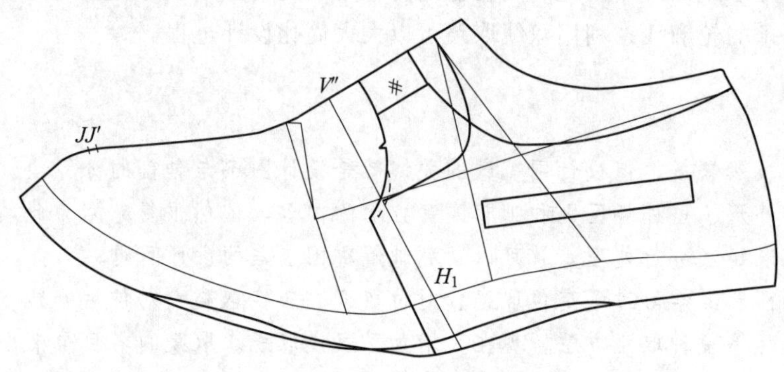

图5-25 松紧口后帮男舌式鞋

2. 鞋盖与围条的设计

在前帮部件上设计出鞋盖与围条部件。

(1) 鞋盖的设计 先做出鞋盖背中线：

以O点为圆心、以OJ'为半径作圆弧，然后再以V点为圆心、$V'J'$长为半径作圆弧，两弧交于J_1点。直线连接$V''J_1$为鞋盖背中线。

设计鞋盖外怀一侧轮廓线：自J_1点起，利用外怀拷贝板，依据直线背中线，采用旋转取跷的方法，逐渐描出外怀拷贝板前半段的轮廓线，后半段要顺连到O'点止。此时得到的是外怀鞋盖轮廓线，见图5-26。

设计鞋盖里怀一侧轮廓线：首先要观察里外怀鞋盖宽度区别的位置，然后参照区别的大小再描出前端轮廓，顺连出后半段轮廓。里外怀鞋盖轮廓线都要求光滑流畅，由于后半段是顺连的，里外怀还要协调一致。

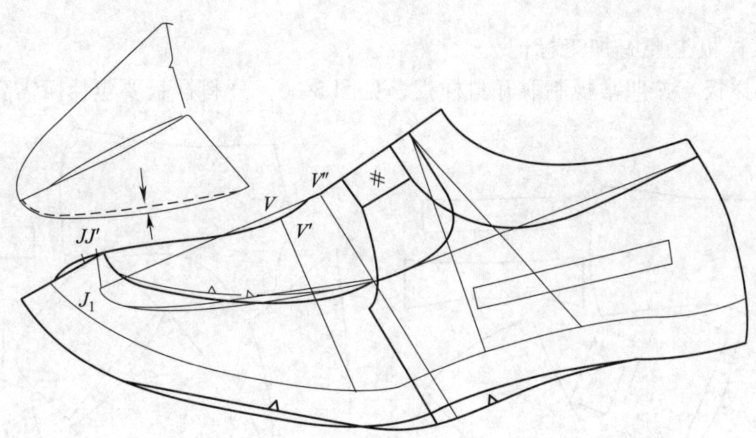

图 5-26　鞋盖与围条的设计

（2）围条的设计　设计围条时是从 J'点开始，也是先设计外怀一侧，用外怀拷贝板依据半面板的曲线背中线直接描出前半段轮廓线，后半段轮廓线是在拷贝板轮廓基础上顺连到 O'点止。初次作图时可以量一量围条和鞋盖轮廓线的长度，应该使围条的长度大于鞋盖的长度几毫米。这样在镶接时，适当拉伸鞋盖底边长度，就可以和围条长度相等，镶接后鞋盖呈现翘曲的状态。

设计里怀围条轮廓线时，要参照鞋盖里外怀的区别，使围条的里外怀区别与鞋盖的里外怀区别一致。最后把横担部件设计出来，经修整后可得到松紧口后帮男舌式围子鞋结构设计图，见图5-27。围条的背中线要连接成直线，制取样板时应该考量围条是否能够同身套划，如果不能套划，要适当增加前头的工艺跷。

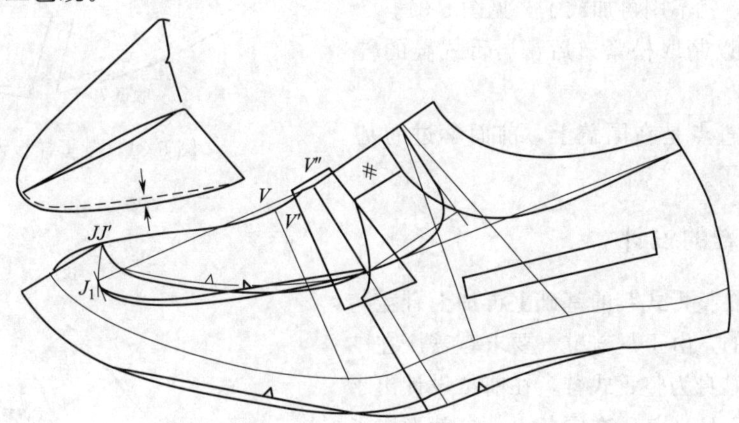

图 5-27　松紧口后帮男舌式围子鞋帮结构设计图

3. 制取样板

依次制备划线板和制取三种生产用样板。

（1）制备划线板　按照常规制备划线板。围盖里外怀的标记不容易表示，关键是外怀鞋盖的轮廓线一定要表示清楚，因为里怀一侧轮廓线有一定的宽度区别，制取样板时比较容易处理。对与围条轮廓线来说，它是围绕鞋盖镶接的轮廓线，要求标准低于鞋盖，而且围条里外怀的区别与鞋盖是相同的，所以制取样板时也容易处理，见图5-27。划线板上有 7 种部件的轮廓线。

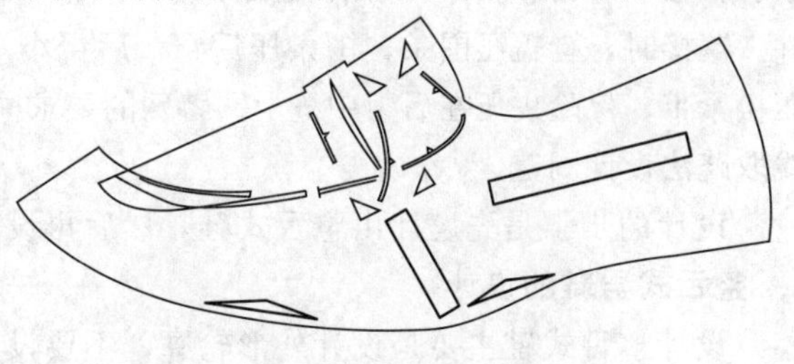

图 5-28　制备划线板

（2）制取基本样板　按照常规制取基本样板，

见图 5-29。在基本样板上要有加工标记。

(3) 制取开料样板　按照常规制取开料样板，见图 5-30。开料样板要包括所需要的全部加工量。

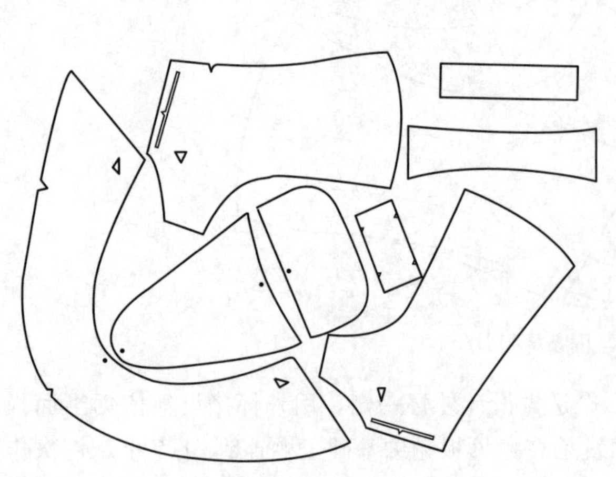

图 5-29　制取基本样板

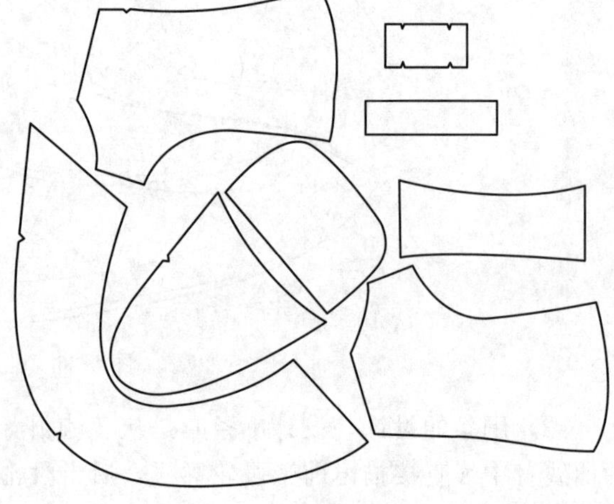

图 5-30　制取开料样板

(4) 制取鞋里样板　设计前帮鞋里样板时，把围条与鞋盖看成是一块部件处理。制取鞋舌里样板时，下端两侧也要留出压茬量。制取后帮里样时，前端已经有了压茬量，就不用再加放了，见图 5-31。

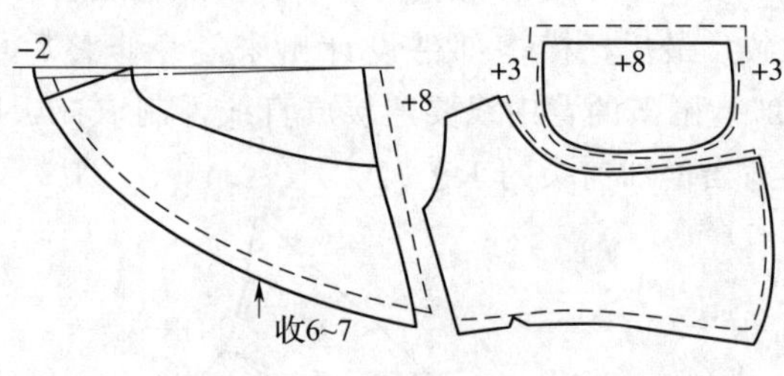

图 5-31　鞋里样板设计图

按照设计图可以制取松紧口后帮男舌式鞋的鞋里样板。

围盖鞋的设计重点是在围盖上，前面学过的基础知识就不再赘述了。

二、整舌式男盖鞋的设计

整舌式盖鞋是在整舌式鞋的基础上再加上鞋盖与围条的变化而形成的，由于是盖鞋，要求鞋盖压在围条上，见图 5-32。鞋身为整舌式鞋，在前帮设计出了鞋盖与围条部件，而且鞋盖压在围条上，这就形成了整舌式男盖鞋。设计时同样选用男舌式楦，并采用双线取跷处理围盖。注意围盖的后端延伸到鞋舌的顶端，距离鞋舌两侧的宽度在 12～14 mm。鞋帮上有围条、鞋盖、后帮、松紧带和保险皮部件，共计 5 种 6 件。镶接时，鞋盖压围条，围条压后帮，后帮小马头压松紧带，保险皮压在后帮中缝上。特殊的要求同样是要制备出鞋盖的里外怀拷贝板，采用 A_0/A_2 双线取跷法设计围盖。

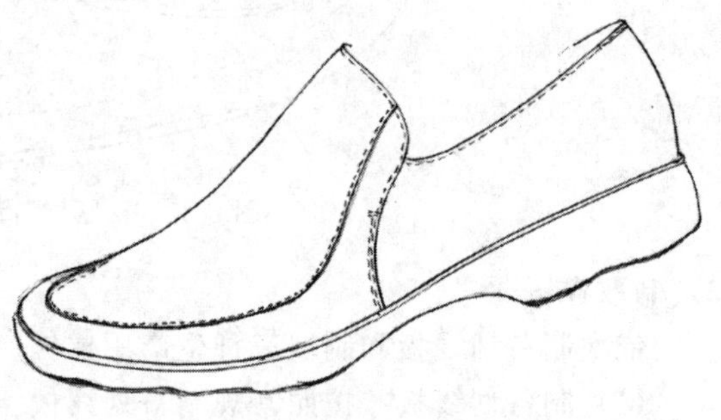

图 5-32　整舌式男盖鞋成品图

设计的步骤是先设计出整舌式鞋，然后再设计出围条与鞋盖。

1. 整舌式男鞋的设计

设计整舌式鞋主要是设计外形轮廓，不要设计取跷角，见图 5-33。后帮已经完成，前帮没有取跷，此时还无法制取前帮样板。前帮上的 J 点是楦面鞋盖前端位置，J' 点是鞋盖设计位置。

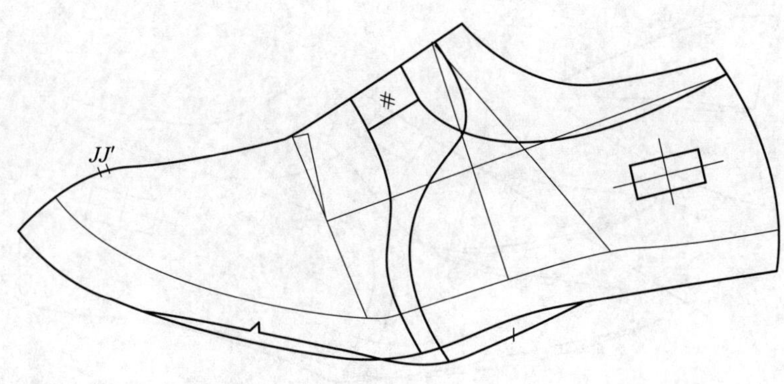

图 5-33　整舌式男鞋

2. 设计鞋盖部件

设计整舌式鞋上的鞋盖需要采用 A_2 线做背中线，并在距离鞋舌宽度 12～14 mm 的位置作一条平行线为辅助线，用来接应鞋盖轮廓线。

首先要延长 EV 线，然后以 O 点为圆心、OJ' 为半径作圆弧线，交 EV 延长线于 J_2 点，该点为鞋盖的转换长度。接着再以 V 点为圆心、$J'V'$ 长为半径作圆弧线，交 EV 延长线于 J_2' 点，该点为鞋盖的实际长度。J_2J_2' 为鞋盖的长度差，出于同样的原因需要截取长度差的 1/3 补充在鞋盖上，该点定为 J_2'' 点。

设计鞋盖轮廓线时要从 J_2'' 点开始，用外怀拷贝板比对背中直线旋转取跷，描出拷贝板前一半的外形。后段的轮廓线要顺连到辅助线上，见图 5-34。

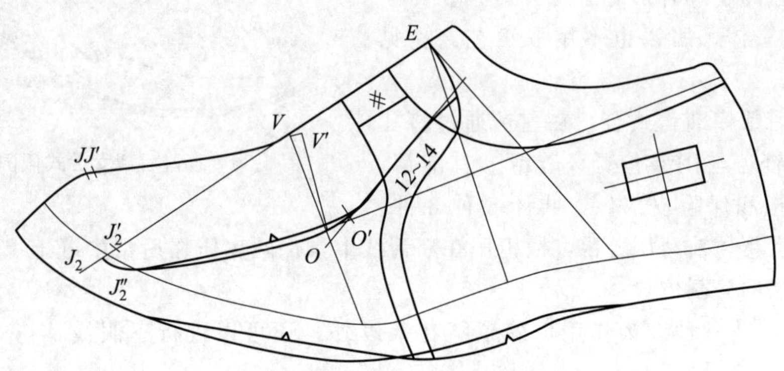

图 5-34　设计鞋盖部件

鞋盖的轮廓线要连成光滑曲线。接着再用里怀的拷贝板描画出里怀鞋盖的轮廓线。里外怀的轮廓线在辅助线后端自然顺接，把顺接点定为取跷中心 O' 点。

3. 设计围条部件

设计围条部件从何处开始呢？如果从 J' 点开始，会发现转换后的长度多出一个长度差，虽然已经有 1/3 的量补充在鞋盖上，围盖之间依然有 2/3 的长度差存在，为了便于接帮，还要把 1/3 的长度差补充在围条上。具体的操作是在 J' 点之后截取 1/3 长度差定为 J'' 点，设计围条时就从 J'' 点开始，见图 5-35。

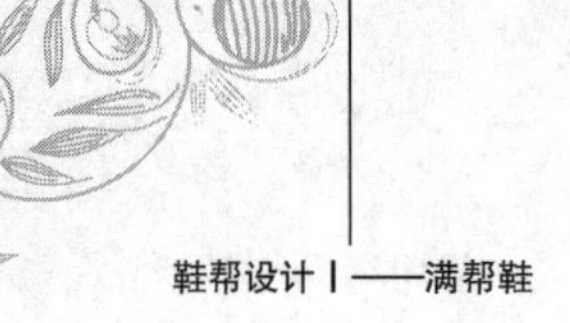

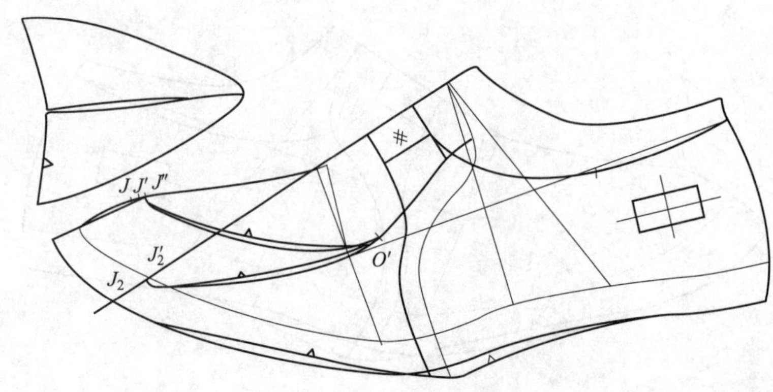

图 5-35　整舌式男盖鞋帮结构设计图

围条外怀轮廓线用拷贝板依据半面板的背中曲线，自 J''点开始描画前半段轮廓线，后半段要按照曲线的变化趋势顺连到取跷中心 O'点。以同样的方式也描画出围条里怀轮廓线。注意围条的里外怀区别要与鞋盖的里外怀区别一致。

经过修整后即得到整舌式男盖鞋帮结构设计图。制取样板的方法都相同，此处从略。但要注意在围条上加放压茬量，在鞋盖上加放折边量，鞋里样板与整舌式鞋相同。

三、直口后帮女舌式假围盖鞋的设计

假围盖鞋的围条与鞋盖是不断开的，所以不能用双线取跷，取跷的方法与舌式鞋相同。拷贝板此时用来控制假围盖的轮廓外形和里外怀区别。由于围条与鞋盖连成一体，所以也不用取工艺跷，见图 5-36。

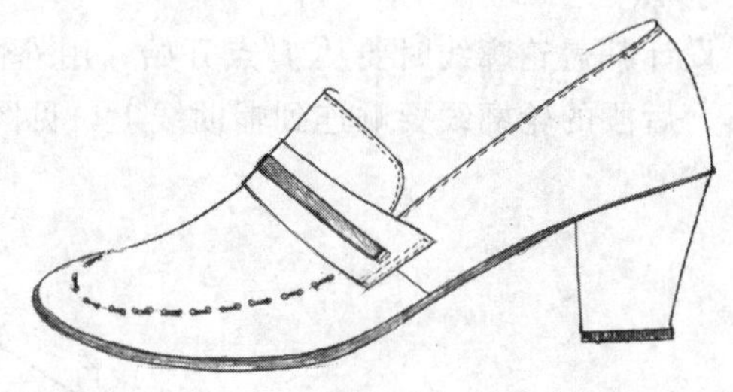

图 5-36　直口后帮女舌式假围盖鞋成品图

鞋身为直口后帮横断舌式鞋，在前帮通过打孔穿花条分割出了鞋盖与围条位置，鞋帮上有前帮、后帮、鞋舌、横担和保险皮部件，共计 5 种 6 件。镶接时，前帮压后帮，前帮压鞋舌，横担压在断帮线上，保险皮压在后帮中缝上。特殊的要求是要设计出鞋盖与围条的分割位置。

假围盖起到的是一种装饰作用，除了穿花条以外，还可以进行车假线、拷花、缝埂等工艺变化。

设计直口后帮女舌式假围盖鞋时，首先要设计出直口后帮女舌式鞋，然后再设计出假围盖的位置和外形。

1. 直口后帮女舌式鞋的设计

由于女舌式鞋属于直口后帮，所以取跷中心 O'点取 OO'为 10 mm，按照直口后帮舌式鞋的要求设计出结构图，见图 5-37。背中线已经连成了一条直线，前帮上的 J 点是楦面鞋盖前端位置，J'点是鞋盖设计位置。取跷中心 O'点也是围盖轮廓线终止的位置。

2. 假围盖的设计

利用拷贝板自 J'点开始，要按照背中直线旋转画出外怀鞋盖轮廓线到达 O'点止。再以同样的方法自 J'点开始按照背中直线旋转画出里怀鞋盖轮廓线，也到达 O'点止。

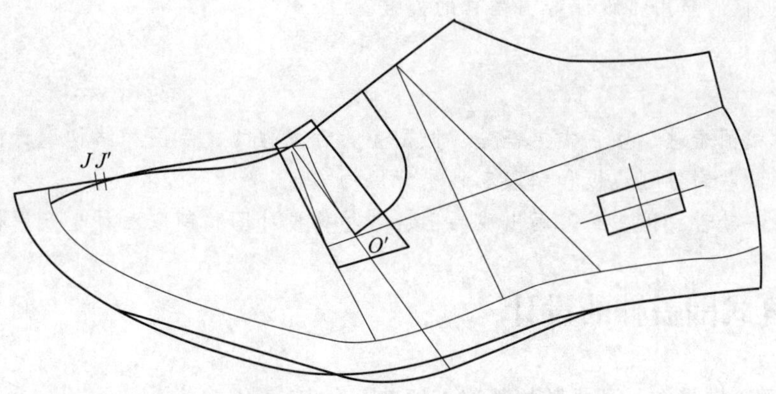

图 5-37　直口后帮女舌式鞋

由于围条与鞋盖并不断开，所以鞋盖轮廓线也是围条轮廓线。在设计围盖线时，要依据背中直线来设计。看起来鞋盖有些变窄，但经过绷帮，鞋盖会被拉平，填补工艺跷的位置，就不会觉得窄了。如果是依据背中曲线进行设计，图纸上的线条位置看起来比较合适，但经过绷帮就会变宽，出现变形，见图 5-38。

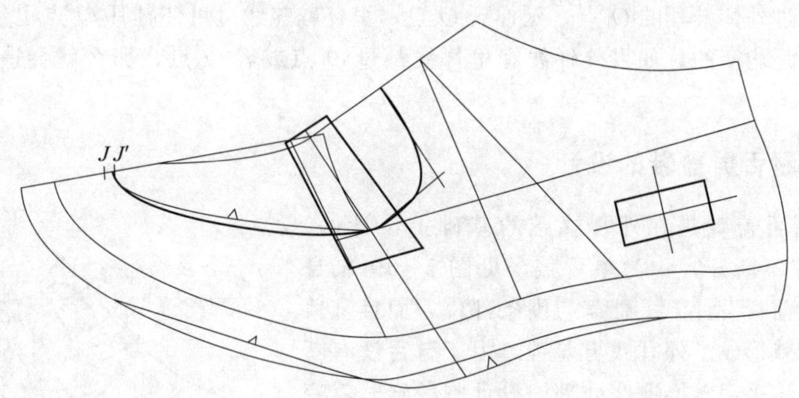

图 5-38　直口后帮女舌式假围盖鞋帮结构设计图

在图中背中直线与背中曲线之间虽然有一个间隙，由于围盖不断开，无法做工艺跷处理。

课后小结

通过舌式围盖鞋的练习，知道了真假围盖的设计区别，了解了双线取跷 A_0/A_1 线和 A_0/A_2 线的应用，那么在以后的设计中，基本上就是围绕真假围盖和双线取跷进行变化，至于鞋身无论是舌式、耳式，还是开口式，都是前面已经学过的内容。

在设计围盖鞋时，需要注意控制围条的长度大于鞋盖底边的长度，这样在镶接时拉伸鞋盖底边就会出现半立体的变化，使鞋帮很容易伏楦。光靠生拉硬扯使鞋帮伏楦是暂时的，脱楦后经过一段时间，鞋帮就会收缩出现褶皱。

要记住“鞋盖短、围条长，拉伸底边跷上梁”。如果是利用转换取跷设计围盖鞋，还会出现长度差的变化。需要注意把长度差分成三等份，一份补在鞋盖上，一份补在围条上，剩下的一份不用

管，镶接时通过拉伸底边补充长度，同时鞋帮会形成翘曲状态便于伏楦。

熟练掌握拷贝板的应用是设计好围盖鞋的关键。

思考与练习

1. 画出男舌式围子鞋、整舌式男盖鞋、假围盖女舌式鞋的成品图和结构设计图。
2. 选出任一款鞋制备划线板和制取三种生产用的样板。
3. 自行设计一款舌式围盖鞋，画出成品图、帮结构设计图和制取三种生产用样板。

第三节　外耳式围盖鞋的设计

设计外耳式围盖鞋是在外耳式鞋的基础上把前帮分割出围条与鞋盖后而形成的，其设计模式与舌式围盖鞋的设计相同。但由于外耳式鞋的鞋耳有里外怀的区别，围盖也有里外怀的区别，所以要求外怀的围盖与外怀的鞋耳找均衡，里怀的围盖与里怀的鞋耳找均衡。用通俗的话讲，就是“里怀找里怀、外怀找外怀”，这样才能使鞋的整体均衡一致，见图 5-39。

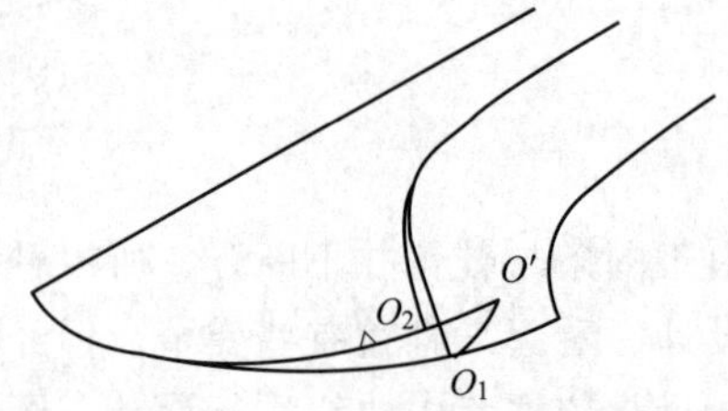

图 5-39　鞋耳与围盖的均衡关系

外怀鞋盖线过外怀鞋耳的 O_1点，延伸到 O'点，里怀鞋盖线过里怀鞋耳 O_2点也延伸到 O'点，从外观上看里外怀是均衡的。如果外怀线和里怀线都过 O_1点或者 O_2点，那么就会造成鞋帮不对称，失去了协调感。

一、外耳式不断舌男盖鞋的设计

外耳式不断舌盖鞋是在外耳式鞋的基础上设计的，其中鞋舌与鞋盖不断开，称为整舌盖，见图 5-40。鞋身为外耳式鞋，在前帮设计出了鞋盖与围条部件，而且鞋盖压在围条上，这就形成了外耳式男盖鞋。由于鞋舌没有断开，按照常规应该采用转换取跷处理，设计围盖鞋时就变成 A_0/A_2 双线取跷处理。设计时要选用男素头楦。要注意围条与鞋耳和后帮连成一体，形成了长鞋帮，但在鞋头前端有断开线，便于套划省料。在鞋口部位有一个鞋口条部件，前端断帮在鞋耳上，并设计有一个眼位。鞋口条后端距离后弧中线有一个保险皮的长度，这样增加保险皮后就不会显得累赘。鞋眼盖的轮廓是依靠车假线形成的，假线下端与车鞋盖线顺接。

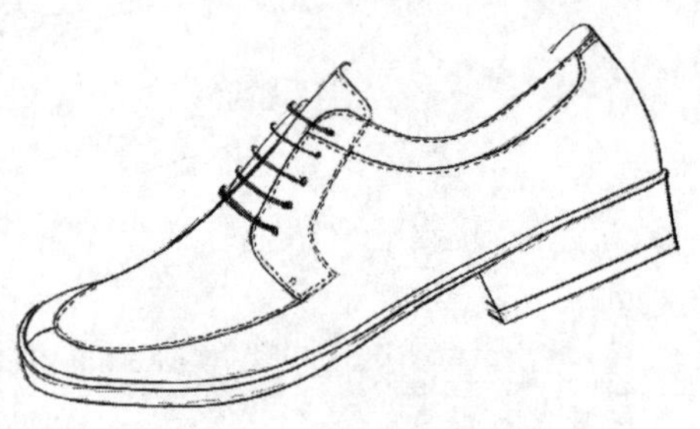

图 5-40　外耳式不断舌男盖鞋成品图

鞋帮上有长鞋帮、整舌盖、鞋口条和保险皮部件，共计 4 种 6 件。镶接时，保险皮压在后帮中缝上，长前帮压在鞋口条上，鞋盖压长鞋帮，而长鞋帮的鞋耳又压在鞋盖上。特殊的要求为协调鞋盖与鞋耳的里外怀均衡关系。

设计的步骤是先设计出后帮部位鞋耳的外形轮廓，然后再设计出围条与鞋盖。

1. 后帮鞋耳的设计

鞋耳与后帮背中线保持一定的距离，前端略向下倾斜，下端超过 O 点也有一定的距离。鞋耳上有 5 个眼位，利用车假线圈定了眼盖的外形轮廓。在鞋耳的前下端，要区分出外怀的前尖点 O_1 和里

怀的前尖点 O_2，见图 5-41。按照常规设计鞋耳的外形轮廓，要有里外怀的区别。鞋口条前端从倒数第一和第二个眼位间穿过，均匀过渡到后端。前帮上的 J' 点用来设计鞋盖的前端点。

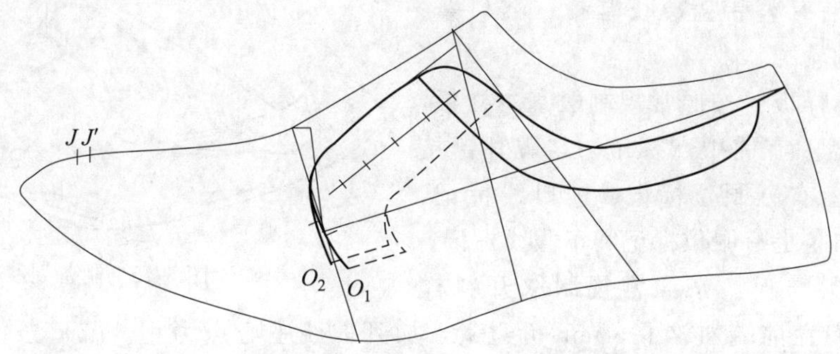

图 5-41 外耳式鞋后帮的设计

2. 围盖的设计

把取跷中心 O' 点设定在鞋耳的下面，距离鞋耳前端有 15 mm 左右，距离鞋耳下端的假线不少于 8 mm。鞋舌的长度超出 E 点 6～7 mm，先把鞋舌设计出来，并顺连到 O' 点。

（1）设计整舌盖轮廓线　延长 EV 作为整舌盖的背中线，然后以 O 点为圆心、OJ' 为半径作圆弧线，交 EV 延长线于 J_2 点。接着再以 V 点为圆心、$J'V'$ 长为半径作圆弧线，交 EV 延长线于 J_2' 点。J_2J_2' 为鞋盖的长度差，截取长度差的 1/3 补充在鞋盖上，该点定为 J_2'' 点。

要从 J_2'' 点开始设计整舌盖轮廓线，用外怀拷贝板比对背中直线旋转取跷，描出拷贝板前一半的外形，后端轮廓线要顺连到外怀的 O_1 点，然后延伸到 O' 点。以同样的方法设计里怀整舌盖轮廓线，描出拷贝板前一半的外形，后端轮廓线要顺连到里怀的 O_2 点，然后也延伸到 O' 点。与鞋舌对接后形成整舌盖部件，见图 5-42。

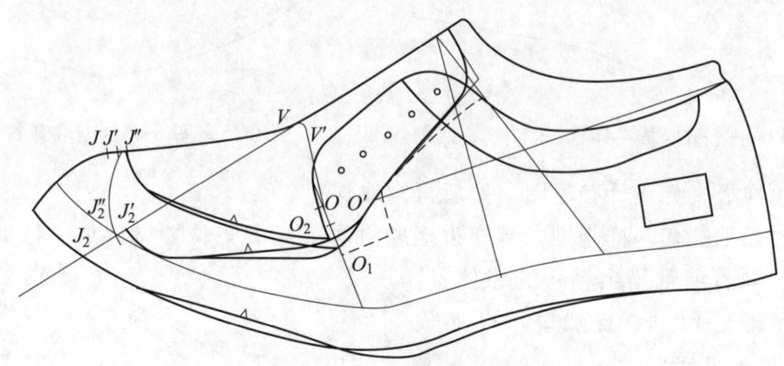

图 5-42 外耳式不断舌男盖鞋帮结构设计图

（2）设计围条轮廓线　"转换要取长度差"，将 1/3 的长度差补充在围条 J' 点之后定作 J'' 点，然后自 J'' 点开始设计围条轮廓线。用拷贝板比对半面板的背中曲线，描出拷贝板的前半段轮廓线，后半段轮廓线也是顺连。外怀一侧顺连到 O_1 点止，里怀一侧顺连到 O_2 点止。要保持围条与整舌盖的里外怀区别一致。

由于围条前端是断开的，所以要保持圆弧线为围条的背中线。补充上保险皮部件，经过修整后即得到外耳式不断舌男盖鞋帮结构设计图。

3. 制取样板

制取样板的过程都大致相同。

（1）制备划线板　按照常规制备划线板，见图 5-43。划线板上有整舌盖、长鞋帮、鞋口条、保险皮 4 种部件的轮廓。

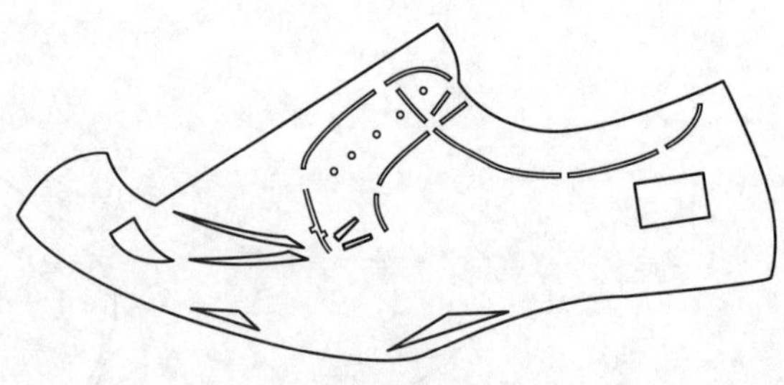

图 5-43　制备划线板

（2）制取基本样板　按照常规制取基本样板，见图 5-44。整舌盖上有前中点标记、与鞋耳镶接的标记，长前帮上有鞋眼位标记、锁口线标记、车假线标记，鞋口条上有眼位标记和车假线标记。

（3）制取开料样板　按照常规制取开料样板，见图 5-45。鞋盖前端加放了 5 mm 折边量，加到取跷中心点为止。鞋口条上端加放了 5 mm 折边量，下端加放了 8 mm 压茬量。长前帮的背中线加放了 2 mm 的合缝量，围条部位加放了 8 mm的压茬量，鞋耳与上口加放了 5 mm 折边量。鞋耳与围条之间有一段小剪口，镶接时用来翻转鞋耳部件。

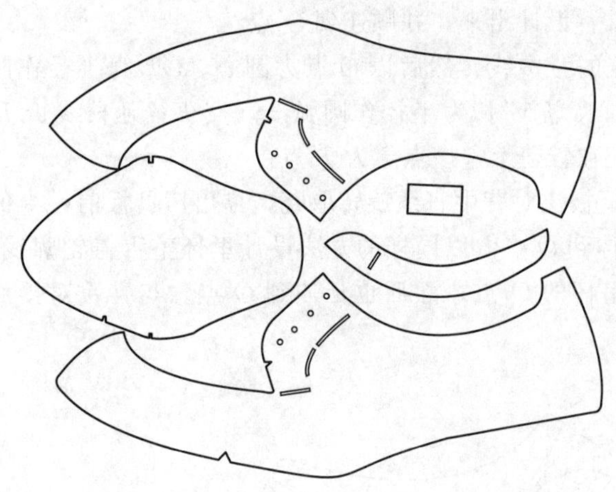

图 5-44　制取基本样板

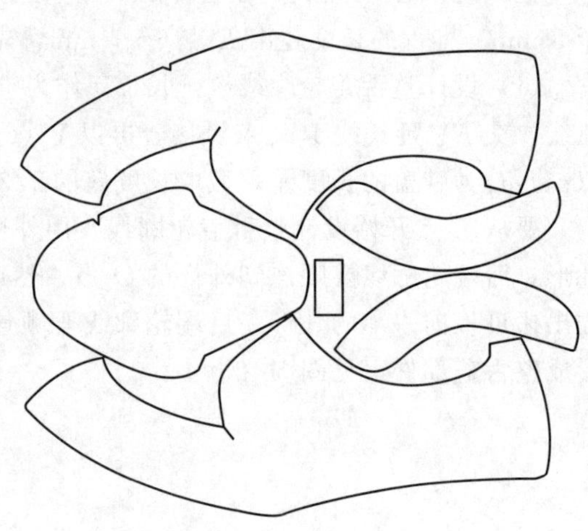

图 5-45　制取开料样板

（4）制取鞋里样板　先设计鞋里图，然后再制取样板。

设计前帮里时，把鞋盖基样与围条基样拼接成前帮，自 V 点位置设计出前帮里部件。设计鞋舌里时，利用划线板顺着前帮描出鞋舌的原位置，确定 V 点位置后补充上一个自然跷，再加放 8 mm压茬量设计出舌里样板。

设计后帮里时，把后帮基样与鞋口条基样拼接成后帮，顺着鞋耳轮廓线直接设计后帮里样板，见图 5-46。按照图中虚线可以制取鞋里样板。注意：鞋里的设计不要受围盖的影响。

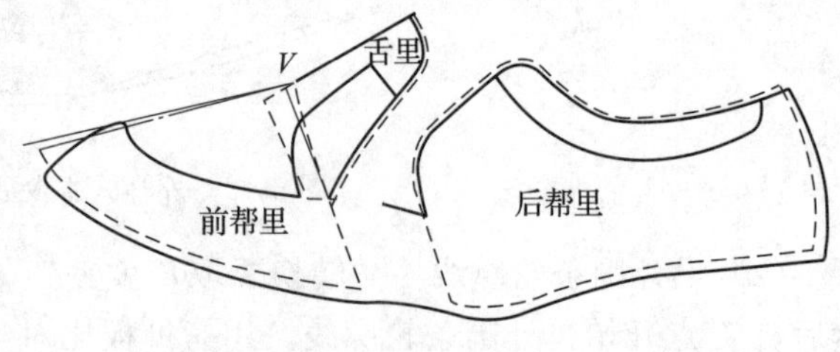

图 5-46　鞋里设计图

二、外耳式男围子鞋的设计

外耳式围子鞋是外耳式围盖鞋的典型产品，由于围条与鞋耳的镶接位置并不在前尖点，所以才更具有代表性，见图 5-47。鞋身为外耳式鞋，在前帮设计出了鞋盖与围条部件，采用的是围条压鞋

盖工艺，所以形成了外耳式围子鞋。由于鞋舌是断开的，设计围盖鞋时用 A_0/A_1 双线取跷处理。设计时要选用男素头楦，先设计出外耳式鞋，然后再设计鞋盖与围条部件。要注意本案例围条与鞋耳的镶接点是在前尖点之上的 3 mm 左右的位置，里外怀都要控制到这个位置，这样成鞋后里外怀是均衡的。

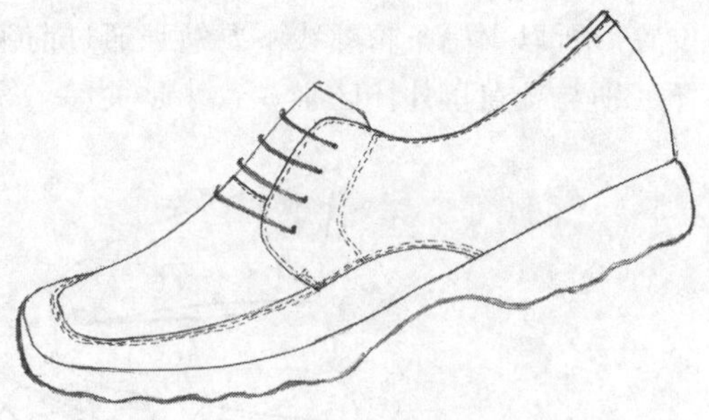

图 5-47 外耳式男围子鞋成品图

鞋帮上有围条、鞋盖、鞋舌、后帮和保险皮部件，共计 5 种 6 件。镶接时，围条压鞋盖，鞋盖压鞋舌，后帮压前帮，保险皮压在后帮中缝上。特殊的要求为协调鞋盖与鞋耳的里外怀均衡关系。

设计的步骤是先设计出外耳式鞋，然后再设计出围条与鞋盖。

(1) 外耳式鞋的设计　按照常规设计出外耳式鞋，外怀前尖点为 O_1 点，里怀前尖点为 O_2 点，取跷中心在 O' 点，断舌位置在 $V''O'$ 线，前帮上的 J' 点为设计围盖的位置，见图 5-48。

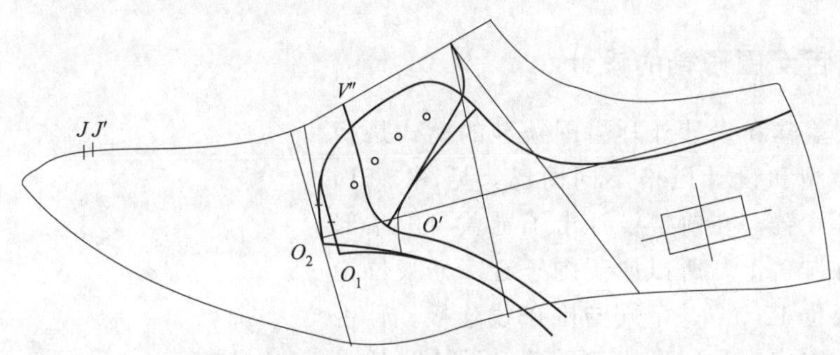

图 5-48 外耳式鞋的设计

(2) 鞋盖的设计　鞋舌是断开的，设计鞋盖采用 A_0/A_1 线。

首先以 O 点为圆心、以 OJ' 为半径作圆弧，然后再以 V 点为圆心、$V'J'$ 长为半径作圆弧，两弧交于 J_1 点。直线连接 $V''J_1$ 为鞋盖背中线。

然后自 J_1 点起，利用外怀拷贝板，依据直线背中线，采用旋转取跷的方法，逐渐描出外怀拷贝板前半段的轮廓线，后半段要顺连到 O' 点止。要注意外怀鞋盖轮廓线在图中通过的是 O_1 点之上的 3 mm 位置，这样车围条线时可以与车后帮线顺接。

再以同样的方法描出里怀拷贝板前端轮廓、顺连出后半段轮廓，注意里怀鞋盖轮廓线一定要通过 O_2 点之上 3 mm 的位置，这样里外怀鞋盖与鞋耳的位置关系就能达到均衡。最后也连接到 O' 点止，见图 5-49。

(3) 围条的设计　设计围条时是从 J' 点开始，也是先设计外怀一侧，用外怀拷贝板依据半面板的曲线背中线直接描出前半段轮廓线，后半段轮廓线是在拷贝板轮廓基础上顺连到 O' 点止。设计里怀围条轮廓线时，要参照鞋盖里外怀的区别，使围条的里外怀区别与鞋盖的里外怀区别一致，见图 5-50。补充上底口轮廓线，经过修整后即得到外耳式男围子鞋帮结构设计图。

在此提一个问题：围条的轮廓线要不要也通过前尖点之上 3 mm 的位置呢？

鞋盖是主动性部件，通过锁口线就可以固定鞋盖与鞋耳的位置关系，而围条是环绕鞋盖相接的部件，它的位置取决于鞋盖，处于被动

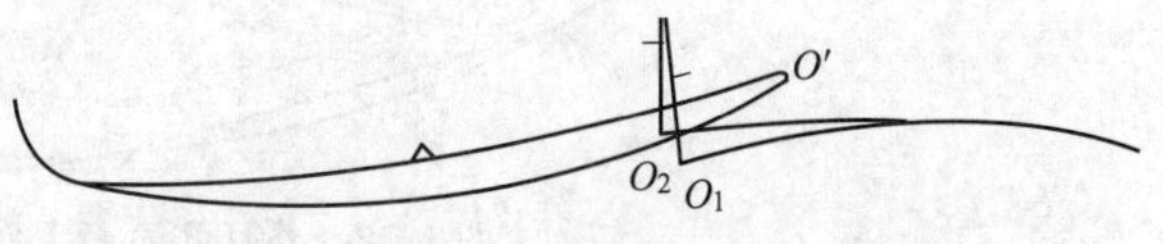

图 5-49 控制里外怀鞋盖与鞋耳的均衡关系

的位置。所以，围条轮廓线不要勉强通过前尖点之上 3 mm 的位置，而是顺其自然，控制好围条里外怀区别与鞋盖里外怀区别一致才是关键。

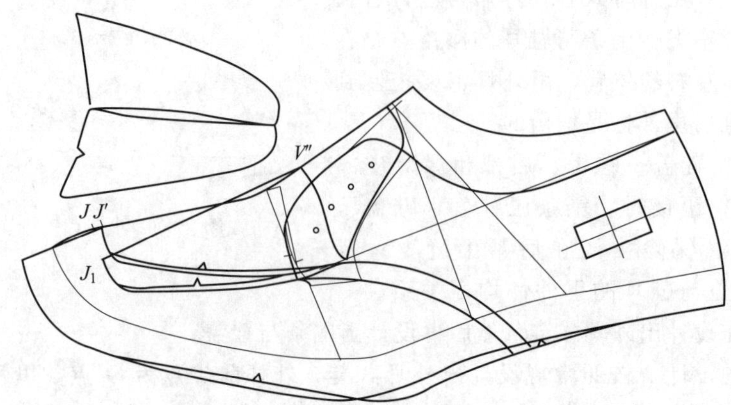

图 5-50　外耳式男围子鞋帮结构设计图

三、外耳式不断舌女围子鞋的设计

设计外耳女围盖鞋和设计外耳男围盖鞋的模式是相同的，只不过是楦型和设计风格不同而已，见图 5-51。鞋身为单眼位外耳式鞋，在前帮设计出了鞋盖与围条部件，由于围条压在鞋盖上，所以属于围子鞋。鞋眼位置下的假线距离鞋眼位 12 mm，下端与围条线连接。鞋舌没有断开，与鞋盖连成一体，形成整舌盖，设计时就采用 A_0/A_2 双线取跷处理。从图中可以看出，整舌盖完全衬托在长前帮的下面。鞋耳前端有锁口线，要选用女素头楦进行设计。

图 5-51　外耳式不断舌女围子鞋成品图

鞋帮上有长前帮、整舌盖和后包跟部件，共计 3 种 3 件。镶接时围条压在鞋盖上，后包跟压在长前帮上。鞋耳同样有里外怀的区别，要协调好鞋盖与鞋耳的里外怀均衡关系。设计的步骤是先设计出后帮部位鞋耳、后包跟的外形轮廓，然后再设计出围条与鞋盖，见图 5-52。这是完成的帮结构设计图。单眼位鞋耳的位置取在 *VE* 长度的中点，距离背中线有适当的距离。由于长前帮比较长，所以设计出较大的后包跟部件。

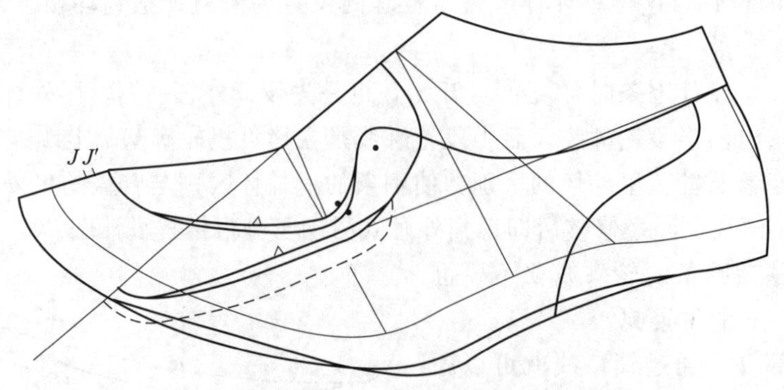

图 5-52　外耳式不断舌女围子鞋帮结构设计图

设计鞋盖时，鞋舌的长度超过假线位置 6～7 mm，取跷中心位置距离鞋耳锁口线有 15 mm 左右的长度，先设计出鞋舌轮廓线。接着延长 *VE* 线作背中线，找到长度差以后将 1/3 补充在鞋盖上，然后用拷贝板描画出外怀轮廓顺连到取跷中心位置。同样设计出里怀轮廓线也连接到取跷中心位置，与鞋舌对接后形成整舌盖部件。

设计围条时，要将 1/3 的长度差补充在鞋盖设计点的后面，然后设计出围条轮廓线，外怀轮廓线与外怀鞋耳顺连，里怀围条轮廓线与里怀鞋耳顺连。经过修正后即得到外耳式不断舌女围子鞋帮结构设计图。

在制取样板时，整舌盖的前下端要加放压茬量，到取跷中心位置止。

在此再提一个问题：鞋盖处于鞋耳的下面，它们之间的均衡关系是如何确定的呢？

从结构设计图中可以看到，依然是锁口线固定了鞋盖与鞋耳的均衡关系。鞋耳围条连在一起，它们的里外怀区别与鞋盖是相同的，在镶接时，里怀找里怀，外怀找外怀，即可以达到均衡状态。

课后小结

设计外耳式鞋时，由于鞋耳有里外怀的区别，就显得比较难处理。在设计围盖鞋时同样有里外怀的区别，也同样比较难处理。所以，设计外耳式围盖鞋就变得“难上加难”。这种难度在经验设计法中显得尤为突出，因为贴楦后剪出的样板都是单片的，很难找到重叠部件之间的关系。好在结构设计图中可以明确表示出部件之间的关系，使设计难度已经大大降低了。

设计好围盖鞋的关键是拷贝板的灵活运用，围盖的位置、外形、里外怀的区别和工艺跷都能顺利解决。设计好外耳式围盖鞋的关键则变成控制里外怀的均衡关系，也就是说，外怀围盖与鞋耳的相对位置与里怀围盖与鞋耳的相对位置是相同的，这就达到均衡了。明白了这个问题，困难也就迎刃而解了。

还记得设计外耳式鞋确定锁口线的位置吗？要求里怀锁口线距离 O_2点的高度一定要与外怀锁口线距离 O_1点的高度相等，这样成鞋的里外怀才能达到均衡。同样的道理，里怀鞋盖轮廓线与鞋耳 O_2点的位置关系和外怀鞋盖轮廓线与鞋耳 O_1点的位置关系要相同，这样成鞋的外观才能够端正。

在上述的三个设计示例中，第一例外耳式不断舌男盖鞋的“外怀找外怀、里怀找里怀”的关系最为明确，第二例外耳式男围子鞋的“外怀找外怀、里怀找里怀”的关系则发生了错位，第三例外耳式整舌女围子鞋的“外怀找外怀、里怀找里怀”的关系就变得很模糊。无论遇到哪种情况，“外怀找外怀、里怀找里怀”的关系都是存在的。设计外耳式围盖鞋就是要解决好这种关系。

在第三个设计示例中，省略了操作的步骤，只做了重点提示，是为了让学生自行练习。如果出现问题，应该进行分析，检查是属于外耳式鞋的设计问题还是围盖的设计问题，这样才好对症下药、解决症结所在。学习结构设计重点是学习解决问题的方法和原理，方法掌握了就可以举一反三，而原理通了就可以一通百通。

思考与练习

1. 画出外耳式不断舌男盖鞋的成品图和结构图，并制取三种生产用的样板。
2. 把外耳式男围子鞋改成女鞋，画出成品图和结构图，并制取三种生产用的样板。
3. 把外耳式不断舌女围子鞋改成男鞋，画出成品图和结构图，并制取三种生产用的样板。

第四节 开口式围盖鞋的设计

在舌式鞋的基础上设计出围盖就形成舌式围盖鞋，在外耳式鞋的基础上设计出围盖就形成外耳式围盖鞋，同样在开口式鞋基础上设计出围盖也就形成开口式围盖鞋。开口式围盖鞋也有前开口和侧开口的区分，因为围盖属于前帮的花色变化，不会受到前开口宽度的制约，也与侧开口的连接方式无关。

一、前开口翻围子男鞋的设计

翻围子鞋是指鞋盖与围条合缝后再翻转过来，表面上可以看到围条鞋盖的分割线，但看不到车缝线迹，这是一种翻缝工艺。在前开口式鞋的基础上设计出围盖就形成了前开口围盖鞋，见图5-53。鞋身为前开中宽口式鞋，在前帮设计出了鞋盖与围条部件，采用的是翻缝工艺，所以形成了前开口式翻围子鞋。在设计中等开口鞋时采用的是对位取跷，所以设计中等开口围盖鞋要采用 A_0/A_1 双线取跷处理。

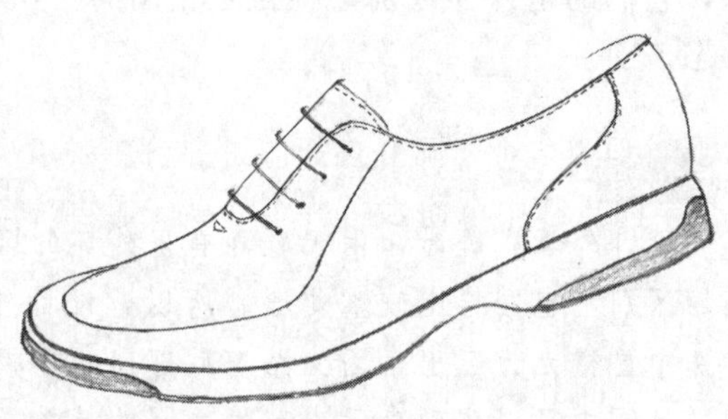

图 5-53 前开口式翻围子男鞋成品图

鞋帮上有长前帮、鞋盖、鞋舌和后包跟部件，共计 4 种 4 件。镶接时鞋盖与长前帮翻缝，后包跟压在长前帮上，鞋舌为成帮后再装配的部件。特殊的要求为围盖顺延到假线位置。

设计时要选用男素头楦，设计的步骤是先设计出前开口式鞋，然后再设计出围条与鞋盖。

1. 前开中宽口式鞋的设计

前开口鞋的口门位置取在 V 点，见图 5-54。鞋口的宽度用对位取跷线来控制，要考虑到能够折边。鞋耳上有 4 个眼位，后包跟比较长，鞋舌在开口位置设计出示意图，制取样板时单独考虑。还要把假线位置设计出来，前端到达取跷中心 O'点，准备着与鞋盖轮廓线对接。

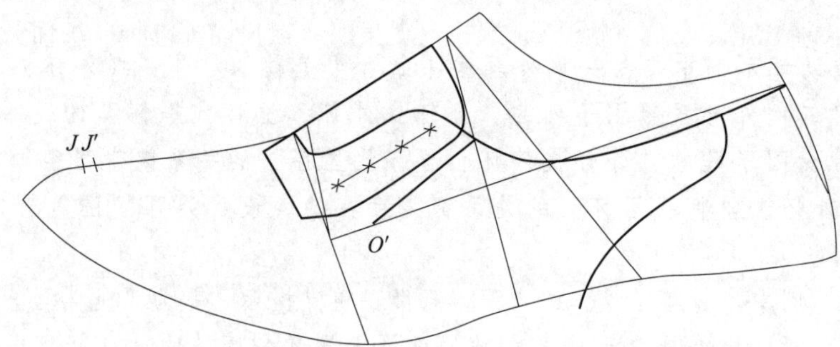

图 5-54 前开中宽口式鞋

2. 围盖的设计

首先设计出鞋盖部件。先以 O 点为圆心、以 OJ'为半径作圆弧，然后再以 V 点为圆心、$V'J'$长为半径作圆弧，两弧交于 J_1点。直线连接 VJ_1线为鞋盖背中线。再自 J_1点起，利用外怀拷贝板，依据背中直线，采用旋转取跷的方法，逐渐描出外怀拷贝板前半段的轮廓线，后半段要顺连到 O'点止。以同样的方法描出里怀拷贝板前端轮廓，顺连出后半段轮廓，最后也连接到 O'点止，见图 5-55。

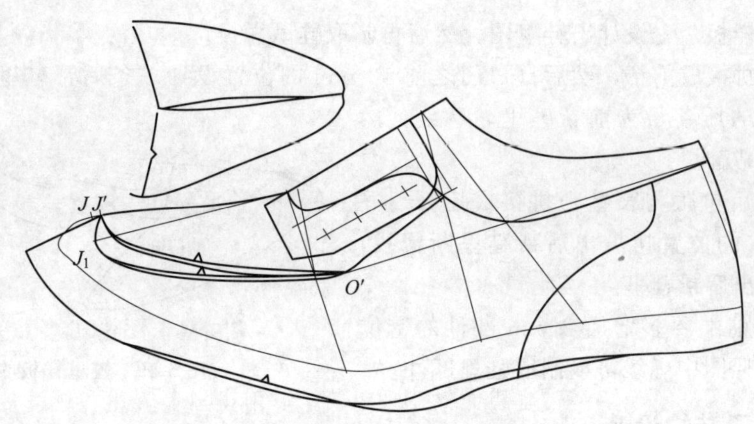

图 5-55 前开口翻围子男鞋帮结构设计图

接着设计出围条部件。从 J'点开始，用外怀拷贝板依据半面板的背中曲线，直接描出前半段轮廓线，后半段轮廓线顺连到 O'点止。设计里怀围条轮廓线时，要参照鞋盖里外怀的区别，使围条的里外怀区别与鞋盖的里外怀区别相同。

做出底口绷帮量和里外怀的区别，经过修整后即得到前开口翻围子男鞋帮结构设计图。

3. 制取样板

(1) 制备划线板　按照常规制备划线版，见图 5-56。划线板上有长前帮、鞋盖、后包跟部件的轮廓，其中的鞋舌部件按照开口宽度单独制取。

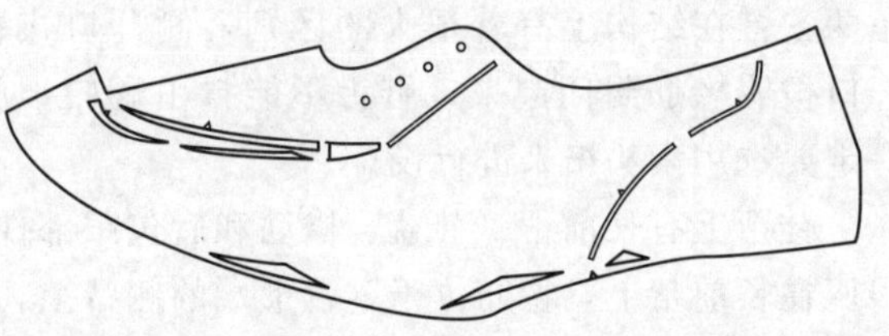

图 5-56 制备划线板

(2) 制取基本样板　按照常规制取基本样板，见图 5-57。长前帮上有镶接时的中点标记和取跷中心点标记，鞋盖上有眼位标记，也有中点标记和取跷中心点标记。鞋舌部件比较宽，要包括开口的宽度，也要标出中点标记。

(3) 制取开料样板　按照常规制取开料样板，见图 5-58。围条增加了 2 mm 左右的翻缝量，后下端增加了 8 mm 的压茬量。鞋盖也增加了 2 mm 左右的翻缝量。后包跟增加了 5 mm 的折边量。鞋舌为二板合一。

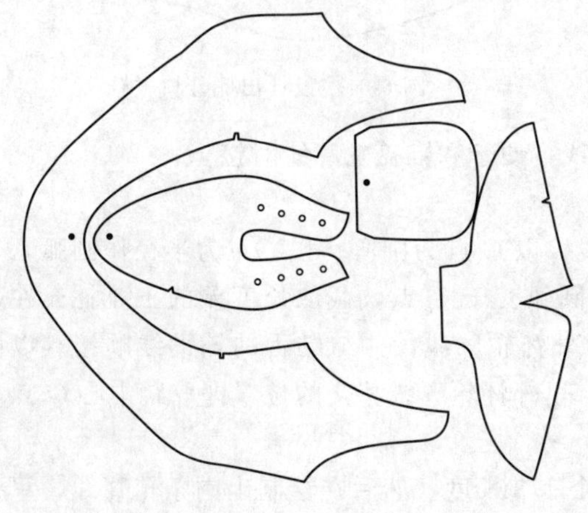

图 5-57 制取基本样板

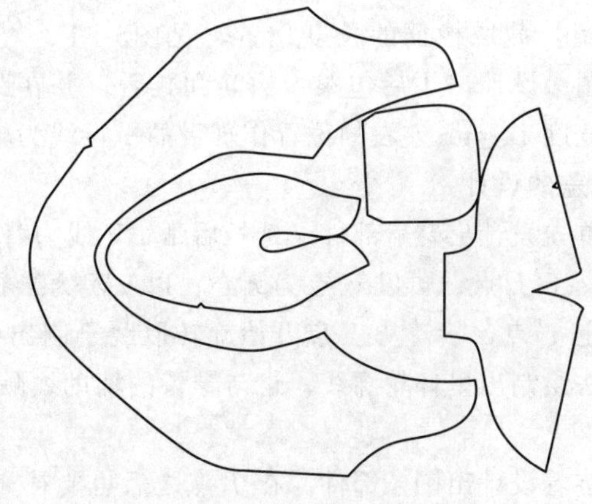

图 5-58 制取开料样板

(4) 制取鞋里样板　先设计出鞋里图，然后再制取鞋里样板。

将围条与鞋盖拼接成前帮，然后自口门之前 12 mm 的位置设计一条后帮鞋里断帮线，在断帮线之后加放 8 mm 的压茬量为前帮鞋里轮廓线，然后按常规设计出前帮鞋里。

同样将鞋盖和后包跟与长鞋帮拼接成后帮，并在口门之前 12 mm 的位置拷贝出后帮鞋里断帮线，接着按照常规设计出后帮鞋里。

设计鞋舌里时前端要多增加 2 mm 部件的错位量，见图 5-59。按照图中虚线可以制取鞋里部件。

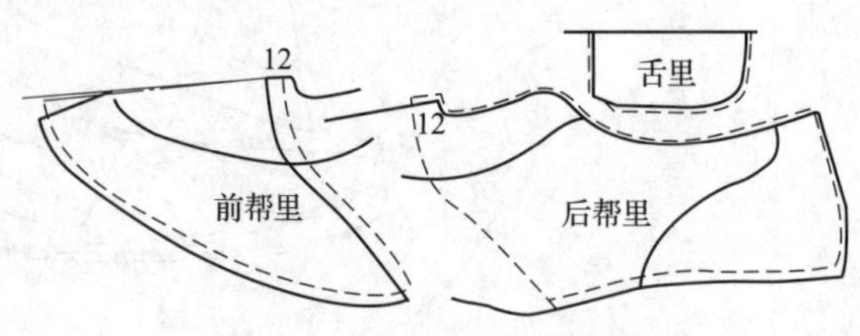

图 5-59　鞋里样板的设计

二、侧开口男围子鞋的设计

侧开口男围子鞋是在侧开口鞋的基础上设计出围盖而形成的，围盖同样与侧开口没有关系，特殊的要求就是设计出围盖的完整轮廓线，见图 5-60。从外观上看，侧开口围子鞋与前面设计的整舌式围盖鞋相似，这是因为围盖的轮廓位置基本相同。但是两款鞋在结构上有着很大的区别，侧开口式鞋的开口被明橡筋封闭起来，鞋舌不能自由翻转，所以一定要选用素头楦来进行设计。

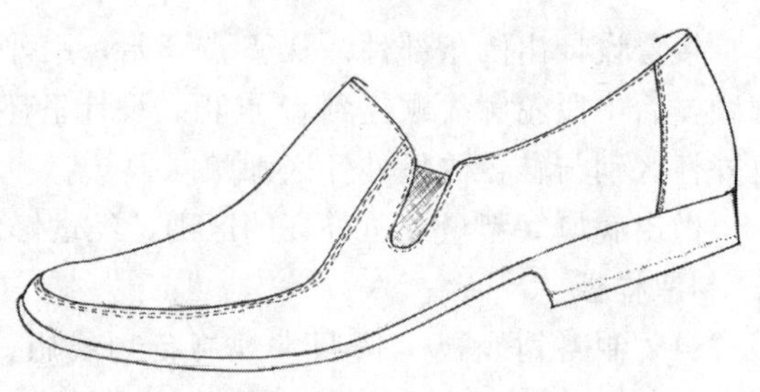

图 5-60　侧开口男围子鞋成品图

鞋帮上有长前帮、鞋盖、橡筋和后包跟部件，共计 4 种 5 件。镶接时长前帮压在鞋盖上，后包跟压在长前帮上，橡筋位于鞋舌下端的侧帮上，要通过最小尺寸角测算出宽度。特殊的要求为围盖要顺延到鞋舌上端。

设计的步骤是先设计出侧开口式鞋，然后再设计出围条与鞋盖。

1. 设计侧开口式鞋

鞋舌长度取在 E 点之前 10 mm 左右的 E' 点，鞋舌宽度为辅助线的 2/3，取跷中心设定在 OQ 线 25 mm 之下 5 mm 的位置。先把整后帮鞋口线设计出来，接着通过最小尺寸角的 70％弧长＋0.5 mm 确定橡筋的宽度，然后再画出后帮鞋口的造型，截取橡筋的长度位置，见图5-61。

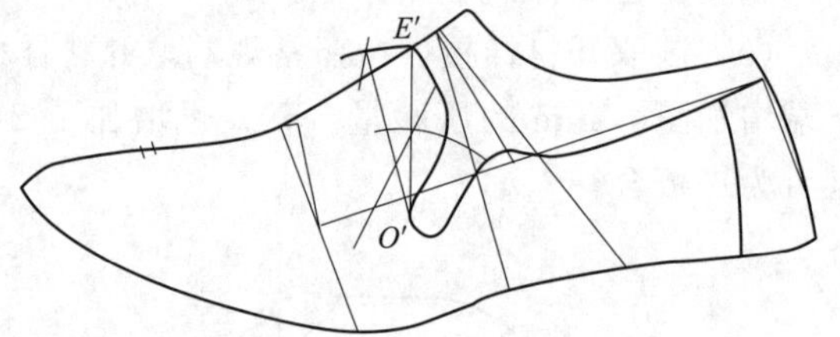

图 5-61　设计出侧开口式鞋

图中设计出了后包跟、橡筋和鞋舌，并在距离鞋舌宽度 14 mm 左右的位置作鞋舌的平行线为辅助线，便于和鞋盖轮廓线对接。

2. 围盖的设计

首先设计出鞋盖部件。延长后帮 EV 线为背中线，以 O 点为圆心、以 OJ' 为半径作圆弧，与背中线交于 J_2 点。再以 V 点为圆心、以 VV' 为半径作圆弧交于 J_2' 点，截取长度差的 1/3 补充在鞋盖前端定 J_2'' 点，接着从 J_2'' 点开始旋转取跷绘制出鞋盖外怀轮廓线，并与鞋舌的辅助线顺接。以同样的方法绘制出里怀轮廓线，也与鞋舌的辅助线顺接。里外怀轮廓线相交的位置即取跷中心 O'' 点，见图5-62。

接着设计出围条部件。在 J' 点之后也要补充一个 1/3 长度，然后在绘制出围条轮廓线，里外怀轮廓线也都顺连到顺连到 O'' 点。要使围条里外怀的区别与鞋盖里外怀区别相同。

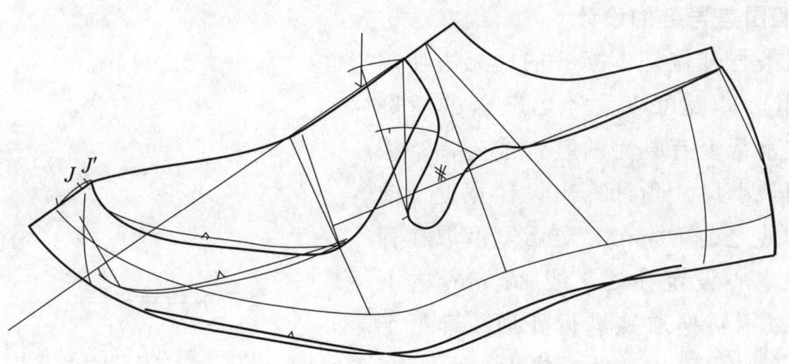

图 5-62 侧开口男围子鞋帮结构设计图

围条前端连接成直线，补充底口绷帮量和里外怀区别，经修正后即得到侧开口男围子鞋帮结构设计图。

三、模拟设计

比较开口式围盖鞋和外耳式围盖鞋的设计过程，会发现开口式围盖鞋的设计难度降低，这是因为不需要控制里外怀的均衡关系。无论是舌式围盖鞋、外耳式围盖鞋，还是开口式围盖鞋，它们设计鞋盖和围条的过程和方法都是一致的，也就是说有着相同的设计规律，区别只是表现在采用 A_0/A_1 线取跷或者 A_0/A_2 线取跷。

为此，本段落采用模拟设计方法加强围盖鞋的设计练习。所谓模拟设计，就是提供成品图，并做出设计提示，然后由学生完成结构图的设计，并提供一份帮结构设计图作为标准答案参考。

1. 前开窄口女盖鞋的设计

当鞋口变窄时，应该采用 A_0/A_2 双线取跷处理，见图 5-63。鞋口设计宽度在 3 mm 左右，口门位置在 V 点，鞋眼位线的宽度在 10 mm 左右，相当于假线的位置距离眼位线 12 mm。鞋耳上有 4 个眼位，鞋耳与鞋盖连成一体。鞋侧身有 Y 字形装饰条，眼盖和后包跟压在装饰条上。鞋帮上有鞋盖、长前帮、装饰条、后包跟和鞋舌部件，共计 5 种 6 件。

帮结构设计图见图 5-64。

图 5-63 前开窄口女盖鞋成品图

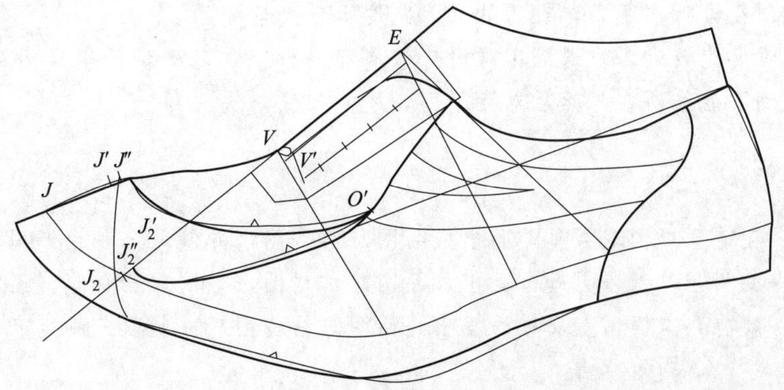

图 5-64 前开窄口女盖鞋帮结构设计图

2. 侧开口暗橡筋假围盖男鞋的设计

假围盖鞋的围条与鞋盖是不断开的，无法使用双线取跷，但利用拷贝板可以设计出鞋盖的轮廓线，见图 5-65。整前帮上有鞋盖的装饰线迹，暗橡筋比较窄，需要用最小尺寸角计算出设计宽度。前脸总长度控制在 E 点之前 10 mm，鞋舌宽度取在辅助线的 2/3，取跷中心设定在 OQ 线 25 mm 之下 5 mm 的位置。要采用转换取跷进行处理。鞋帮上有前帮、后帮、橡筋和保险皮部件，共计 4 种 5 件。

图 5-65　侧开口暗橡筋假围盖男鞋成品图

帮结构设计图见图 5-66。

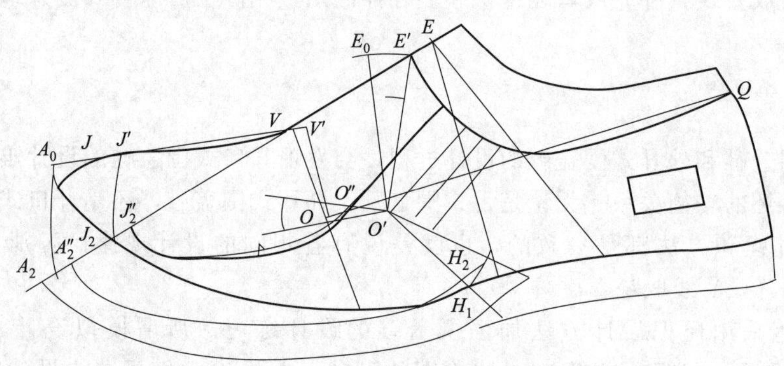

图 5-66　侧开口暗橡筋假围盖男鞋帮结构设计图

课后小结

设计围盖有一定的规律可循，前帮带有横断结构时采用 A_0/A_1 双线取跷处理，前后帮背中线需要转换成一条直线时采用 A_0/A_2 双线取跷处理。利用拷贝板可以方便地控制鞋盖与围条的外形轮廓、里外怀区别和工艺跷。

通过各种围盖鞋的设计，可以清楚地看到围盖的出现大大地丰富鞋款的花色品种，可以说有多少种舌式鞋就会有多少种舌式围盖鞋，有多少种外耳式鞋就会有多少种外耳式围盖鞋。

按道理来讲，设计假围盖鞋应该比设计真围盖鞋来得简单，但是看到图 5-64 以后就会明白设计假围盖鞋并不轻松。因为首先要进行跷度处理，然后再设计围条与鞋盖的分割线。设计真围盖时，可以不用单独取跷，在设计出围条与鞋盖的同时跷度也就处理完了。

设计围盖鞋的难度比较大，当遇到困难时应该冷静分析：是基础设计出了问题吗？还是围盖设计出了问题呢？找到了症结所在，然后对症下药，才能彻底解决问题。

思考与练习

1. 自行设计一款前开口围盖男鞋，画出成品图与结构图，并制取三种生产用样板。
2. 自行设计一款侧开口围盖男鞋，画出成品图与结构图，并制取三种生产用样板。
3. 自行设计一款前开口假围盖女鞋，画出成品图与结构图，并制取三种生产用样板。

综合实训四　围盖鞋的帮结构设计

目的： 通过围盖鞋的帮结构设计，熟练掌握围盖鞋的设计技巧。

要求： 重点考核鞋帮成型效果

内容：

（一）女围子鞋的设计

1. 选择合适的鞋楦，画中线，标设计点，复制出合格的半面板和鞋盖拷贝板。
2. 自行设计一款女围子鞋，画出成品图、结构设计图。
3. 制备划线板和制取三种生产用样板。
4. 进行开料、车帮套、绷帮检验。

（二）男盖鞋的设计

1. 选择合适的鞋楦，画中线，标设计点，复制出合格的半面板和鞋盖拷贝板。
2. 自行设计一款男盖鞋，画出成品图、结构设计图。
3. 制备划线板和制取三种生产用样板。
4. 进行开料、车帮套、绷帮检验。

标准：

重点检查绷帮成型效果：

1. 围盖是否能伏楦、鞋体是否能伏楦；
2. 围盖是否端正、到位；
3. 鞋里是否平伏；
4. 帮脚大小是否合适。

考核：

1. 满分为100分。
2. 鞋帮不伏楦，按程度大小分别扣10分、20分。
3. 围盖不伏楦，按程度大小分别扣20分、30分、40分。
4. 围盖不端正扣10～20分。
5. 鞋里不平伏扣5～10分。
6. 帮脚误差比较大扣5～10分。
7. 统计得分结果：达到60分为及格，达到80分为合格，达到90分及以上为优秀。

第六章 变型围盖鞋的设计

要点： 围盖鞋的变型设计，主要表现在围条与鞋盖的变化上。围条变窄就形成浅围子鞋，围条变宽就形成短围盖鞋，围条被破开就形成开胆鞋，等等。变型围盖鞋也可以与不同的后帮相搭配，从而又开发了不同的新鞋款。设计变型围盖鞋依然遵循围盖鞋的设计特点，需要制备拷贝板，也需要控制位置、外形、里外怀区别和工艺跷，但产品的特色已超过普通围盖鞋。

重点： 浅围子鞋的设计
短围盖鞋的设计
开胆鞋的设计

难点： 拷贝板的灵活运用

围盖鞋的变型设计主要表现在围条与鞋盖的外形变化上：当鞋盖变宽，围条就变窄，形成的是一系列的浅围子鞋；当围条变宽，鞋盖就变短，形成的是各种短围盖鞋；当鞋盖向前延伸直达底口，围条就被冲开，形成的是别具特色的开胆鞋。变型围盖鞋也能够与耳式鞋后帮、舌式鞋后帮以及开口式后帮相搭配，形成新的款式，极大地丰富了鞋类品种。

变型围盖鞋依然遵循着围盖鞋的设计特点，受到位置、外形、里外怀区别和工艺跷的影响，也依然需要利用鞋盖拷贝板进行外形轮廓的设计。但变型围盖鞋由于前帮结构的改变，会出现普通围盖鞋所没有的特色，所以需要另加说明。

第一节　浅围子鞋的设计

浅围子鞋是男式围子鞋的一种变型，主要用于男围子鞋的设计。其特点是围条部件又窄又长，在工艺上围条压鞋盖，所以统称为浅围子鞋，见图 6-1。这是一款典型的浅围子鞋，围条压在鞋盖上，围条宽度比普通的围条要窄，而且围条很长，直接与后包跟相连。

浅围子鞋在 20 世纪的 80 年代广为流行，鞋跟矮、鞋脸短，穿起来轻松舒适，当时被称为“老板鞋”“漫步鞋”，是一种宽松式的休闲鞋。虽然现在已并非是主流产品，但是其中的精华被传承下来，广为流行的西利式鞋就是由浅围子鞋演变成的一种经典。

浅围子鞋的围条变窄，鞋盖就会变宽，所以在鞋盖上经常会进行各种装饰变化，这是普通围盖鞋所不能及的。

图 6-1　浅围子舌式鞋

一、浅围子鞋的设计特点

浅围子鞋的设计特点离不开楦型和帮结构。

1. 鞋楦特点

设计浅围子鞋有专用的浅围子鞋楦。鞋楦的楦墙子比较矮，前头部位一般在 10～16 mm，适于设计窄围条部件。后跟也比较矮，一般在 15～20 mm，给人一种穿着的轻松感。浅围子楦的跖围比较瘦，抱脚能力强，类似于同型号的男舌式鞋，但鞋楦的跗围比较肥，类似于同型号的男素头楦。所以，利用浅围子楦既可以设计舌式浅围子鞋，也可以设计耳式浅围子鞋，这与普通围盖鞋楦有着显著的区别。

设计浅围子鞋同样需要通过贴楦制备出鞋盖里外怀拷贝板，拷贝板也比一般的鞋盖宽。

2. 结构特点

浅围子鞋都有一条既窄又长的围条部件，而且围条压在鞋盖上，这是浅围子鞋的基础结构。

围条前端虽然比较窄，但设计时依然要取在 J' 点。围条两侧也比较矮，一般在 O 点之下 10 mm 左右的位置确定 O' 为控制点。围条后端一直延伸到后包跟，高低位置或上或下要根据设计要求而定，见图 6-2。

长围条和后包跟构成了浅围子鞋的基础结构。由于围条比较窄，使得鞋盖相应变宽，常在鞋盖上进行车假线、穿花条、做不对称分割等多种装饰，见图 6-3。

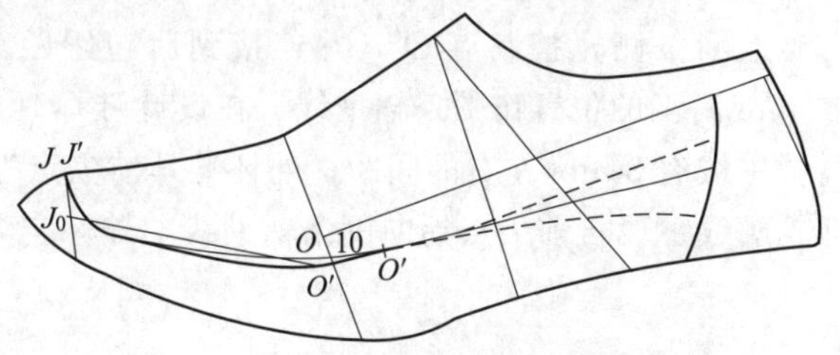

图 6-2　浅围子鞋的基础结构

鞋盖上做出装饰后，使鞋身变得丰满，如果分割成小部件还有利于套划省料，其中整舌盖的装饰主要用于整舌式浅围子鞋。

由于围条位置靠前，所以鞋脸的总长度相应变短，使得鞋口增大，穿脱轻松自如。

长围条好像是一条船，上面承载着舌式、耳式、开口式等多种款式变化。

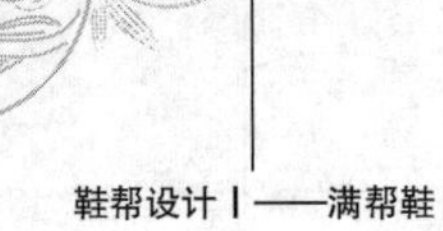

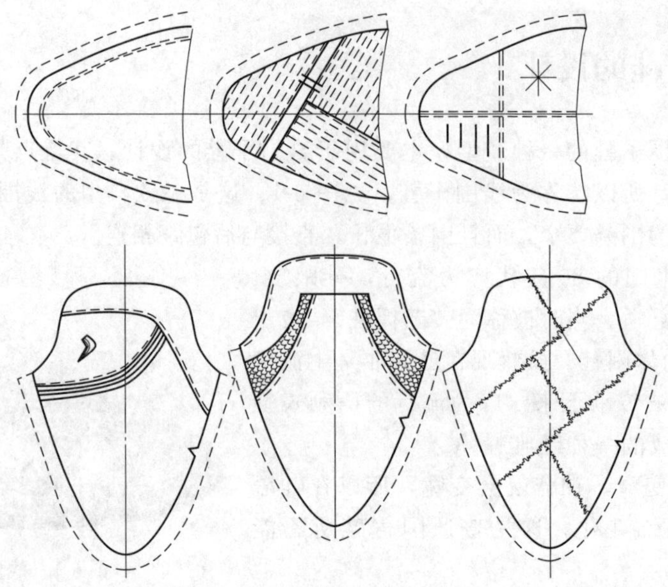

图 6-3　鞋盖的装饰

二、耳式浅围子鞋的设计

耳式浅围子鞋可以是内耳式，也可以是外耳式，下面以外耳式浅围子鞋为例进行设计。

1. 外耳式浅围子鞋的设计

外耳式浅围子鞋是在基础结构之上设计出外耳鞋部件，见图 6-4。浅围子上承载着外耳式鞋，鞋耳比较短，上面有 3 个眼位，眼位下面有假线，后包跟为倒梯形上宽下，鞋舌与鞋盖没有断开。鞋帮上有长围条、整舌盖、鞋耳、后包跟部件，共计 4 种 5 件。鞋盖上有装饰图案，在制取样板后直接设计在基本样板上。

图 6-4　外耳式浅围子鞋成品图

设计出外耳式浅围子鞋的后帮部位，见图 6-5。先设计出倒梯形的后包跟部件。然后在 O 点之下10 mm左右确定围条侧宽控制点 O'，并连接到后包跟距离鞋口 10 mm 高度的位置作围条辅助线。在设计鞋耳时，鞋耳长度取在 E 点之前 20 mm 的位置，上端距离背中线有 3 mm 左右的间距，外怀鞋耳前尖点控制在 O 点附近定为O_1点，设计出鞋耳轮廓线。鞋耳轮廓线下段自前尖点拐向围条辅助线，外怀定为 O_3点。做出里怀前尖点 O_2，也顺连到 O_3点。

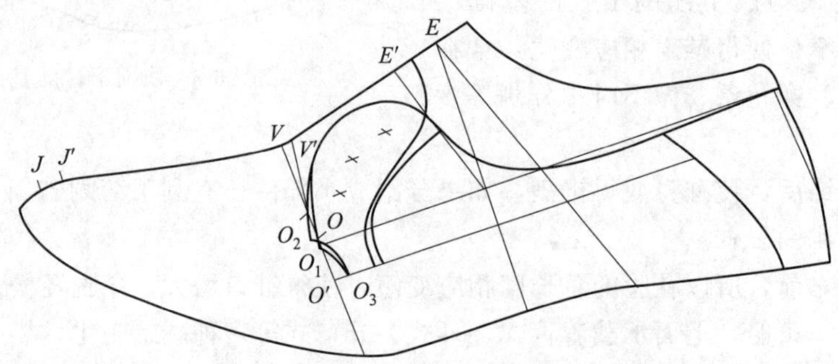

图 6-5　外耳式浅围子鞋的后帮部位

在鞋耳上确定3个眼位，确定假线位置。在超出鞋耳6～7 mm的位置设计出鞋舌部件，把鞋舌顺连到围条辅助线上，距离鞋耳前端线留出10～15 mm距离。

前帮的J'点为设计鞋盖的位置。

采用A_0/A_2双线取跷法设计鞋盖与围条部件，见图6-6。延长鞋舌背中线，以O点为圆心、以OJ'为半径作圆弧，与背中线交于J_2点。再以V点为圆心、以VV'为半径作圆弧交于J_2'点，截取长度差的1/3补充在鞋盖前端定J_2''点，接着从J_2''点开始绘制出鞋盖外怀轮廓线，并到达O_3点与鞋舌轮廓线顺接。

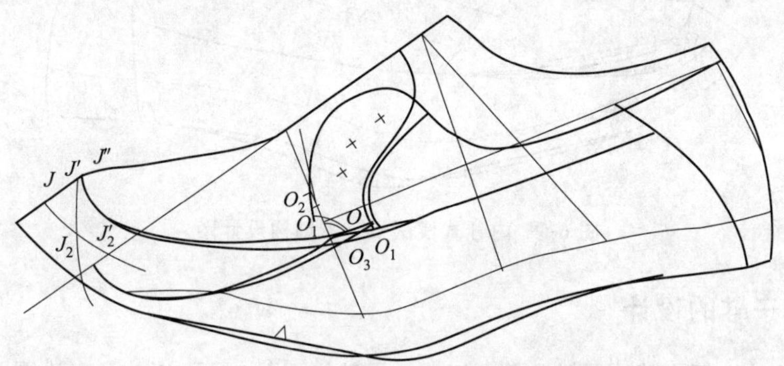

图6-6 外耳式浅围子鞋帮结构设计图

以同样的方法绘制出里怀轮廓线，也与鞋舌的轮廓线顺接。由于鞋耳存在着里外怀区别，需要建立均衡的关系，所以在O_3点之上要做出里外怀区别，而这种区别要与O_1、O_2点的高度差相同。接着把里外怀的鞋盖轮廓线都向后延伸，最后交汇于鞋舌轮廓线上。

设计围条部件时，要在J'点之后补充一个1/3长度差，然后再绘制出外怀围条轮廓线，顺连到O_3点后并继续往后延长，借用辅助线设计出围条后端轮廓线。设计里怀围条轮廓线也要在O_3点之上有里外怀的区别。这种区别就是“外怀找外怀、里怀找里怀”。

把围条前端连接成直线，补充底口绷帮量，经修整后即得到外耳式浅围子鞋帮结构设计图。鞋盖上的装饰要在基本样板上设计出装饰图案，然后另外制取带有装饰标记的样板，见图6-7。鞋盖上设计有有车假线和穿花条的图案，在制取基本样板时再做出加工标记。

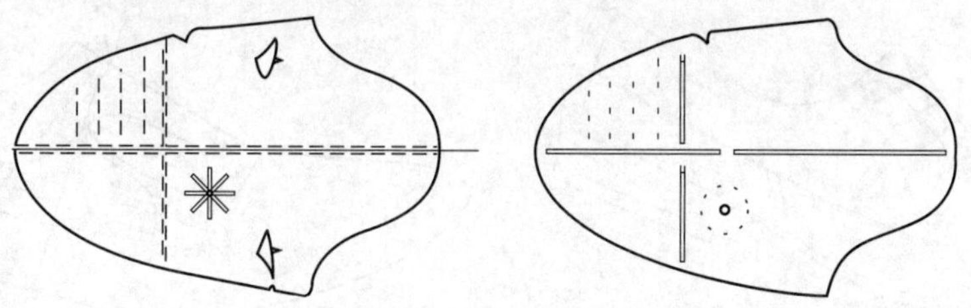

图6-7 鞋盖上的装饰图案和加工标记

2. 内耳式浅围子鞋的模拟设计

设计内耳式浅围子鞋不用找里外怀的均衡关系，所以比外耳式要容易些，可以进行模拟设计。因为是模拟，所以许多设计控制数据要参照外耳式浅围子鞋，见图6-8。

图6-8 内耳式浅围子鞋成品图

浅围子上承载着内耳式鞋，鞋耳比较短，上面有3个眼位，眼位下面有假线。鞋盖压在鞋耳上，上面有装饰线，间距在10 mm左右。后面有小型后包跟。

鞋帮上有长围条、鞋盖、鞋耳、鞋舌和后包跟部件，共计 5 种 6 件。鞋盖上的装饰线直接设计在基本样板上。

内耳式浅围子鞋帮结构设计参考图见图 6-9。

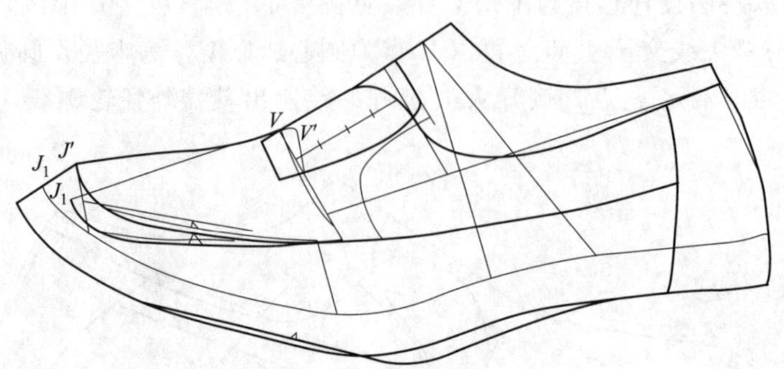

图 6-9　内耳式浅围子鞋帮结构设计图

三、开口式浅围子鞋的设计

开口式浅围子鞋有前开口浅围子鞋和侧开口浅围子鞋的区别，下面以前开口浅围子鞋为例进行设计。

1. 前开口式浅围子鞋的设计

前开口式浅围子鞋的成品图见图 6-10。浅围子上承载着前开口式鞋，开口为中等宽度，口门位置在 V 点，鞋耳上面有 4 个眼位，眼位下面的假线变成断帮线，宽鞋盖上有一圈假线，后跟部位是后筋条。鞋帮上有长围条、鞋盖、鞋舌、后帮条和后筋条部件，共计 5 种 6 件。

首先设计出前开口式浅围子鞋的后帮部位，见图 6-11。在 O 点之下 10 mm 的位置定围条侧宽控制点 O'，并连接围条的辅助线到后弧中点位置附近。采用对位取跷线设计出中等宽度的前开口，要预留出折边量。鞋耳长度取在 E 点之前 10 mm 的 E' 点，安排 4 个眼位，对于浅围子鞋来说前脸已经比较长了。在假线位置设计断帮线并顺连到围条辅助线上。在大部件上设计出后筋条部件。前帮上的 J' 点为设计鞋盖的位置。

图 6-10　前开口式浅围子鞋成品图

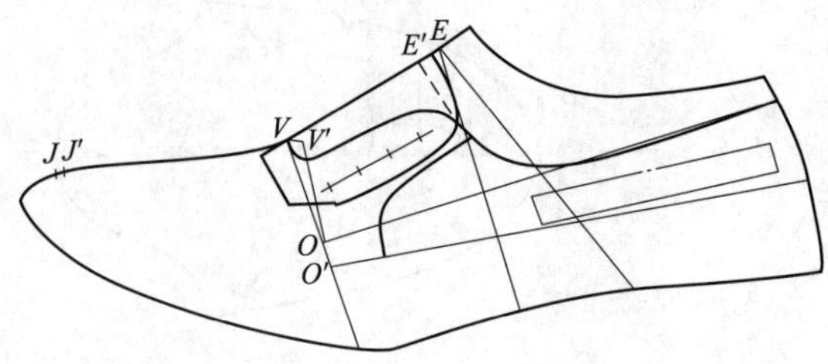

图 6-11　前开口式浅围子鞋的后帮设计

设计鞋盖部件时以 O 点为圆心、以 OJ' 为半径作圆弧，然后再以 V 点为圆心、$V'J'$ 长为半径作圆弧，两弧交于 J_1 点。直线连接 VJ_1 为鞋盖背中线。再自 J_1 点起，利用外怀拷贝板旋转取跷，设计出外怀轮廓线，并在围条辅助线上与断帮线衔接，定作 O' 点。以同样的方法设计出里怀轮廓线，也顺连到 O' 点止，见图 6-12。由于前开口的宽度是以开口的边沿为参照物的，所以 O' 点位置不用区分里外怀。有时为了理顺围条后端轮廓线，会自然出现里外怀的差异也没有关系。

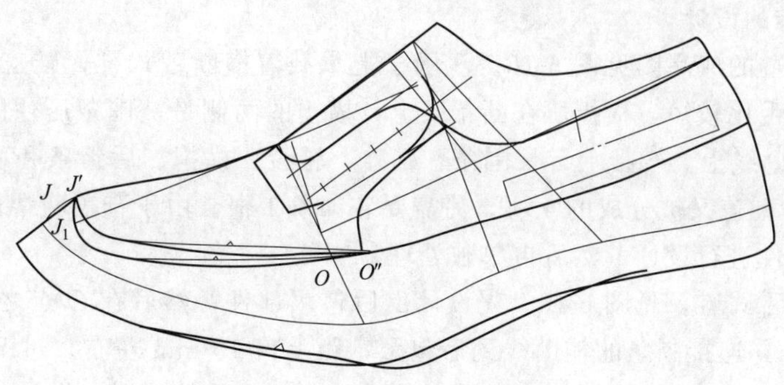

图 6-12　前开口式浅围子鞋帮结构设计图

设计围条部件时从 J' 点开始，也是先设计外怀一侧，用外怀拷贝板依据半面板的曲线背中线设计出轮廓线，然后经过 O' 点并与围条辅助线顺连。用同样的方法设计里怀围条轮廓线也顺连到 O' 点。也就是说围条与鞋盖里外怀的区别都控制在 O' 点之前。

围条线与辅助线连接后还要理顺成为轮廓线。围条前端直线连接成背中，补充上底口绷帮量，经修整后可得到前开口式浅围子鞋帮结构设计图。

2. 侧开口浅围子鞋的模拟设计

下面以侧开口浅围子鞋为例进行模拟设计，见图 6-13。浅围子上承载着侧开口式鞋，开口以暗橡筋的形式连接。开口两侧的车线痕迹决定了开口的宽度，需要通过最小尺寸角计算出来。鞋盖上有打孔穿花条的装饰，鞋盖与鞋舌连成一体形成整舌盖，需要使用 A_0/A_2 双线取跷处理。鞋帮上有长围条、整舌盖、橡筋、后帮条和后包跟部件，共计 5 种 7 件。

侧开口浅围子鞋帮结构设计参考图见图 6-14。

图 6-13　侧开口浅围子鞋成品图

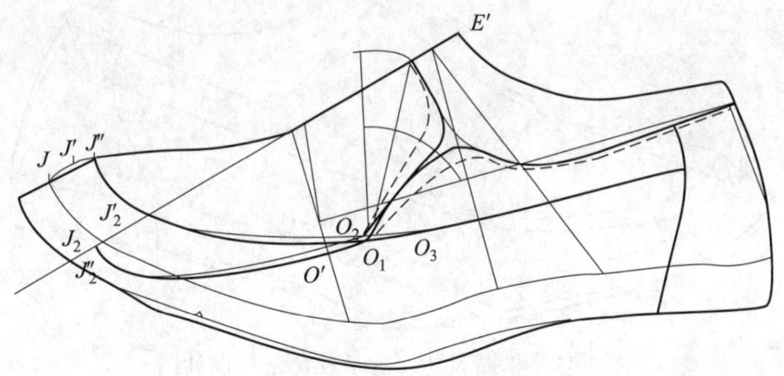

图 6-14　侧开口浅围子鞋帮结构设计图

提示：O' 点为围条侧宽的控制点，O_1 点为外怀鞋舌端点，O_2 点为里怀鞋舌端点，O_3 点为里外怀围条的交汇点。

四、舌式浅围子鞋的设计

舌式浅围子鞋有横断舌式浅围子鞋和整舌式浅围子鞋的区别，下面以横断舌式浅围子鞋为例进行设计。

1. 横断舌式浅围子鞋的设计

横断舌式浅围子鞋的成品图见图 6-15。浅围子上承载着横断舌式鞋，鞋盖被分割成几块部件，后帮为直口后帮，鞋舌比较短，横担压在断帮线上，横担的两侧是被围条压住的。暗口门位置在 V 点，口门宽度取在 OQ 线上。鞋帮上有长围条、鞋盖、鞋舌、横担、后帮条和后包跟部件，合计为 6 种 10 件，包括其中鞋盖又被分成的 4 块，另需要装饰条 1 根。由于鞋盖断帮比较复杂，可以把鞋盖先看成是一块整部件进行设计，然后再单独处理。

首先设计出横断舌式鞋，见图 6-16。先设计出后包跟部件，然后在 O 点之下 10 mm 的位置定围条侧宽控制点 O'，并连接围条的辅助线到后包跟，距上口 15 mm 左右。过 V 点作后帮背中线的垂线，与 OQ 线相交后定口门宽度位置。鞋舌长度取在 1/2 VE 的位置，设计出轮廓线到口门宽度位置止。在断帮线上设计横担部件，上端多出 3 mm，下端到围条辅助线，制取样板时再加放压茬量。前帮上的 J' 点为设计鞋盖位置。

图 6-15　横断舌式浅围子鞋成品图

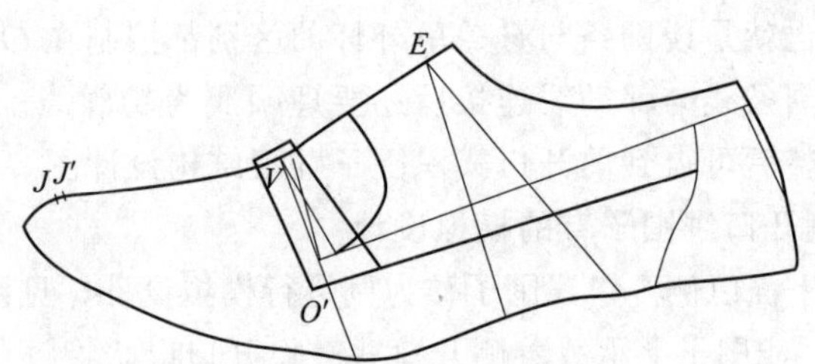

图 6-16　横断舌式鞋

设计鞋盖部件时以 O 点为圆心、以 OJ' 为半径作圆弧，然后再以 V 点为圆心、$V'J'$ 长为半径作圆弧，两弧交于 J_1 点。直线连接 VJ_1 为鞋盖背中线。再自 J_1 点起，利用外怀拷贝板旋转取跷，设计出外怀轮廓线，并在围条辅助线上与断帮线衔接，定作 O_1 点。以同样的方法设计出里怀轮廓线，要顺连到 O_2 点，见图 6-17。O_1、O_2 点不仅是鞋盖的里外怀区别，也是围条、后帮条的里外怀区别。

图 6-17　横断舌式浅围子鞋帮结构设计图

设计围条部件时从 J' 点开始，也是先设计外怀一侧，用外怀拷贝板依据半面板的曲线背中线设计出轮廓线，然后经过 O_1 点并与围条辅助线顺连。用同样的方法设计里怀围条轮廓线顺连到 O_2 点，也与围条辅助线顺连，里外怀围条交汇的位置定作 O'' 点。

围条前端直线连接成背中线，补充上底口绷帮量，经过修整后可得到横断舌式浅围子鞋帮结构设计图。鞋盖断帮位置设计见图 6-18。

把鞋盖分割成几块小部件进行装饰，在套划时很容易做插料安排，可以节省不少的材料。由于部件比较小，可以加放上压茬量。加工标记主要有中点标记和穿花条标记，对于车缝的线迹，宽度在 3 mm 左右，可按照“大离线”处理，不用表示出标记。

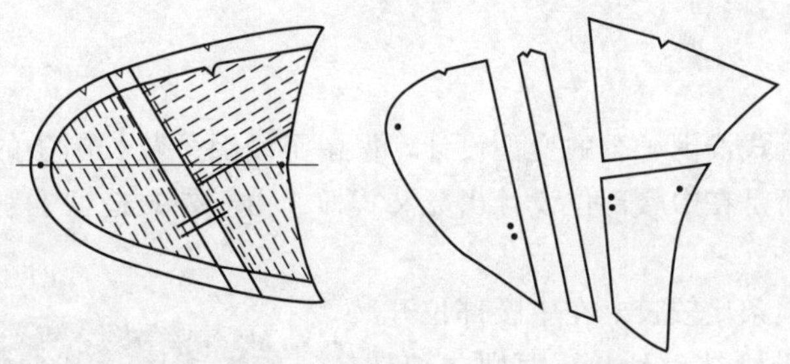

图 6-18 鞋盖样板的图案与加工标记

由于浅围子鞋的围条很长，即使能够同身套划，围条之间还会有较大的间隙。如果把围条断开，就会失去浅围子鞋的特色，如果把鞋盖断成几块较小的部件就可以插料套划，从而达到省料的目的。

2. 整舌式浅围子鞋的模拟设计

下面以整舌式浅围子鞋为例进行模拟设计，见图 6-19。

浅围子上承载着整舌式鞋，整舌盖上有装饰条和金属饰件，锁口线在 OQ 线上。后帮条上的小马头与松紧带连接。长围条一直延伸到后帮中缝，后弧上口采用的车双线进行补强。鞋帮上有长围条、整舌盖、装饰条、松紧带、后帮条部件，共计 5 种 6 件。

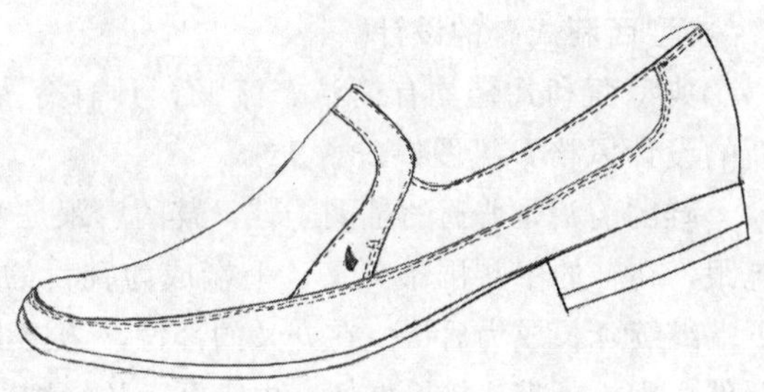

图 6-19 整舌式浅围子鞋成品图

设计整舌式围盖时，可以先设计好外怀一侧，然后再根据里外怀的区别再设计里怀一侧，见图 6-20。外怀一侧有 O_1 点标记，根据里外怀的差别可以定出里怀 O_2 点标记，然后再进行里怀围盖轮廓线的设计，见图 6-21。

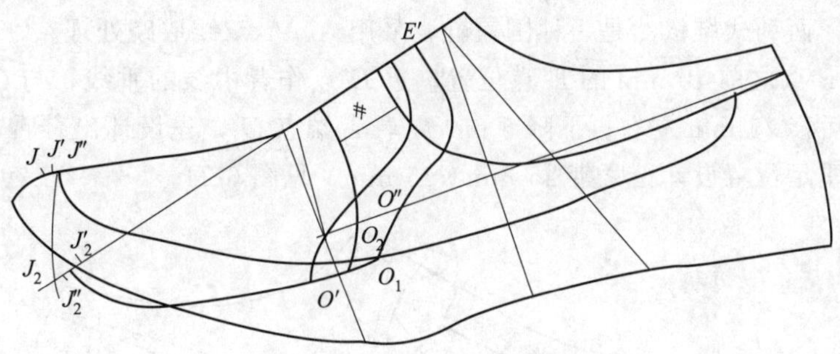

图 6-20 外怀一侧的围盖设计

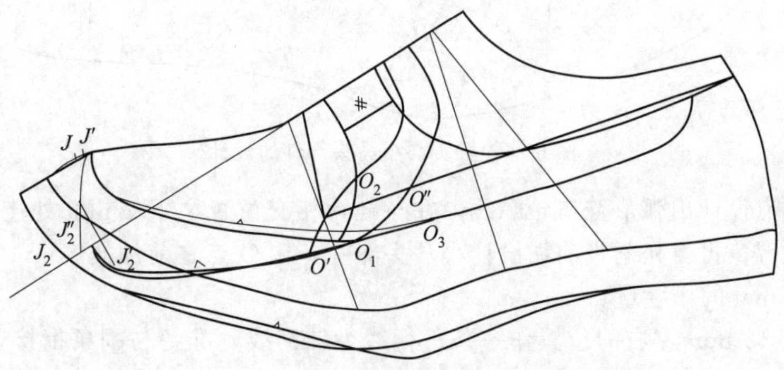

图 6-21 整舌式浅围子鞋帮结构设计图

五、西利式鞋的设计

西利式鞋是一种整舌式浅围子鞋的变型设计，保留了浅围子鞋长围条的特点，但又不拘泥于长围条后段的单调结构，而是在中腰部位设计出分叉式样。由于外观造型上别具一格，所以受到广大消费者的追捧，见图 6-22。

西利式鞋的特点是围条比较长，在中腰部位开叉，上端与鞋舌衔接，下端继续往后延长。西利式鞋是在整舌式浅围子鞋的基础上演变而来的，结构具有创新性，线条比浅围子鞋更流畅，选用的楦型多为舌式楦，不再受浅围子鞋楦的限制，再加上起了一个异域风味的名字，所以一度成为男鞋中的佼佼者。

图 6-22　西利式鞋

1. 典型西利式鞋的设计

典型西利式鞋具有简洁、流畅，具有令人耳目一新的设计风格，见图 6-23。

鞋的前头是普通的翻围子鞋，鞋的后跟是普通的后包跟，在鞋的中腰围条分叉，上端成为鞋舌的一部分，下端继续延长成为后帮。在开叉的部位，镶接上小马头部件，用松紧带连接里外怀。由于开叉的缝隙很窄，所以鞋口采用的是沿口工艺。鞋帮上有整舌盖、长围条、后包跟、松紧带和小马头部件，共计 5 种 6 件。

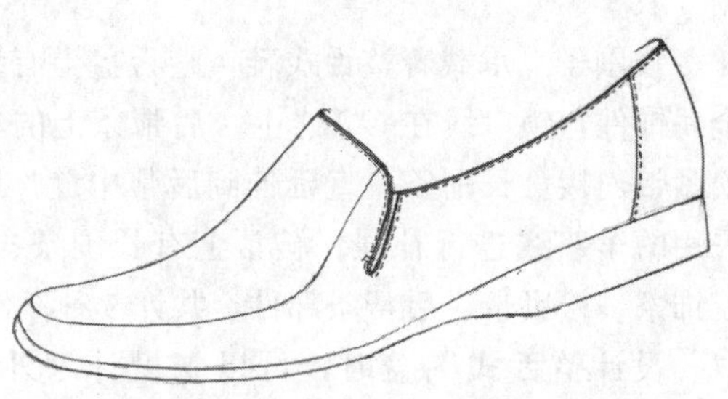

图 6-23　典型西利式鞋成品图

设计时选用男舌式楦，也要制备拷贝板，特殊的要求是小马头部件以压茬的形式与后帮衔接。

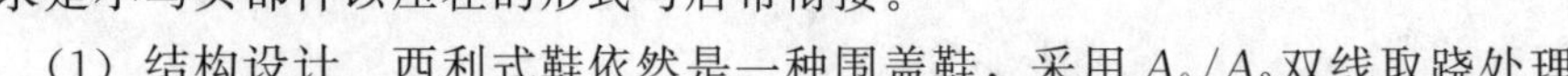

(1) 结构设计　西利式鞋依然是一种围盖鞋，采用 A_0/A_2 双线取跷处理。

鞋舌长度取在 E 点之前 10 mm 的 E' 点位置，过 E' 点作背中线的垂线，与 OQ 线相交后取 2/3 定鞋舌宽度，O 点后移 25 mm 左右再下降 5 mm 定鞋舌端点 O'，先设计出鞋舌轮廓线。过 O' 点作背中线的垂线，自垂足位置设计松紧带 25 mm×15 mm，见图 6-24。

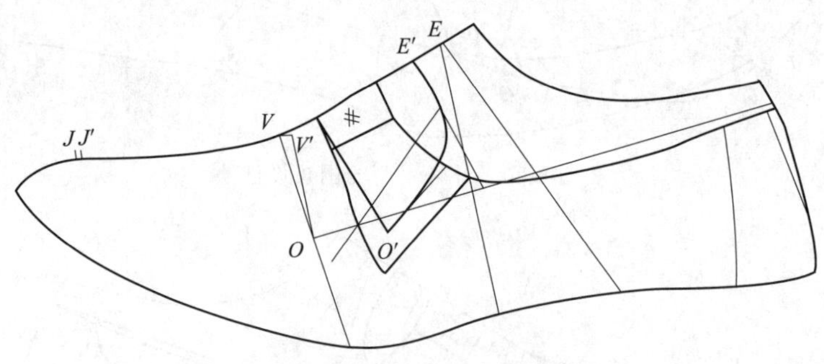

图 6-24　鞋舌与小马头部件的设计

自松紧带后端点设计出弧形鞋口轮廓线，在与鞋舌相交位置之下 2 mm 处连一条直线到 O' 点，这是围条开叉的位置。再自松紧带前端设计小马头部件，在 O' 点之前加放 8 mm 的压茬量，在开叉位置之下也加放 8 mm 的压茬量。

在距鞋舌宽度 12 mm 左右的位置作一条平行线为辅助线，准备与围条衔接。前帮上 J' 点为设计围盖的位置。

在设计鞋盖时，先延长 EV 背中线，然后截出鞋盖的转换长度、实际长度，并截取长度差的

1/3补充在鞋盖上，接着用拷贝板依据背中直线旋转取跷设计出鞋盖外怀轮廓线，并与辅助线顺接。以同样的方法设计出里怀鞋盖轮廓线，并使里外怀的线条顺接，见图 6-25。

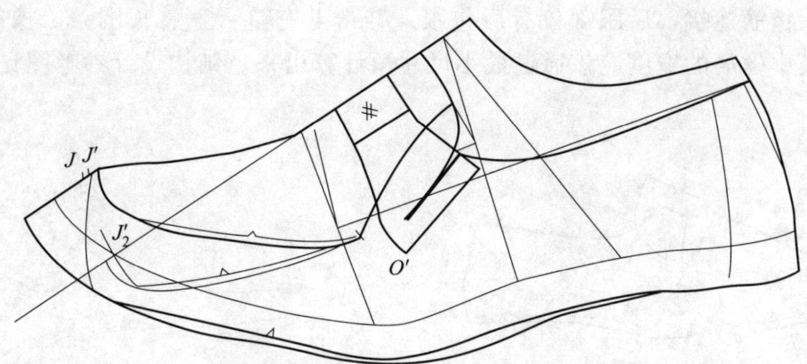

图 6-25 典型西利式鞋帮结构设计图

在设计围条时，要在 J'点之后也补充上一个 1/3 长度差，然后再分别设计出围条的里外怀轮廓线。补充上底口绷帮量，经修整后即得到典型西利式鞋帮结构设计图。

(2) 制取样板 按照常规制备划线板，见图6-26。划线板上有 5 种部件的轮廓位置。

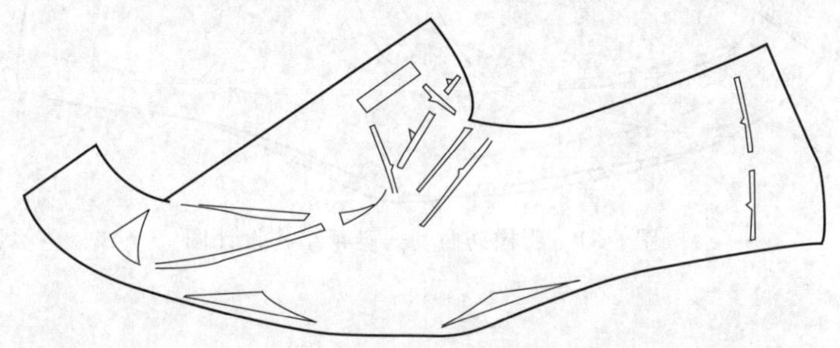

图 6-26 制备划线板

按照常规制取基本样板，见图 6-27。基本样板上有加工标记。

按照常规制取开料样板，见图 6-28。围条与鞋盖各加放 2 mm 翻缝量。

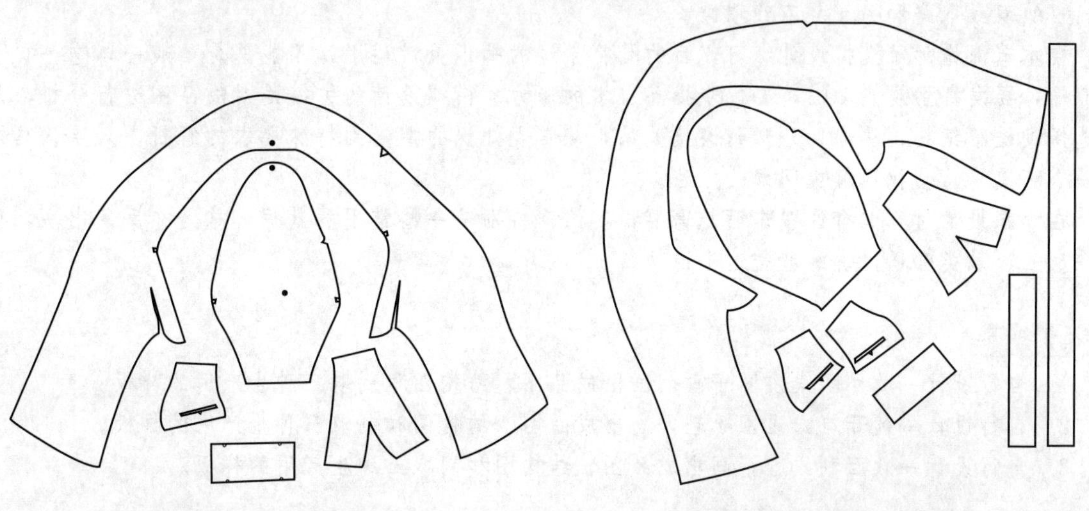

图 6-27 制取基本样板　　图 6-28 制取开料样板

设计鞋里样板，见图 6-29。把围条鞋盖拼接后设计前帮里，在后帮部位设计鞋舌里和后帮里。按照图中虚线可制取鞋里样板。

2. 西利式鞋的模拟设计

西利式鞋也会有多种变型，下面以明橡筋西利式鞋为例来进行设计，见图 6-30。前帮为围条压鞋盖，侧开口用明橡筋连接，后跟部位有后包跟。鞋帮上有整舌盖、长围条、橡筋和后包跟部件，共计 4 种 5 件。其中橡筋的宽度应该通过最小尺寸角计算出来。结构设计参考图见图 6-31。

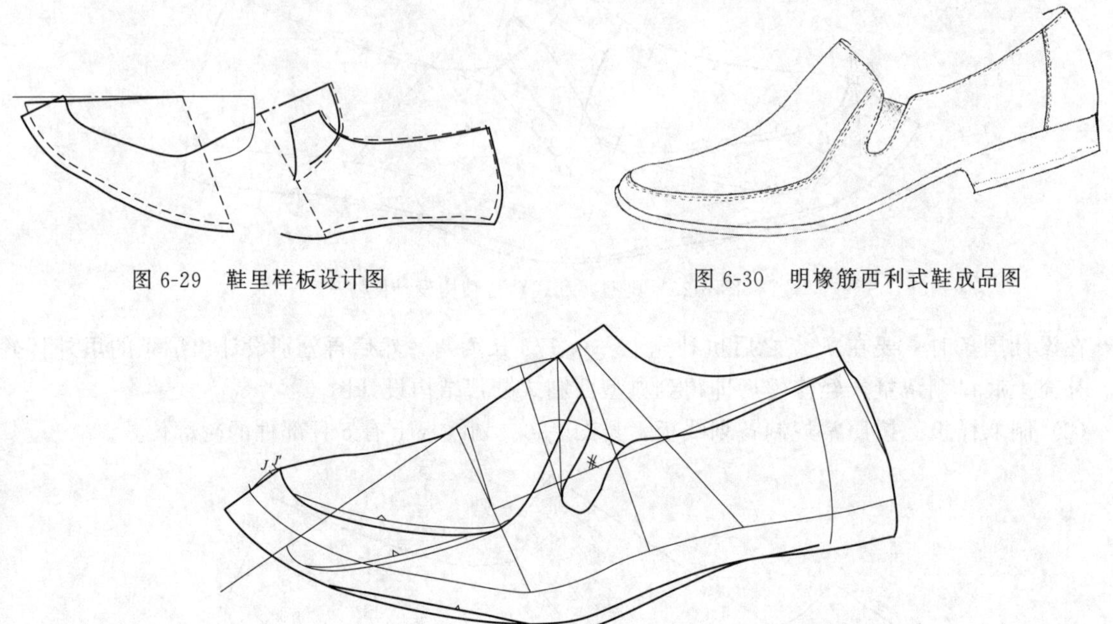

图 6-29　鞋里样板设计图

图 6-30　明橡筋西利式鞋成品图

图 6-31　明橡筋西利式鞋帮结构设计图

课后小结

浅围子鞋是在围盖鞋的一种变型设计，围条窄且长，都压在鞋盖上。浅围子鞋的变化表现在帮结构上，舌式、耳式、开口式都是常见的品种，与浅围子鞋的基础结构相配合，就演变出不同的款式。其中西利式鞋又是整舌式浅围子鞋的变型设计，但鞋帮的总体结构依然属于围盖鞋，所以离不开 A_0/A_1 双线取跷和 A_0/A_2 双线取跷。

在本节课增加了模拟设计练习，目的是将学过的知识灵活运用，不能总是“喂一口吃一口”接受灌输，要发挥主观能动性，要逐步提高自学的能力。模拟设计的关键是对成品图进行分析，从楦型选择到鞋帮结构，从部件外形到镶接关系，从常规知识的重复到特殊要求的解析，只要认真对待每一个环节，总会找到解决问题的方法。

在模拟设计过程中有许多东西是需要借鉴的，特别是一些常用的数据，总是在反复出现，所谓举一反三、触类旁通，讲的就是这个道理。

思考与练习

1. 自行设计一款外耳式浅围子鞋，画出成品图、结构图和制取三种生产用的样板。
2. 自行设计一款开口式浅围子鞋，画出成品图、结构图和制取三种生产用的样板。
3. 自行设计一款西利式鞋，画出成品图、结构图和制取三种生产用的样板。

第二节　短围盖鞋的设计

短围盖鞋也是围盖鞋的一种变型产品，鞋盖的长度在前帮长度的 1/3～1/2，达不到楦头的凸点

位置，比一般的围盖都要短，故叫做短围盖鞋，见图 6-32。这是一款男式短盖鞋，鞋盖的长度在前帮的 1/2 左右，鞋舌两侧有明橡筋相连，形成侧开口式结构。短围盖鞋由于鞋盖较短，显得比较有特色，而且短围盖也可以和不同的后帮相搭配，从而形成短围盖鞋系列。设计短围盖鞋的实质依然是采用双线取跷，但围条前端不能做工艺跷处理，而需要另想办法。

图 6-32 侧开口明橡筋短围盖鞋

一、普通短围盖鞋的设计

短围盖鞋可以是围子鞋，也可以是盖鞋，由于鞋盖的前端位置与楦头凸点还有一定的距离，所以和常规围盖鞋的设计有差异。常规围盖鞋受到楦墙的制约，鞋盖的造型要考虑到位置、外形、里外怀区别和工艺跷这四种因素。但是短围盖鞋的位置已经脱离了楦墙，不受楦头外形的制约，只是模仿围盖设计，因此只要线条圆顺、到位、好看即可。

1. 舌式短盖围子鞋的设计

舌式短盖围子鞋的主体结构是整舌式围子鞋，但鞋盖的位置在 J 点之后 20 mm 左右，比较短，所以称为舌式短盖围子鞋，见图 6-33。

鞋盖的位置比较靠后，围条比较宽。鞋帮上有整舌盖、宽围条、后包跟部件，共计 3 种 3 件。设计时选用男舌式楦，由于鞋盖外形受到楦头造型的影响减弱，设计鞋盖时不用事先制备拷贝板，只需要确定围盖的位置，然后按照楦头外形仿制出鞋盖的轮廓线。

图 6-33 舌式短盖围子鞋成品图

整舌式围盖鞋的断帮线是前后向排列，所以属于纵断舌式鞋。其中纵断舌式鞋、横断舌式鞋与整舌式鞋构成舌式鞋系列。由于纵断舌式鞋大多是围盖鞋，单独讲授纵断舌式鞋又不能包括其他的围盖鞋，所以把围盖鞋的设计单列出来，其中就包括了整舌式围盖鞋。而舌式短盖围子鞋可以看作是整舌式围盖鞋的一种特例。

(1) 短鞋盖的设计 舌式短盖围子鞋属于直口后帮，所以取跷中心 O' 点取在 O 点之后 15 mm 左右，暗口门位置在 V'' 点，鞋舌长度取在 EV'' 的 2/3 处定 E' 点，过 E' 点设计出鞋舌轮廓线到 O' 点。

短鞋盖的前端点 V_2 取在 J 点之后 20 mm 左右，过 V_2 点直接仿照楦头造型设计出鞋盖轮廓线也到 O' 点。鞋盖的轮廓外形应该端正、线条流畅，前后比例协调。由于该轮廓线并不是最后制取样板的轮廓线，所以用虚线来表示，见图 6-34。图中虚线是预想的鞋盖位置，或者说是鞋盖最后还原的位置，这是设计短围盖鞋的基础。

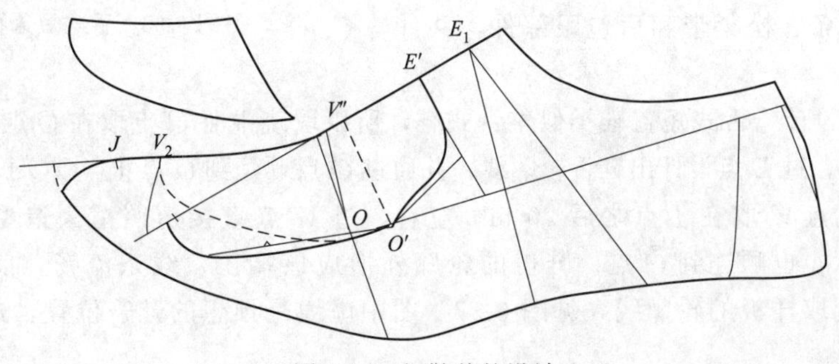

图 6-34 短鞋盖的设计

延长 EV 背中线，按照设计普通围盖的要求确定出转换长度、实际长度，并将 1/3 长度差补在鞋盖上，然后绘制出能制取样板的鞋盖轮廓线，如图 6-34 中实线所示。为了使实线轮廓与虚线轮廓保持一致，采用制备临时拷贝板的方法处理。图中附加的拷贝板是按照鞋盖虚线轮廓复制的，只对本款鞋的设计起作用。由于拷贝板的背中线是曲线，所以旋转取跷后的鞋盖轮廓线上是有工艺跷的。

在完成外怀短鞋盖轮廓线的设计后，把里怀的轮廓线也设计出来。

此时短鞋盖的已经满足了位置、外形、里外怀区别和工艺跷的要求，与普通围盖鞋设计的最大区别是外形要仿照楦头造型设计出来。由于不受楦头造型的制约，设计过程变得简单。

(2) 结构图的设计　在短鞋盖部件设计完成以后，设计其他部件就顺理成章了。

“转换要取长度差”，把 1/3 的长度差补充在 V_2 点之后，顺连出围条轮廓线到 O' 点，也做出里外怀的区别，见图 6-35。围条的轮廓线与虚线轮廓基本一致，只是长度上后移了 1/3 长度差。在围条的前端，由于背中线比较长，不能做工艺跷处理，只能连接过 V_2J 直线作围条背中线，其结果是增加了底口绷帮量，不如普通围盖鞋绷帮容易操作。

图 6-35　舌式短盖围子鞋帮结构设计图

设计出后包跟部件，加放底口绷帮量，经过修整后即得到舌式短盖围子鞋帮结构设计图。

2. 舌式短盖鞋的设计

舌式短盖鞋与舌式短盖围子鞋主体结构相似，只是把围条压鞋盖改变成鞋盖压围条。为了便于绷帮，在前头部位增加了断帮线，见图 6-36。比较短的整舌盖压在围条上，形成了舌式短盖鞋。后帮用松紧带连接，其中的围条在前端圆弧两侧断开，这样可以进行工艺跷处理，解决不容易绷帮的问题。鞋帮上有整舌盖、前围条、后围条、松紧带和后包跟部件，共计 5 种 6 件。

图 6-36　舌式短盖鞋成品图

(1) 短鞋盖的设计　舌式短盖鞋类似整舌式鞋，所以取跷中心 O' 点取在 O 点之后 35 mm 左右，鞋舌长度取在 E 点，过 E 点设计出鞋舌轮廓线，并通过 O' 点顺延到 O'' 点止。$O'O''$ 长度在 10 mm 左右。

短鞋盖的前端点 V_2 取在 J 点之后 20 mm 左右，过 V_2 点直接仿照楦头造型设计出鞋盖轮廓线，用虚线来表示，也顺连到 O'' 点。鞋盖的轮廓外形应该端正、线条流畅，前后比例协调，该轮廓线同样不是制取样板的轮廓线，见图 6-37。图中虚线是预想的鞋盖位置，这是设计短围盖鞋的基础。

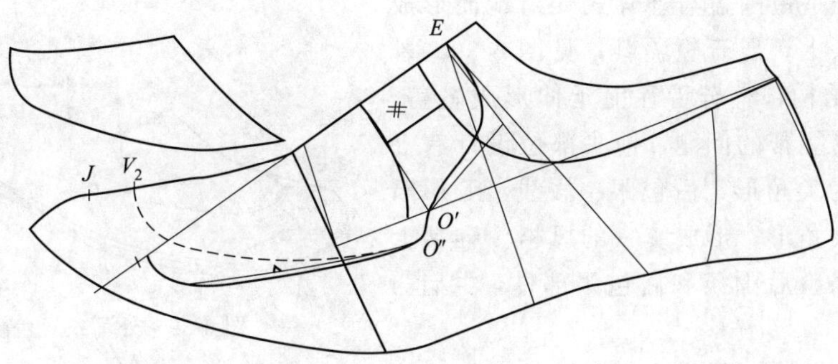

图 6-37　短鞋盖的设计

延长 EV 背中线，按照设计普通围盖的要求确定转换长度、实际长度，并将 1/3 长度差补在鞋盖上，然后绘制出鞋盖轮廓线到 O''点，如图 6-37 中实线所示。为了使实线轮廓与虚线轮廓保持一致，采用制备临时拷贝板的方法处理。图中附加的拷贝板是按照鞋盖虚线轮廓复制的，只对本款鞋的设计起作用。由于拷贝板的背中线是曲线，所以旋转取跷后的鞋盖轮廓线上是有工艺跷的。

在完成外怀短鞋盖轮廓线的设计后，把里怀的轮廓线也设计出来。

此时短鞋盖的已经满足了位置、外形、里外怀区别和工艺跷的要求。

为了便于围条部件的衔接，设计出后帮的小马头和松紧带位置。

(2) 结构图的设计　在短鞋盖部件基础上再设计其他部件。

设计围条时，把 1/3 的长度差补充在 V_2点之后，顺连出围条轮廓线到 O''点，并做出里外怀的区别。同时把围条的压茬量也设计出来，并顺连到小马头部件，在 O'点和 O''点都要保证有 8 mm 的压茬量，见图 6-38。围条的轮廓线与虚线轮廓基本一致，只是长度上后移了 1/3 长度差。

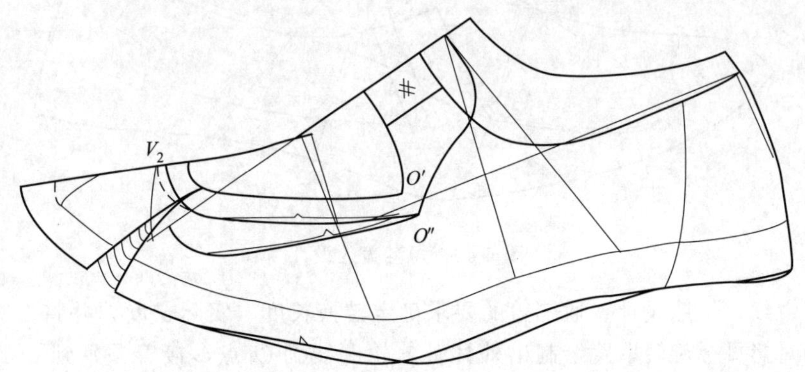

图 6-38　舌式短盖鞋帮结构设计图

连接 V_2J 并延长作为围条背中线，在围条前端圆弧拐弯的位置设计一条断帮线。断帮线把围条分割出前围条和后围条两部分。

在断帮线的位置要做工艺跷处理。首先测量出半面板前端点底口增加量的长度，然后把这个长度自断帮线的底口位置向上测量并做出标记，接着过标记再重新设计一条前围条轮廓线。前后围条之间有个夹角，这就是工艺跷，镶接时前后围条衔接即可以减少绷帮量的长度。

设计出后包跟部件，加放底口绷帮量，经过修整后即得到舌式短盖鞋帮结构设计图。

3. 外耳式短盖鞋的设计

外耳式短盖鞋是短围盖与外耳式鞋搭配而形成的，鞋盖压在围条上，属于短盖鞋，见图 6-39。鞋的后帮为外耳式结构，整鞋舌往前延伸形成鞋盖。同样为了解决不易绷帮的问题，前头部位设计有 T 形断帮线。鞋耳为尖角形，后包跟、假线、T 形断帮线也都设计成尖角形，形成统一的风格。鞋帮上有整舌盖、前围条、后围条和后包跟部件，共计 4 种 5 件。

图 6-39 外耳式短盖鞋成品图

(1) 短鞋盖的设计 外耳式短盖鞋的主体结构为外耳式，所以要先从外耳着手设计。

鞋耳呈尖角形，角的顶点安排在后帮的中心位置，在 O 点之下 5 mm 左右位置定 O_1 点。设计出鞋耳轮廓线，前端顺连到 O_1 点，后端顺连到 Q 点。接着确定出 2 个眼位、假线和后包跟的位置。在 O_1 点斜前方定出 O_2 点位置，设计出里怀鞋耳轮廓线也到 O_2 点止。

由于鞋耳位置比较靠下，确定鞋舌长度时要参照假线的位置，增加 6～7 mm 确定鞋舌的长度，鞋舌后宽要在眼位之下 10 mm。设计出鞋舌后端轮廓线到 O' 点，并准备与前端轮廓线对接。

短鞋盖的前端点 V_2 取在 J 点之后 20 mm 左右，过 V_2 点直接仿照楦头造型设计出鞋盖轮廓线，用虚线来表示，并顺连到 O_1 点，见图 6-40。图中虚线是预想的鞋盖位置，这是设计短围盖鞋的基础。

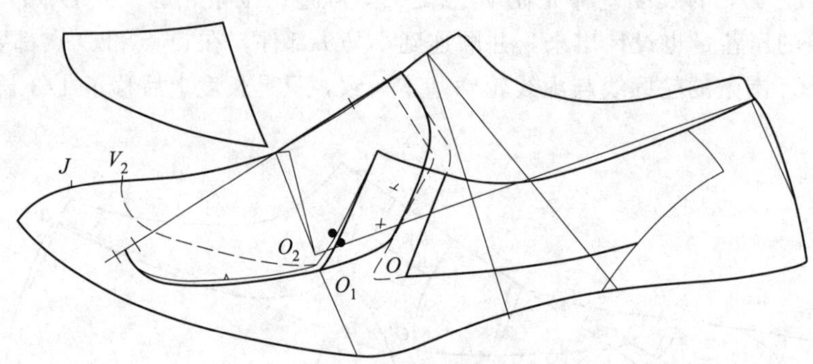

图 6-40 短鞋盖的设计

延长鞋舌背中线，按照设计普通围盖的要求确定转换长度、实际长度，并将 1/3 长度差补在鞋盖上，然后用临时拷贝板旋转取跷绘制出外怀鞋盖轮廓线到 O_1 点，接着顺延到 O' 点。做出里怀鞋盖轮廓线顺连到 O_2 点，也顺延到 O' 点。

图中附加的拷贝板是依据鞋盖虚线轮廓复制的，只对本款鞋的设计起作用。由于拷贝板的背中线是曲线，所以旋转取跷后的鞋盖轮廓线上是有工艺跷的。

此时短鞋盖的已经满足了位置、外形、里外怀区别和工艺跷的要求。

(2) 结构图的设计 在短鞋盖部件基础上再设计围条部件。

连接出围条背中线到 A_0 点，并要把 1/3 的长度差补充在 V_2 点之后，顺连出外怀围条轮廓线到 O_1 点，里怀围条轮廓线到 O_2 点，见图 6-41。围条的轮廓线与预想的虚线基本相同，只是后移了一个长度差。

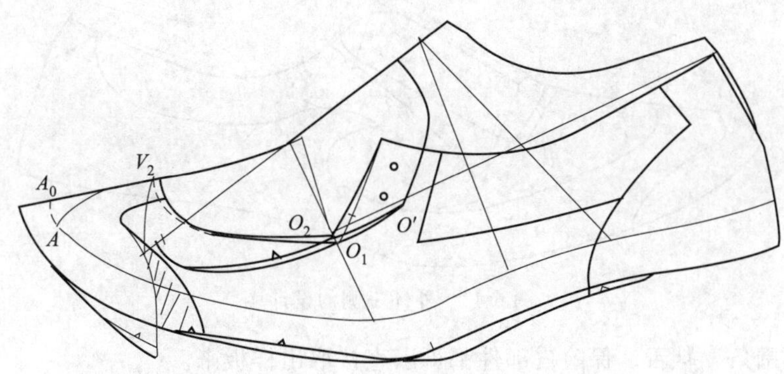

图 6-41 外耳式短盖鞋帮结构设计图

先做出底口绷帮量，接着在围条上设计出 T 形断帮线。断帮线上宽在 8～10 mm，拐点在围条宽度的一半左右，下端点与 T 形断帮线相对应。在断帮线上也取工艺跷，取跷的方法相当于固定断帮线的拐点，旋转半面板上的 A 点到达围条背中线止。此时断帮线所扫过的角度就是工艺跷的大小。描出其轮廓线即为 T 形断帮轮廓线。

经过修整后即得到外耳式短盖鞋帮结构设计图。

二、特殊短围盖鞋的设计

短围盖鞋也会有特殊的变化，利用这些特殊的变化可以使短围盖鞋的设计更加简便。

1. 前开口短盖围子鞋的设计

短围盖与前开口式鞋搭配就形成了前开口短围盖鞋，见图 6-42。这是一款前开窄口式鞋，鞋耳上有 5 个眼位，部件边沿有打孔装饰。鞋耳是断开的，形成鞋眼盖部件。鞋眼盖的前端属于横断结构，可以利用定位取跷进行跷度处理。鞋口门的位置在 V 点，断眼盖的位置在 V 点之前 10 mm 左右处。开口比较窄，鞋口采用沿口工艺处理。围条的轮廓线呈波浪形，属于花围条，前端有燕尾造型的变化，后端还有起伏的变化。鞋后上口用尖角形保险皮封闭，前端配合有小花包头。鞋帮上有小花包头、花围条、鞋身、眼盖、鞋舌和保险皮部件，共计 6 种 6 件。

图 6-42 前开口短盖围子鞋成品图

(1) 外怀一侧的设计 鞋帮看起来很复杂，但是眼盖的横断结构使其简化。前开口短盖围子鞋的主体结构为前开口式，所以要先从眼盖着手设计。

在距离后帮背中线 3 mm 的位置设计开口宽度，在 VE 范围内设计出鞋耳外形线和鞋口轮廓线，在距离开口 10 mm 的位置设计出 5 个眼位，在距离眼位线 15 mm 左右的位置设计出眼盖线，由于有装饰花孔，所以比较宽些。在 V 点之前 10 mm 的位置设计弧线形眼盖断帮线，并与眼盖线相交形成眼盖部件。

在 J 点之后 20 mm 左右的位置开始设计花围条，要与成品图的线条起伏变化相同。

在 J 点位置设计小花包头部件，尖角不要太大，这样可以直接连出背中线而不用取工艺跷。小花包头的底口长度与花围条前端位置相对应。

设计出鞋舌部件和保险皮部件，鞋眼盖与花围条之间形成的是鞋身部件，见图 6-43。

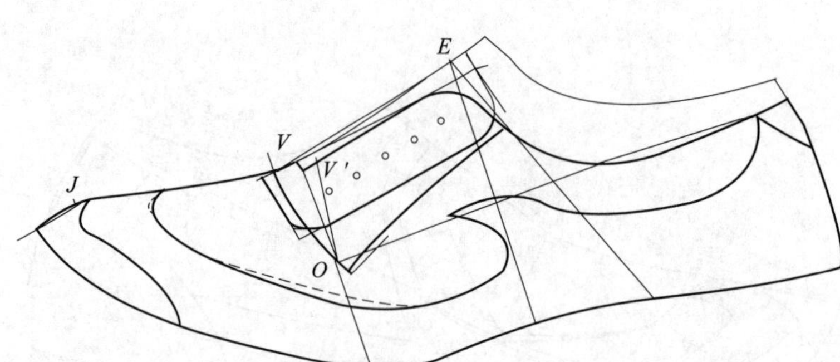

图 6-43　外怀一侧的设计

小花包头、花围条、鞋舌、保险皮部件都可以直接取出样板来。

对于鞋身部件来说，楦面的马鞍形曲线被花围条占去 20 mm，被眼盖占去 10 mm，所剩余部分的曲线弯度就变得很平缓，可以近似为一条直线，所以鞋身部件也可以直接取样板，剩下的只有眼盖部件需要进行跷度处理。

几种部件的外怀一侧的轮廓已经成形。由于横断结构的存在，前开口短盖围子鞋的取跷处理应该使用定位取跷，而不需要采用双线取跷，使得设计部件也相对简便。

（2）结构图的设计　眼盖部件的背中线是弯折的，需要经过取跷处理才能制取样板。

眼盖的断帮位置在 V_2 点，在眼盖的前端做定位取跷角后可得到 V_3 点，过 V_3 点与口门 V 点直接连出背中线，即可得到眼盖部件完整的轮廓线，见图 6-44。

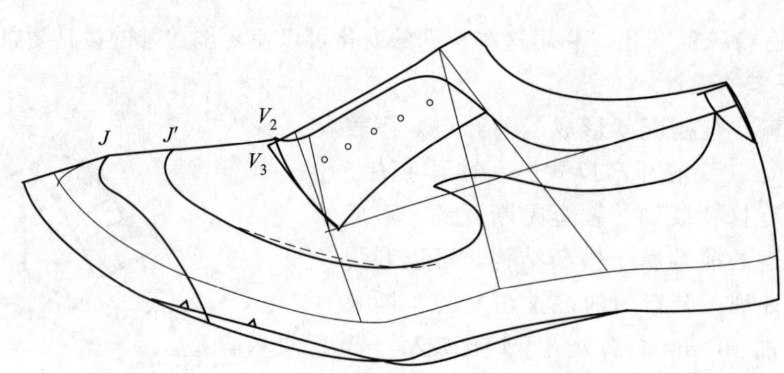

图 6-44　前开口短盖围子鞋帮结构设计图

由于眼盖部件上有在开口，所以不需要做里外怀的区别。只有花围条需要进行里外怀区别的处理，如图中虚线所示。

做出底口绷帮量，经过修整后即可得到前开口短盖围子鞋帮结构设计图。部件上的打花孔装饰可以设计在基本样板上，鞋舌部件单独制取。

2. 外耳式类短盖鞋的设计

类短盖鞋与类舌式鞋同出一辙，由于鞋帮的外形变化太多，各种情况都可能会出现，对于那些似是而非的部件也必须加以考虑，因此就出现了类短盖鞋的设计，见图 6-45。

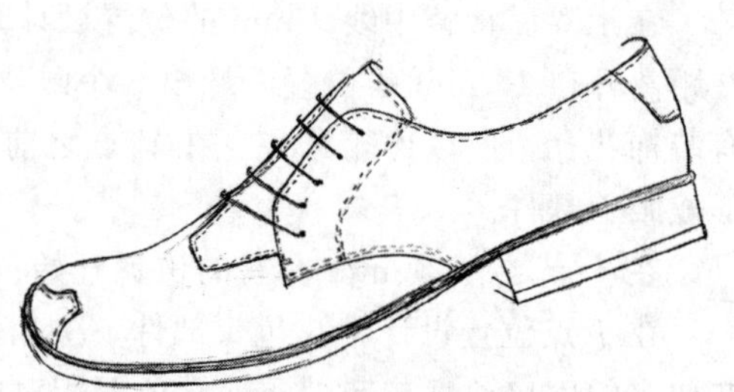

图 6-45　外耳式类短盖鞋成品图

鞋款的主体结构为外耳式鞋，但是鞋舌造型却出现异常，既不是普通的断舌结构，也不是与前帮连在一起

的整舌结构，而是从鞋耳中间探出头来，形成了类似鞋盖而非鞋盖的部件。为了设计的方便，可以归结为短盖鞋来处理，而实质上依然是鞋舌，这就是所谓的类短盖鞋。

鞋帮上有小包头、前帮、后帮、鞋舌和保险皮部件，共计 5 种 6 件。鞋耳上有 5 个眼位，有假线，鞋舌前端成方圆形，所以小包头和保险皮的造型也取方圆形。

(1) 主体结构的设计　主体结构为外耳式鞋，要从鞋耳着手进行设计。

鞋耳长度在 VE 范围，后上端距离背中线 3 mm，外怀前尖点 O_1 在 O 点之下 5 mm 处，设计出外耳的形状，并顺连出鞋口轮廓线。鞋耳前下端长度控制在 FP 之间。在鞋耳上设计出假线位置，在鞋口后端设计出“倒梯形”的保险皮部件。

在距离鞋耳前下端位置加放 8 mm 的压茬量作为前帮轮廓线，在前帮轮廓线距离鞋耳 15 mm 的位置确定取跷中心 O' 点。

鞋舌后端长度超出鞋耳 6～7 mm，后端宽度距离最后一个眼位 10 mm，设计出鞋舌后端轮廓线。鞋舌前端长度取在 V_2 点，距离 V 点在 20 mm 左右，设计出鞋舌前端轮廓线，也顺连到 O' 点。

在前帮的 J 点位置设计出梯形小包头部件。

确定 O_2 点并设计出鞋耳的里怀轮廓线，见图 6-46。外耳式鞋主要部件都已齐全，唯独鞋舌部件不能直接制取样板。外耳式鞋的主体结构设计是在第二章讲授过的内容，如果有问题要参阅学过的内容。

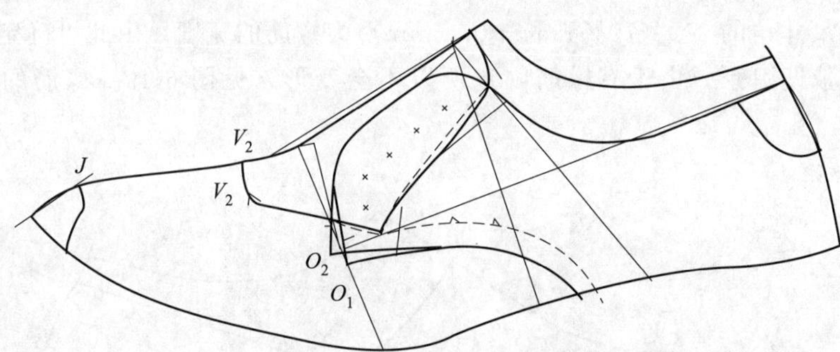

图 6-46　主体结构的设计

(2) 结构图的设计　对于鞋舌部件来说，前端的长度已超出 V 点一段距离，但鞋舌的长度与短围盖鞋的又相距甚远，采用双线取跷也没有必要。断舌位置是在马鞍形曲面上，相当于横断结构，所以采用定位取跷就能解决问题。

以 O' 点为圆心，V_2O' 长为半径作大圆弧，截出等量代替角定出 V_3 点，过 V_3 点把鞋舌背中线连成一条直线。过 V_3 点顺连出鞋舌轮廓线到 O' 点止。需要注意的是鞋耳的前尖点、锁口线是有里外怀区别的，所以鞋舌前下端也要做出里外怀的区别，按照“里怀找里怀、外怀找外怀”的原则处理，见图 6-47。

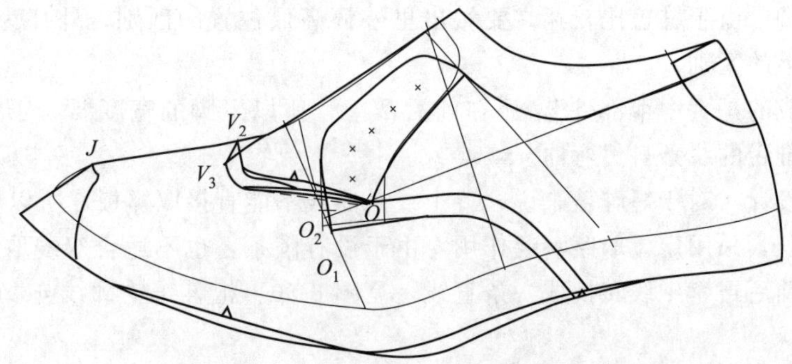

图 6-47　外耳式类短盖鞋帮结构设计图

鞋耳、鞋舌的里外怀区别都处于均衡状态。注意，鞋舌只做高低位置的区别，不要做长短的区别。做出底口绷帮量，经过修整后即可得到外耳式类短盖鞋帮结构设计图。

3. 侧开口短盖鞋的设计

在侧开口式鞋基础上配上短鞋盖就形成侧开口短盖鞋，见图 6-48。这是一款很具特色的短盖鞋，不需要围条做陪伴，而是直接把短鞋盖压在前帮上，造型虽然夸张但很新颖，结构虽然简约但并不简单。鞋帮上有前帮、短鞋盖、后帮、橡筋和后筋条部件，共计 5 种 7 件。在鞋头部位有一段翻缝线，这是为了便于前帮底口容易绷帮，类似于后包跟的开叉。

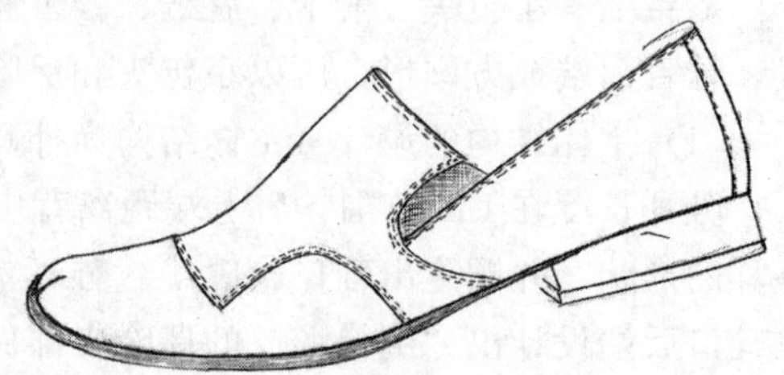

图 6-48　侧开口短盖鞋成品图

(1) 短鞋盖的设计　侧开口短盖鞋的主体结构为侧开口鞋，侧开口被橡筋部件封闭，橡筋宽度又比较窄，所以要通过测量最小尺寸角确定橡筋的宽度。

鞋口为直口后帮，暗口门宽度取在 O' 点之后 15 mm 左右处。鞋舌长度取在暗口门到 E 点之间的 2/3 处，设计出略有凹弧的鞋舌后端轮廓线。

鞋舌的宽度要由橡筋的宽度来决定。由于鞋舌是不断开的，鞋舌轮廓线与 OQ 线相交的位置取在 O' 之后 10 mm 左右定 O'' 点，这样向下可以顺连出相当于横担的下脚。做最小尺寸角要以 O'' 点为角的顶点，取最小尺寸角的 2×（70%弧长+0.5 mm）为橡筋的宽度，由此可确定鞋舌的宽度。鞋舌造型比较夸张，取凹弧形，由于有橡筋固定所以不会变形，见图 6-49。橡筋的长度接近于鞋舌后端。

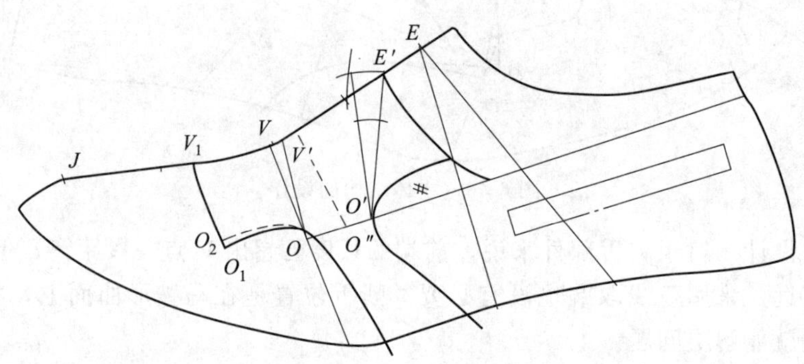

图 6-49　短鞋盖的设计

前端鞋盖的位置取在前帮的 2/3 长度定 V_1 点，类似于三节头鞋的前包头位置。过 V_1 点设计出略有凸弧的前轮廓线，宽度取在相当于 OQ 线延长的位置。鞋盖两侧也设计成凹弧线，与 VO 线相交后向下顺连出下脚。由于鞋盖比较宽，要做出里外怀高低位置的区别，外怀为 O_1 点，里怀为 O_2 点。但不用做长度上的区别。

鞋盖的下脚形成的是“中帮部件”，压在前后帮上，所以下脚的宽度要大于两个压茬量，下脚的线条要随鞋盖和鞋舌的线条自然弯曲。

(2) 结构图的设计　对于短鞋盖来说，背中线是曲线不能直接取样板，所以要进行跷度处理。

由于鞋盖比较长，采用定位取跷不起作用，由于没有围条，也不适合双线取跷，应该采用转换取跷，把短鞋盖的前后帮背中线转换成一条直线，见图 6-50。把鞋盖轮廓线与 VO 线的交点定作取跷中心 O_0 点。

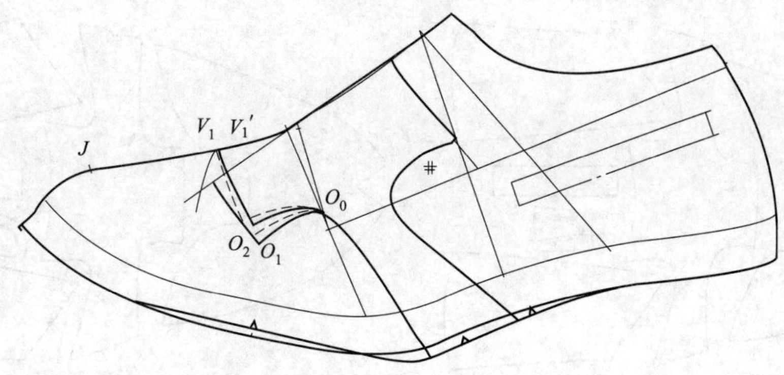

图 6-50　侧开口短盖鞋帮结构设计图

以 O_0 点为圆心，O_0V_1 长为半径作圆弧，与 EV 延长线相交得到转换长度，再以 V 点为圆心，$V'V_1$ 长为半径作圆弧，与 EV 延长线相交得到实际长度，同样需要截取 1/3 长度差补充在短鞋盖上，然后拷贝出鞋盖的轮廓线到 O_0 点止。然后以同样的方法做出里怀短鞋盖的轮廓线，也到 O_0 点止。

需要注意的是前帮长度也要在 V_1 点之后补充 1/3 长度差定 V_1' 点，然后自 V_1' 点修整前帮轮廓线，也要有里外怀的区别。

前帮背中线在 JV_1 之间要连接成直线，而在 J 点之前保留原曲线，相当于有个开叉，接帮时采用翻缝工艺处理，可以减少底口的长度。

设计出后筋条部件，做出底口绷帮量，经过修整后即可得到侧开口短盖鞋帮结构设计图。

三、制取样板

制取样板是一项技术操作，下面以侧开口短盖鞋为例来制取三种生产用的样板。

1. 制备划线板

按照常规制备划线板，见图 6-51。划线板上有 5 种部件的轮廓线。

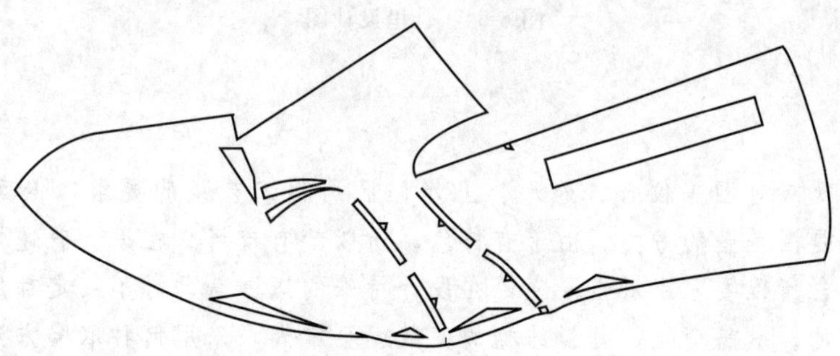

图 6-51　制备划线板

2. 制取基本样板

按照常规制取基本样板，见图 6-52。基本样板上有部件的加工标记。

3. 制取开料样板

按照常规制取开料样板。在前后帮分别加放 8 mm 的压茬量，在中帮部件前后加放 5 mm 的折边量。橡筋样板和后筋条样板为二板合一，见图 6-53。

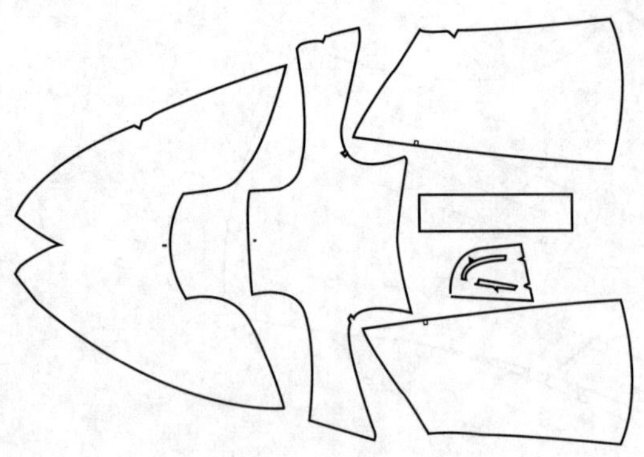

图 6-52 制取基本样板

图 6-53 制取开料样板

4. 制取鞋里样板

先把后帮拼接起来设计出后帮鞋里。在把前帮拼接起来设计前帮鞋里，见图 6-54。按照图中虚线可以制取鞋里样板。

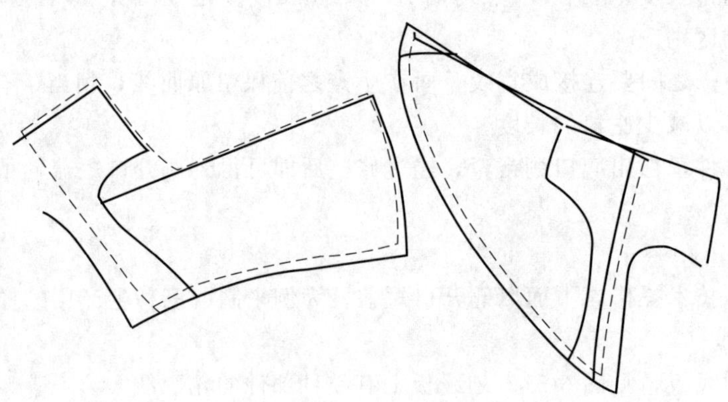

图 6-54 鞋里设计图

课后小结

设计短围盖鞋既有对围盖位置、外形、里外怀区别和工艺跷的要求，但又不同于普通围盖鞋，所以短围盖鞋是围盖鞋的另类。由于有特色，所以就有市场。在设计普通短围盖鞋时，由于主体结构是围盖鞋，所以要采用双线取跷，在设计特殊的短围盖鞋时不一定都用双线取跷，这与普通围盖鞋是不同的。鞋盖变短，鞋帮结构的变数就会增大，采用何种取跷方法以不脱离鞋款的主体结构为准。

由于鞋盖变短而围条变长，所以在设计短围盖鞋时采用了围条断开、增加小包头、前端开叉等多种设计手段，其目的是减少前帮底口的绷帮量。这些小的设计技巧在其他鞋款中也可以尝试。

思考与练习

1. 自行设计一款普通短盖鞋，画出成品图、结构图和制取三种生产用的样板。

2. 自行设计一款普通短盖围子鞋，画出成品图、结构图和制取三种生产用的样板。

3. 自行设计一款特殊短围盖鞋，画出成品图、结构图和制取三种生产用的样板。

第三节　开胆鞋的设计

开胆鞋是指围条被鞋胆冲开的一类鞋。在广东地区把围条叫作鞋裙，把鞋盖叫作鞋胆，当包围鞋胆的围条被鞋胆冲开后，就形成了开胆鞋，见图6-55。这是一款侧开口式开胆鞋，里外怀两侧的围条被鞋胆断开，断开线向前延伸直达底口，形成半围条部件。中间的鞋盖也同样向前延伸，形成鞋胆。开胆鞋以前叫作开包头鞋，是指围条线在包头位置断开，由于开胆鞋的名称比较响亮，故本书统一称为开胆鞋。

图6-55　侧开口式开胆鞋

开胆鞋的出现与鞋楦的造型有关。当楦头比较宽时，通过纵向线条的分割设计，可以使鞋型在视觉上变瘦，所以开胆鞋也同围盖鞋一样受到广大顾客的欢迎。

从结构上看，开胆鞋属于围盖鞋的一种变型品种，鞋盖变成鞋胆，整围条变成半围条，所以设计开胆鞋同样会有对位置、外形、里外怀区别和工艺跷有要求。

一、开胆鞋的设计特点

先从楦型、结构、特殊要求等方面对开胆鞋的设计特点有个初步的了解。

1. 楦型特点

开胆鞋的前帮由鞋胆和半围条组合而成，这种组合虽然可以进行多种变化，但都属于前帮的花色变化，可以和各种形式的后帮相互搭配。因此鞋楦品种的选择取决于鞋的主体结构。设计舌式开胆鞋要选择男舌式楦、女素头楦，设计外耳式开胆鞋、开口式开胆鞋要选择男女素头楦。

由于开胆鞋的两条断帮线都汇集在前头部位，所以选用宽头楦比较合适。

2. 结构特点

前帮上的鞋胆属于开放式造型，因此两侧的半围条不像整围条那样处于从属地位，设计时一般是先从半围条入手，然后再从鞋胆与半围条的关系确定鞋胆的轮廓。

鞋胆与半围条的镶接关系类似围盖鞋，强调鞋胆时采用鞋胆压半围条工艺，强调半围条时采用半围条压鞋胆工艺，强调分割线时采用缝埂工艺，淡化分割线时采用翻缝工艺，也可以通过打花孔、穿花条、车假线等工艺设计假开胆鞋。

开胆结构与不同的后帮搭配可以形成横断舌式开胆鞋、整舌式开胆鞋、前开口式开胆鞋、侧开口式开胆鞋、外耳式开胆鞋等。

3. 特殊要求

设计开胆鞋的特殊要求体现在对位置、外形、里外怀区别和工艺跷的处理上。

(1) 位置控制　鞋胆与半围条的分割位置基本上处于前帮横向的一半左右，见图6-56。过 J 点作背中线的垂线，与底口相交后取其中点定为 J_0 点，然后连接 J_0 点和 O 点，这是鞋胆与半围条的分割基本位置。J 点之前作半面板头形的平行线，O 点之后连接到鞋胆宽度的 O' 点。由 $J_0 \rightarrow O \rightarrow O'$ 构成的折线，是设计鞋胆与半围条的辅助线。

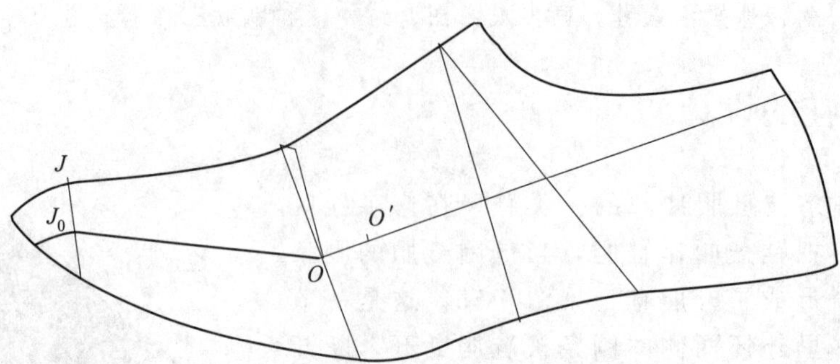

图 6-56　鞋胆与半围条分割线的位置

鞋胆的造型是可以变化的，变宽变窄要调节的是 J_0点位置，变长变短要调节的是 O'点位置。

(2) 外形控制　鞋胆与半围条分割线的外形决定了鞋胆与半围条部件的基本造型，这条分割线呈波浪形，在 $J_0 \to O$ 范围内，前半段成凸起的弧线，后半段成凹进的弧线，前后两端要顺势连接，见图 6-57。鞋胆与半围条分割线呈波浪形变化，具体到波动大小，要根据款式而定，要达到既有动感又协调一致的效果。

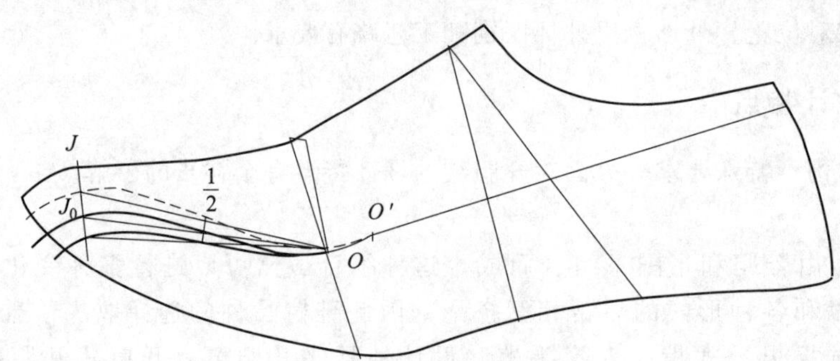

图 6-57　鞋胆与半围条的外形

当鞋胆变窄时，J_0点往上移动；当鞋胆变宽时，J_0点往下移动；移动的范围在过 J 点垂线的上下 1/4 之间。波浪线也要随之上下移动，前后两端依然是顺势连接。

(3) 里外怀的区别　由于楦面造型里外怀不对称的原因，鞋胆与半围条的分割也要区分出里外怀，里怀线条比外怀高出 3 mm 左右，高出的位置控制在凹弧线上，见图 6-58。里外怀区别的线条呈月牙形，逐渐出现、逐渐消失。里外怀区别的大小可以从里外怀楦面前帮控制线中点位置高度差测量出来，但更应该注重鞋帮伏楦后的实际效果。

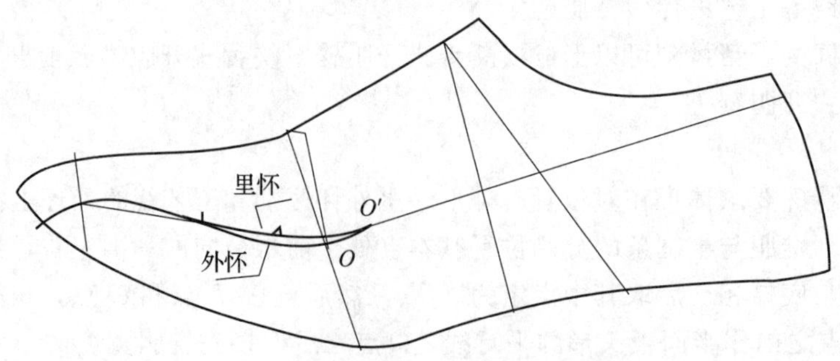

图 6-58　鞋胆与半围条的里外怀区别

(4) 工艺跷控制　由于前帮背中线是弯曲的，与连接成直线的背中线之间存在着间隙，所以要进行工艺跷处理。工艺跷的大小、位置和间隙的大小、位置是相对应的，见图 6-59。阴影部分表示的是鞋胆与半围条之间的工艺跷，鞋胆轮廓线取在阴影上面，半围条轮廓线取在阴影下面，缝合后鞋帮背部会自然弯曲，满足马鞍形曲面的要求。不过对于开胆鞋来说，由于鞋胆结构属于开放型，不取工艺跷对绷帮伏楦的效果影响不大，但会造成部件变形，影响外观效果。

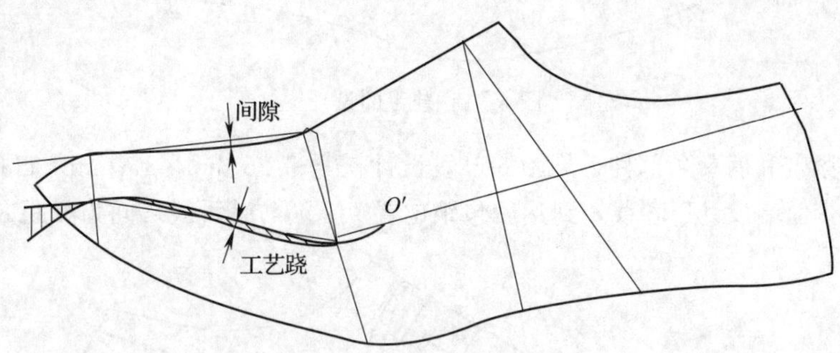

图 6-59　鞋胆与半围条之间的工艺跷

在半围条前端也有一个阴影，也是工艺跷。当鞋胆取直线、半围条取弧线时，就形成了前头工艺跷，这与围盖鞋的前头工艺跷作用相同，但处理的位置不同。

4. 解决问题的方法

知道了位置、外形、里外怀区别和工艺跷对设计开胆鞋的影响，那如何去解决呢？

开胆鞋是围盖鞋的变型，所以解决问题的方法依然是采用双线取跷。采用双线取跷需要制备鞋盖拷贝板，在设计开胆鞋时也需要制备鞋胆拷贝板，但要制备的是临时拷贝板，也就是类似短围盖鞋那样的拷贝板。具体操作参见下面的设计示例。

二、舌式开胆鞋的设计

舌式开胆鞋有整舌式开胆鞋和断舌式开胆鞋的区别，下面以整舌式开胆鞋为例进行说明，断舌式开胆鞋留作模拟设计。

1. 整舌式开胆鞋的设计

整舌式开胆鞋是在整舌式鞋的基础上再进行鞋胆和半围条的设计，见图 6-60。鞋舌与鞋胆相连，半围条后端分叉，上端连接鞋舌，下端形成部分后帮，与西利式鞋的造型相似。半围条压在鞋胆上，后帮条上有小马头，用松紧带连接，后包跟压在后帮条和半围条上。鞋帮上有鞋胆、半围条、后帮条、后包跟和松紧带部件，共计 5 种 7 件。

图 6-60　整舌式开胆鞋成品图

(1) 主体结构的设计　整舌式鞋是主体结构，先从后帮开始设计。

先设计出后包跟。鞋舌长度取在 E 点，作背中线垂线后与 OQ 线相交，取其 2/3 定舌宽控制点 E_0。锁口线位置控制点 O' 取在 O 点之后 35 mm 处。过 E 点、E_0 点、O' 点设计鞋舌轮廓线。到达 O' 点后向下拐一个圆弧，然后与后包跟相接，见图 6-61。O' 点是控制锁口线位置的。

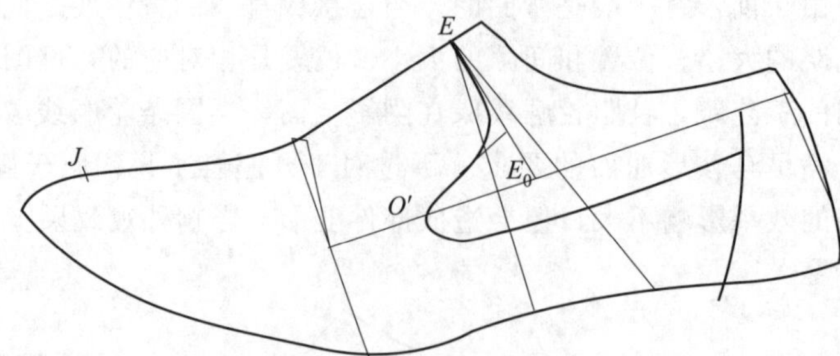

图 6-61　鞋舌的设计

接下来设计松紧带和后帮条部件，见图 6-62。设计松紧带 25 mm×15 mm，自松紧带后端设计鞋口轮廓线，自松紧带前端设计压茬线，到达后包跟位置。下端与鞋舌线之间为相距 8 mm 的压茬量。

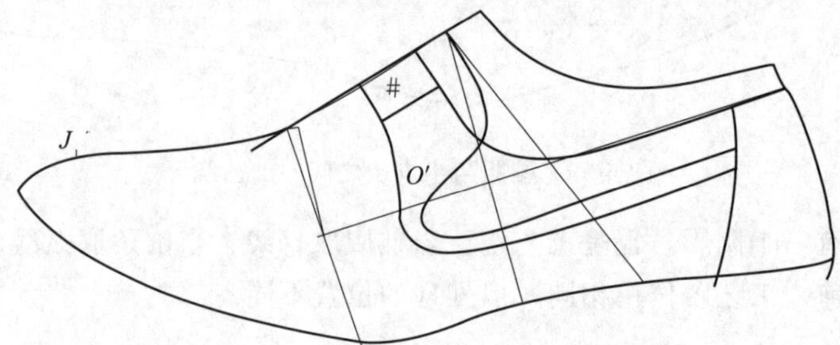

图 6-62　设计松紧带和后帮条部件

(2) 半围条的设计　由于鞋胆成开放型结构，半围条不再处于从属地位，要先设计出半围条的位置与外形。

在后端距离鞋舌宽度 12 mm 左右作鞋舌的平行线为辅助线，在前端过 J 点作前头背中线的垂线，在垂线上定出鞋胆宽度控制点 J_0，然后连接 J_0O 线，并从 J_0 点作半面板头形平行线。最后得到设计半围条的控制线，见图 6-63。

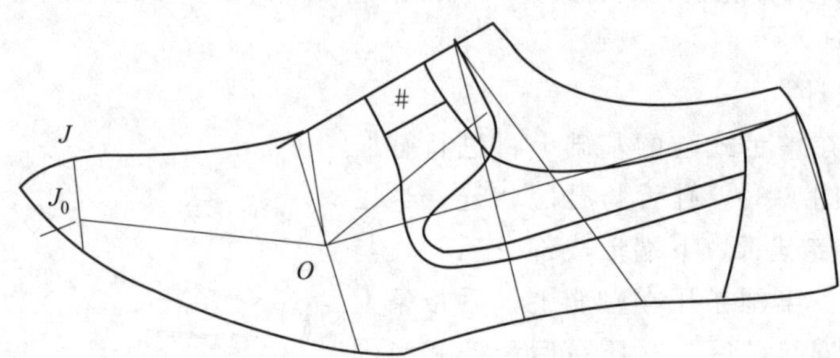

图 6-63　设计半围条的控制线

J_0点的位置是根据设计需要来确定的，可宽可窄。通过设计半围条的控制线，很容易设计出半围条的轮廓线，见图 6-64。在 J_0O 线上取中点，中点之前设计成凸弧线，中点之后设计成凹弧线。凹弧线的后端与控制线顺连成一条曲线，到达鞋舌尾端。凹弧线不一定要通过 O 点，以光滑顺畅为主。在 J_0点的前端是保持平行的弧线。

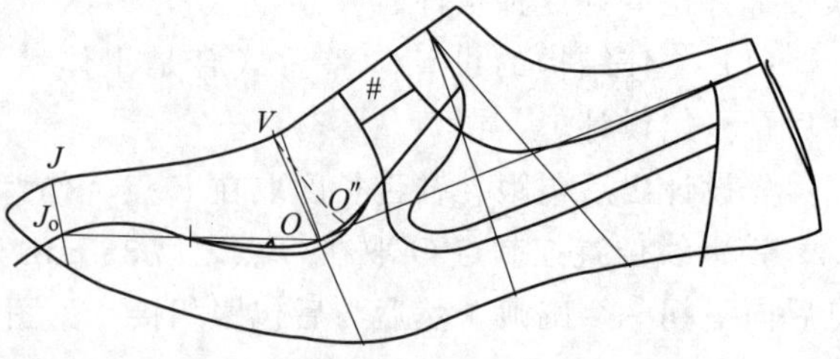

图 6-64　设计半围条轮廓线

在外怀一侧半围条轮廓线的基础上，根据里外怀的区别设计出里怀半围条轮廓线。里外怀轮廓线交汇的位置定作取跷中心 O''点。

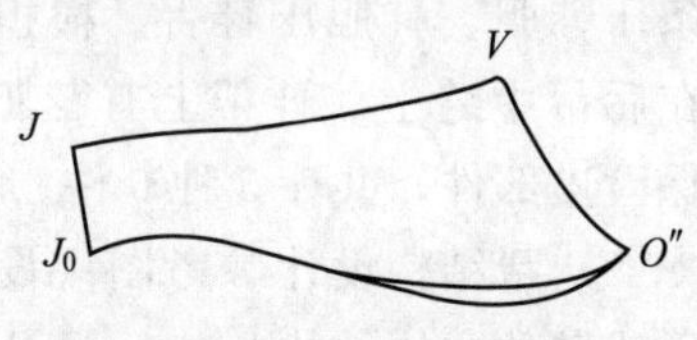

图 6-65 临时拷贝板

(3) 鞋胆的设计 设计鞋胆采用的是双线取跷模式，首先制备出临时拷贝板，见图 6-65。在设计半围条的基础上，在 $V \to J \to J_0 \to O'' \to V$ 范围内制取临时拷贝板。

在设计整舌式开胆鞋时，要延长鞋舌背中线，然后以 O 点为圆心、OJ 为半径作圆弧，与背中线相交于 J_2点，然后再以 V 点为圆心，$V'J$ 为半径作圆弧，与背中线相交与 J_2'点。取长度差 J_2J_2'的 1/3 定为 J_2''点，这是设计鞋胆的基准点。

过 J_2''点作背中线的垂线，截取 JJ_0的长度定 J_0'点，用 $J_2''J_0'$控制鞋胆的宽度。然后自 J_0'点用临时拷贝板描出鞋胆后段轮廓线到 O''点止，见图 6-66。临时拷贝板的背中线是曲线，沿着直线旋转取跷描出的鞋胆轮廓线会变瘦，相当于取了工艺跷。在外怀鞋胆轮廓线的基础上设计出里怀鞋胆轮廓线，也到 O''点止。前端按照直线延伸，补充上前头 JA 段的长度，再加放绷帮量，即可得到完整的鞋胆轮廓线，见图6-67。

补充上底口绷帮量，经过修整后即得到整舌式开胆鞋帮结构设计图。图中的鞋胆前端宽度线是直线，半围条前端是曲线，两者之间相差的角度即前头工艺跷。

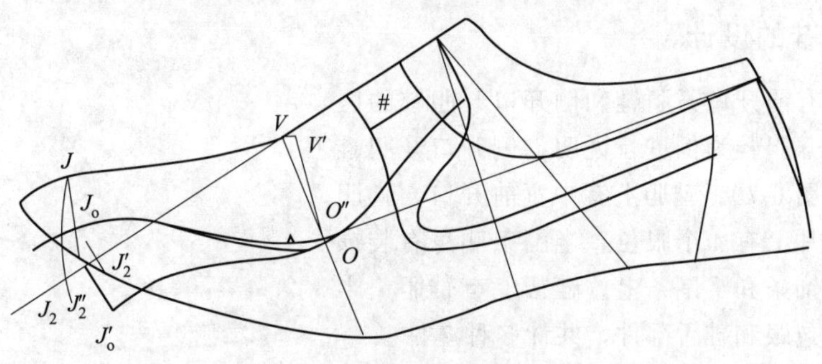

图 6-66 鞋胆轮廓线的位置

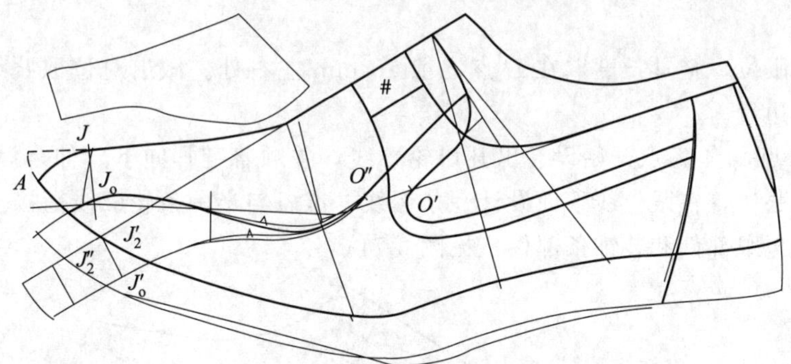

图 6-67 整舌式开胆鞋帮结构设计图

2. 横断舌式开胆鞋的模拟设计

设计开胆鞋是有规律可循的，先设计鞋的主体结构，然后设计半围条轮廓，接着再设计鞋胆轮廓，最后补充上底口绷帮量，经过修整后即可得到帮结构设计图。掌握了这个设计规律，再加上前面累积的设计经验，就能够轻松自如地完成后面的设计。

(1) 横断舌式开胆鞋成品图 模拟设计的横断舌式开胆鞋主体结构为直口后帮舌式鞋，见图 6-68。

围条压鞋胆、鞋胆压鞋舌。横担压在断帮线上、保险皮压在后帮中缝上。鞋帮上有鞋胆、鞋舌、横担、半围条和保险皮部件，共计5种6件。

(2) 帮结构设计参考图　设计结构图需要先设计横断舌式鞋的主体结构，然后设计半围条部件，接着制备临时拷贝板，最后设计鞋胆部件，采用双线取跷处理，见图6-69。

图6-68　横断舌式开胆鞋成品图

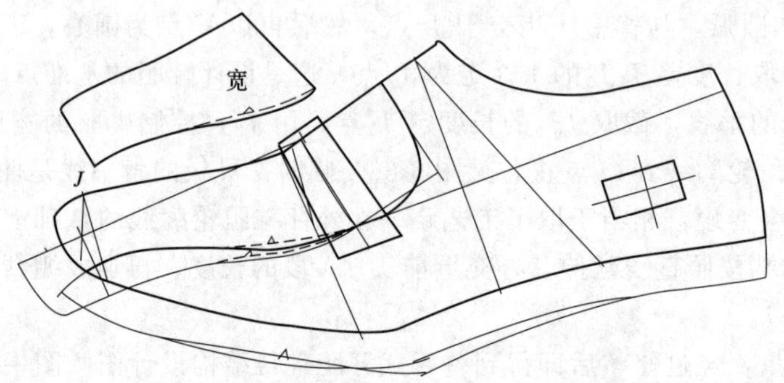

图6-69　横断舌式开胆鞋帮结构设计图

三、开口式开胆鞋的设计

开口式开胆鞋有前开口开胆鞋和侧开口开胆鞋的区别，下面以前开口开胆鞋为例进行说明，侧开口开胆鞋作为模拟设计，见图6-70。鞋胆上有中宽前开口，鞋胆压在半围条上，鞋耳上有4个眼位，半围条侧身有装饰条，后包跟压在装饰条和半围条上。鞋帮上有鞋胆、半围条、装饰条、后包跟和鞋舌部件，共计5种7件。

1. 前开口式开胆鞋的设计

(1) 主体结构的设计　前开口式鞋是主体结构，先从前开口入手。

图6-70　前开口开胆鞋成品图

鞋耳上有4个眼位，鞋耳长度取在E点之前10 mm左右处。做出对位取跷线，用来控制开口宽度，保证留有折边量。

口门位置在V点，自V点开始设计出开口轮廓线，并顺着鞋耳向下延伸，设计出鞋口轮廓线。在鞋耳上确定4个眼位，在眼位线下面设计一条假线，准备与半围条轮廓线衔接。

接着设计出后包跟部件和装饰条部件，见图6-71。

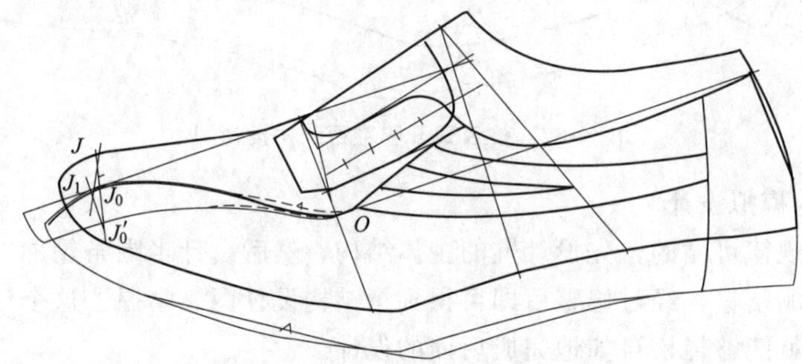

图6-71　前开口开胆鞋帮结构设计图

（2）半围条与鞋胆的设计　在主体结构的基础上再设计半围条。过 J 点作前头背中线的垂线，在适当的位置定出 J_0 点，过 J_0 点设计外怀半围条轮廓线，J_0 点之前与半面板头形平行，J_0 点之后设计波浪线，先是凸弧线，然后转成凹弧线，最后与假线顺接成半围条轮廓线。根据里外怀的区别设计出里怀半围条轮廓线，交汇于 O' 点。根据半围条与背中曲线围出的面积制备临时拷贝板。

设计鞋胆时，控制前开口的对位取跷线也就是鞋胆的背中线。以 O 点为圆心、OJ 为半径作圆弧，交于背中线为 J_1 点。过 J_1 点作背中线的垂线，截取 JJ_0 的长度定 J_1' 点，J_1J_1' 控制着鞋胆的宽度。接下来使用临时拷贝板从 J_1' 点开始，沿着背中线旋转取跷描出鞋胆轮廓线，到 O' 点止。以同样方法做出里怀鞋胆轮廓线。在 J_1' 点之前取直线与背中线平行，并截取前头 JA 段的长度，接着加放底口绷帮量。

补充上底口绷帮量，经过修整后即得到前开口开胆鞋帮结构设计图。

2．侧开口开胆鞋的模拟设计

按照前开口开胆鞋的思路，同样能够设计出侧开口开胆鞋。

（1）侧开口开胆鞋成品图　模拟设计的侧开口开胆鞋主体结构为明橡筋侧开口式鞋，见图 6-72。鞋身侧面有明橡筋，橡筋宽度不是很大，要通过最小尺寸角计算出橡筋的宽度。鞋帮结构类似于西利式鞋，鞋帮上有鞋胆、半围条、橡筋和保险皮部件，共计 4 种 6 件。

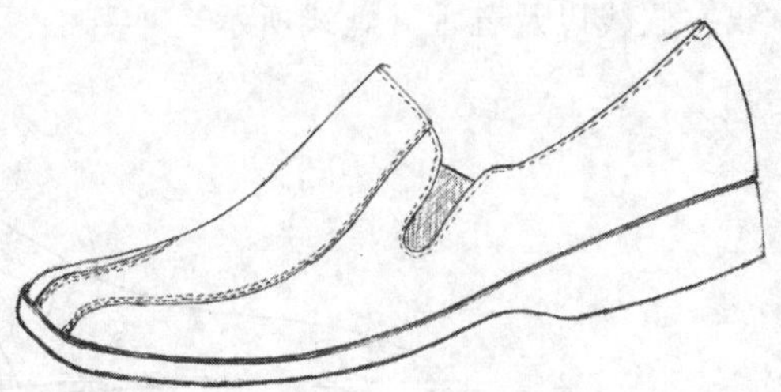

图 6-72　侧开口开胆鞋成品图

（2）帮结构设计参考图　设计结构图要先设计明橡筋鞋主体结构，然后设计半围条部件，接着制备临时拷贝板，最后设计鞋胆部件，采用双线取跷处理，见图 6-73。当 J_0 点的位置取得靠上时，属于窄开胆鞋，当 J_0 点的位置取得靠下时，属于宽开胆鞋，当 J_0 点的位置取在中间时，属于中宽开胆鞋。

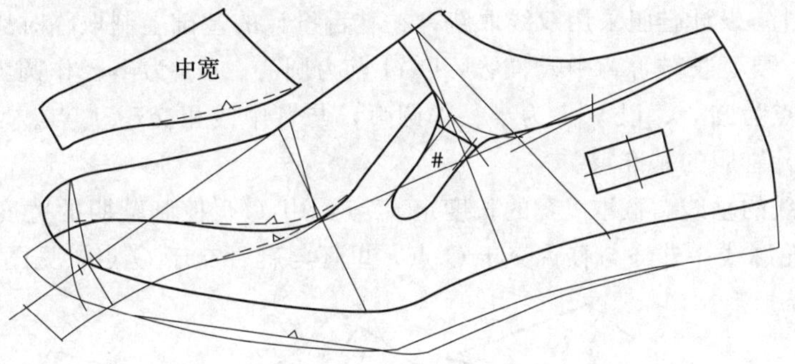

图 6-73　侧开口开胆鞋帮结构设计图

四、外耳式开胆鞋的设计

设计外耳式开胆鞋同样需要考虑主体结构，由于主体结构为外耳式鞋，所以还要注意里外怀的均衡关系，见图 6-74。半围条压在鞋耳上，好像鞋耳的前端插在围条内，所以称为前插式外耳开胆鞋。鞋耳虽然被半围条压住，但并不属于内耳式鞋，因为鞋耳与鞋盖的镶接关系依然是后帮压前帮。在设计时可以把半围条当作鞋耳的一部分来处理。

图 6-74　前插式外耳开胆鞋

鞋帮上有鞋盖、半围条、后帮和保险皮部件，共计 4 种 6 件。其中的半围条造型成平滑的圆弧形，好

像坦克的履带，投放市场时曾被称为坦克鞋。

1. 前插式外耳开胆鞋的设计

（1）主体结构的设计　外耳式鞋是主体结构，先从后帮鞋耳开始，由于半围条与鞋耳关系密切，可以一并设计。

鞋耳上有4个眼位，但鞋耳倾斜角度大，所以鞋耳长度要取在 E 点。外怀鞋耳前尖点 O_1 落在 OQ 线上，位置比常规鞋耳高，这是为了使半围条的轮廓线平滑。

过前头 J 点作背中线垂线，取适当的高度定 J_0 点，J_0 点前端轮廓线与半面板头形平行，自 J_0 点之后设计半围条的平滑的弧线，通过 O_1 点后顺连到 F 点。

在 O_1 点之前之上定出里怀鞋耳的 O_2 点，顺连出里怀鞋耳轮廓线，顺连出里怀半围条轮廓线，见图6-75。

把半围条与鞋耳合在一起设计更为方便，半围条上有里外怀的区别。同时设计出4个眼位、锁口线、假线以及鞋舌（虚线所示）。

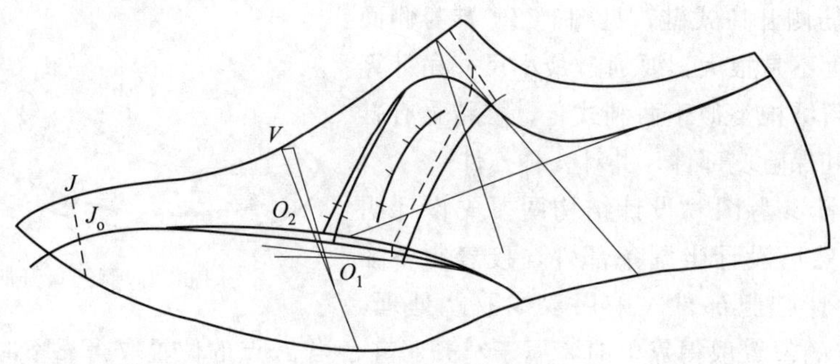

图6-75　主体结构设计

（2）鞋胆的设计　设计鞋胆采用双线取跷，在鞋舌设计的基础上制取临时拷贝板。

在设计鞋胆时，要延长鞋舌背中线，然后以 O 点为圆心、OJ 为半径作圆弧，与背中线相交于 J_2 点，然后再以 V 点为圆心、以 $V'J$ 为半径作圆弧，与背中线相交于 J_2' 点。取长度差 J_2J_2' 的1/3定为 J_2'' 点，这是设计鞋胆的基准点。

过 J_2'' 点作背中线的垂线，截取 JJ_0 的长度定 J_0' 点，用 $J_2''J_0'$ 控制鞋胆的宽度。然后自 J_0' 点用临时拷贝板描出鞋胆轮廓线，外怀与鞋舌交于 O' 点，里怀与鞋舌交于 O'' 点，见图6-76。

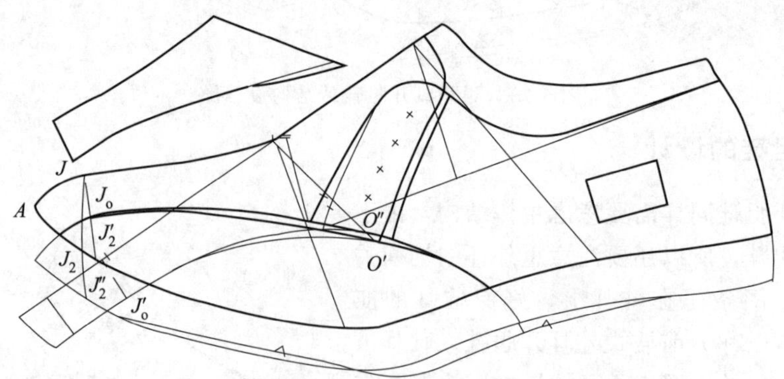

图6-76　前插式外耳开胆鞋帮结构设计图

在鞋胆前端自 J_2'' 点向前延伸出头部 JA 长度，然后加放绷帮量。鞋胆前头宽度线与背中线平行，连接出底口轮廓线。鞋胆底口轮廓线下端略短。设计出保险皮部件，加放底口绷帮量，经过修正后即得到前插式外耳开胆鞋帮结构设计图。

2. 横带式外耳开胆鞋的模拟设计

按照前插式外耳开胆鞋的思路，同样能够设计出横带式外耳开胆鞋。

（1）横带式外耳开胆鞋成品图　模拟设计的钎带式外耳开胆鞋主体结构为外耳式鞋，在里外怀鞋耳之间附加上一条横带，里怀横带车缝在相当于假线的位置，外怀用尼龙搭扣连接，横带的长度超过假线位置有适当的距离，见图 6-77。鞋帮上有鞋胆、鞋舌、半围条、横带、后帮和保险皮部件，共计 6 种 8 件。

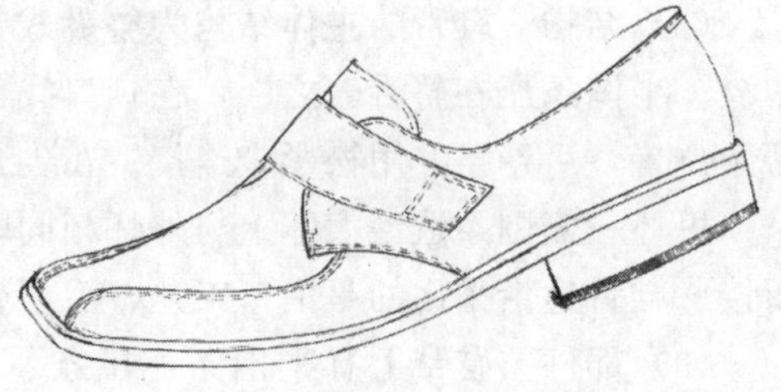

图 6-77　横带式外耳开胆鞋成品图

（2）帮结构设计参考图　设计结构图要先设计外耳鞋主体结构，然后设计半围条部件，接着制备临时拷贝板，最后设计鞋胆部件，采用双线取跷处理，见图 6-78。

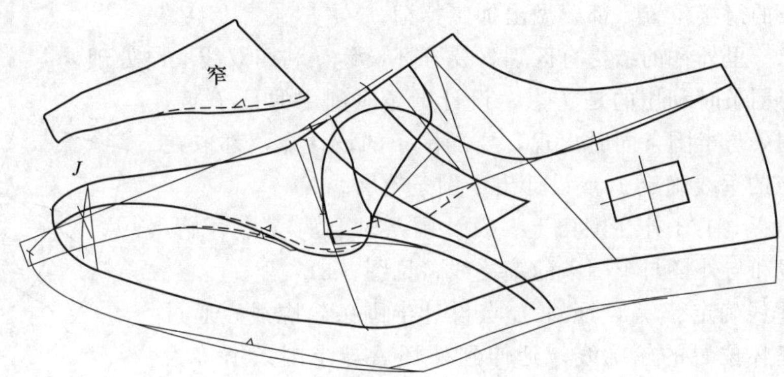

图 6-78　钎带式外耳开胆鞋帮结构设计图

五、半开胆鞋的设计

所谓半开胆鞋是指前帮外怀成开胆结构、里怀成围条结构的一类鞋，见图 6-79。在鞋帮的外怀一侧有半围条，成开胆结构，而里怀是围条部件围绕着鞋盖，一直延伸到外怀与半围条衔接。半开胆鞋的结构比较特殊，造型新颖，具有围盖鞋与开胆鞋的双重特点。下面从仿整舌式开胆鞋入手进行设计，见图 6-80。

图 6-79　整舌式半开胆鞋

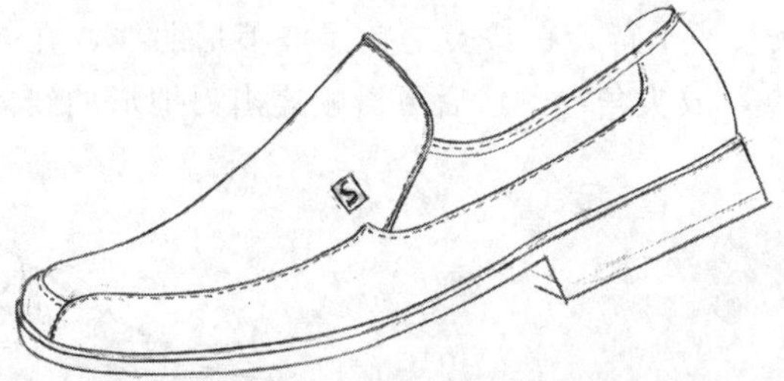

图 6-80　整舌式半开胆鞋成品图

1. 成品图分析

仿制现成的鞋款不容易设计到位，因为所看到的是设计结果，而对设计意图并不了解。所以在仿制之前要先把看到的图形转化为成品图，转化的过程就是对现成鞋款的了解过程。

（1）楦型　鞋帮的主体结构为整舌式鞋，要选用舌式鞋楦；鞋跟的高度为普通男鞋跟高，选用

楦跟高在 25 mm 左右；楦头的造型为宽方头楦，楦墙比较直立。也就是要选用平跟、方头、舌式围盖鞋楦。

（2）结构　鞋帮的主体结构为整舌式鞋，鞋舌略有些宽。前帮外怀有半围条，一直延伸到后帮中缝。半围条压在整舌盖之上，在锁口线位置成尖角形变化，后端向下顺延成刀把造型，留出了后帮条位置，后帮条并用松紧带连接。在尖角的上方有金属件装饰。

里怀一侧围条造型大体上与外怀相同，但是在前帮部位是围盖结构，围条拐向外怀后与半围条衔接。鞋舌边沿采用的是沿口工艺，后帮鞋口采用的是包口工艺。

（3）部件　鞋帮上有半围条、围条、舌盖、后帮条、沿口条、包口条和松紧带，共计 7 种 8 件。其中的两种口条为集中下裁部件，不用设计，沿口条宽度 10～12 mm，包口条宽度 16～18 mm，按需要截取一定的长度即可。

（4）镶接　围条、半围条压舌盖、压后帮条，半围条压围条。鞋舌与围条和半围条的衔接位置以及围条与半围条的衔接位置，都要做出加工标记。

（5）特殊要求　里外怀的结构有区别，要分怀设计，利用双线取跷处理。

一般在设计半围条时利用的是 J 点，设计围条时利用的是 J'点，设计半开胆鞋时围条与半围条同时出现，要随围条的设计点，都取在 J'点。利用过 J'点的垂线确定 J_0点设计出半围条轮廓线。

转换要取长度差，1/3 补在围条上。设计围条时要从 J''点开始，设计里怀的围条线和与外怀与半围条的镶接线，见图 6-81。

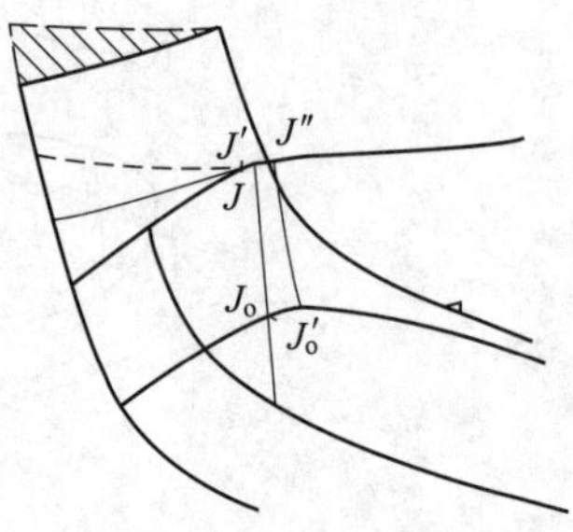

图 6-81　特殊要求的设计

通过 J'点作垂线确定 J_0点，通过 J_0点设计半围条轮廓线。通过 J''点设计围条在里怀位置的轮廓线，延伸到外怀后与半围条衔接为 $J''J_0'$。由于延伸部分设计的位置在外怀，不容易制取样板，一般要把围条延伸的部分拷贝到背中线的另一侧。如图 6-81 中虚线所示，使围条形成直观的整体外形。这样一来，底口的绷帮量就会增大，可以进行前头工艺跷处理，也就是保持镶接线的长度和外形，在底口部位去掉一个适当大小的角（图中阴影）。

2. 结构图设计

整舌是半开胆鞋的主体结构，但外怀的半围条压在整鞋舌上，所以要连半围条一起设计出来。

鞋舌长度取在 E 点，鞋舌下宽超过 OQ 线 5 mm 左右。在鞋舌下面设计出小马头、松紧带，然后顺连出鞋口轮廓线。

过前帮 J'点作背中线的垂线，在 1/2 偏下的位置定 J_0点，设计出半围条轮廓线。半围条前端与半面板头形平行，在 O 点之前呈波浪形曲线，在 O 点之后曲线上扬，在鞋舌下宽之上 10 mm 左右定 O''点，成尖角形，然后下滑顺连出刀把形曲线。鞋舌与刀把形曲线相交于 O'点，见图 6-82。

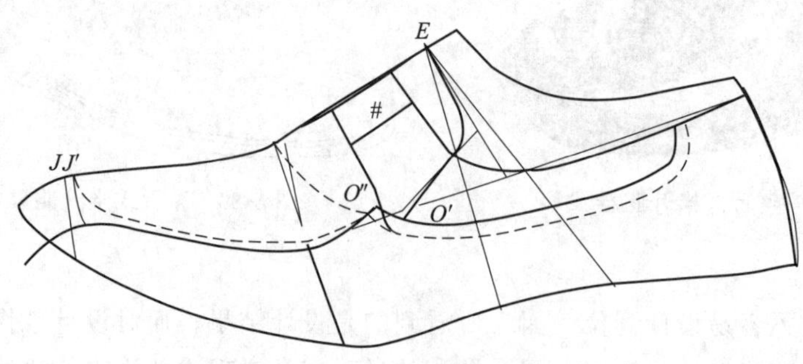

图 6-82　半开胆鞋的主体结构

半围条的造型要与成品图相同，数据控制只是大致位置，要以线条流畅、光滑为主。在小马头下面连接出后帮条的压茬量。

设计围盖鞋时的拷贝板是从楦面上制备的，是为了保证外形、里外怀的区别与楦面一致。设计开胆鞋时的拷贝板是从设计图上制备的，因为鞋胆的外形不受楦墙的约束。在设计半开胆鞋时是按照开胆鞋的方法制备临时拷贝板的，因为此时里外怀不再是一种区别，而是不同的结构形式。

由于转换要取长度差，所以要先找到长度差，然后把 1/3 长度差补充在围条上定 J''点，设计里怀的围条是从 J''点开始的。

具体的操作是：延长鞋舌背中线，然后以 O 点为圆心、OJ'为半径作圆弧，与背中线相交于 J_2 点，然后再以 V 点为圆心、以 $V'J'$长为半径做圆弧，与背中线相交于 J_2'点。长度差为 J_2J_2'。

将长度差的 1/3 补充在围条上，定出 J''点。然后从 J''点设计一条里怀鞋围条廓线，顺延至 O''点，$J''\to O''$构成了里怀鞋盖临时拷贝板轮廓线。接着再从 J''点设计一条与半围条相交的围条线，要模仿楦头的外形，交于 J_0'点。$J''\to J_0'\to O''$构成了外怀半鞋胆临时拷贝板轮廓线，见图 6-83。半面板的前端有 J 点、J'点和 J''点，半围条的前端有 J_0点和 J_0'点，它们的作用各有不同。

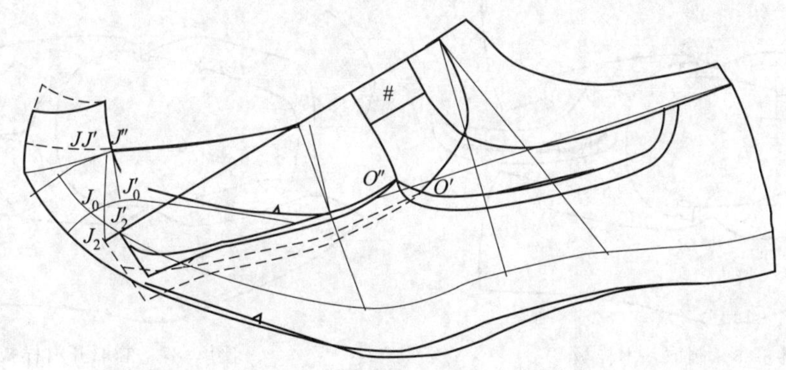

图 6-83　整舌式半开胆鞋帮结构设计图

依据设计结果，可以制备出外怀鞋胆和里怀鞋盖的临时半面板，见图 6-84。里外怀临时拷贝板的外形有着明显的不同，但都是从 J''点开始，到 O''点截止。

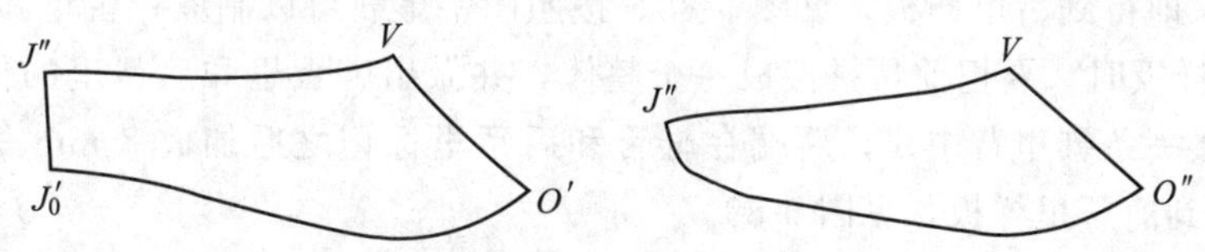

图 6-84　分别制备里外怀的临时拷贝板

接下来就是将 1/3 长度差补充在鞋盖前端，然后分别描出里外怀的轮廓线，到 O''点止。最终的结果依然是“鞋盖短、围条长，拉伸底边跷上梁”。在制取样板时，鞋盖的下面要加放压茬量。其中的 J_0'、O''、O'点都是部件镶接时的重要标记点。

在前头部位，把里怀延伸到外怀的部位描画在中线另一侧，并进行工艺跷处理。底口加放绷帮量，经过修整后即得到半开胆鞋帮结构设计图。

3. 制取样板

依次制备划线板和制取三种生产用样板。

(1) 制备划线板　按照常规制备划线板，见图6-85。划线板上包括了半围条、围条、鞋盖、后帮条、松紧带部件。

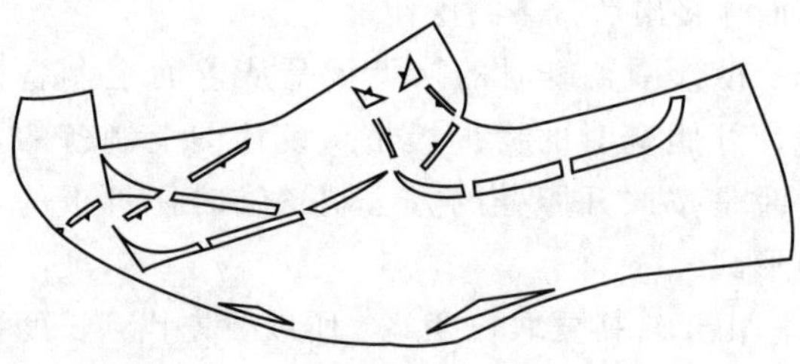

图 6-85　制备划线板

(2) 制取基本样板　按照常规制取基本样板，见图 6-86。基本样板上包括了加工标记。由于后帮条部件里外怀相同，可以用一块样板来代替。

(3) 制取开料样板　按照常规制取开料样板，见图 6-87。半围条样板上口加放了 5 mm 的折边量，围条样板上口也放了 5 mm 的折边量，前端加放了 8 mm 的压茬量，鞋盖样板前段加放的是 8 mm 的压茬量，后段鞋舌采用沿口工艺不加量。后帮条上端采用包口工艺不加放量，下端已经有了压茬量。因为后帮条不能用一件刀模裁断，所以要制取两件样板。

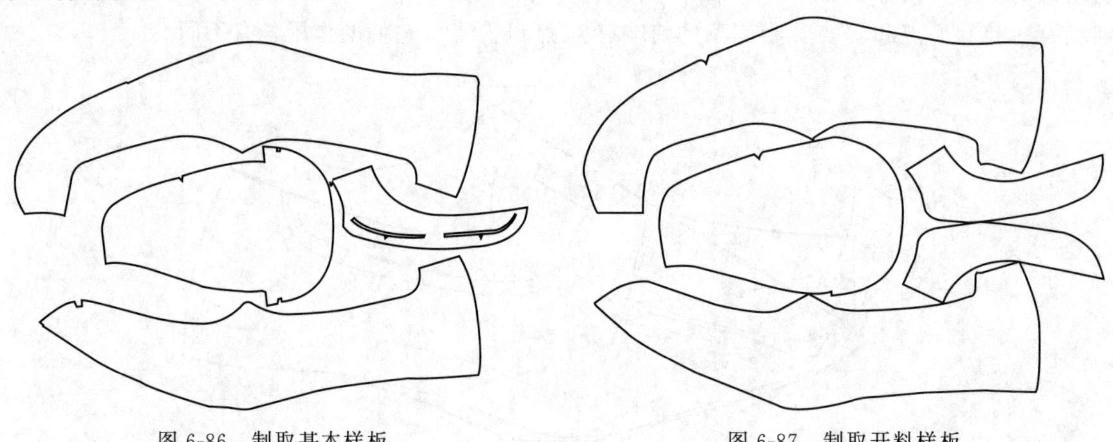

图 6-86　制取基本样板　　图 6-87　制取开料样板

(4) 设计和制取鞋里样板　利用划线板可以先设计出后帮里和鞋舌里。

用划线板描出后帮和鞋舌的轮廓线，自小马头前端顺连至底口为鞋里前轮廓线，鞋口加放 3 mm 冲边量，后弧分别收进 2 mm、3 mm、5 mm，底口收进 6～7 mm，即得到后帮鞋里设计图。

在鞋舌后端加放 3 mm 冲边量，前端控制在超出小马头 8 mm 的位置，下端在鞋舌宽度之下加放8 mm 的压茬量，即得到舌里样板，见图 6-88。按照图中虚线可以制取鞋舌里和后帮里样板。

在设计前帮里样板时，要把前帮拼接成一个整体，并做出鞋舌里和后帮里的位置标记。前端下降 2 mm，重新连接一条鞋里背中线，后端在鞋舌和后帮里标记之后加放 8 mm 的压茬量，底口收进 6～7 mm，即得到前帮里样板，见图 6-89。

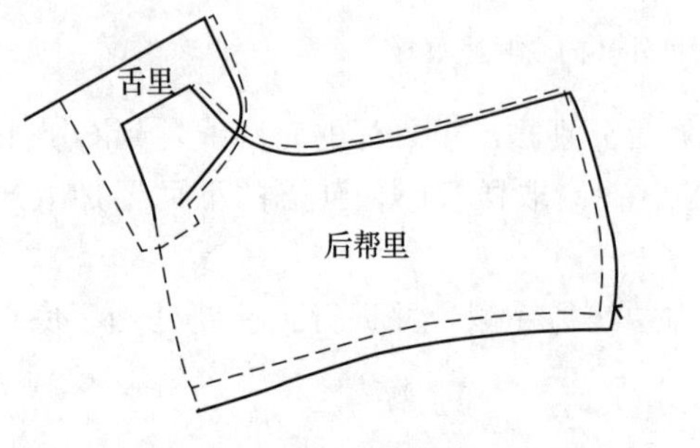

图 6-88　后帮里和设立的设计

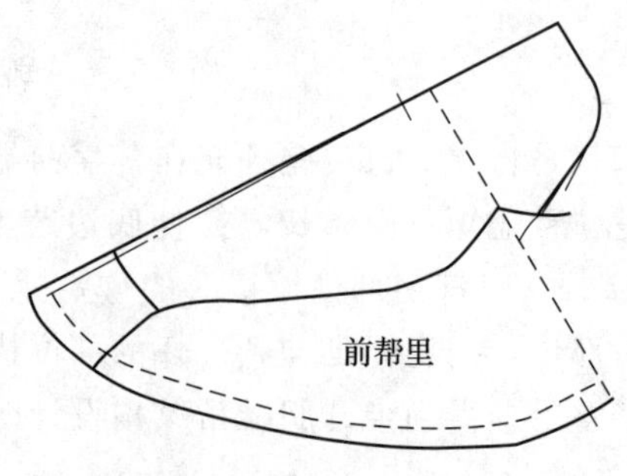

图 6-89　前帮里的设计

按照图中虚线可以制取前帮里样板，前后帮里之间要保持一个压茬量。

课后小结

开胆鞋属于围盖鞋的一种变型设计，由于有特色，所以就拥有市场。开胆鞋的鞋胆是一种开放型部件，不受楦墙的制约，因此设计过程比围盖鞋要容易操作。但是当开胆鞋与围盖鞋混搭成半开胆鞋时，问题就变得复杂了，不但要考虑开胆鞋的结构特点，还要考虑围盖鞋的结构特点，所以设计半开胆鞋需要注意的事项就比较多。

相比之下，本章的内容比前面几章的设计内容要复杂一些，耳式鞋的设计、舌式鞋的设计以及开口式鞋的设计相当于在打基础，而围盖鞋的设计和围盖鞋的变型设计相当于更上一层楼。从定位取跷、对位取跷、转换取跷直到双线取跷，虽然取跷的方式发生了变化，但取跷的原理并没有改变。通过围盖鞋的设计，可以进一步加深对取跷原理的认识，可以更加熟练地掌握设计方法，所以掌握了围盖鞋和变型围盖鞋的设计，其他满帮鞋的设计也就不在话下了。

思考与练习

1. 按照下面成品图设计出单侧绑带开胆女鞋帮结构图，并制取三种生产用样板，见图 6-90。
2. 按照下面成品图设计出外耳式半开胆女鞋帮结构图，并制取三种生产用样板，见图 6-91。

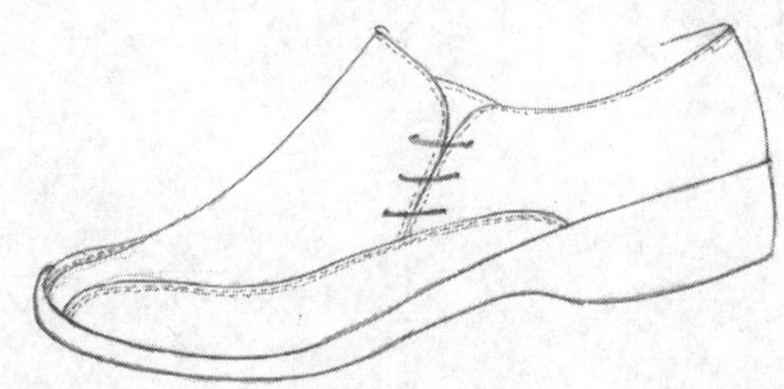

图 6-90　单侧绑带开胆女鞋成品图

图 6-91　外耳式半开胆女鞋成品图

3. 按照下面图片画出成品图并进行分析，然后设计出明橡筋开胆男鞋帮结构图，并制取三种生产用样板，见图 6-92。

图 6-92　舌式开胆男鞋

注：半围条与鞋胆之间采用翻缝工艺，橡筋下端有三角形断帮部件，后跟弧上有后筋条部件。

综合实训五　变型围盖鞋的帮结构设计

目的：通过变型围盖鞋的帮结构设计，熟练掌握变型围盖鞋的设计技巧。

要求：重点考核鞋帮成型效果

内容：

（一）开胆女鞋的设计

1. 选择合适的鞋楦，画中线，标设计点，复制出合格的半面板。
2. 自行设计一款开胆女鞋，画出成品图、结构设计图。
3. 制备划线板和制取三种生产用样板。
4. 进行开料、车帮套、绷帮检验。

（二）西利式男鞋的设计

1. 选择合适的鞋楦，画中线，标设计点，复制出合格的半面板和鞋盖拷贝板。
2. 自行设计一款西利式男鞋，画出成品图、结构设计图。
3. 制备划线板和制取三种生产用样板。
4. 进行开料、车帮套、绷帮检验。

标准：

重点检查绷帮成型效果：

1. 围盖或鞋胆是否能伏楦、鞋体是否能伏楦。
2. 围盖或鞋胆是否端正、到位。
3. 鞋里是否平伏。
4. 帮脚大小是否合适。

考核：

1. 满分为100分。
2. 鞋帮不伏楦，按程度大小分别扣10分、20分。
3. 围盖或鞋胆不伏楦，按程度大小分别扣20分、30分、40分。
4. 围盖或鞋胆不端正扣10～20分。
5. 鞋里不平伏口5～10分。
6. 帮脚误差比较大扣5～10分。
7. 统计得分结果：达到60分为及格，达到80分为合格，达到90分及以上为优秀。

第七章 特殊鞋款的设计

要点：一双普通的鞋款通过特殊工艺手段处理后，立刻会耳目一新。特殊鞋款就是在原有结构设计的基础上，通过改变工艺制作方法来表现其特殊性，从而也就引起了制取样板方法的改变。例如缝埂鞋、包底鞋以及套楦鞋等，都以自身的特色赢得了市场。

重点：缝埂鞋的设计
包底鞋的设计
套楦鞋的设计

难点：制取样板的方法

特殊鞋款是指普通鞋款经过特殊工艺手段处理而产生特殊效果的一类鞋。特殊鞋款来自普通鞋款，所以它的主体结构设计并没有改变，而是通过改变制取样板的方法来满足其特殊的加工要求。例如，缝埂鞋样板需要增加缝埂量才能缝缝出立体效果，包底鞋样板需要增加围条的长度量才能缝出均匀皱褶，套楦鞋样板不用加放绷帮量而是把鞋帮内底直接缝出鞋套，简化了成型过程。

本章节的内容是在帮结构设计和取跷原理应用的基础上引申出来的特殊鞋款设计，设计的重点已经转移到如何制取特殊鞋款的样板上。制取样板是结构设计的后续工作，不能制取样板的结构设计没有使用价值。如果在设计中出现这样或那样的问题，仍需要通过运用前几章的知识来解决。

在企业内部，能够设计这些特殊鞋款的技术人员都具有多年的设计经验，并非一般人所能为。因为设计特殊鞋款需要有统筹兼顾的能力，考虑的不仅仅是结构、样板，还需要考虑工艺加工方法、材料的性能、鞋楦的选用以及市场的需求等。学习本章节的目的也就是提高学生这种综合应用和统筹兼顾的能力，为今后产品的设计开发打下坚实的基础。

第一节　缝埂鞋的设计

缝埂鞋是围盖鞋的一种款式变化，其特色是在围条与鞋盖衔接的位置缝出一道立体的棱线，也就是鞋埂，故称为缝埂鞋。

从外观上看，一般围盖鞋缝合后成平整状态，而缝埂鞋却缝出立体的棱线，所以视觉的冲击力强，适于设计厚重的、休闲的、前卫的鞋类产品。从结构上看，缝埂鞋的设计关键仍然是围条与鞋盖的分界线，在分界线位置预留出缝埂的加工量，然后再通过手工操作或机械操作缝出鞋埂来。

一、缝梗鞋的类型

如果按照缝埂的加工方法来划分，可以分成挤埂鞋、对合埂鞋、二合埂鞋、三合埂鞋与包埂鞋等类型。

1. 挤埂鞋

顾名思义，挤埂鞋是通过挤压前帮部件而形成的立体棱线。

操作时在鞋帮缝埂位置的背面黏合一层衬布，先缝一道内圈线固定衬布，然后在帮面与衬里之间把埂芯（实心塑料线）夹持其间，合拢后用光滑的牛角或竹片挤压帮面，使埂芯与第一道缝线贴紧，并形成立体的棱线，然后再车第二道线固定棱线，见图 7-1。

鞋头的棱线是挤压出来的。挤埂鞋比较精致，由于两道线都是帮面与衬布缝合，所以外观平整，而且鞋埂的粗细可以通过实心塑料线的粗细来调节。为了使鞋埂清晰，在缝埂的位置还需要片料，帮面变薄就更容易挤压成型。

2. 对合埂鞋

顾名思义，对合埂鞋是通过前帮部件相对合拢再缝合出立体棱线。手工操作时，需要在缝埂位置上下各打一排孔，然后上下孔相对缝合，使帮面拱起就形成立体的棱线。机器操作时，使用缝埂机可以直接缝合成型，见图 7-2。

图 7-1　挤埂鞋

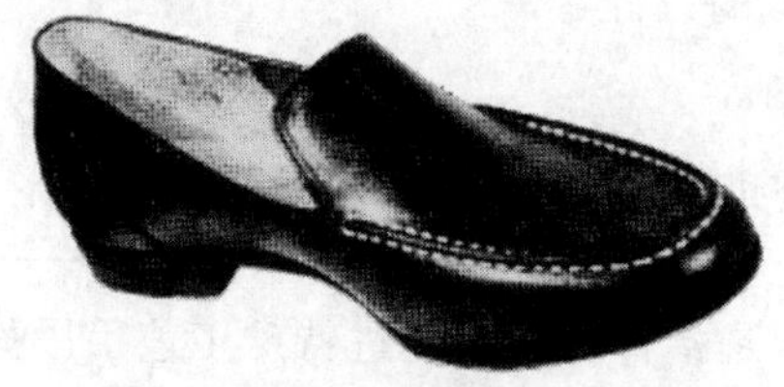

图 7-2　对合埂鞋

鞋头的棱线是帮面之间相对合拢而缝出来的。对合埂比挤埂操作方便，但是上下两道缝合线的长度不同，会微微出现皱褶。鞋埂的粗细是靠材料的厚度来控制的，如果材料太薄鞋埂就瘪瘦，材料太厚鞋埂就粗肥。鞋埂的高度是靠孔间距来控制的，一般鞋埂高度在 3 mm 左右，两排孔间距在 6 mm 左右。

挤埂鞋与对合埂鞋的共同特点是前帮都不断开的，类似于假围盖鞋。

3. 二合埂鞋

顾名思义，二合埂鞋是通过围条与鞋盖的两个部件边沿对合而缝出的立体棱线。手工操作时，需要在围条与鞋盖边沿各打一排孔，孔数相等，然后上下两排孔相对缝合，使帮面凸起就形成立体

的棱线。如果是机器缝合，针码比较均匀，见图 7-3。当围条比鞋盖长时就会形成褶皱，当围条与鞋盖等长时就会光滑平整。(a) 鞋埂缝出了皱褶，边沿比较粗犷；(b) 鞋埂光滑平整，边沿比较精细。缝围条与鞋盖的结合部位。

(a)　　　　　　　　(b)

图 7-3　二合埂鞋

如果采用片边工艺，结合部位的缝隙会比较严谨，如果采用剪齐工艺，结合部位显得粗犷。鞋盖也可以采用折边工艺，会使鞋埂变得光滑整齐，见图 7-4。(a) 鞋埂比较粗，采用的是剪齐工艺处理，(b) 鞋埂光滑整齐，采用的是鞋盖折边工艺处理。

(a)　　　　　　　　(b)

图 7-4　不同工艺处理的二合埂鞋

4. 三合埂鞋

顾名思义，三合埂鞋是通过鞋盖包裹围条边沿而在三层部件上缝出的立体棱线。手工操作时，需要在围条边沿打一排孔，在鞋盖边沿打两排孔，三排孔数都相等，然后鞋盖包裹住围条再孔孔相对缝合，使帮面拱起就形成立体的棱线，见图 7-5。鞋盖留出的加工量比较大，先将围条边沿包裹住而后再缝出鞋埂来。由于鞋盖部件边沿是经过片削的，而且需要三孔相对缝合，所以三合埂比二合埂操作麻烦，但部件边沿细腻精致，常用于生产高档鞋。

5. 包埂鞋

顾名思义，包埂鞋是通过包口条将围条与鞋盖的两个边沿包裹而缝出的立体棱线。包埂鞋也叫四合埂鞋，是由四层部件串缝而成，见图 7-6。围条与鞋盖的边沿用鞋口条包裹起来，然后再缝出鞋埂来。

图 7-5　三合埂鞋

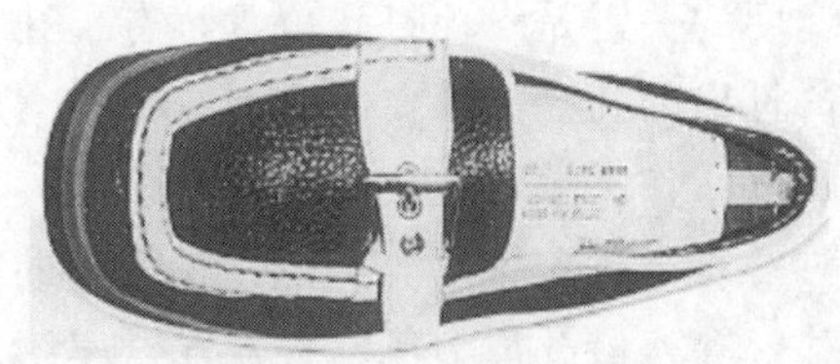

图 7-6　包埂鞋

包埂鞋一般使用机器操作，所用的设备叫马克机，缝出的线迹叫马克线。利用马克机也能缝出对合埂、二合埂和三合埂等，见图 7-7。而且速度快，针码均匀、干净、整齐。但是市场上见到的许多鞋款仍然采用手工缝制，这是因为手工制作会产生一种特有的风格。

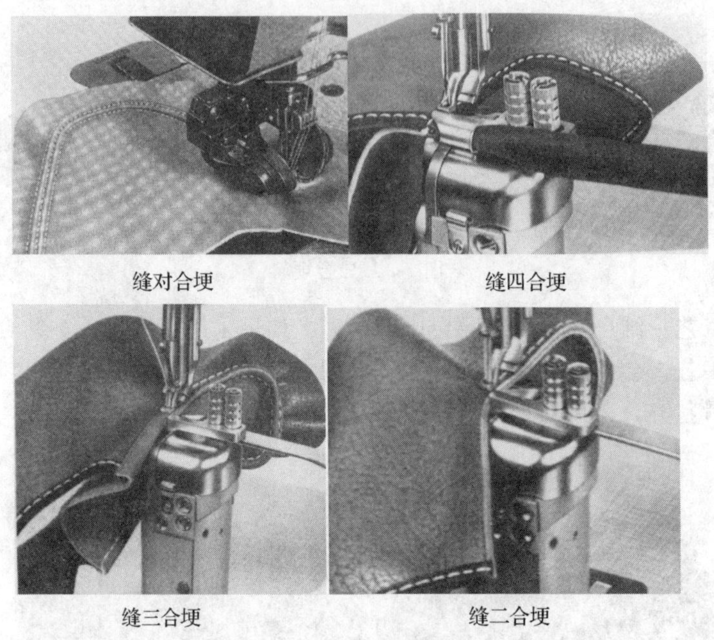

缝对合埂　　缝四合埂

缝三合埂　　缝二合埂

图 7-7　用马克机缝鞋埂

二、缝埂鞋的设计特点

缝埂鞋的设计特点与围盖鞋基本相同的。

1. 楦型特点

缝埂鞋是围盖鞋的一种变化，选择鞋楦的方法要求和围盖鞋相同。设计舌式缝埂鞋时要选择舌式楦，设计耳式或开口式缝埂鞋要选择素头楦。

缝埂是一种花色变化，也会用到女浅口鞋、凉鞋、靴鞋上，虽然在满帮鞋中没有涉及这些鞋类，但按照同一道理应该分别选择女浅口楦、男女凉鞋楦、男女高腰楦来进行设计。

2. 结构特点

缝埂鞋的主体结构与围盖鞋相同，但工艺细节有区别。

对于鞋埂来说，会有挤埂、对合埂、二合埂、三合埂和包埂的变化，但变化只是外在的表现形式，而鞋埂的位置、外形、里外怀区别以及工艺跷等仍然与围盖鞋的设计要求相同。

鞋埂的加工主要由两种方式，一种是纯手工打孔制作，另一种是机械缝制。由于机械缝制的关键是如何掌握机器的使用，所以本节的重点放在手工操作上。

手工缝埂的关键是设计打孔位置，有了孔位就可以直接串缝。根据缝合所用的蜡线或尼龙线的粗细不同，打出的孔径一般在 1～1.5 mm，使用 5 号缝衣针缝制。由于缝合的位置是在预留的孔径内进行，所以叫作串缝。

串缝时可以采用单针单线，但比较常用的是双针双线。也就是在一定长度的粗线两端各自穿入一根缝衣针，穿入鞋孔后形成双针双线。串缝的起始和收尾位置，一般要缝双线作为锁口。

3. 特殊要求

串缝是缝埂鞋的一大特色，因其入针方法不同，缝合的效果也会不同，不同的效果会表现出不

同的风格。串缝的线迹主要有以下几种：

（1）蛇形线迹 蛇形线迹是最基础的线迹，串缝线成两行蛇形排列，见图 7-8。将串缝线的两端各穿有一根缝衣针，穿入起始孔内拉伸至左右等长，形成双针双线。然后其中一针再从另一侧的起始孔穿过，形成一道锁口线，接着再将另一针也仿效第一针穿过起始孔，拉紧后就形成双线锁口。在起始孔和收尾孔都做双线锁口处理。

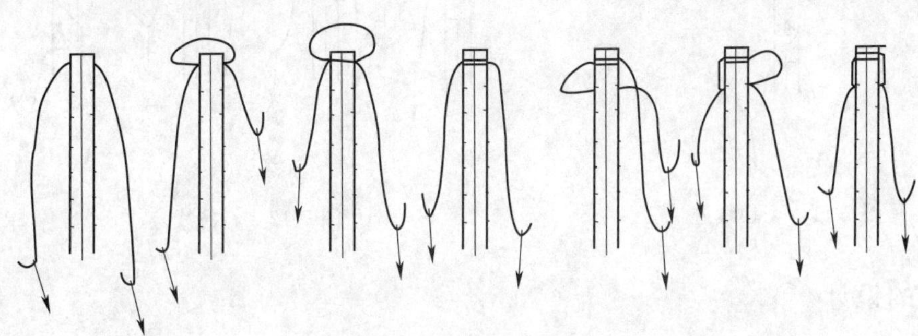

图 7-8 蛇形线迹

串缝蛇形线迹时，其中的一针在顺排的下一个孔内穿过，另一针也在顺排的下一孔内穿过，拉紧后就形成一个完整的线迹。按照相同的规律逐一穿过下一孔并拉紧，最后就形成蛇形线迹。蛇形线迹比较简单，也比较粗放，是常用的串缝线迹。

（2）锁扣线迹 锁扣线迹是在蛇形线迹基础上，再利用横向线迹锁紧部件边沿，见图 7-9。在起始针的基础上，先缝一个蛇形线迹，然后将一针的线越过缝埂从另一端的同位孔内穿过，拉紧后就形成横向锁口线。按照蛇形线、锁口线交替出现的规律串缝并拉紧，最后就形成锁扣线迹。锁扣线迹比蛇形线迹略微复杂，但可以使部件边沿收拢得比较紧，常用于材料比较厚的串缝。

（3）交叉线迹 交叉线迹是利用斜向交叉线来锁紧部件边沿，见图 7-10。在起始针的基础上，直接将一侧的针越过缝埂从另一端的下一孔内穿过，也将另一端的针越过缝埂从同一孔内穿过，拉紧后就形成一条交叉线。按照同样的相互交叉规律串缝并拉紧，最后就形成交叉线迹。交叉线迹俗称“搭黄瓜架”，可以使鞋埂抱得很紧，而且具有较好的装饰作用，常用于花色变化显著的鞋款上。

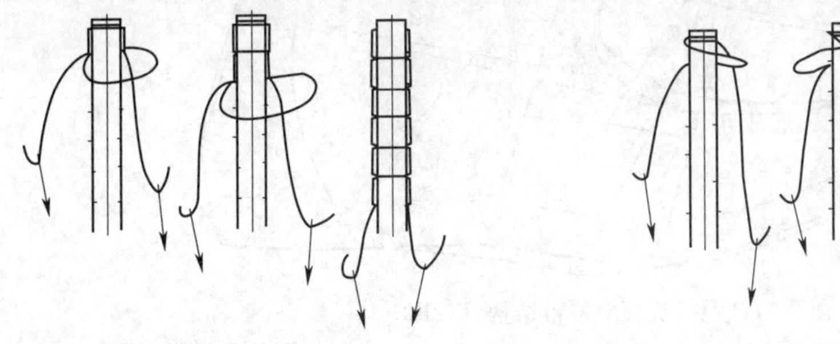

图 7-9 锁扣线迹

图 7-10 交叉线迹

（4）交锁线迹 交锁线迹是把交叉线迹与锁扣线迹结合起来的混搭线迹，操作比较复杂，但缝合的强度最高、抱紧能力最强，见图 7-11。在起始针的基础上，先缝一条交叉线，接着再缝一条锁扣线，然后按照交叉线、锁扣线的规律串缝并拉紧，最后就形成交锁线迹。交锁线迹的缝合强度高，线迹复杂，也具有装饰作用，常用于厚重的鞋款上。

（5）斜拉线迹 斜拉线迹是在蛇形线迹的基础上，将外侧线斜向拉到里侧，鞋埂上便出现斜拉线条，这是一种装饰性较强的线迹，见图 7-12。在起始针的基础上，内侧的缝线先勾住外侧的缝线，然后再按蛇形线迹穿过下一个孔，鞋埂外侧的缝线被斜拉后仍从外侧的下一个孔穿过，然后拉

紧缝线就形成斜拉线。按照同样的规律逐一串缝并拉紧，最后就形成斜拉线迹。斜拉线迹有一个线与线勾连的过程，影响到缝合强度，但装饰作用强。

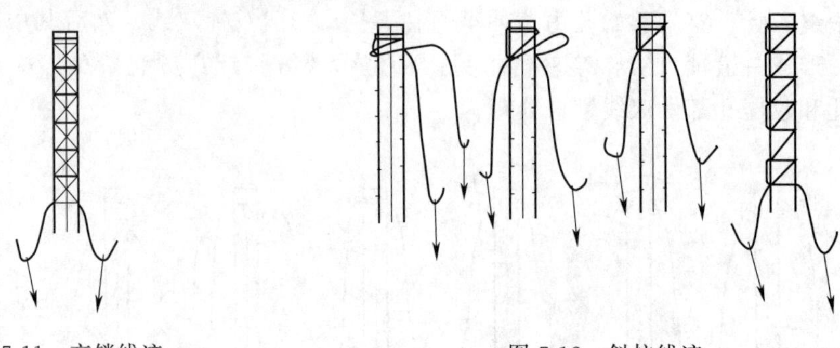

图 7-11　交锁线迹　　　　图 7-12　斜拉线迹

三、挤埂鞋的设计

挤埂鞋的鞋埂是利用梗芯挤出来的，下面以舌式挤埂女鞋为例进行说明，见图 7-13。舌式挤埂女鞋的主体结构为横断舌式假围盖鞋，鞋帮上有前帮、后帮、鞋舌、横担和后包跟部件，共计 6 种 7 件。

前帮上有鞋盖与围条的分界位置，但并没有真正断开，而是用挤埂来表示。所以，在结构设计时要先设计出直口后帮横断舌式鞋，然后再设计出鞋盖与围条的分界线，见图 7-14。按照常规先设计出直口后帮横断舌式鞋结构图，然后再利用拷贝板设计出里外怀的鞋盖轮廓线。注意鞋盖的里外怀区别与后帮的里外怀区别、鞋舌的里外怀区别顺接，也就是处于一种均衡状态。

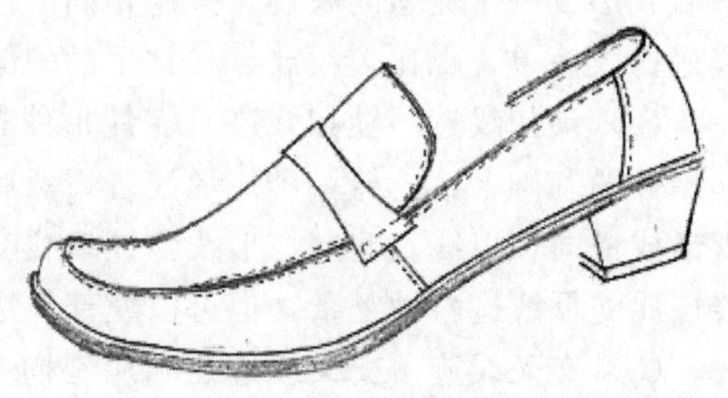

图 7-13　舌式挤埂女鞋成品图

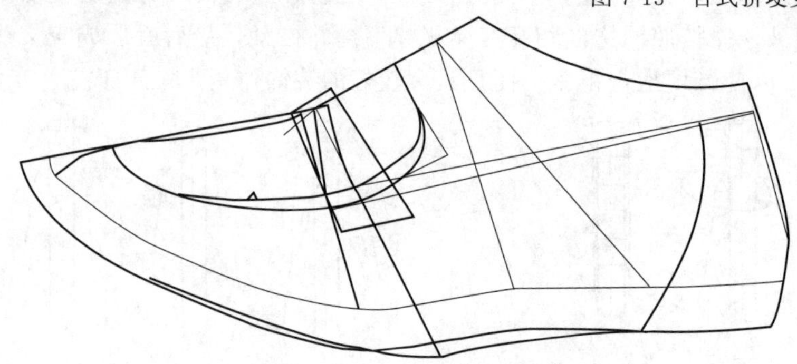

图 7-14　舌式挤埂女鞋帮结构设计图

设计挤埂鞋的关键是前帮的工艺处理。

在基本样板上要标出鞋盖的位置标记，加工前要在前帮开料部件的正面（粒面层）和背面（网状层）都描画出鞋盖的加工轮廓线，并控制轮廓线部位的材料厚度在 0.8～1 mm。然后准备 1.5 mm 粗细的梗芯、宽 25 mm 左右的马蹄形衬布和汽油胶。

加工时先在前帮背面刷胶，待胶风干后把衬条中心线压在鞋盖轮廓线上。在正面距离加工标记 2 mm 的内侧车缝第一道线。接着掀起衬布，把长度适当的梗芯填进衬布与鞋帮之间，要紧贴车缝线，然后粘好衬布。由于衬布比较软，此时衬布是凸起的。处理的办法是翻转部件、粒面层朝上平铺在工作台上，然后利用光滑的牛角片或竹片，由外侧向内侧挤压埂芯的根部，使埂芯凸起在帮面

上形成鞋埂。最后再沿着鞋埂外侧车缝第二道线，把埂芯固定住，见图 7-15。

前帮加工的主要步骤是正面和背面都画标记线、背面贴衬、正面车第一道线、在背面填埂芯、在正面挤埂、在正面车第二道线。

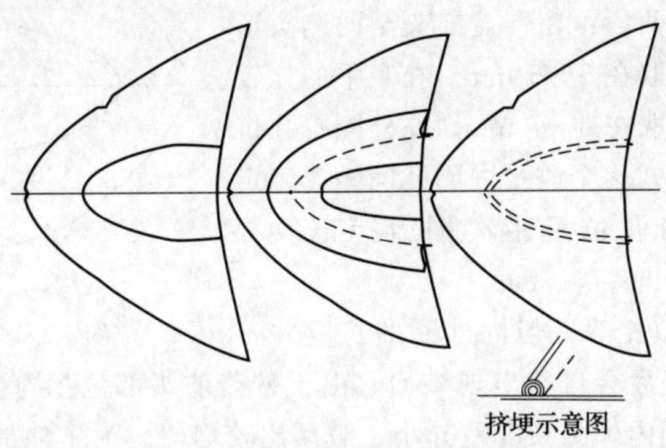

图 7-15　挤埂操作示意图

其中的鞋埂是通过挤压形成的，如果不挤压，鞋埂就凸显不出来。挤压后要求鞋梗粗细均匀一致，不空浮、不起泡。

前帮部件挤压出了鞋埂，然后再按照常规工艺进行车帮套、绷帮和配底，最后就得到舌式挤埂女鞋。

四、对合埂鞋的设计

对合埂鞋是在前帮围盖分界线位置对合串缝出的鞋埂，下面以满帮女拖鞋为例进行说明，见图 7-16。前帮有一道串缝蛇形线迹的鞋埂，鞋埂的位置就是围盖的分界线，鞋埂的长度可以自行设计，鞋埂的高度一般在 3 mm。鞋帮上只有一块整前帮部件，结构设计时需要转换取跷，见图 7-17。

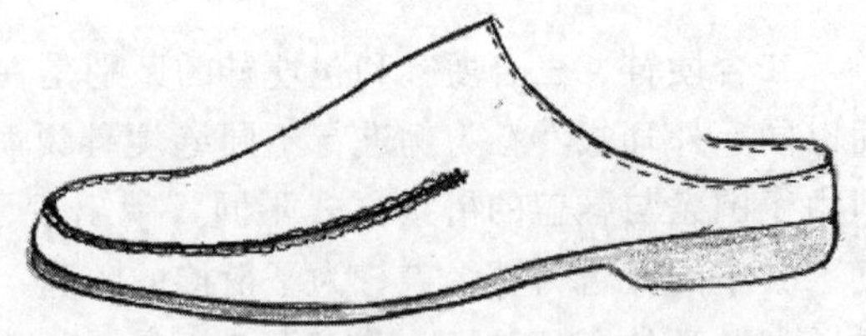

图 7-16　对合埂满帮女拖鞋成品图

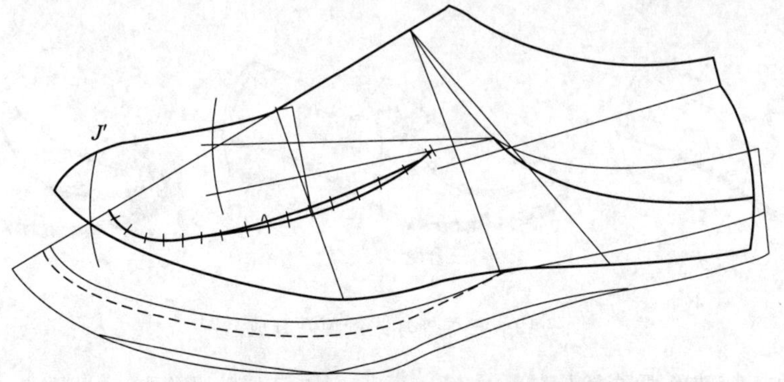

图 7-17　对合埂满帮女拖鞋帮结构设计图

按照常规先设计出满帮拖鞋结构图，然后再里用拷贝板设计出鞋盖轮廓线，有里外怀的区别。注意：由于对合埂是前帮本身对合而成的，所以鞋埂的高度会占用一定的鞋帮宽度，这部分量需要在底口相应部位进行补偿。如果鞋埂高度设计为 3 mm，所占用宽度量在 6 mm 左右，将这 6 mm 量补在相应的底口位置，如图 7-17 中虚线所示。

设计对合埂鞋的关键依然是前帮的工艺处理。

在基本样板上要标出鞋盖的位置标记以及打孔的位置标记，见图 7-18。在距离鞋盖轮廓线两侧 3 mm 处均匀分布着打孔标记。设计打孔标记要先从外圈开始。

外圈打孔的间距要分成两段：在鞋盖前头至两侧头形拐弯段，孔间距略小，一般取在 5～6 mm。在余下的比较平缓段，孔间距略大，一般取在 6～7 mm。在外圈打孔位置确定以后，再以垂线的形式逐个测量内圈孔间距，确定内圈的孔位。内圈外圈打孔位置距离围盖标记线都是 3 mm。

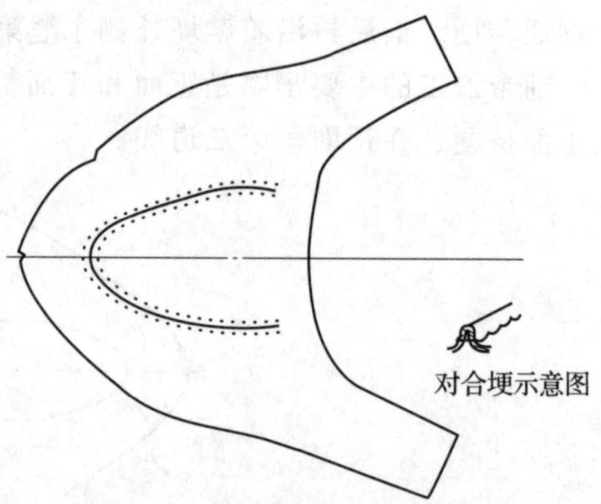

图 7-18 基样的加工位置标记

虽然内外圈打孔的个数相等，但内外圈的长度并不相等，外圈大与内圈，串缝后会自然出现皱褶。由于鞋盖前头部位拐弯急，内圈外圈长度差异大，会出现较大的皱褶，而两侧内外圈长度差异小，皱褶比较均匀。为了使周圈前后皱褶均匀，要减小前头的孔间距，这样可以使皱褶变小，使前后皱褶均匀。

加工前要在开料部件的正面描画出打孔的标记，然后用直径 1～1.5 mm 钺刀冲孔。接下来就是用双针双线进行串缝，缝出蛇形线迹，两端用双线锁口。

鞋帮上缝出对合埂后再加工出成品鞋，即得到对合埂满帮女拖鞋。

比较挤埂鞋与对合埂鞋，会发现它们共同之处就是前帮是一块完整部件，围条与鞋盖并不断开。相比之下，对合埂操作要简便一些，挤埂操作要精致一些，各有所长。

五、二合埂、三合埂、包埂鞋的设计

二合埂鞋、三合埂鞋和包埂鞋的区别是在串缝鞋埂的层数不同，而主体结构可以是相同的。下面以同一外耳式女鞋为例进行不同缝埂鞋说明，见图 7-19。三款鞋的主体结构同为外耳式围盖鞋，但由于围条与鞋盖的衔接方式不同，就出现了不同的花色变化，分别形成了二合埂、三合埂与包埂。其中的鞋盖为整舌盖，为了衔接的顺利，把鞋舌侧面延长并反折后同鞋耳连接，这样就形成从鞋盖到鞋耳的通长鞋埂。前面图 7-7 中马克机缝的二合埂、三合埂、包埂都是通长鞋埂。鞋帮上有围条、整舌盖、后帮、后筋条部件，为 4 种 5 件，其中的包埂鞋还要有包口条，为 5 种 6 件。

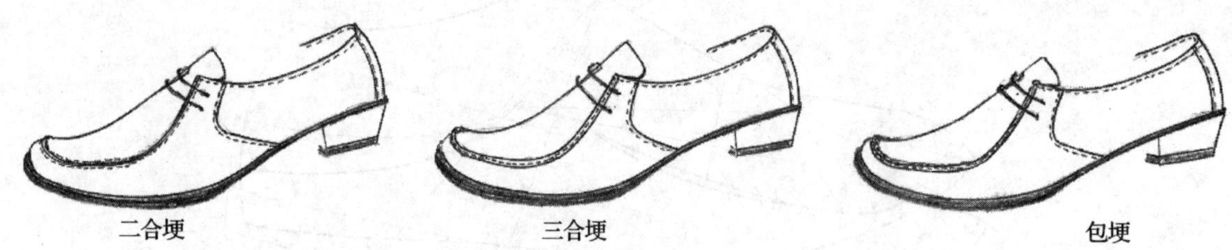

图 7-19 三种外耳式缝埂女鞋成品图

在结构设计中，特殊的要求就是鞋舌如何让延长、如何与鞋耳衔接，见图 7-20。按照常规先设计出外耳式围盖鞋结构图，其中包括完整的鞋舌和鞋耳。在外怀一侧，将鞋舌的 O'点和鞋耳的 O_1 点连接出一条直线。以 $O'O_1$ 线为对称轴，将鞋耳的轮廓线拷贝在另一侧，也就是图中 O_1a 和 O_1b 是对称的。接着再将被鞋耳掩盖住的鞋舌轮廓线也拷贝下来，并与拷贝的鞋耳轮廓顺接。由于在鞋舌下面多出的小部件与鞋耳是对称关系，部件镶接时会严丝合缝。在取样板时，将多出的小部件与鞋舌顺连，如图 7-20 中虚线所示。在里怀也做同样的处理。

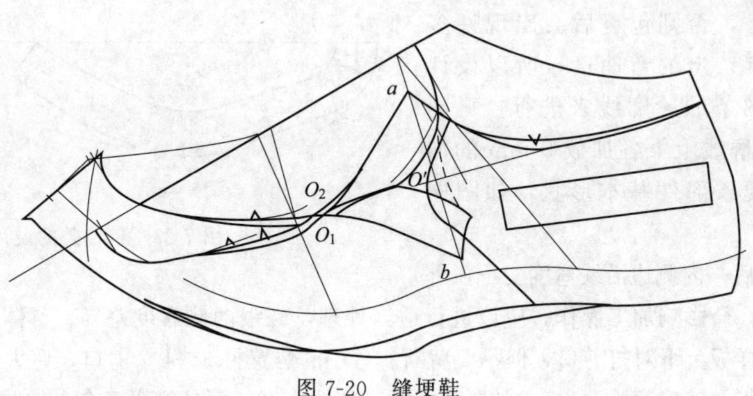

图 7-20 缝埂鞋

二合埂鞋、三合埂鞋与包埂鞋的基本样板都是相同的，但由于加工量不同，所以开料样板是不同的。

1. 二合埂鞋的开料样板

二合埂鞋的开料样板需要加放 2～3 mm 的缝合量，在围条与舌盖的缝合边沿要各加 2～3 mm。一般男鞋埂高度取 3 mm，女鞋埂高度取 2 mm，见图 7-21。

在基本样板的基础上，围条与舌盖都加放了 2 mm 的加工量。如果鞋埂采用手工串缝，还需要设计出打孔的位置，这与对合埂鞋打孔的要求是相同的。如果鞋埂采用机器缝制，可以直接按照加工标记缝合。

在鞋的前帮已经有了二合埂的前提下，加工出成鞋后即得到外耳式二合埂女鞋。

2. 三合埂鞋的开料样板

三合埂鞋的围条开料样板与二合埂鞋的围条开料样板是相同的，边沿留出 2 mm 的加工量。但对于舌盖样板来说则有区别，由于舌盖要把围条包裹住，所以舌盖的加工量就比较大。

舌盖的加放量要包括材料厚度、缝线的边距、两个鞋埂高度，一般在 10～12 mm，见图 7-22。

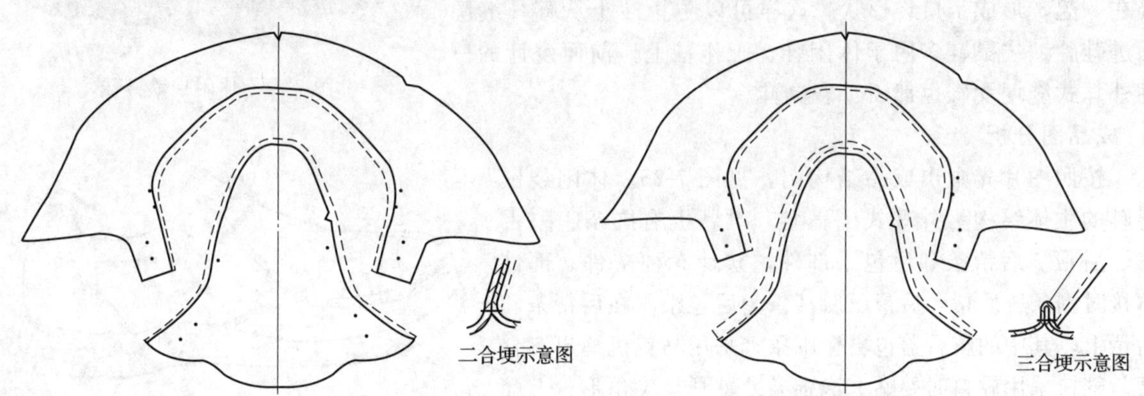

图 7-21 制备二合埂鞋的开料样板　　图 7-22 制备三合埂的开料样板

舌盖上的实线为基样轮廓，也是打孔或者车缝的位置。其中的第一道虚线为鞋埂高度量，第二道虚线为开料样轮廓线。总加放量在 10～12 mm。同样，如果鞋埂采用手工串缝，还需要设计出打孔的位置，其中舌盖上要打出双排孔，两排孔之间距离为 7～9 mm，包括材料厚度与两个鞋埂高度量。如果鞋埂采用机器缝制，可以直接按照加工标记缝合。

在鞋的前帮已经有了三合埂的前提下，加工出成鞋后即得到外耳式三合埂女鞋。

3. 包埂鞋的开料样板

包埂鞋的开料样板与二合埂鞋的开料样板是完全相同的，但需要另外设计出包埂条部件。包埂

条部件不能取直条，否则包裹后会出现许多皱褶。由于鞋埂有一定的弯曲度，所以设计包埂条应该依据围条的轮廓线来进行，见图7-23。依据围条轮廓线上下各加放 5 mm 的加工量，即得到包埂条部件基本形状，如图中实线所示。

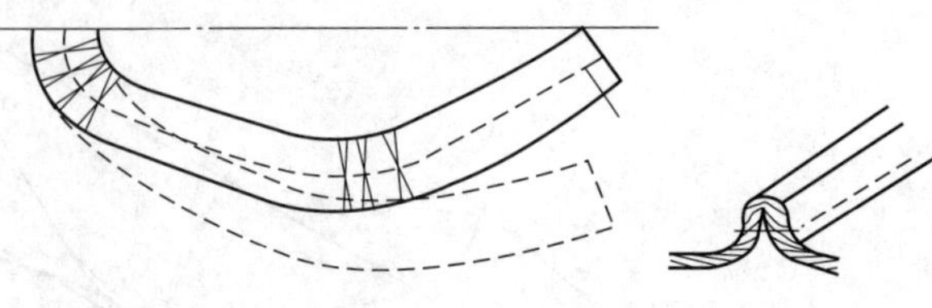

图 7-23　包埂条的设计

加放加工量以后，内侧边沿线弯度变小，外侧边沿线弯度变大，会影响加工操作，应该进行适当处理，减缓两侧弯度差异。具体的处理办法就是在包埂条基本形状的样板上下对打剪口，但不要剪断。弯小的位置打 3～4 个剪口，弯大的位置打2～3 个剪口，然后将内侧的每个剪口都张开1 mm 的距离，减小内侧弯度，而外侧弯度会自然收缩。将此种状态用美纹纸粘住固定下来并制取样板，即得到包埂条样板。如图 7-23 中虚线所示。

使用天然革做包埂条时要采用横向下裁，使用人工革做包埂条时要采用斜向下裁。

加工时把包埂条包裹在舌盖与围条的边沿，即得到包埂。在鞋的前帮已经有了包埂的前提下，加工出成鞋后即得到外耳式包埂女鞋。

比较上述三种不同的缝埂鞋就会发现，尽管外观特征有很大的变化，但设计的主体结构并没有变化。掌握了这种结构分析方法，往往会有事半功倍的效果。

六、袋鼠鞋的设计

袋鼠鞋是指鞋口与鞋舌形成封闭口袋形状的一类鞋，由于类似袋鼠妈妈胸前的育儿袋，故称为袋鼠鞋，见图 7-24。这是一款休闲袋鼠鞋，平缓的鞋底、松软的鞋口、柔和的色调，充满了轻松惬意。其中的鞋舌增加了宽度，并与鞋耳衔接在一起，形成了口袋形状。这样可以防止沙土从鞋耳缝隙钻进鞋腔。袋鼠鞋多用于休闲鞋、工作鞋上，前面设计的三种外耳式缝埂女鞋也都属于袋鼠鞋。

图 7-24　休闲袋鼠男鞋

1. 成品图分析

按照图片先画出成品结构图，见图 7-25。休闲袋鼠男鞋的主体结构为外耳式围盖鞋。鞋帮上有围条、整舌盖、后帮、后帮条和后包跟部件，共计 5 种 7 件。部件镶接时围条压后帮，后帮压后帮条，后包跟压在后帮条和后帮上，其中的整舌盖包裹住围条，采用马克机缝出三合埂。鞋口采用软口时要贴上泡棉条。鞋耳呈尖角形，上面有两个眼位。侧身上有商标 logo，后包跟上口采用软口，设计高度在 Q 点之上再增加 10～15 mm，成双峰造型。

图 7-25　休闲袋鼠男鞋成品图

2. 帮结构图设计

按照常规先设计出外耳式围盖鞋主体结构图，见图 7-26。在主体结构设计完成后再设计“育儿袋”。育儿袋必须保证一定的容量，这样才不会影响穿脱。一般的情况下都是增加一个鞋舌宽度到鞋耳高度的加工量。设计时要将鞋舌宽度控制点 O' 点和外怀鞋耳的 O_1 点连接成直线，并以该直线为对称轴，将鞋耳的轮廓线拷贝在对称轴的另一侧。然后再将拷贝的鞋耳与原鞋舌顺连。

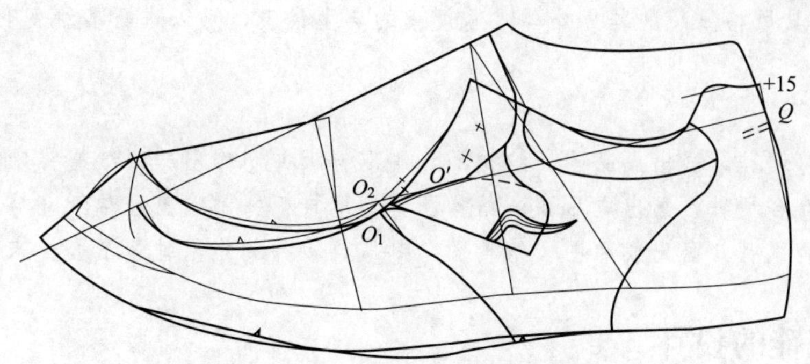

图 7-26　休闲袋鼠男鞋帮结构设计图

以同样的方法在里怀一侧也增加一个拷贝量。这个拷贝量就是鞋舌宽度增加量，加工时这个增加量反折与鞋耳边沿重叠并缝合，即形成了育儿袋。

3. 制取样板

按照常规分别制取基本样板、开料样板和鞋里样板。对于鞋口来说，因为有泡棉存在，要采用翻口工艺，所以后包跟和后帮条都要留出 3 mm 的翻缝量，见图 7-27。

在制取围条鞋盖基本样板时要标注锁口位置、接帮位置、鞋眼位置等加工标记，在制取开料样板时要加放所需要的加工量，见图 7-28。在舌盖周边加放 10 mm 包裹量，在围条镶接部位，鞋耳一段有 5 mm 宽度的标记，在围条前端有 10 mm 宽度的加工标记，两者在锁口线附近顺接。

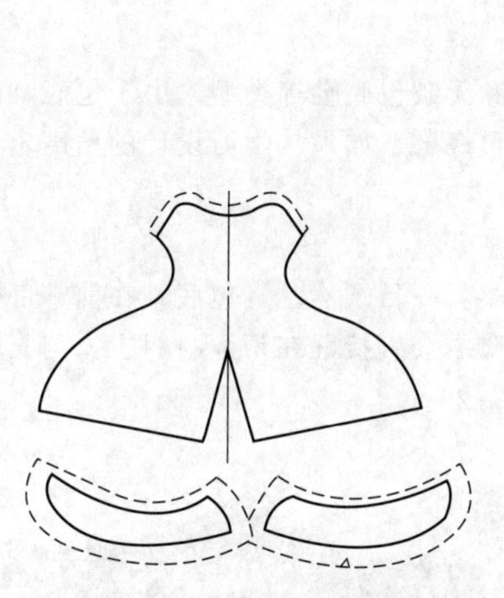

图 7-27　鞋口部位留翻缝量

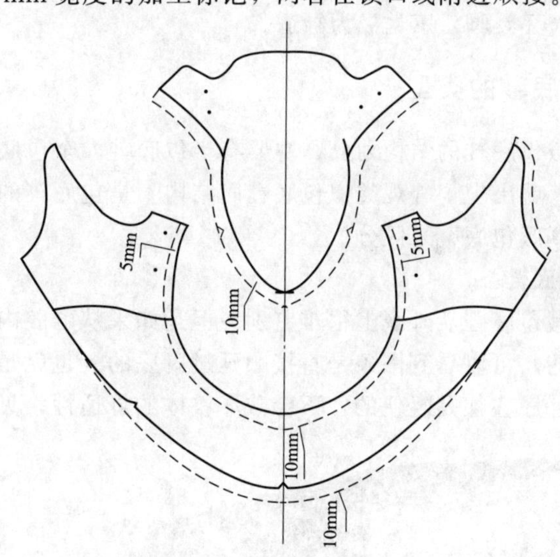

图 7-28　开料样板加放加工量

这个加工标记是为缝马克线而设计的，缝马克线的第一步是先将舌盖按照宽度标记缝合起来，第二步才是把鞋舌增加量反折与鞋耳重合缝马克线。鞋埂的高度为 5 mm，缝合后围条的宽度会减少 10 mm，所以这 10 mm 亏损量要事先补充在底口位置上。

课后小结

缝埂鞋是围盖鞋的一种花色变化，其特色表现在围条与鞋盖之间形成一道立体的鞋埂，依据缝埂的缝合方式不同会出现挤埂、对合埂、二合埂、三合埂、包埂等多种类型。设计缝埂鞋首先是设计围盖鞋的主体结构，然后再处理鞋埂部位。

机器缝合鞋埂，方便快捷、线迹整齐。手工缝合鞋埂，需要打孔串缝，由于串缝线迹具有装饰

作用，所以产品别具风格。袋鼠鞋是外耳式缝埂鞋的典型代表，可以进行多种变化。

思考与练习

1. 设计一款挤埂鞋，画出成品图、结构图，制取样板并制作出鞋帮纸套样来。
2. 设计一款对合埂鞋，画出成品图、结构图，制取样板并制作出鞋帮纸套样来。
3. 设计一款袋鼠鞋，画出成品图、结构图，制取样板并制作出鞋帮纸套样来。

第二节　包底鞋的设计

包底鞋是围盖鞋的一种变型设计，是指鞋围条与内底连成一体并直接包过脚底的一类鞋。其结构特色是内底从下向上包裹脚底后再与鞋盖连接，所以称为包底鞋。其外观特色是鞋盖短而围条长，经过打孔串缝后围条会出现均匀的皱褶。由于外表类似于北方的“包子”，所以俗称“包子鞋”，在上海则叫“烧麦鞋”，在广州又叫“饺子鞋”。

包底鞋在结构上使围条与内底连成一体，形成帮包底部件。帮包底部件直接把脚包裹住，会有轻松柔软的感觉，所以广受欢迎。包底鞋的外观上有均匀的皱褶，比缝埂鞋的立体感和装饰性还要强烈，所以看到皱褶就让人联想到“包子”鞋。典型包底鞋在制作过程中不用或少用鞋里，不用内底或只用半内底，也不使用勾心，所以鞋底轻便柔软，柔软到鞋底可以弯折装到酒杯里，而穿着起来既透气又爽脚，感觉极为舒适。

一、包底鞋的类型

按照包底鞋的结构划分，主要有半包底鞋、全包底鞋和无皱包底鞋等类型。由于包底鞋的市场前景好，就出现了外观类似包底鞋而结构不是包底鞋的假包底鞋。如果从学习设计的角度出发，可以按照真假包底鞋来区分。

1. 真包底鞋

真假包底鞋从外观上很难鉴别，但是如果从鞋腔内观察就一目了然。真包底鞋在前掌部位是不用鞋里的，可以看到围条是直接顺延过脚底的。也就是说脚掌会直接踩在帮面材料上。与真包底鞋搭配的外底往往是轻便的，不会破坏整体的舒适性，见图 7-29。

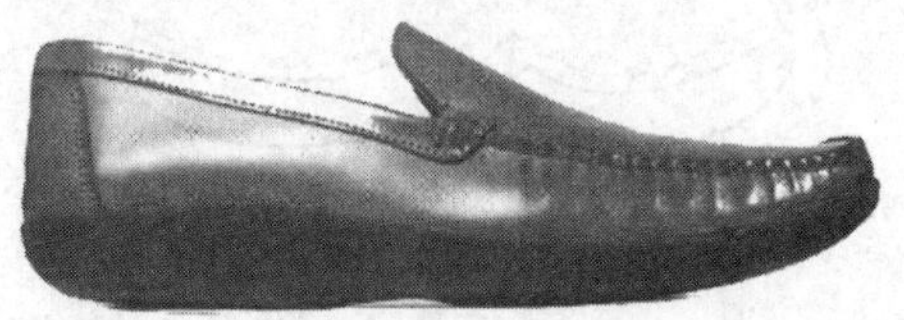

图 7-29　真包底鞋

对于真包底鞋来说，围条与内底连成一体，周边的长度会加大，与鞋盖连接时会出现自然的皱褶。

在国外把包底鞋称为“莫卡辛鞋”，是 Moccasin 的译音，这种鞋的原型是北美土著人穿的一种柔软的、包裹住脚的鹿皮鞋。莫卡辛鞋传入欧洲后演变成了“懒汉鞋”，价格昂贵的懒汉鞋保留了包裹住脚的设计特点，而廉价的懒汉鞋则是围条与内底分开的。

2. 假包底鞋

假包底鞋是模仿真包底鞋的皱褶而形成的一种鞋款，为了表示与真包底鞋有区别，就简单地叫成假包底鞋。这里的“假”字并无贬义，是一种约定成俗的叫法。它的正名应该叫作皱头鞋，见图 7-30。

假包底鞋上的皱褶是人为制作的，可大可小，为了便于行走往往配上较硬的鞋底和鞋跟。如果观察鞋的内腔，就会发现绷帮成型的痕迹。

欧洲流行的廉价懒汉鞋实际上就是假包底鞋，但初始的设计往往是针对某些特定客户的需求，所以有的叫“甲板鞋”，有的叫“驾车鞋”，但没有叫假莫卡辛鞋的。后人是在学习前人的东西，为了区别两种不同的结构，所以才有了真假包底鞋之分。

图 7-30 假包底鞋

二、包底鞋的设计特点

设计真包底鞋的要求比较高，设计假包底鞋就如同设计围盖鞋。下面以真包底鞋的设计为例进行说明。

1. 楦型特点

设计包底鞋需要有专用的包底鞋楦，设计舌式包底鞋是选用舌式包底楦，设计耳式包底鞋是选用素头包底楦。

鞋楦的特征表现在楦墙比较直立，便于皱褶的成型和分布；楦的头型为圆头形，比较宽，便于皱褶的分散；楦跟比较矮，可以减少鞋楦的跷度，使得楦底里腰曲线比较平直，便于包底鞋的设计，见图 7-31。包底鞋套在鞋楦上，围条上的皱褶整齐地排列在楦墙边沿。

包底鞋楦往往是由围盖楦改良的，与普通的舌式楦和素头楦相比较，在围度上和长度上没有区别，主要差异表现在楦头的造型上。在查阅楦体尺寸表时，只能查到一种叫“皱头楦”的女楦，这就是女式包底鞋楦，它与同型号、同跟高的圆头形女素头楦尺寸基本相同，唯独在楦头厚度上有差异，素头楦为 16.5 mm，皱头楦为 18 mm，这是为了使皱褶的造型丰满。

对于男楦来说，放余量比女楦大，楦头厚度尺寸足够用，只需改变楦头的造型即可，所以使用的数据没有变化，也没有单列出男皱头楦尺寸。

2. 结构特点

从主体结构看，包底鞋属于围盖鞋类，或者说是围盖鞋中将围条缝出皱褶的缝埂鞋。掌握主体结构之后再进行包底鞋的设计，就会大大降低设计难度。从部件结构看，包底鞋的围条与内底是连成一体的，因此使内底与围条巧妙结合就成了设计的重点，见图 7-32。这是一款全包底鞋的样板，围条与内底连成一体，形成帮包底部件。样板上有打孔串缝的标记。

图 7-31 男式包底鞋与包底鞋楦

图 7-32 围条与内底形成帮包底部件

从皱褶的形成看，当围条的长度大于鞋盖的长度时，才可能将多余的量转化为皱褶。围条与鞋盖的连接依靠的是打孔后串缝，围条上与鞋盖上的打孔数目一定是相等的，但孔间距不同。当围条

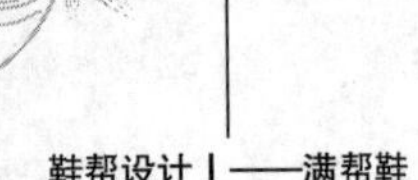

与鞋盖孔孔相对缝合时，围条上两孔间多出的量就形成皱褶，见图 7-33。围条上的皱褶是在与鞋盖串缝过程中逐渐形成的。

3. 特殊要求

包底鞋在缝合后形成的是鞋套，套进鞋楦后才能定型。如果鞋套大了、鞋套小了或楦背部位出现褶皱了，都达不到设计的要求，因此对制取样板就有着特殊要求。

（1）对内底样板的特殊要求　复制内底样板的方法都相同，但在应用内底样板时，要求在前头部位缩进 3 mm 左右，见图 7-34。在楦底样板的前端 A 点部位减少 3 mm，然后用原楦底样板板将两侧轮廓线顺连。

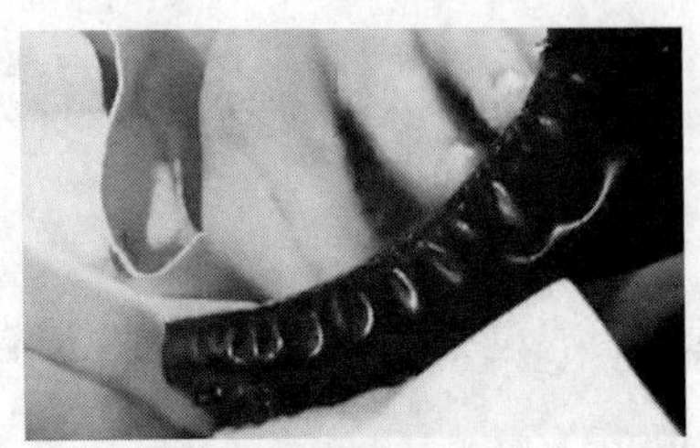

图 7-33　围条上排布着皱褶

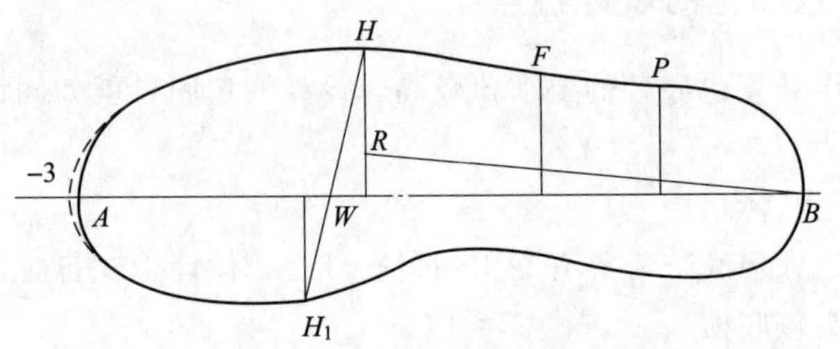

图 7-34　内底样板的应用

楦底样板为何要缩短呢？在绷帮时，楦背上的褶皱是通过拉伸帮脚来消除的，但是包底鞋帮是直接套进鞋楦成型，没有绷帮拉伸的机会。当内底变短以后，鞋楦会撑开鞋帮，其中会把 3 mm 的鞋帮拉到鞋底，从而代替了绷帮，可以使楦背平伏。

（2）对半面板的特殊要求　复制半面板的方法也都相同，但要求复制出里外怀的原始样板，其目的是保证里怀一侧的样板准确。对于绷帮鞋来说，里怀一侧的底口轮廓线是通过里外怀的区别找到的，但对于包底鞋来说，因为要形成鞋套，里怀一侧准确了鞋套才会合适，因此要通过复制里外怀原始样板的方法来完成。

在设计过程中，依然是以外怀半面板为主，里怀原始板只起辅助作用。

（3）对打孔的特殊要求　首先要确定鞋盖上打孔的位置和数量，围条上打孔是依据鞋盖计算出来的。鞋盖上的孔洞也分成两段来设计，在前头弯弧及拐弯位置孔间距略小，在两侧平缓位置孔间距略大，见表 7-1。

表 7-1　　鞋盖打孔参数　　单位：mm

位置	国内产品孔间距	国外产品孔间距	备注
前弧拐弯位置前	4～4.5	5.5～6.5	不同数据形成不同的风格
前弧拐弯位置后	5.5～6	6.5～7.5	
中心孔位	保留	不保留	不保留中心孔便于操作
	前后相差 1.5	前后相差 1	

表中的孔间距都是前段小后段大，国内产品比国外产品孔间距要小，皱褶比较精致，而孔间距加大显得粗犷，两者风格不同。

在基本样板上要做出打孔标记，而在设计图上只需要确定间距位置，见图 7-35。该鞋盖前段孔间距为 5 mm，有 7 个孔，计作 7/5，后段孔间距为 6 mm，有 14 个孔，计作14/6。标

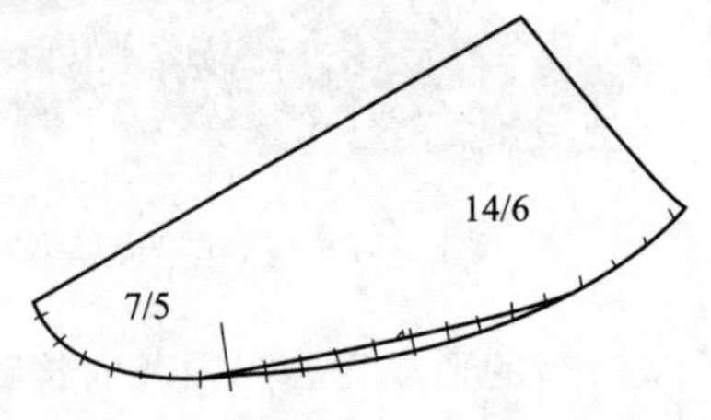

图 7-35　在鞋盖设计图上标出打孔位置

清孔数和孔间距是为了便于确定围条的孔数和间距。

设计孔间距位置要从前端中心位置开始，该鞋盖没有中心孔，所以要用半个间距 2.5 mm 确定第一个孔，然后再以间距 5 mm 逐个确定下一个孔，一直到弯弧拐弯位置。统计一下，前段共计有 7 个孔，标记出 7/5。接下来再以 6 mm 间距确定后段的第一个孔，并做出明显标记，表示孔间距有了变化。同样以6 mm 间距确定后面的孔洞。最后一个孔洞距离断帮线不少于 3 mm，统计一下，后段共计有 14 个孔，标记出 14/6。

三、假包底鞋的设计

包底鞋的演变过程是先有真包底鞋，而后简化设计过程出才现了假包底鞋。学习包底鞋的设计先从假包底鞋开始，先掌握打孔与出皱褶的方法。假包底鞋是采用绷帮成型的，比较容易上手。

1. 成品图分析

画出假包底鞋的成品图，见图 7-36。这是一款主体结构为松紧口后帮的男舌式假包底鞋，围条与鞋盖之间以二合埂的形式串缝出交叉线迹。鞋帮上有鞋盖、围条、横担、鞋舌、后帮、松紧布和后包跟部件，共计 7 种 8 件。由于是假包底鞋，底口要留出绷帮量。

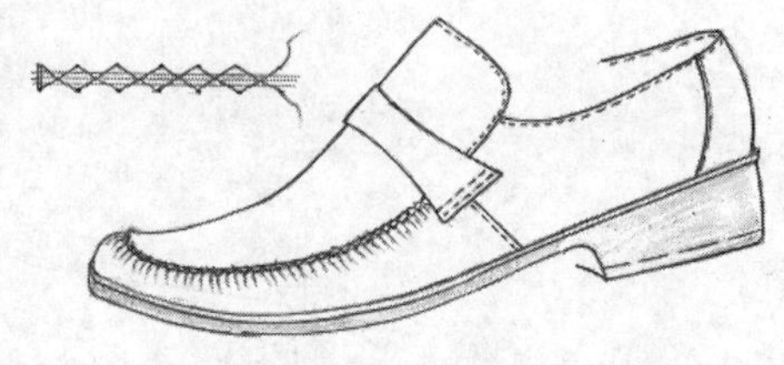

图 7-36 男舌式假包底鞋

2. 帮结构图设计

首先设计出主体结构，确定前后帮分界线和取跷中心 O'点，并设计出鞋舌、后帮、后包跟、松紧布和横担部件。

然后按照围盖鞋的设计要求把鞋盖的位置确定下来，再用拷贝板设计出鞋盖里外怀的轮廓线。鞋盖上打孔的位置标记要设计在鞋盖轮廓线上，见图 7-37。

围盖前段孔数 7 个，孔间距 5 mm，计作 7/5，后段孔数 15 个，孔间距6 mm，计作 15/6。

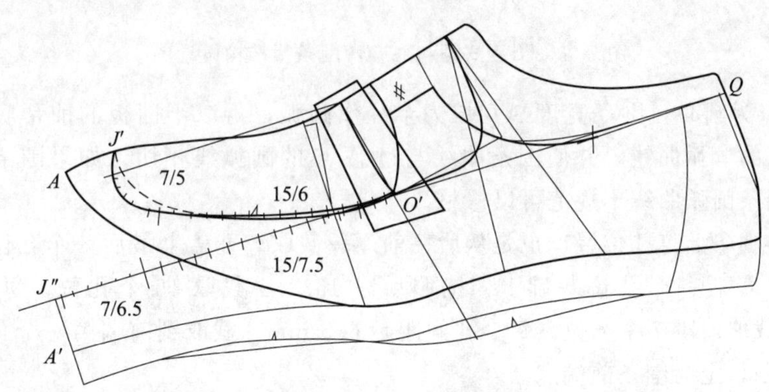

图 7-37 男舌式假包底鞋直围条帮结构设计图

接下来是设计围条部件。围条部件是环绕鞋盖镶接的，与鞋盖相比处于从属地位，所以围条的外形可以设计成直围条，也可以设计成弯围条。直围条便于套划省料，弯围条便于绷帮操作，可根据具体要求进行选择。

设计直围条时直接延长 *QO* 线，截取的长度要进行计算。第一步要确定皱褶的大小，皱褶量为 1 mm 时皱褶似有似无，比较小，皱褶大于 2 mm 就算比较大，中等大小的皱褶数值为 1.5～2 mm。假设确定皱褶量为 1.5 mm，那么围条上的孔间距就可以计算出来：后段孔间距 6＋1.5＝7.5（mm），前段孔间距 5＋1.5＝6.5（mm）。围条与鞋盖上的孔数是相等的，可以分别标记为 15/7.5 和7/6.5。

确定围条上打孔位置时要从后往前逐一截取。鞋盖上最后一个孔位也就是围条上的最后一个孔位。如果围条线与鞋盖线不重合，就找相对应的位置确定。有了最后一个孔位，就可以按照后段 15/7.5 截取 15 个孔位，每个孔位的间距是 7.5 mm。同样再截取前段 7 个孔位，每个孔间距是6.5 mm。注意：截取到前端第一个孔位之后，还要留出 3.25 mm 的边距，确定为前端点 J''。

J''点控制着围条的长度，过 J''点作围条的垂线，并截取围条的宽度定 A'点。围条的宽度即图 7-37 中 AJ'的长度。自 A'点作围条底口轮廓线，并与后端顺接。在直围条下面增加底口绷帮量，也做出里外怀的区别。经修整后即得到男舌式假包底鞋直围条帮结构设计图。

设计弯围条帮结构图与设计直围条帮结构图大体相似，只是在围条设计上有区别，见图 7-38。设计弯围条时，应该从 O'点延伸出一条弯弧线。如果弯弧线的弯度过大，底口就会变短，影响到绷帮套楦。所以要过 A 点作 QO 延长线的垂线，在下方截取 A 点的对称点 A'。

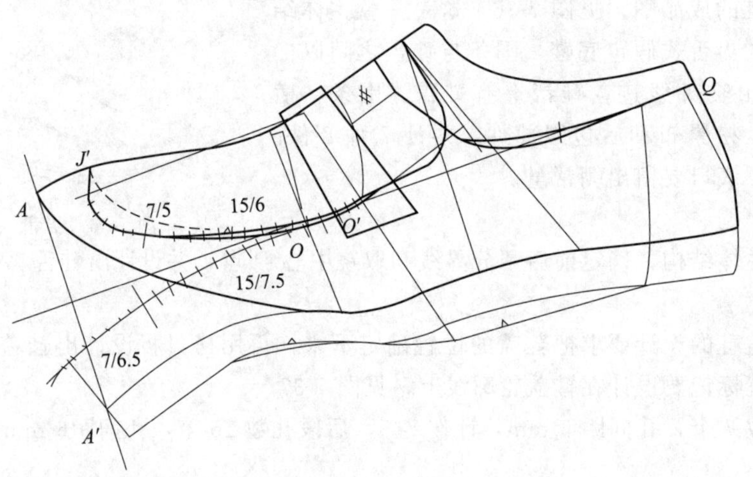

图 7-38 男舌式假包底鞋弯围条帮结构设计图

然后是以 A'点为圆心，围条宽度 AJ'长为半径作圆弧，再以半面板的前帮底口为曲线板，自 O'点开始描出围条的弯弧曲线，并使围条曲线与过 A'点的圆弧线相切。如果围条曲线不够长可以适当延长，如果围条圆弧曲线不规范可以修整。

接下来是确定围条上打孔位置，也是从后往前逐一截取。鞋盖上最后一个孔位也就是围条上的最后一个孔位。在最后一个孔位基础上，按照后段 15/7.5 截取 15 个孔位，每个孔位的间距是 7.5 mm。同样再截取前段 7 个孔位，每个孔间距是 6.5 mm。截取到前端第一个孔位之后，还要留出 3.25 mm 的边距，定为围条前端点。

过围条前端点作围条垂线，该垂线的长度与 AJ'长度相等。过不过 A'点关系不大，但要控制底口长度不要小于 A'点位置。随后连接出底口轮廓线，加放底口绷帮量和做出里外怀的区别。经修整后即得到男舌式假包底鞋弯围条帮结构设计图。

3. 制取样板

按照常规可以制取基本样板、开料样板和鞋里样板。但制取鞋盖和围条样板比较特殊，特做如下说明。

（1）鞋盖样板　在鞋盖的基本样板上要有打孔标记。当围条与鞋盖是以二合埂形式串缝时，鞋埂高度一般设计成 2～3 mm。如果鞋埂高度是 2 mm，那么打孔的位置就设定在距鞋盖周边 2 mm 的位置，不用增加放量。因为当围条与鞋盖串缝后，两个边沿的厚度就代替了这 2 mm 的加工量。

但如果鞋埂的高度为 3 mm 时，鞋盖周边应该增加 1 mm 的加工量，而打孔的位置不变，见图7-39。设计图上的里外怀打孔位置是相同的，在样板上打孔的位置也是相同的，边距都是 2 mm。

（2）围条样板　在围条样板上要加放 2～3 mm 工艺量，要按照标记打在基本轮廓线上，见图7-40。设计鞋埂高度为 2 mm，所以围条打孔一侧的边沿要加放 2 mm 的加工量，打孔的边距控制在2 mm。

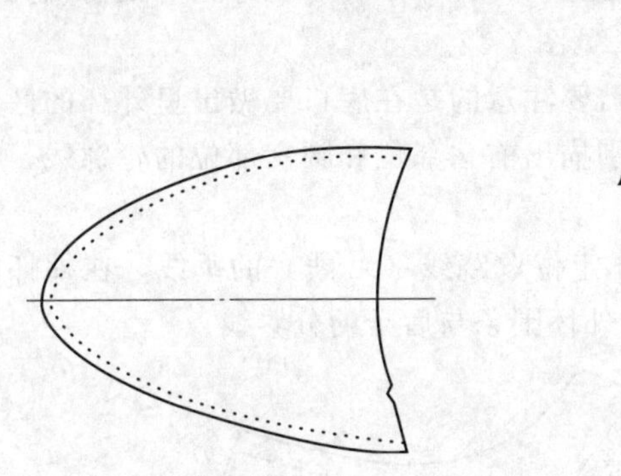

图 7-39　鞋盖基本样板

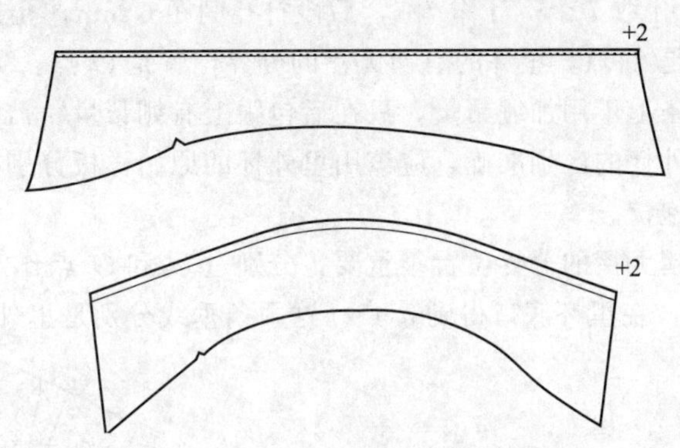

图 7-40　直围条与弯围条基本样板

直围条部件有一条直边，划料时容易套划，所以能够节省材料。但部件的底口偏长，增加了绷帮的困难。而弯围条的底口比较短，绷帮时比较容易处理。但弯曲弧形增加了套划的困难。

包底鞋的围条不用做里外怀的区别，但鞋盖上要有里外怀的区别。一般围盖鞋的围条和鞋盖都要做里外怀的区别，这是为了接帮后平整没有褶皱。而包底鞋是要出皱褶的，所以围条不用做里外怀区别。

部件加工时，先把鞋盖与围条串缝在一起，然后按照常规缝制出帮套，绷帮配底后即得到假包底鞋。

四、半包底鞋的设计

真包底鞋有全包底鞋和半包底鞋的区别。全包底鞋的内底从前到后都是包裹脚底的，会更加轻软舒适，适于设计休闲鞋类。半包底鞋的前身是用内底包裹的，而后身采用的则是绷帮工艺，需要使用半内底、后包跟，比较接近时装鞋，所以半内底鞋是包底鞋的典型代表。

1. 成品图分析

画出半包底鞋的成品图，见图 7-41。这是一款主体结构为直口后帮舌式鞋的半包底男鞋，围条与鞋盖之间以三合埂的形式串缝出锁扣线迹，鞋盖上需要打双排孔。鞋帮上有整舌盖、围条、横担、包口条和后包跟部件，共计 5 种 5 件。由于是半包底鞋，所以后帮底口要留出绷帮量，而前帮的围条与内底是连成一体的，并不需要绷帮量。在设计整舌盖打孔位置时，需要确定出有褶与无褶的分界位置。

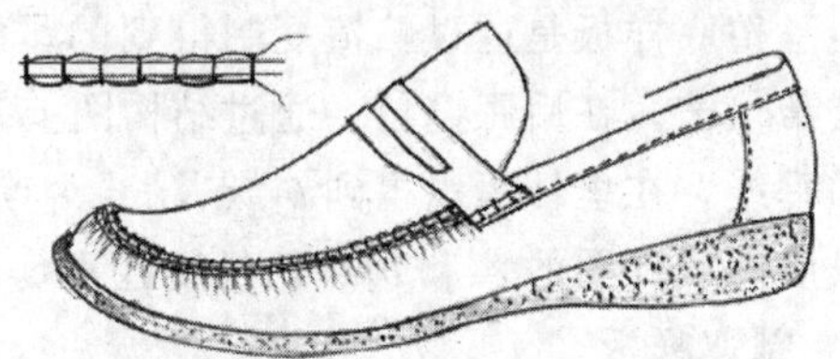

图 7-41　男舌式半包底鞋成品图

横担部件也是通过打孔串缝的，要打双排孔，下一排在横担距边沿 2 mm 的位置，上一排取间距 6～8 mm。每排孔数均匀分布（本例为 5 组），最边沿的两组孔要越过横担，以便把横担固定住。注意横担上打孔与整舌盖打孔是两码事，不要混在一起。

鞋里部件只需要设计整舌盖里和后跟里，内部底件只需要半内底和后包跟，与半包底鞋相搭配的外底，其内芯部位应该平整无花纹，以防硌脚。

2. 帮结构图设计

首先设计出主体结构，确定取跷中心O'点，设计出鞋舌、包口条、后包跟和横担部件。

然后按照围盖鞋的设计要求把整舌盖的位置确定下来，再用拷贝板设计出鞋盖里外怀的轮廓线。鞋盖上打孔的位置标记要设计在整舌盖轮廓线上，确定的方法与假包底鞋相同。前段打孔间距5 mm，孔数7个，计作7/5，后段打孔间距6 mm，孔数13，计作13/6。其中外怀的有褶无褶的分界位置是O_1点，里怀的有褶无褶的分界位置是O_2点，见图7-42。

围条上不用加绷帮量，只在后包跟上有绷帮量。需要注意的是在底口要做出里外怀的区别，为了使里外怀的区别准确，应该用里外怀的原始样板分别描出前掌部位和腰窝部位的轮廓线，否则鞋套会不抱楦。

有褶无褶的分界位置很重要，分别过O_1和O_2点作定位取跷线（A_0线）的垂线，在外怀底口得到a_1点，在里怀底口得到a_2点。这两条垂线分别是里外怀围条与后帮的分界线。

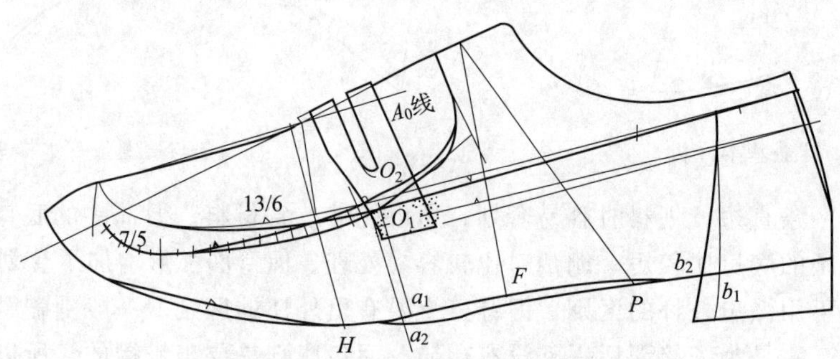

图7-42　男舌式半包底鞋帮结构设计图

为了使鞋帮套楦后端正，后包跟底口部位也要做里外怀的区别。外怀用b_1点表示，里怀用b_2点表示。b_1点和b_2点的区别要从楦底样板上确定，见图7-43。

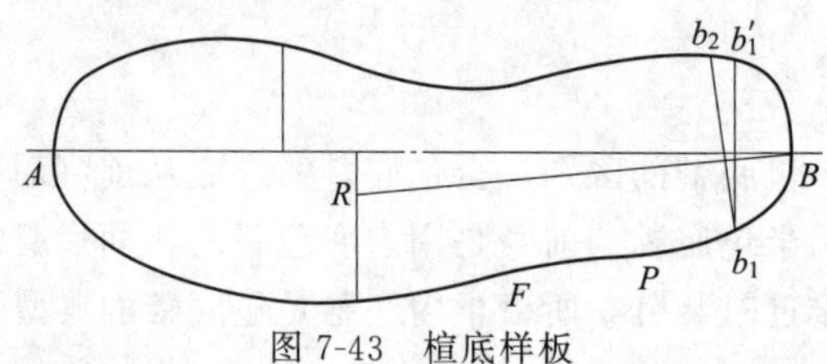

图7-43　楦底样板

楦底样板是通过贴楦复制得到的，前面已经强调过，在前头部位应该缩减3 mm，这样有利于鞋帮伏楦。在后跟部位，通过结构图上Pb_1的长度可以确定楦底样板上的b_1点。过b_1点作楦底中线的垂线，在里怀可以得到b_1'点，过b_1点作楦底分踵线的垂线，在里怀可以得到b_2点，$b_1'b_2$之间的长度即设计图的b_1和b_2点的长度区别，以此为依据来确定结构图上b_2点的位置。

3. 制取样板

制取鞋盖样板和帮包底样板比较特殊，特做如下说明。

(1) 整舌盖样板　在整舌盖的基本样板上要有打双排孔标记。当围条与鞋盖是以三合埂形式串缝时，假设鞋埂高度是2 mm，那么内侧打孔的位置就设定在距鞋盖周边2 mm的位置，外侧打孔位置距离内侧有5～6 mm间距，这包括两个鞋埂高度量和围条厚度量。在外侧打孔的边沿还需加放3 mm的边距量。也就是说整鞋盖的基本样板要在设计轮廓线周边加放8～9 mm的加工量，见图7-44。

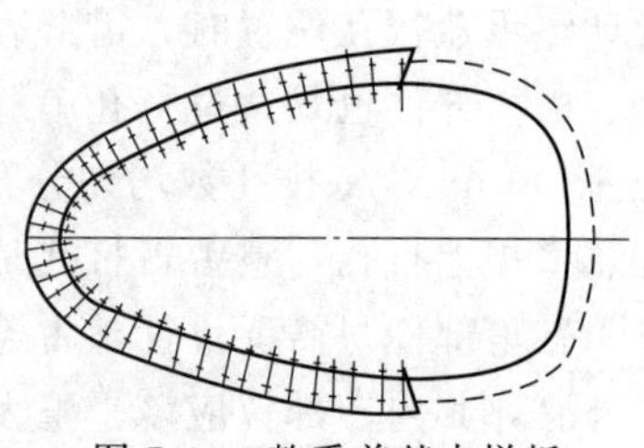

图7-44　整舌盖基本样板

在制备整舌盖基本样板时，先依据基础轮廓线的打孔标记逐一

做出轮廓线的小垂线，接着在内侧距轮廓线 2 mm 设计第一排打孔位置，然后在相距 5～6 mm 的位置设计第二排打孔位置，最后在第二排外围孔留出 3 mm 的边距。图中虚线为开料样板的折边量。

（2）帮包底样板　帮包底样板是围条与内底连成一体的样板，是包底鞋特有的样板，因为无法直接制取，所以要先设计出帮包底样板图，然后再制取帮包底样板。

设计帮包底样板图要用到围条的基本样板和楦底样板。制取围条样板可以分别制取里怀样板和外怀样板，见图 7-45。楦底样板的前端是经过修正的，围条样板上要有围条与后帮的分界线，以及串缝横担的打孔标记。

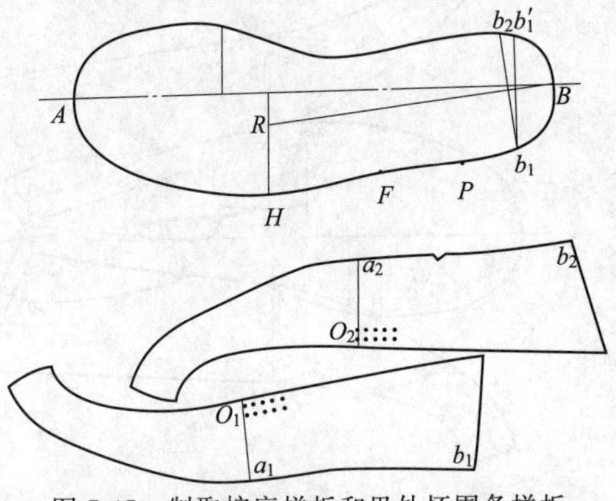

图 7-45　制取楦底样板和里外怀围条样板

设计帮包底样板图是以楦底样板为基准的。具体操作步骤如下：

① 描出经过修正后的楦底样板轮廓，连接基本控制线，并依据结构图上 a_1点到 H 点的距离，确定楦底样板上外怀的 a_1点。然后依据结构图上 a_1点与 a_2点的差距，确定楦底样板上里怀的 a_2点。

② 确定后包跟外怀的 b_1点位置和里怀 b_2点位置。

③ 利用外怀围条基本样板描出外怀后帮轮廓线。先把围条上的 a_1点与楦底轮廓的 a_1点对齐，然后以 a_1点为圆心向后旋转围条，使 a_1点之后的 20～30 mm 长度与楦底轮廓相切，接着描出围条 O_1点之后的后帮轮廓线。描完轮廓线之后要检查 a_1b_1点的长度，使围条上的长度与楦底轮廓的长度相等。如果不相等说明测量或者定位不准确，要进行纠正。

④ 以里怀的 a_2点为基准，用同样的方法描出里怀后帮轮廓线。如果鞋楦选用得当，围条轮廓与楦底轮廓的衔接是吻合的，如果鞋楦跷度大，围条后帮会向内侧有较大的倾斜，此时需要调整，适当向外移动，以控制里外怀后帮底口之间的距离能容下两个绷帮量为准，见图 7-46。

帮包底部件是设计真包底鞋的关键性部件。在描出的后帮轮廓后端，加放8 mm 的压茬量，将来与后包跟镶接，在后帮轮廓的底口部位，加放绷帮量，成型时进行绷帮。

注意：帮包底部件的底口已经转移到楦底轮廓上面，里外怀都加放绷帮量 13～15 mm，一直到达 a_1控制线之后的 20～30 mm 位置，并以圆弧线顺连。然后在圆弧线的中间打一尖角口，直达 a_1控制线。尖角口用来调节套楦后鞋帮的松紧，也就是说，自 a_1控制线以后都属于绷帮范围。

⑤ 设计前身围条部位。在前身围条与内底是连成一体的，所以要使围条底口与楦底轮廓相接触，并且要像车轮旋转那样沿着楦底轮廓逐步移动，每移动一点，就描画出一小段围条的轮廓线，直至把围条完全描完为止。图 7-46 中前帮的虚线与后帮就构成了帮包底样板。

在开始描画时，外怀围条与楦底轮廓的 a_1点相对，自 O_1点开始描，此时围条样板一定是与楦底轮廓相切，只有描到前头拐弯位置以后，才可以把围条样板反过来使用。描画里怀时，里怀围条与楦底轮廓的 a_2点相对，自 O_2点开始描，与外怀描画方法相同，直至描画出完整的帮包底样板轮廓。

⑥ 按照帮包底样板图制取帮包底样板。

首先测量一下外怀 O_1点至前端中心位置 J_3点的长度，再测量一下里怀 O_2点至前端中心位置 J_3点的长度，会发现外怀比里怀长，这不利于孔位的设计，所以要从底口上的尖角口开始，在外怀 O_1点之前修剪掉一个尖角，控制里外怀有皱褶部位的长度相等，见图 7-47。帮包底样板上的阴影即为外怀修剪量，此时外怀后帮会向外张开，如图中虚线所示。

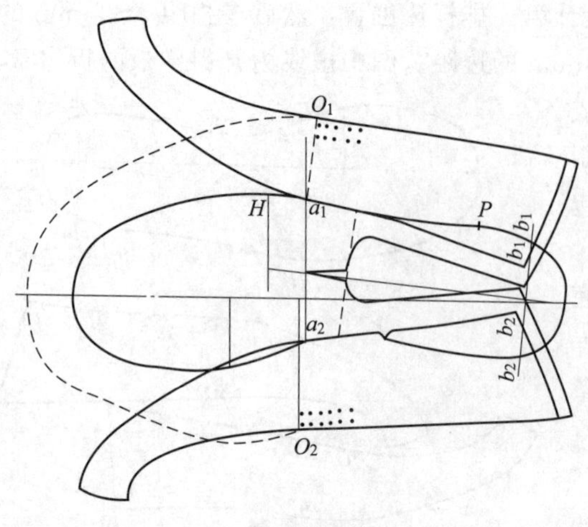

图 7-46　帮包底样板设计图

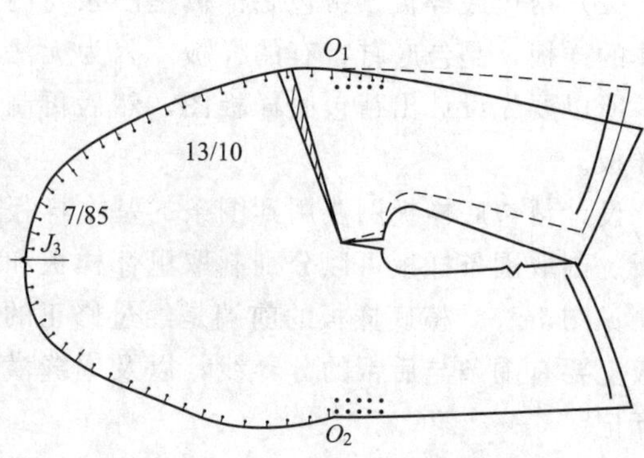

图 7-47　制取帮包底样板

在标记打孔位置时，是以鞋盖样板打孔为依据。可以知道包底板前段打孔洞 7 个，后段打孔 13 个，共计 20 个。由此可以计算出孔间距的数目有 19 个，再加上第一个孔位之前距中心点的半个孔间距、最后一个孔位距离 O_1 点的半个孔间距，总计是 20 个孔间距。

通过测量整舌盖打孔部位的基准长度和帮包底样板打孔部位的基准长度，可以得到两者的长度差，这个长度差就是皱褶的总量。用皱褶的总量除以孔间距的总数，就可以得到平均孔间距的皱褶长度。

例如，整舌盖打孔位置的基准长度为 110 mm，帮包底样板打孔位置的基准长度为 186 mm，皱褶总量则为 76 mm。除以孔间距总数 20，即得到每个孔间距平均皱褶量为 3.8 mm。

由于前段打孔与后段打孔的间距不同，可以把前段安排 3.5 mm（略少），后段安排 4 mm（略多）。这是一种近似的分配方案，如果有误差可以甩在侧面孔位上。如果要比较准确计算，可以用试差法代入下面公式进行验证。$6.5X+13.5Y=76$（其中的 $X=3.5$，$Y=4$）

有了孔间距的皱褶量，再加上整舌盖上原有的孔间距，就是帮包底样板的孔间距。计算结果是：前段孔间距为 8.5 mm，计作 7/8.5，后段孔间距为 10 mm，计作 13/10。

孔间距比较大时是一种粗犷的风格，如果要适当缩小孔间距可以采用如前所述“修剪掉一个尖角”的办法。

由于是真包底鞋，前帮形成的鞋套要包裹住鞋楦，对于天然皮革来说，打孔的位置依然是在帮包底样板的设计线之内的 2 mm，不用另外增加边距量。但如果是人工革材料，由于回弹性大，需要增加 2 mm 的边距量，打孔位置在设计线之内 1 mm 的位置。

将部件制取完整，前帮串缝出皱褶，其余部位按照常规工艺操作，即可制作出半包底鞋。

4. 附录（经验法设计半包底鞋）

经验设计法与半面板设计法实质上是相同的，只是处理样板的手段不同，通过介绍经验设计法可以加深对包底鞋的理解。经验设计法的大致操作过程如下：

（1）贴楦　选择合适的鞋楦后进行贴楦，里怀、外怀以及楦底同时贴满美纹纸胶带，见图 7-48。

（2）绘制结构图　把鞋帮的结构图绘制在外怀一侧，标注打孔的位置，见图 7-49。

在里怀一侧，只需要绘制与取样板有关的轮廓线，有些部件是通过里外怀的对称关系制取的，例如横担、鞋口条

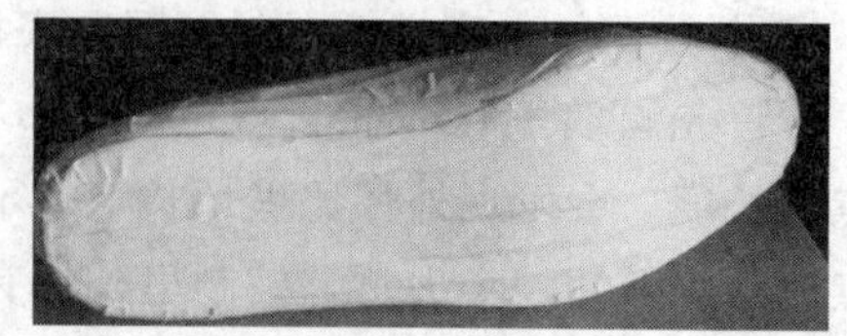

图 7-48　贴楦

等，可以不用画出，参见图 7-50。

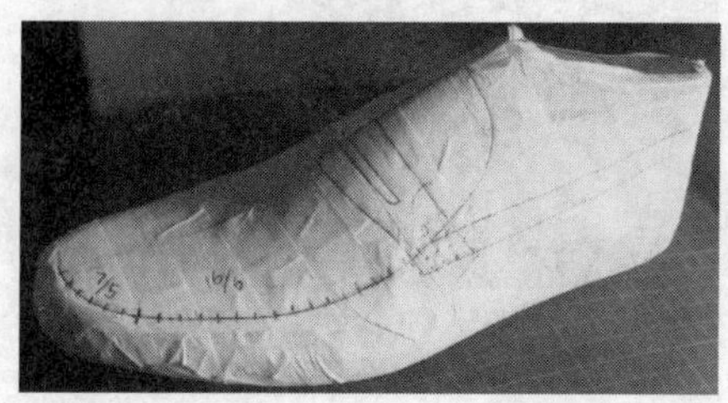

图 7-49　绘制外怀帮结构图

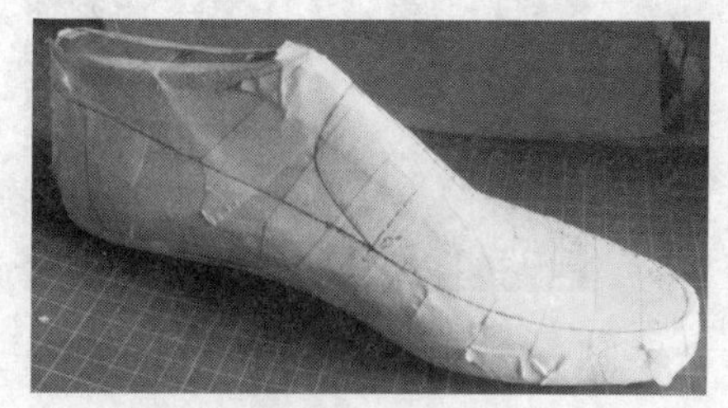

图 7-50　绘制里怀取板轮廓线

(3) 制取鞋盖样板　把鞋盖样板用美工刀切割下来即得到鞋盖原始样板。取得的鞋盖原始样板是一个曲面，见图 7-51。

(4) 制备鞋盖的展平板　鞋盖外怀有打孔的标记，把制取的鞋盖原始样板反面重合，利用里外怀的宽度差来标注里怀一侧的打孔位置，见图 7-52。

鞋盖样板展平的方法好多种，下面是把鞋盖原始样板的中间部位横向切割 2～3 刀，就可以被展平，即得到鞋盖的展平板，见图 7-53。

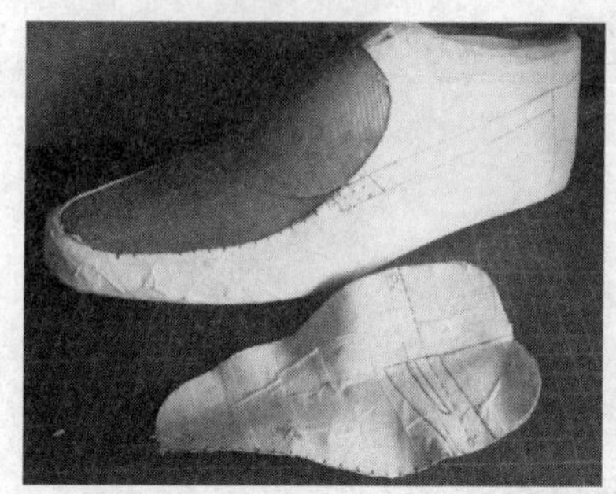

图 7-51　制取鞋盖样板

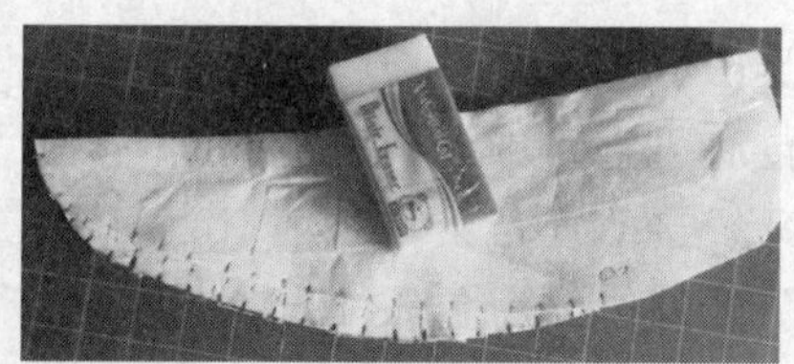

图 7-52　标注鞋盖里怀一侧打孔位置

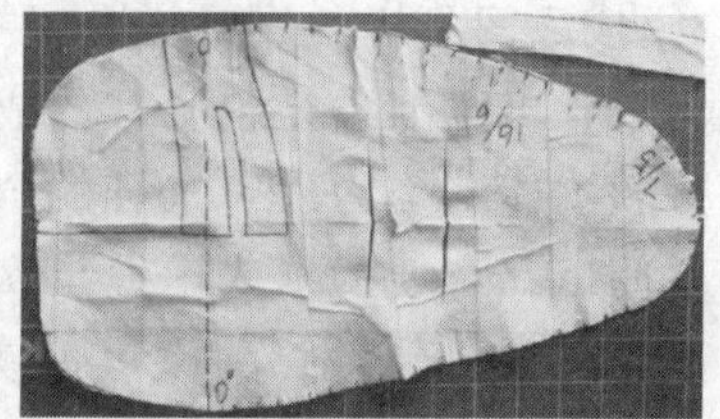

图 7-53　制取鞋盖的单片板

(5) 制取后包跟样板　把后包跟部件切割下来，得到的是曲面状态的原始样板，如果将后中缝切割成开叉状态，就可以被展平，得到后包跟的展平板，见图 7-54。

(6) 加放半包底鞋的绷帮量　半包底鞋的绷帮量要加在后帮的底口，同时画出切割尖角口位置，见图 7-55。切割掉多余的部位即得到帮帮包底样板原型，见图 7-56。

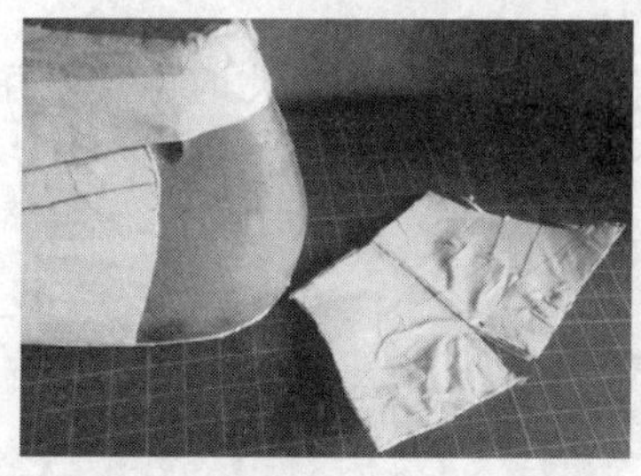

图 7-54　制取后包跟单片板

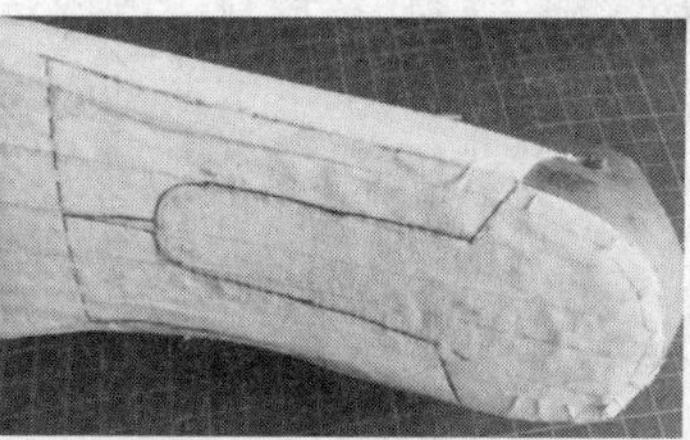

图 7-55　加放绷帮量

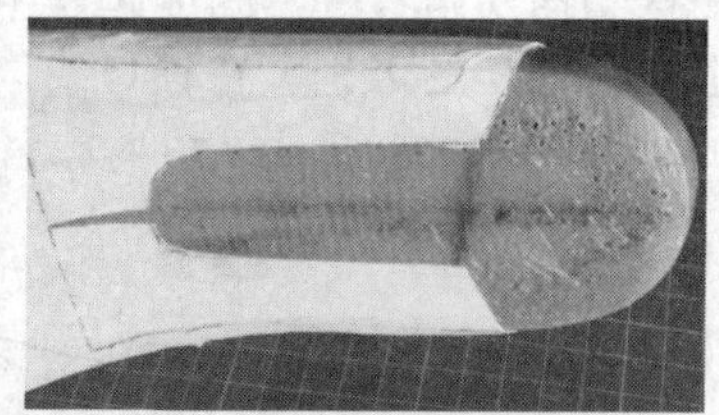

图 7-56　帮帮包底样板原型

(7) 标记帮包底样板里怀的打孔位置　在帮包底样板没有被展平之际，把鞋盖里怀一侧对齐在围条里怀，可以顺利标记出围条里怀一侧的打孔标记，见图 7-57。

(8) 割开围条　为了使帮包底样板顺利从楦面上揭下来，需要在围条部位做切口。可以在每个孔洞之间割开围条直达楦底棱部位，见图 7-58。

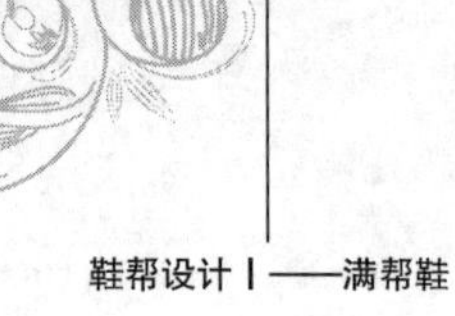

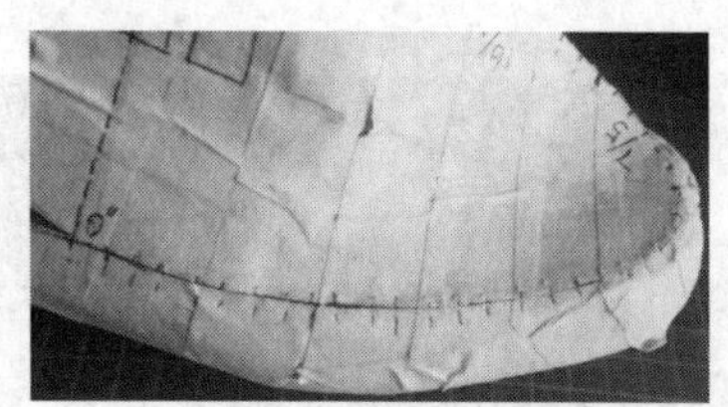

图 7-57 标记围条里怀一侧打孔标记

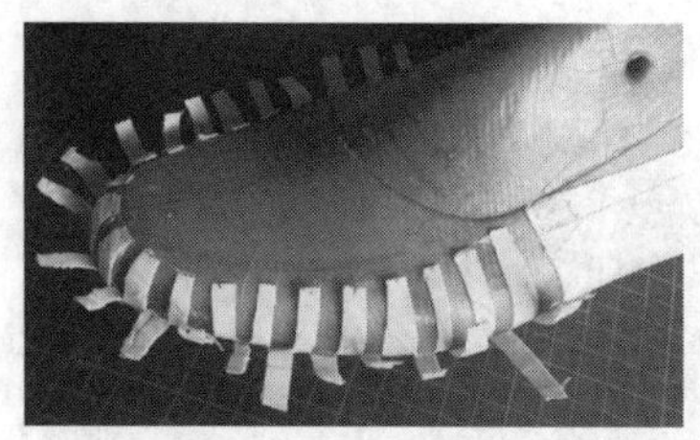

图 7-58 割开围条

（9）展平帮包底样板 将围条割开后，很容易将帮包底样板揭下并展平，见图 7-59。

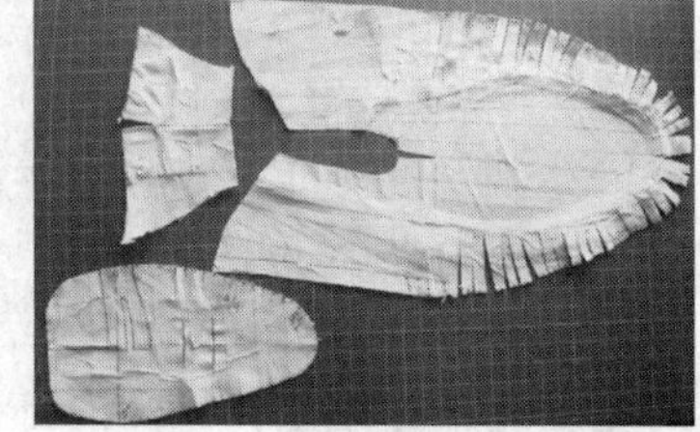

图 7-59 展平帮包底样板

有了部件的展平板以后，就可以继续完设计出其他的部件，进而制取基本样板、开料样板和鞋里样板。余下的过程与结构设计大同小异。

五、宽围条全包底鞋的设计

全包底鞋是指鞋帮套从头到尾都把脚底包裹住的一类鞋。由于没有绷帮的机会，所以设计手法比较特殊。全包底鞋分为宽围条和窄围条两种形式，设计宽围条全包底鞋采用的是折中样板法，设计窄围条全包底鞋采用的是旋转取跷法。

1. 成品图分析

画出宽围条全包底鞋的成品图，见图 7-60。这是一款主体结构为外耳式鞋的全包底男鞋，围条与鞋盖之间以二合埂的形式串缝出交叉线迹。鞋帮上可以看到整舌盖、围条、后帮和后包跟部件，但后包跟是与内底连成一体的，所以共计 3 种 4 件。

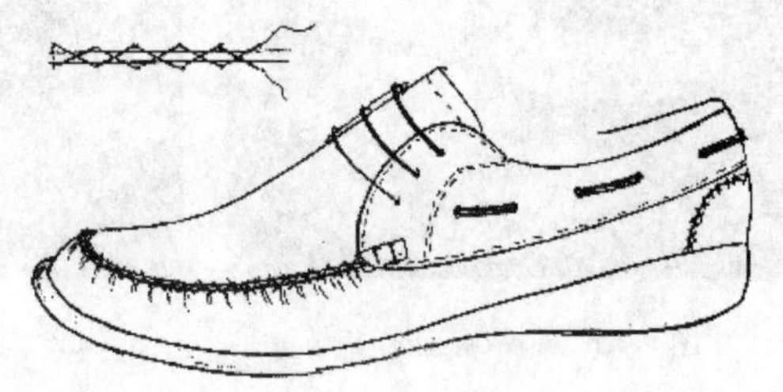

图 7-60 宽围条全包底鞋成品图

其中后包跟与围条是采用打孔串缝连接的，所以设计后包跟时，要求底口一段的长度不要超过楦底后跟宽度的一半，否则会影响接帮。鞋耳上有假线、装饰条以及打孔串缝的锁口线。由于主体结构是外耳式鞋，所以要注意里外怀的均衡关系。围条与内底从前到后要连成一体，不需要绷帮量。

2. 帮结构图设计

首先设计出外耳式鞋的主体结构，确定鞋耳、后帮、鞋眼位、假线、装饰条穿孔的位置，并做出里外怀鞋耳的区别。在锁口线位置设计出串缝的上下两排的 8 个孔洞，见图 7-61。

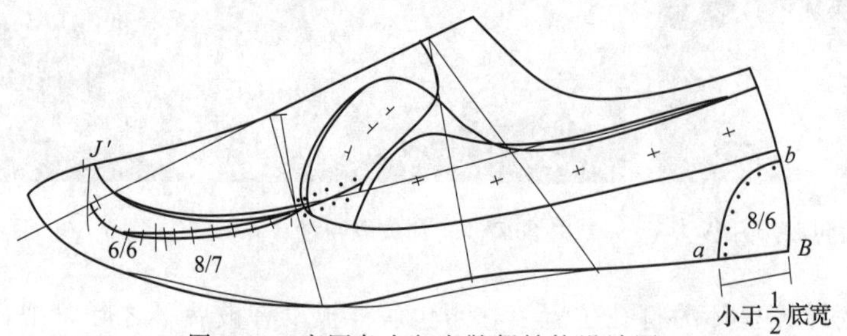

图 7-61 宽围条全包底鞋帮结构设计图

在底口部位不用加放绷帮量，但需要用里怀原始板做出准确的里怀底口轮廓线。在后端设计出后包跟部件，控制底口长度不要超过楦底后跟宽度的一半，并以孔间距 6 mm 设计出打孔位置。

然后按照围盖鞋的设计要求把整舌盖的位置确定下来，再用拷贝板设计出鞋盖里外怀的轮廓线。鞋盖上打孔的位置标记要设计在整舌盖轮廓线上，前段打孔间距 6 mm，孔数 6 个，计作 6/6，后段打孔间距 7 mm，孔数 8，计作 8/7。

3. 制取折中样板

这里的折中是指将里外怀的差值平均，利用里外怀区别的平均值制取的样板就是折中样板。折中样板上不再区分里外怀。

(1) 制备整舌盖折中样板　在整舌盖里外怀区别的中间位置设计一条折中线，然后按照折中线再制取样板，见图 7-62。由于围条与鞋盖是以二合埂形式串缝时，鞋埂高度是 2 mm，那么打孔的位置就在轮廓线之内 2 mm 处。

(2) 制备内底折中样板　制备内底折中样板时要用前头缩减 3 mm 后的楦底样板。首先画一条底中线，然后在底中线的上方分别描出楦底样板的外怀轮廓线和里怀轮廓线，接着在里外怀轮廓线之间设计一条折中线。按照折中线即可制取内底的折中样板，见图 7-63。

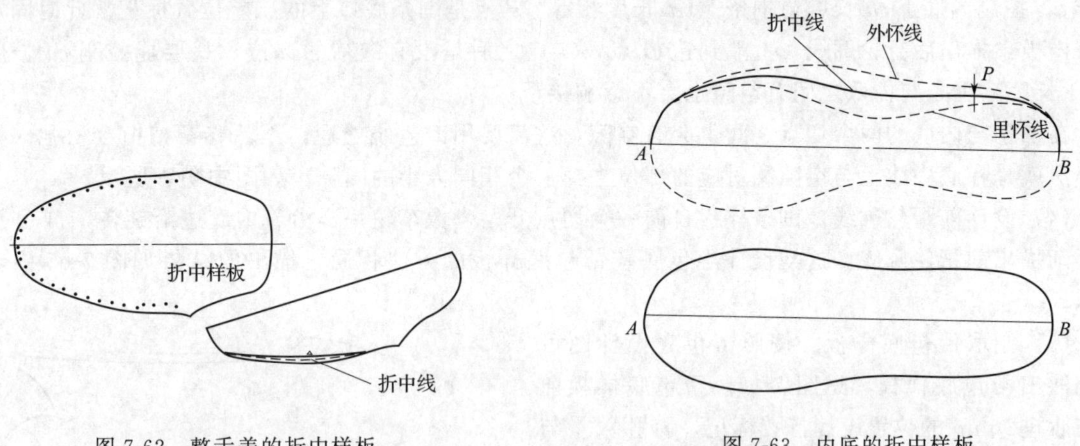

图 7-62　整舌盖的折中样板　　图 7-63　内底的折中样板

(3) 制备围条折中样板和后包跟拷贝板　围条的里外怀区别表现在围条上口和底口，同样是在里外怀区别位置设计一条折中线，然后按照折中线制取样板，样板上不再有里外怀的区别。围条折中样板上要标注后包跟的打孔标记，见图 7-64。

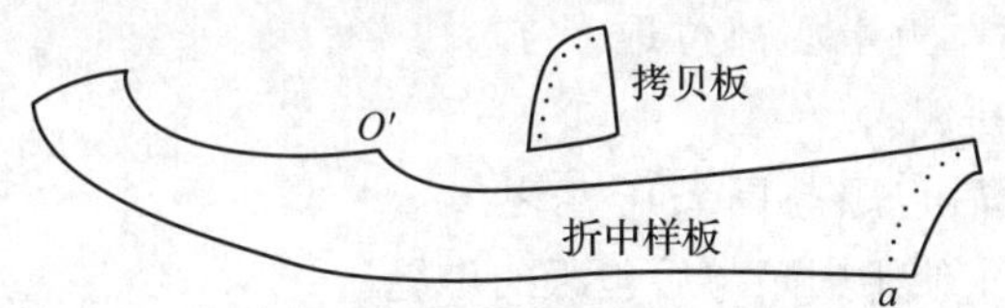

图 7-64　围条的折中样板和后包跟拷贝板

对于后包跟来说，制备帮包底样板时要与内底连接在一起，所以要预先制备出拷贝板。拷贝板上也要有打孔标记。

4. 制取帮包底样板

有了整舌盖、围条、内底的折中样板和后包跟的拷贝板后，就可以设计出帮包底样板图，进而制取帮包底样板。由于帮包底样板也是折中样板，绘图时只需要设计半侧外形轮廓。设计步骤如下：

(1) 画出一条底中线。首先在底中线上描出折中内底样板轮廓线，内底的长度为 AB。

(2) 在内底后端描出后包跟轮廓线。将后包跟拷贝板的后弧中线对齐 B 点，把后弧长度转

移到底中线上，定作 b 点。描后包跟轮廓线时自 b 点开始，一边将拷贝板底口与内底轮廓对齐，一变描画后包跟轮廓线，使拷贝板的底口也像车轮旋转那样，一边旋转一边描画，直至拷贝板底口端点 a 与内底轮廓重合为止，见图 7-65。后包跟轮廓线 ab 的长度会比结构图上的轮廓线长，所以需要用打孔的方式进行串缝，孔与孔之间也会有皱褶存在，皱褶的大小也需要计算出来。

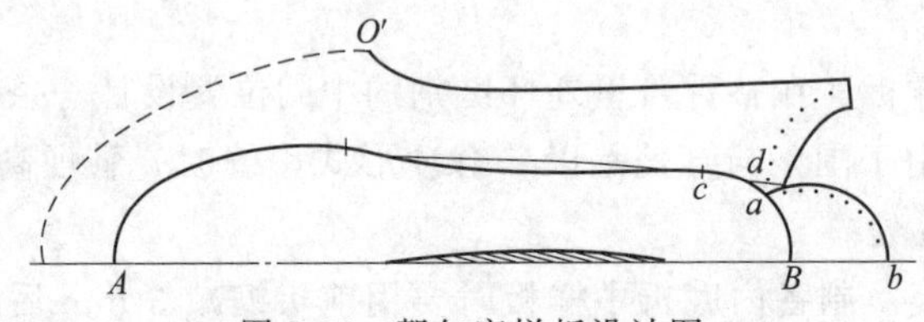

图 7-65　帮包底样板设计图

(3) 设计后帮轮廓。将折中的围条样板比对在内底轮廓的后身，可以得到两个切点。把后切点定作 c，控制内底上 ca 长度与围条上 cd 长度相等。d 点是围条底口上的压差位置标记。此时固定好围条样板，描出后身轮廓线，上端到达 O' 点，O' 点之后是没有皱褶的部位。只要能控制 ca 长度等于 cd 长度，围条与内底之间有空隙也会不影响接帮。

在围条与内底的两个切点之间也会有空隙，这需要用工艺跷处理，不然鞋帮抱楦会松弛。处理的办法就是在底中线上与空隙相对应的部位去掉一个相同大小的间隙，如图中阴影所示。

(4) 设计前帮轮廓线。围条样板自前一个切点开始，像车轮一样沿着内底边沿旋转，自 O' 点之前逐渐描出前帮轮廓线。这与设计半包底鞋帮包底样板的方法相同，描出的结果如图 7-65 中虚线所示。

(5) 制取帮包底样板。按照帮包底设计图可以制取出帮包底样板，见图 7-66。帮包底样板前端在收进2 mm 的位置设计打孔标记，打孔数量与整舌盖相同，打孔间距需要计算出来。样板后端是后包跟，与内底连成一体，通过打孔方式与围条串缝。打孔的数量是已经确定好的，孔间距的大小也需要计算。在帮包底开料样板的两侧留有压茬量，用来与后帮镶接。样板中心部位取了工艺跷，加工时用曲线缝纫机拼缝。

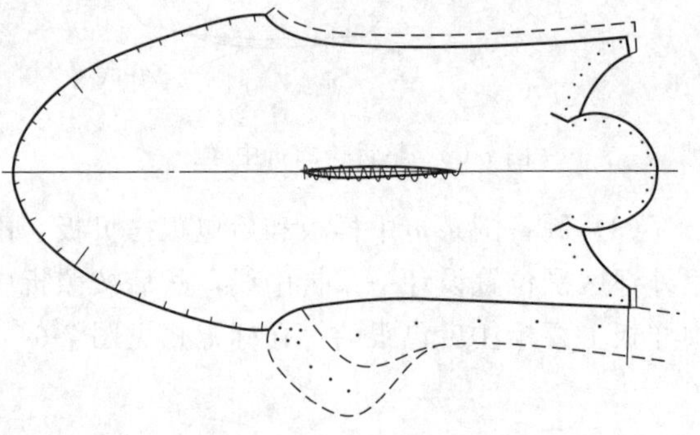

图 7-66　制取帮包底样板

注意，在样板的后端，后包跟与围条压茬之间有一段分割的线，这是为了便于围条与后包跟的串缝。

将部件制取完整，前帮串缝出皱褶，其余部位按照常规工艺操作，即可制作出宽围条全包底鞋。比较全包底鞋和半包底鞋，由于没有绷帮的机会，使得鞋帮比较宽松，这是一种休闲鞋。宽松并不等于松垮，所以鞋耳的里外怀区别依然存在，使鞋体显得端正；内底前端要修整掉 3 mm，使得楦背平伏贴楦。

六、窄围条全包底鞋的设计

窄围条全包底鞋与宽围条全包底鞋在设计手法上有所不同。对于宽围条来说，部件变形后不容易还原，所以采用的是折中样板法。对于窄围条来说，可以通过旋转取跷的方法使围条与内底结合成一体。

1. 成品图分析

画出窄围条全包底鞋的成品图，见图 7-67。窄围条全包底鞋的主体结构是明橡筋侧开口式鞋。鞋身的下端有类似于浅围子鞋的窄围条，围条长度到达后包跟位置。围条与整舌盖的串缝方式有些特别，采用的是压茬缝法，串缝出交叉线迹。整舌盖打双排孔，围条打单排孔，围条压在整舌盖上，围条孔洞与整舌盖外圈孔洞重合，虽然不缝出鞋埂，但可以缝出皱褶。后包跟与围条、后包跟与后帮，也都采用压茬缝法，也是串缝出交叉线迹。鞋帮看上去有整舌盖、围条、橡筋、后帮、后包跟和保险皮部件，但后包跟要与内底连成一体，所以共计 5 种 7 件。

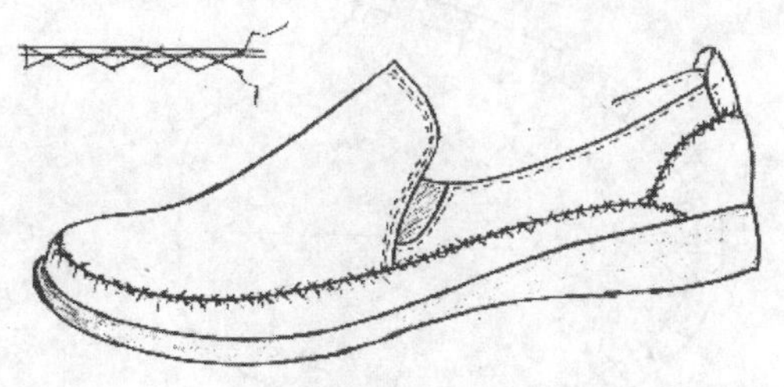

图 7-67 窄围条全包底鞋成品图

其中保险皮为单片形式，遮挡后帮中缝，上端超出鞋口 10 mm，下端被后包跟压住，也要打孔串缝。

2. 帮结构图设计

首先设计出侧开口明橡筋鞋的主体结构，确定鞋舌、后帮、橡筋、后包跟、保险皮的位置。

然后按照围盖鞋的设计要求把整舌盖的位置确定下来，再用拷贝板设计出鞋盖里外怀的轮廓线。鞋盖上打孔的位置标记要设计在整舌盖轮廓线上，前段打孔间距 4.5 mm，孔数 9，计作 9/4.5，后段打孔间距 5.5 mm，孔数 15，计作 15/5.5。把围条往后延伸，直接到达后包跟部位。围条上打孔间距 6 mm，孔数 24，计作 24/6，后包跟上打孔间距 6 mm，孔数 9，计作 9/6，见图 7-68。

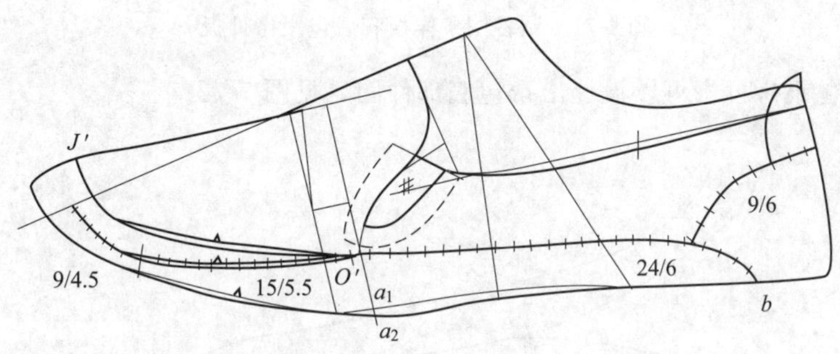

图 7-68 窄围条全包底鞋帮结构设计图

完成 6 种部件的设计，做出打孔的位置标记，不用加底口绷帮量，要做出底口里外怀准确的区别。在有褶无褶的分界点 O' 作定位取跷线的垂线，与底口相交后在外怀得到 a_1 点，在里怀得到 a_2 点。

3. 制取样板

比较特殊的样板包括整舌盖样板、后帮样板和保险皮样板以及帮包底样板。

（1）制取整舌盖样板　按照结构图制取出整鞋盖样板后，前端需要加放 8 mm 的压茬量。内圈打孔标记安排在轮廓线之内侧 1 mm 的位置，打孔个数与间距与设计图要求相同。通过内圈孔洞作小垂线，在间距 3 mm 的位置确定外圈打孔位置，见图 7-69。整舌盖上要放压茬量，要打双排孔。

（2）制取后帮和保险皮样板　后帮样板和保险皮样板也需要加放压茬量和打双排孔。第一排空打在轮廓线之内侧 1 mm 的位置，第二排空打在压茬量上，间距 3 mm，上下孔对应，见图 7-70。后帮下口加放压茬量与围条打孔串缝，上端是鞋口，需要加放折边量，前端需要与橡筋和整舌盖缝合。

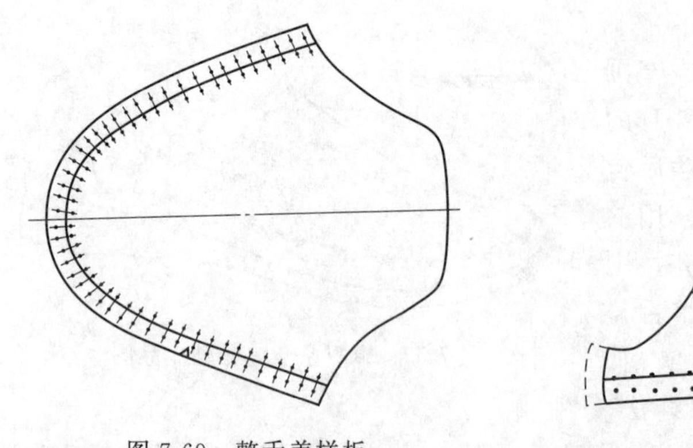

图 7-69　整舌盖样板

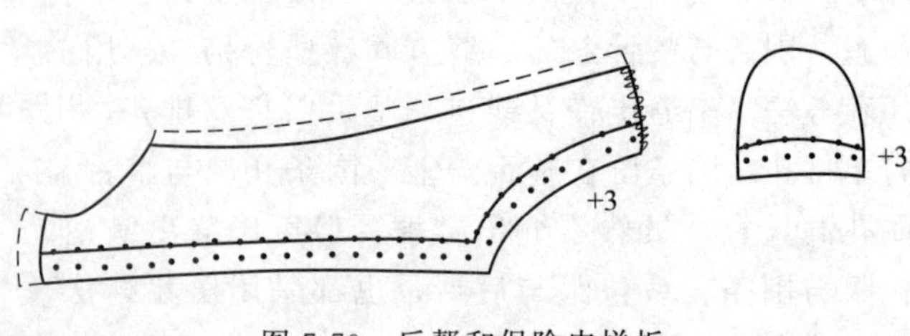

图 7-70　后帮和保险皮样板

(3) 制取帮包底样板　制取帮包底样板也需要先画出设计图，然后再按照设计图制取样板。

设计帮包底样板需要先制备里外怀围条样板和后包跟拷贝板，见图 7-71。围条上标注着有褶无褶的分界线，外怀为 $O'a_1$ 线，里怀为 $O'a_2$ 线，还有与后帮串缝的打孔标记。后包跟拷贝板只取单片，也标出打孔位置。

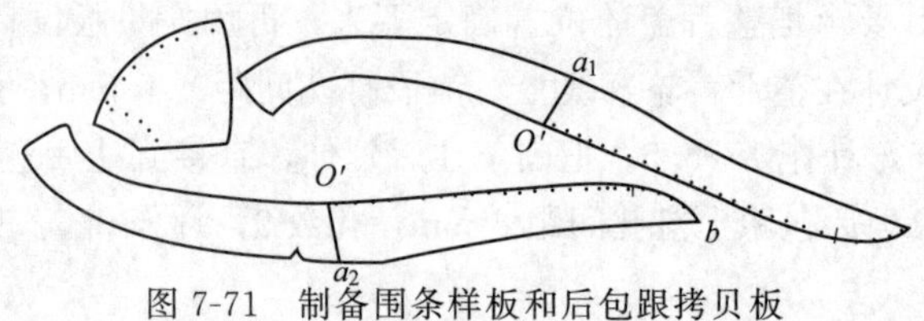

图 7-71　制备围条样板和后包跟拷贝板

利用围条和后包跟拷贝板可以设计出帮包底部件图，见图 7-72。

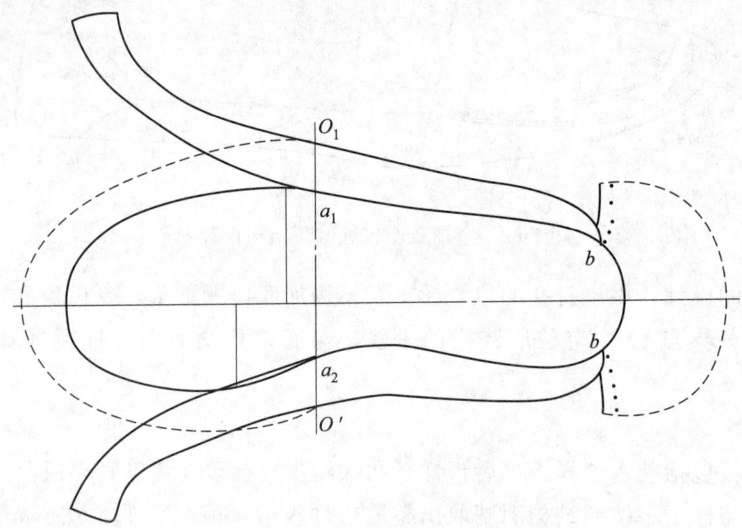

图 7-72　设计帮包底部件图

帮包底部件的后端轮廓与宽围条全包底鞋有些相似，但是设计手法不同。先画一条底中线，描出经过 3 mm 缩减量处理的内底样板轮廓，并做出有褶无褶的分界位置线。然后从外怀开始，用围条样板 $O'a_1$ 线与分界线对齐，然后将底口贴紧内底轮廓线，也像车轮旋转那样，贴一段底口，描一段上口，直至描完围条样板。然后以同样的方法也描完里怀一侧围条样板。

在内底样板的后端设计后包跟。先在底中线的延长线上确定后包跟的后弧线长度，然后用后包跟拷贝板比对着内底后弧线，也是一边旋转一边描轮廓线，直至后包跟的底口压茬位置与围条的后端点 b 重合。

在前端也是采取车轮旋转方法设计出前帮部件，如图 7-72 中虚线所示。

最后通过设计图制取帮包底样板，见图 7-73。帮包底样板把内底、围条和后包跟连成一体，周边布满打孔的标记。

把所有的部件都制取完成后，即可以进行缝制，经过绷帮配底后即得到窄围条全包底鞋。

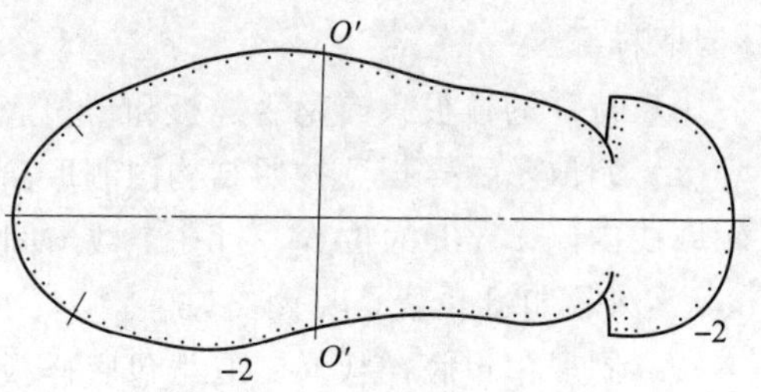

图 7-73 制取帮包底样板

七、无皱全包底鞋的设计

包底鞋因为有皱褶所以又被叫作包子鞋，如果包底鞋没有了皱褶还是包底鞋吗？从前面设计的几款鞋中可以看到，帮包底部件的周边长度大于鞋盖的长度，所以才出现了皱褶。如果帮包底部件的边长与鞋盖边长相等，皱褶就消除了，但帮包底部件依然存在，结构没有改变，所以仍然属于包底鞋。

1. 成品图分析

画出无皱全包底鞋的成品图，见图 7-74。无皱全包底鞋的主体结构是整舌式鞋。鞋身的下端有类似于浅围子鞋的窄围条，围条向后延伸并与后包跟连成一体。围条与整舌采用的是压茬缝法，串缝出交叉线迹。整舌打双排孔，围条打单排孔，围条压在整舌上，围条孔洞与整舌外圈孔洞重合，既不缝出鞋埂也不缝出皱褶。鞋帮上有整舌盖、长围条、松紧布和后帮部件，共计 4 种 5 件。

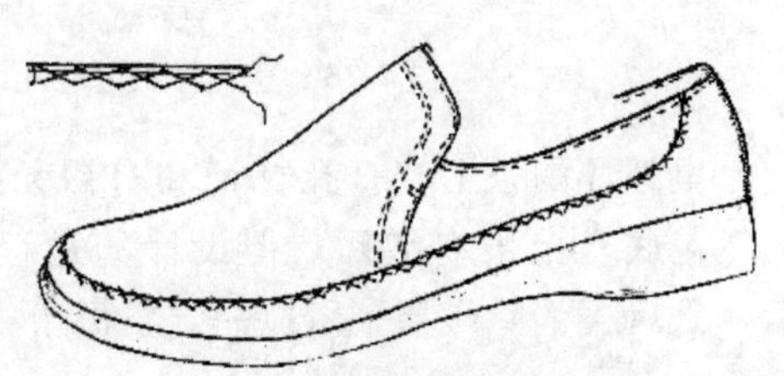

图 7-74 无皱全包底鞋成品图

鞋口可以采用沿口或者内保险皮处理。

2. 帮结构图设计

首先设计出整舌式鞋的主体结构，确定鞋舌、后帮、松紧布的位置。

然后按照围盖鞋的设计要求把整舌盖的位置确定下来，再用拷贝板设计出鞋盖里外怀的轮廓线。鞋盖上打孔的位置标记要设计在整舌盖轮廓线上，前段打孔间距 5 mm，孔数 7，计作 7/5，后段打孔间距 6 mm，孔数 13，计作 13/6。把围条往后延伸并上扬，形成后包跟。围条上打孔间距 6 mm，孔数 26，计作 26/6，见图 7-75。

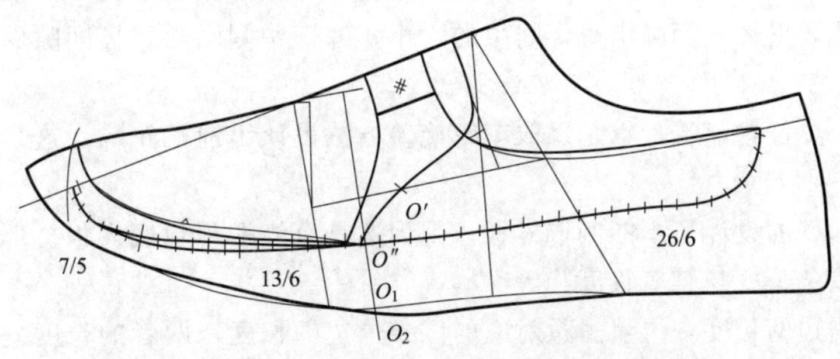

图 7-75 无皱全包底鞋帮结构设计图

设计无皱全包底鞋的结构图与整舌式浅围子鞋的设计图基本相同，差别在于完成 4 种部件的设计后做出打孔的位置标记，不用加底口绷帮量，要做出底口里外怀准确的区别。在有褶无褶的分界点 O'作定位取跷线的垂线，与底口相交后在外怀得到 a_1点，在里怀得到 a_2点。

3. 制取样板

比较特殊的样板只有整舌样板和帮包底样板。

（1）制取整舌样板　按照结构图制取出整舌样板后，前端加放 8 mm 的压茬量。内圈打孔标记在轮廓线内侧 1 mm 的位置，打孔个数与间距与设计图要求相同。通过内圈孔洞作小垂线，取间距 3 mm 定外圈打孔位置，见图 7-76。

（2）制取帮包底样板　制取帮包底样板同样需要先制取围条样板，绘制出帮包底部件图，然后再制取帮包底样板，首先制取围条样板，见图 7-77。

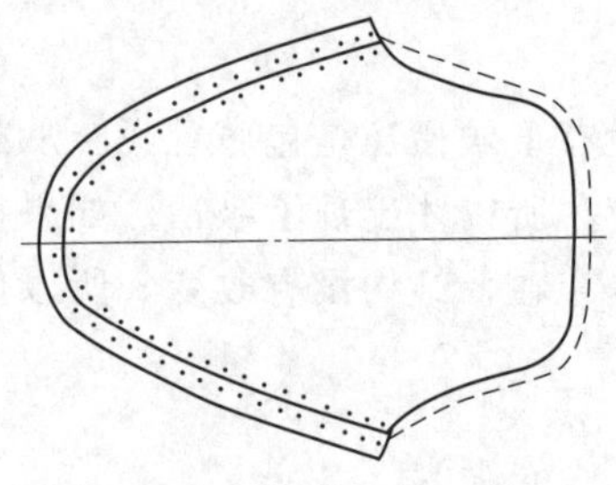

图 7-76　整舌样板

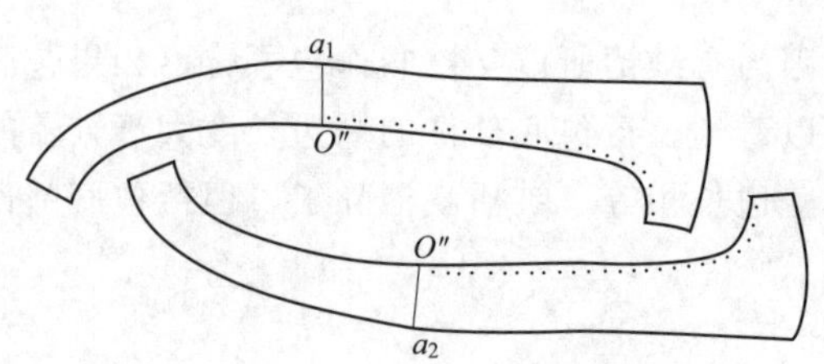

图 7-77　制取围条样板

里外怀围条上有打孔标记和有褶无褶的分界位置。虽然包底鞋上没有皱褶，但设计的过程是先设计出皱褶，然后再消除皱褶，所以一定要保留有褶无褶的分界位置。

接下来设计帮包底部件图，见图 7-78。

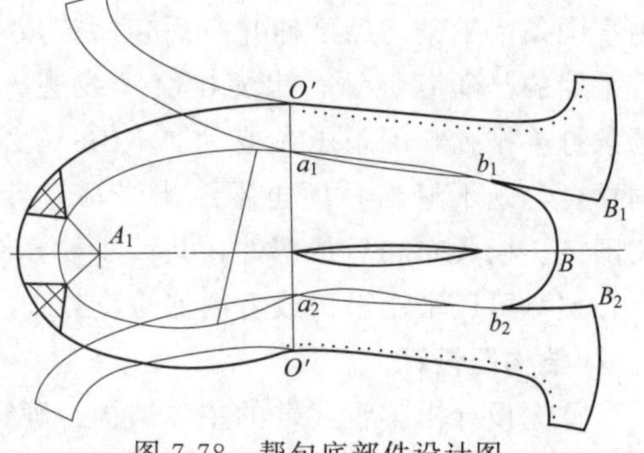

图 7-78　帮包底部件设计图

无皱全包底鞋的设计过程与宽围条全包底鞋有些相似。先画一条底中线，描出经过3 mm 缩减量处理的内底样板轮廓，并做出有褶无褶的分界位置线。然后从外怀开始，用围条样板 $O'a_1$ 线与分界线对齐，然后与后身内底轮廓线相切，可以直接描出围条轮廓。需要注意的是控制围条的切点至后端 B_1点的长度与内底的切点至后端 B 点的长度相等，否则接帮会出现问题。然后以同样的方法也描出里怀一侧围条轮。

在围条与内底之间会出现间隙，而且里外怀的间隙也不相同。处理的办法依然是取工艺跷。在底中线的相对应位置，里怀一侧画出里怀间隙的大小，外怀一侧画出外怀间隙的大小，等制取样板时再一并修剪掉。

在有褶无褶的分界位置前端，也是采取车轮旋转方法设计出前端轮廓，这是设计真包底鞋必不可少的步骤。

完成了帮包底部件的设计还不能制取样板，因为这是有皱褶帮包底样板。那么，如何消除皱褶呢？控制原则是“围条长度与鞋盖长度相等”。

量一量整舌盖周边的长度，再量一量对应的围条周边的长度，两者的长度差就是需要消除的皱褶量。本例的外怀一侧围条长 148 mm，整舌盖边长 116 mm，长度差是 148－116＝32（mm）。

在镶接时围条是压在整鞋舌上的，因此围条就处于圆弧外径的位置，在每个孔间距中，依据材

料的厚度不同，外径可以比内经大 0.5～1 mm。单侧围条上有 20 个孔，孔间距应该是 19 个，但加上前后的各半个间距，共计有 20 个。如果每个孔间距可增加 0.5～1 mm，那么 20 个孔间距就可增加 10～20 mm。也就是说皱褶消除量可以适当减少到 32－(10～20)＝12～22 (mm)。

注意里外怀的长度差会有些区别，可以按照上述方法计算出里怀一侧皱褶消除量。

消除皱褶的手段是什么呢？要在底中线上找到脚趾端点位置，定作 A_1 点。然后自 A_1 点向内底前头拐弯部位作两条切口线，也就是呈丫字形开口，见图 7-79。

丫字形开口连接到内底边沿。剪样板时要自底中线剪开，剪掉里外怀的工艺跷，剪出丫字形开口。

有了丫字形开口以后，可以将样板拉伸。拉伸后在丫字形剪口上端就会出现较大的皱褶，里外怀的皱褶消除量就是从这里减掉。将减掉皱褶消除量以后的轮廓线重新圆整，制取样板后即得到无皱帮包底样板，见图 7-80。

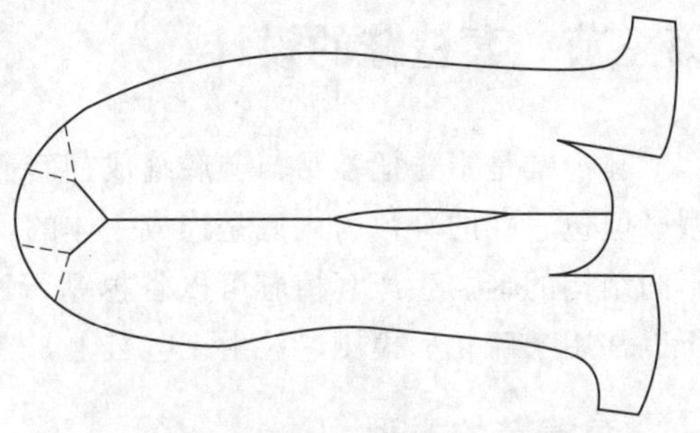

图 7-79　帮包底部件上的丫字形开口

这是一件条形帮包底部件，与前面几款帮包底样板相比较，开料时容易套划省料。加工时采用曲线缝纫机拼缝，把内底中线、丫字形开口都拼缝起来，就形成完整的帮包底部件。经过缝合后帮中缝、拼缝内底后跟、把围条与整舌串缝起来等操作，就能制成帮套，再经过绷帮、配底即得到无皱全包底鞋。

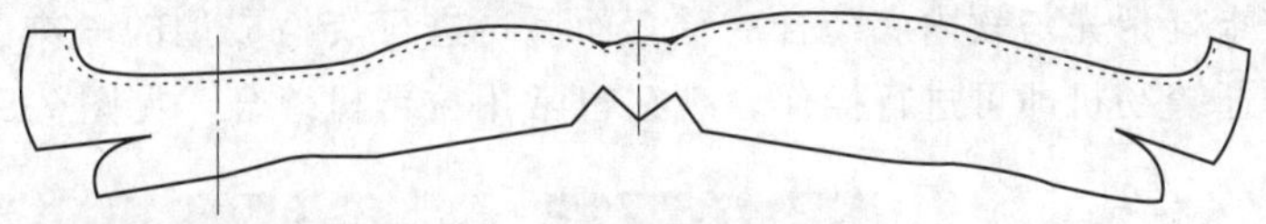

图 7-80　无皱帮包底样板

课后小结

包底鞋是一种鞋帮包裹脚底的一类鞋，对于产品款式来说，有真包底鞋和假包底鞋的区分，在真包底鞋中还有半包底与全包底的不同。现把各种包底鞋变化的特点整理如下，见表 7-2

表 7-2　　包底鞋的变化

品种	变化	设计要点	成型工艺
假包底鞋	直围条	围条取直线，根据皱褶量确定围条长度	绷帮成型
	弯围条	围条取弯弧线，根据皱褶量确定围条长度	绷帮成型
半包底鞋		像车轮旋转那样描出围条轮廓线，根据围条与鞋盖的长度差确定前身孔间距	前身套楦成型、后身绷帮
全包底鞋	宽围条	利用折中样板设计帮包底部件，根据围条与鞋盖的长度差确定前身孔间距	套楦成型
	窄围条	利用旋转取跷设计帮包底部件，根据围条与鞋盖的长度差确定前身孔间距	套楦成型
无皱包底鞋	窄围条	在帮包底部件的底中线开丫字形剪口消皱，控制围条长度与鞋盖长度相等	套楦成型

思考与练习

1. 设计一款假包底鞋，画出成品图、结构图、制取样板并制作出纸帮套来。
2. 设计一款半包底鞋，画出成品图、结构图、制取样板并制作出纸帮套来。
3. 设计一款全包底鞋，画出成品图、结构图、制取样板并制作出纸帮套来。

第三节　套楦鞋的设计

套楦鞋是指先把鞋帮与鞋底缝成鞋套而后再套进鞋楦进行成型的一类鞋。包底鞋也需要套楦成型，但包底鞋的鞋帮与内底是连成一体的，与鞋帮鞋底缝成一个鞋套不是一个概念，所以这是两类不同结构的鞋。生产套楦鞋可以省掉绷帮工艺，简化了操作流程，降低了加工成本，提高了产能，所以常用于硫化、模压、注射工艺鞋上，在生产休闲、运动类型鞋时也用于胶粘工艺鞋。

一、套楦鞋的类型

套楦鞋的类型可分为三种，一种是鞋帮与软内底缝合，一种是鞋帮与硬内底缝合，还有一种是鞋帮与外底缝合。由于缝合的对象不同，加工方法也不同，在制取样板上也会有所不同。

1. 软内底套楦鞋

软内底套楦鞋是指鞋帮先与软内底缝合成鞋套而后再进行套楦成型的一类鞋。由于内底材料比较柔软，所以使用普通缝纫机即可进行操作，现在也常用拉帮机缝合，见图 7-81。

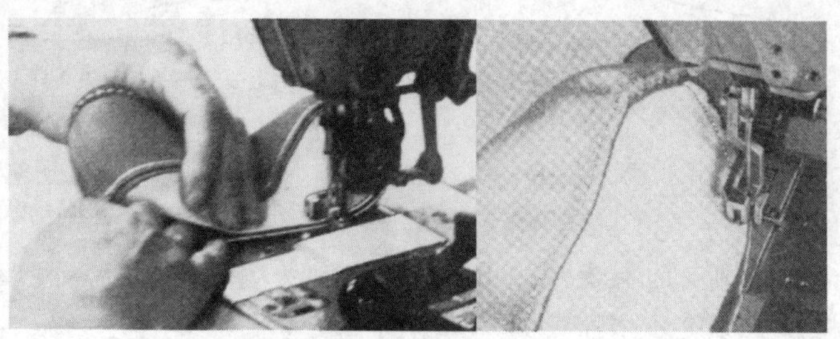

图 7-81　缝制软内底帮套

帮脚与软内底按照加工标记对齐，用普通缝纫机就可以缝出鞋套。软内底使用的材料主要有鞋里革、帆布、无纺布等。由于内底比较柔软，所以鞋楦比较容易装进鞋套。

2. 硬内底套楦鞋

硬内底套楦鞋是指鞋帮先与硬内底缝合成鞋套而后再进行套楦成型的一类鞋。内底有一定的硬度，使用工业缝纫机也可进行操作，但已有专用的缝边机了。硬内底套楦鞋要与出边外底配套使用，见图 7-82。这是两款出边硬内底套楦鞋。(a) 鞋款使用的是组装外底，鞋帮翻边与硬内底缝合，然后再与外底黏合，底边沿通过打磨进行修整。(b) 鞋款使用的是成型外底，帮脚包裹住内底边沿后再缝合，与外底粘合时将内底边沿掩藏在外底墙内。

硬内底使用的材料主要有天然内底革、合成内底革、纸板革等。由于内底比较硬，鞋楦就不容易穿进鞋套内。早期采用的办法是将鞋套加热，使鞋帮变软，然后再把鞋楦装入。现在有专用的滑动鞋楦，其加工的效果较好，见图 7-83。

滑动鞋楦在错位时长度较短，可以顺利地穿进鞋套，接着按压楦体前身，通过滑动使鞋楦复原，即可撑起鞋套起到定型的目的。硬内底套楦工艺常用于休闲鞋及具有粗犷风格的鞋类。

（a）　　　　　　　　　　　　　　（b）

图 7-82　硬内底套楦鞋

3. 外底套楦鞋

外底套楦鞋是指鞋帮先与外底缝合成鞋套而后再进行套楦成型的一类鞋。这类鞋虽然不太常见，但有特殊的视觉效果，见图 7-84。

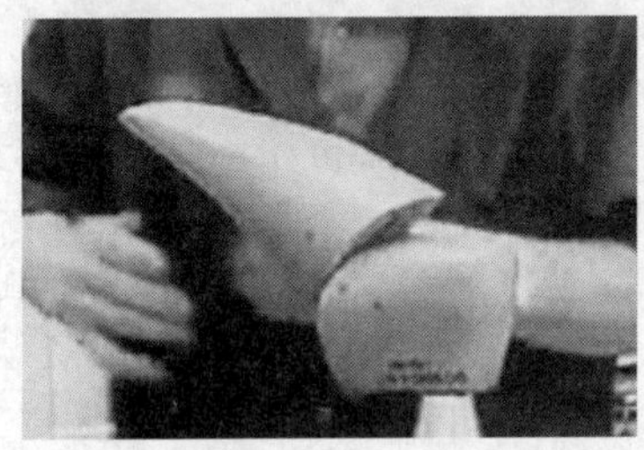

图 7-83　滑动鞋楦

图 7-84　外底套楦鞋的缝制与视觉效果

缝合外底套楦鞋可以使用专用的内线机，也可以采用手工缝制。手工缝制外底套楦鞋时所用的外底要预先加工出孔洞。从视觉效果看，有些类似线缝鞋，但比线缝鞋的操作要简单。其帮底结合的强度要优于胶粘鞋，而且比胶粘鞋的加工要方便。

外底套楦鞋有较好的透气性，常用于高档鞋的设计。

二、套楦鞋的设计特点

套楦是一种鞋帮成型的工艺，所以套楦鞋改变的是工艺加工过程，而不会改变鞋款的主体结构设计。绷帮时需要加绷帮量，套楦时就需要加缝合量，所以设计套楦鞋会改变样板的制取方法，对鞋款的主体结构设计没有影响。

1. 楦型特点

套楦鞋本身没有专用的鞋楦，选择鞋楦要根据鞋款的主体结构要求来选择。例如，设计外耳式套楦鞋要选择素头楦，设计舌式套楦鞋要选择舌式楦，等等。

但是对于硬内底套楦鞋和外底套楦鞋来说，同样需要套楦成型，如果使用普通鞋楦就会造成闯楦困难，建议使用滑动楦，成型的效果较好。

在滑动楦出现之前，经常采用的方法是排楦。所谓排楦就是把分割后的几块鞋楦填入鞋腔来支撑定型。分割鞋楦要保留完整的前头和后跟，再把中腰部位分成几块。加工时先填入前头和后跟，然后再顺序填入中腰部分，最后通过加“楔子”撑紧鞋楦块，从而起到成型作用。楔子是另外制备的一块呈劈形的木塞，楔入后可以挤紧几块鞋楦。

2. 结构特点

套楦鞋的主体结构是按照款式来变化的，帮脚不用加绷帮量，只需留出缝合量。缝合量的多少与套楦鞋品种的要求有直接关系。

因为鞋款的主体结构不变，其结构设计的方法和取跷的原理也不会变，也就是要用到前面的基

础知识来解决问题。

设计套楦鞋的结构，要增加一项设计内底的任务，因为内底与鞋帮是配套的，而通用型内底不太适用。

3. 特殊要求

套楦鞋的特殊要求也是根据套楦鞋的类型来变化的。

设计软内底套楦鞋时，鞋帮与内底上的加工标记要相互对应，以便划分皱褶所在的部位。

设计硬内底套楦鞋时，除了加工标记以外，还要控制帮脚的长度与硬内底的边长一致，以使缝合的帮脚平整。

设计外底套楦鞋时，除了控制帮脚的长度与外底协调外，还要控制孔位的数目，以便缝合能够顺利进行。

三、早期软内底套楦鞋的设计

早期软内体套楦鞋主要是生产硫化鞋，工艺流程短，生产效率高，生产量大，价格低廉，受众范围广，曾受到市场的普遍欢迎。但由于外底周边贴有围条，显得比较粗糙，所以主要用于生产中低档鞋。

在缝制鞋套时，使用普通缝纫机操作，内底与帮脚会缝出一道鞋埂，由于鞋埂的位置不同，所需要的缝合量也不同，后续操作也会不同。

如果是齐底埂，帮脚加放 2.5～3 mm 的缝合量，而内底从前到后则需要陆续加放 0.5、1、1.5、2 mm。后续加工时需要填底心，贴外围条。如果是错位埂，帮脚加放 6.5～7 mm 缝合量，而内底从前完后则需要陆续收进 4.5 mm、5 mm、5.5 mm、6 mm。后续加工时需要填底心，贴内围条和贴外围条，见图 7-85。

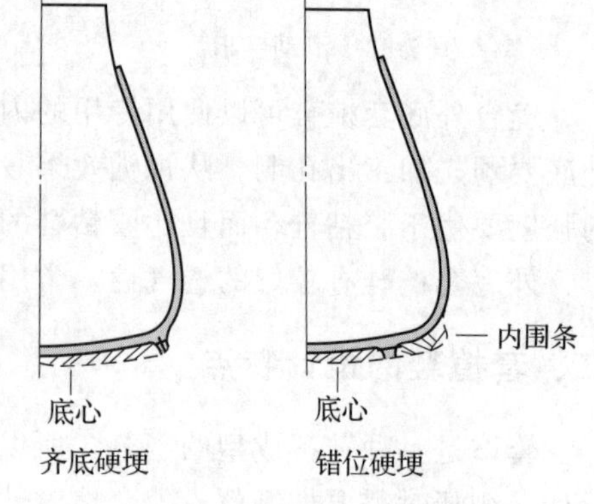

图 7-85　鞋埂的位置

鞋埂被底心填平后就不会出现硌脚的现象。鞋埂的位置不同，表现在鞋腔的外观上就有差异。根据鞋埂位置的变化，可以在楦底样板的基础上设计出软内底来。

下面以齐底梗软内底硫化套楦鞋为例进行说明。

1. 成品图

画出软内底硫化套楦鞋成品图，见图 7-86。主体结构是一款外耳式鞋，采用的是硫化工艺加工。硫化鞋的鞋底看起来比较厚，其实与普通鞋底厚度相似，由于在外底的上部贴有外围条所以显得比较厚。套楦鞋的帮脚缝合后会出现皱褶，而外围条除了增加帮底的结合强度外，还有着掩盖皱褶的作用。

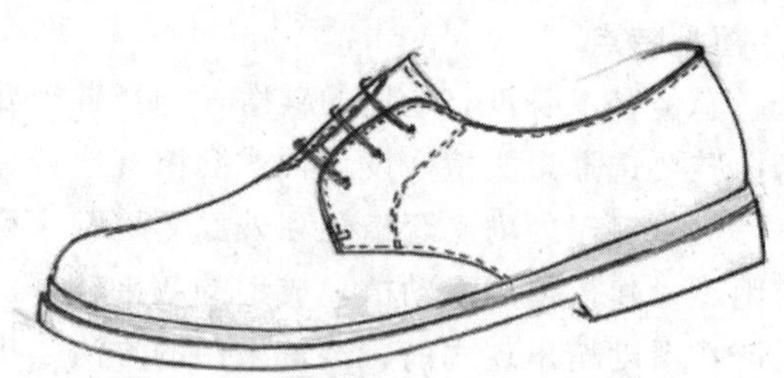

图 7-86　软内底硫化套楦鞋成品图

2. 软内底的设计

设计软内底需要使用楦底样板。

在复制的楦底样板上标出主要控制线，并标出帮底接帮时的加工标记。加工标记有 6 个，包括前端点 A、后端点 B、第一跖趾部位点 H_1、第五跖趾部位点 H 以及里外怀跟口部位点。确定跟口部位点时，一般在楦底样长的 1/4 处作分踵线的垂线，确定外怀为 G_1 点，里怀为 G_2 点，见图7-87。在楦底样板上有 6 个加工标记。鞋帮位置标记也是依据楦底部位标记确定的，这样内底和帮脚上的标记就会完全相同。

设计齐底埂软内底时，前头加放 0.5 mm、跖趾部位加放 1 mm、里外腰窝加放 1.5 mm、后跟

部位加放 2 mm。按照上述设计参数加放加工量后，再顺连成光滑曲线，即得到软内底样板图，见图 7-88。软内底上要标出 6 个接帮部位标记。

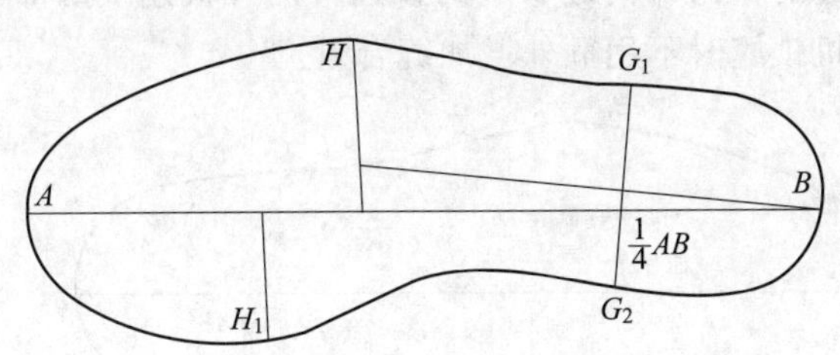

图 7-87　确定接帮位置标记

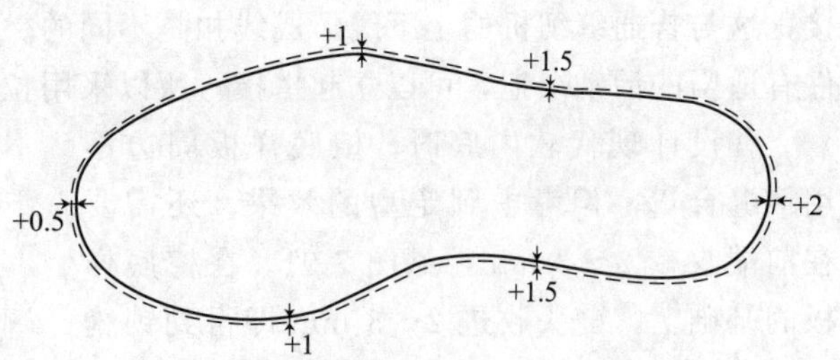

图 7-88　早期软内底设计图

帮脚的底口加放量为 2.5～3 mm，帮底的缝合量也是 2.5～3 mm，软内底前头部位的加放量比较少，与帮脚缝合后还会变短，相当于有个"收缩量"，有利于鞋帮的平伏。

3. 帮结构图设计

按照常规的设计方法先设计出外耳式鞋，在帮脚部位加放缝合量 2.5～3 mm。也要做出准确的里外怀区别，做出加工位置标记，同时把软内底也设计出来，见图 7-89。帮脚和软内底上都要有加工标记。

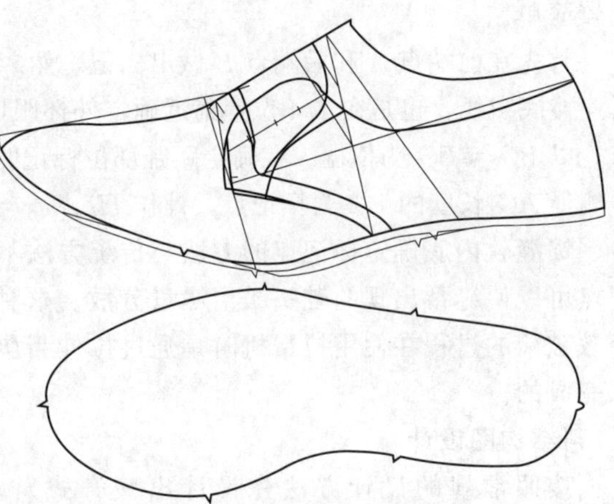

图 7-89　软内底套楦硫化鞋帮结构设计图

套楦鞋与绷帮鞋的区别在底口部位，绷帮鞋需要加放绷帮量，而套楦鞋需要加放缝合的加工量。设计套楦鞋帮结构时，应该把软内底一并设计出来。

软内底套楦鞋的帮脚长度大于内底周边的长度，缝合时在前头和后跟会出现皱褶，这个皱褶是用来容纳楦肉体的，不能缺少。采用 6 个标记可以控制前头与后跟的皱褶范围，并把里外怀的皱褶分开。

按照常规制取帮样板和内底样板，缝合后即形成鞋套。

四、现代软内底套楦鞋的设计

现代软内底套楦鞋使用拉帮机进行缝合，缝合方式为锁缝。拉帮机是福建地区的叫法，由于缝合鞋套时帮脚可以适当拉伸，所以被称为拉帮机。以前这种机器叫作缝皮机，是用于缝合毛皮的。设计人员称其为缝内底机。

下面以锁缝软内底胶粘套楦鞋为例进行说明。

1. 成品图

画出锁缝软内底胶粘套楦鞋成品图，见图 7-90。这是一款前开口鞍脊式鞋，采用的是胶粘工艺加工。所用的鞋底看起来比较厚，其实与普通鞋底厚度相似，只是在外底的周边有较高的底墙，所以显得比较厚。由于套楦鞋的帮脚缝合后会出现皱褶，利用盘式鞋底的底墙就可以掩盖皱褶。如果采用组装底生产，缝合后的缺陷就会暴露无遗。

图 7-90　锁缝软内底胶粘套楦鞋成品图

2. 现代软内底的设计

拉帮机的锁缝方式是指缝线以环套的形式铰接，这与普通缝纫机的上下线形成线扣是不同的。锁缝的作用如同缝衣服的锁边，两片被连接的部件有适当的活动余地，可以立起搭接，所以采用拉帮机锁缝时不用额外增加缝合量。

在设计现代软内底时，楦底样板周边不用加缝合量，但考虑到定型的效果，还需要在前端收减 2～3 mm，见图 7-91。在楦底样板的基础上，前头收进 2～3 mm 即得到锁缝软内底设计图。在制作软内底样板时，也需要标注加工部位标记。不过采用的标记方法比较简单。

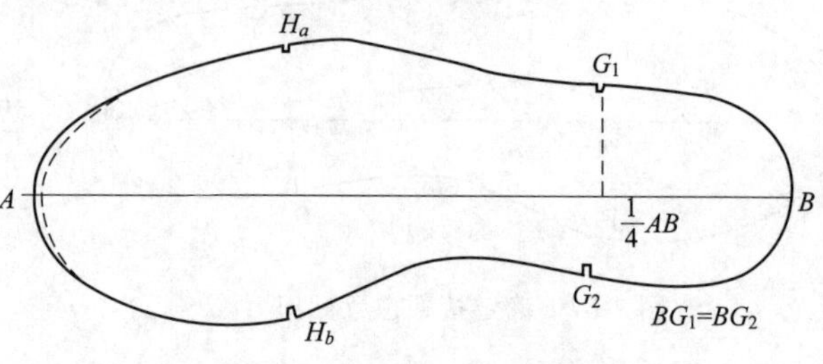

图 7-91　锁缝软内底设计图

首先在前端点 A 和后端点 B 做出标记，然后连接底中线，也是在 1/4 位置附近确定外怀跟口的 G_1 点。接下来是从 B 点开始量取里怀一侧的 G_2 点，以 $BG_2=BG_1$ 为依据。在确定跖趾部位标记时，采用测量 AG_1 长度的 1/2 为标记点，计作 H_a。同样测量 AG_2 长度的 1/2 为标记点，计作 H_b。

锁缝软内底确定标记点的方法与传统方法不同，用起来更为简便。采用 1/2 法确定跖趾部位标记点可以使缝帮出现的鞋头皱褶尽量分散。这种分散皱褶的过程在使用拉帮机时是通过拉伸帮脚来完成的。

3. 帮结构图设计

按照常规的设计方法先设计出鞍脊式鞋，在帮脚部位不用加任何的加工量，但要做出准确的里外怀区别，同时把软内底上的标记转移到帮脚上，一并设计出软内底样板来，见图 7-92。帮脚不用加放加工量，但需要做出准确的里外怀区别和加工标记。

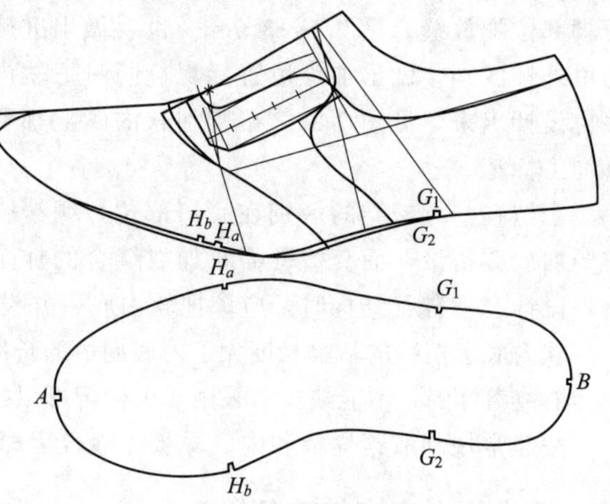

图 7-92　锁缝软内底胶粘鞋帮结构设计图

在样板上做加工标记时一般都做缺口标记，这样比较方便。但是在打制刀模时要变成出尖标记，这样在缝合时才不会出现缺针码的现象。

按照加工标记用拉帮机缝合后就形成了鞋套。

五、硬内底套楦鞋的设计

套楦鞋由软内底转变为硬内底，不仅改变了内底的材料和加工工艺，而且也改变了制取样板的方法。下面以外耳式硬内底套楦鞋为例进行说明。

1. 成品图分析

画出外耳式硬内底套楦鞋成品图，见图7-93。这是一款里怀鞋耳演变成钎带的外耳式鞋。在外底的周边有一道车缝线，这道线把帮脚和内底直接缝合成鞋套，然后再进行套楦成型。

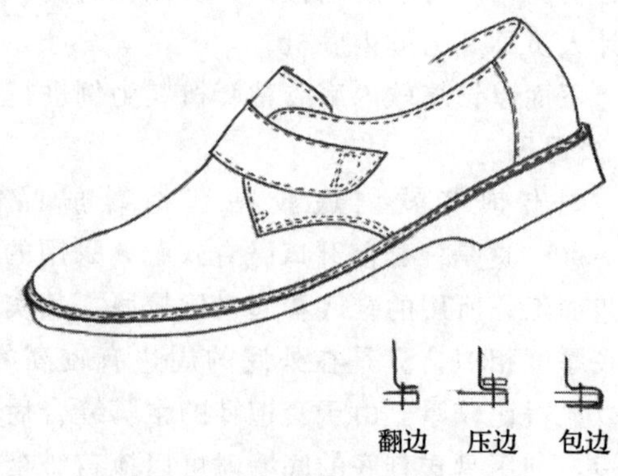

图 7-93　外耳式硬内底套楦鞋成品图

由于内底比较硬，不能随意弯折，所以在帮脚与

硬内底缝合时采用的是改变帮脚的状态：如果把帮脚直接翻转过来缝合，就会得到翻边工艺鞋；如果是在帮脚上面再压上一圈围条，就会得到压边工艺鞋；如果是把帮脚包裹住内底边沿再缝合，就会得到包边工艺鞋。可见硬内底套楦鞋也会变化出许多花样来。

不管硬内底套楦鞋如何变化，所使用的外底一定是出边外底，所使用的内底也一定是出边内底，利用多出的边沿来与帮脚缝合。

假设上面的外耳式硬内底套楦鞋为翻边工艺鞋，外底出边量为 4 mm，那么内底的出边量和帮脚的翻边量都是 4 mm。

2. 硬内底的设计

设计硬内底也借用楦底样板。先描出楦底样板的轮廓线，并连接出底中线，确定出前后端点。然后按照现代软内底设计的方法，可以很快确定 6 个接帮标记点。接着在楦底样的周边均匀加放4 mm 的加工量，再把标记点延长到 4 mm 的边沿，即得到硬内底设计图，见图 7-94。

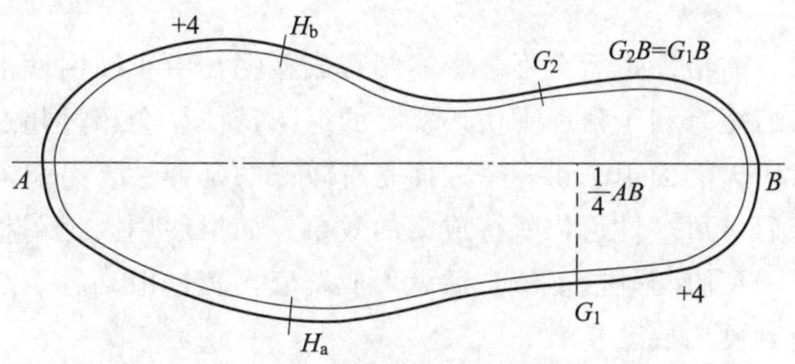

图 7-94 硬内底设计图

硬内底的加工标记要标在样板上。由于硬内底的加工不同于软内底，缝合后的边沿往往会露在外面，所以在硬内底上不能打齿形标记，应该采用印刷或手工标记。

需要注意的是在硬内底的前端不能缩减，否则会影响鞋的外观。

3. 帮结构图设计

设计硬内底套楦鞋时要注意口门的位置不要太靠后，否则会影响套楦成型。早期套楦时采用先烤软鞋帮的方法，现在有了滑动楦变得比较方便。由于帮脚要与硬内底缝合，而且缝合线会成为装饰线外露出来，所以一定要控制帮脚的长度与内底的周边长度相等。过长的帮脚缝合后会出现皱褶，影响产品的外观，所以在设计图完成后要对帮脚底口进行修正。

按照常规的设计方法先设计出钎带式外耳鞋，在帮脚部位加放 4 mm 的加工量，也要做出准确的里外怀区别和加工标记，并设计出硬内底样板图，见图 7-95。先把在楦底样板上确定的加工标记位置转移到帮脚底口上来，然后再加放帮脚的 4 mm 加工量，并把标记延伸到底口边沿。一并设计出硬内底样板，内底样板上同样有 4 mm 的加工量。

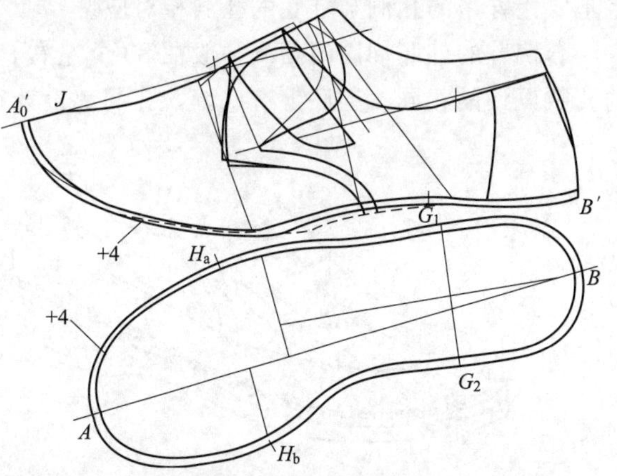

图 7-95 外耳式硬内底套楦鞋帮结构设计图

在完成结构图的设计之后，还要修正底口长度。先要量一量内底周边的长度，再量一量帮脚底口的长度，两者之间的长度差就是修正量。

楦底样板的周长与楦面底口的周长原本是同一条楦底棱线，它们的长度是相等的。但是通过复制楦面的原始样板、处理成半面板以及设计各种帮部件等，使得帮脚底口变长。其中引起长度变化最大的因素是前帮背中线。鞋楦的背中线是弯曲的，前帮的背中线是直线，背中线在调直的时候就使得底口加长。如果是设计开中缝的鞋，这个长度量就会大大减少，所以修正长度量主要是在前头部位。

如果适当减短前头的长度，就可以实现底口长度变短，见图 7-96。缩短前帮的长度后会使底口变短。具体缩短的数值应以实际需要为准。

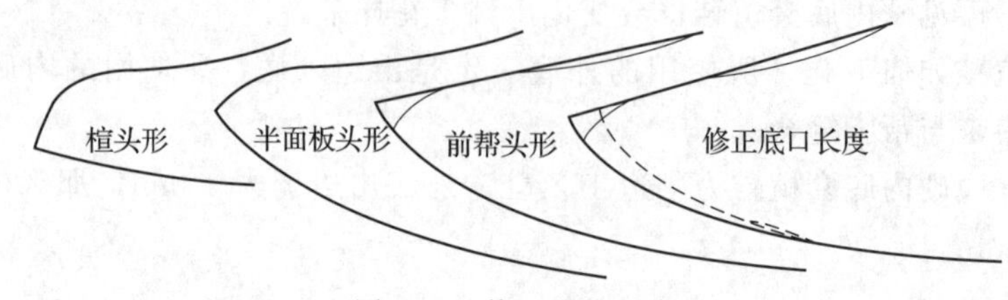

图 7-96　修正底口长度

前帮缩短后会不会影响绷帮成型呢？由于硬内底的前端并没有缩减 3 mm 的量，所以使前帮适当缩短有利于帮面平伏。实际的缩减量往往会超过超过 3 mm，这就需要利用材料的延伸性来解决。对于天然面革来讲，一方面是有较好的延伸性，另一方面还具有较好的可塑性，当鞋帮经过拉伸成型后，可塑性可以保持成型的效果。如果使用人工革材料定型效果变差。

帮脚与硬内底缝合后就形成鞋套，套进滑动鞋楦后就可以成型，配上外底后继续定型，最后就得到硬内底套楦鞋。

六、外底套楦鞋的设计

外底套楦鞋是一种高端产品鞋，工艺、材料、设计都超出一般鞋的水平。由于加工是把鞋套直接与外底缝合，所以称为外底套楦鞋。由于鞋帮上有缝线针孔，所以透气性好。其典型的产品就是法国的克拉克鞋，目前国内福建地区也有少数企业生产。下面以外耳式外底套楦鞋为例进行说明。

1. 成品图

画出外耳式外底套楦鞋成品图，见图 7-97。鞋耳的假线贯通里外怀，兼有固定鞋舌的作用。鞋耳的前端与前帮成插接形式；后帮鞋口使用泡棉做软口，形成双峰造型。后包跟呈倒梯形，后中缝没有断开。在子口位置可以看到鞋帮与鞋底之间的缝线。鞋底上有预先制作出的孔洞，设计的关键就是要让鞋帮的孔洞与鞋底的孔洞相对应。

套楦鞋的外底周圈的孔洞一般在 80 个左右，平均孔间距在 7～8 mm。为了便于加工，里外怀的孔数设计的相同。鞋底上有底墙，孔洞都设计在底墙的宽度上，有一定的防水性，见图 7-98。

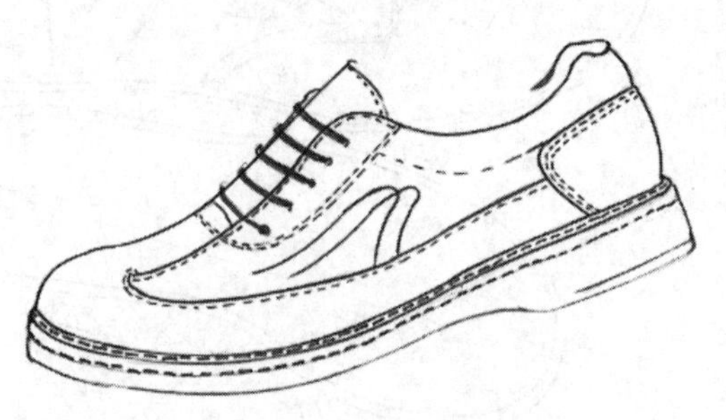

图 7-97　外耳式外底套楦鞋成品图

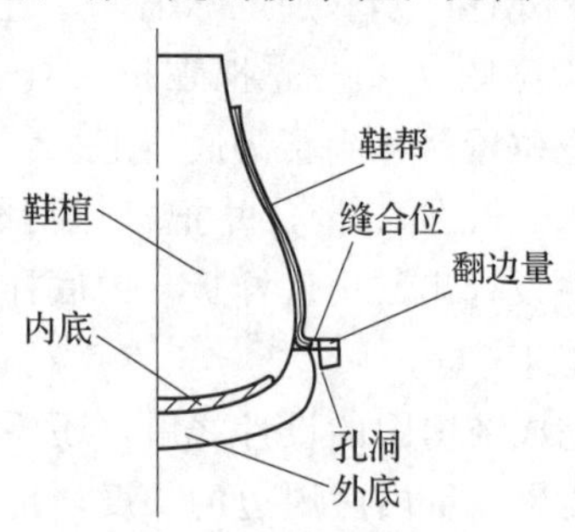

图 7-98　外底孔洞位置

2. 半面板上确定孔位标记

外底套楦鞋的帮脚孔位需要与外底孔位相对应，所以要事先在半面板上把孔位线和打孔位置确定下来，在设计帮部件时再分摊到每块部件上。具体操作步骤如下：

（1）使用配套的外底和鞋楦，在鞋楦的外怀用美纹纸贴楦。

（2）将贴有美纹纸的鞋楦放入鞋底墙内，不用加放内底，垫起鞋底前跷放平稳。

(3) 用铅笔沿着鞋底墙描出孔位线，并将鞋底上的每个孔位标记在孔位线上。这样可以得到准确的孔位数目和孔间距。

(4) 在楦面展平时，前尖和后跟的剪口不要剪在孔位上，要剪在两孔之间。这样不会减少孔位数目，见图 7-99。剪口合拢后，孔位数目和间距都不会有变化。

(5) 制备成半面板后，要将后跟部位的孔位线下降 2 mm，然后在跟口位置之前逐渐与原孔位线合拢，见图 7-100。半面板上有孔位线和打孔标记，孔位线周边加放了 4 mm 的帮脚翻边量，这与外底墙的宽度量相等。

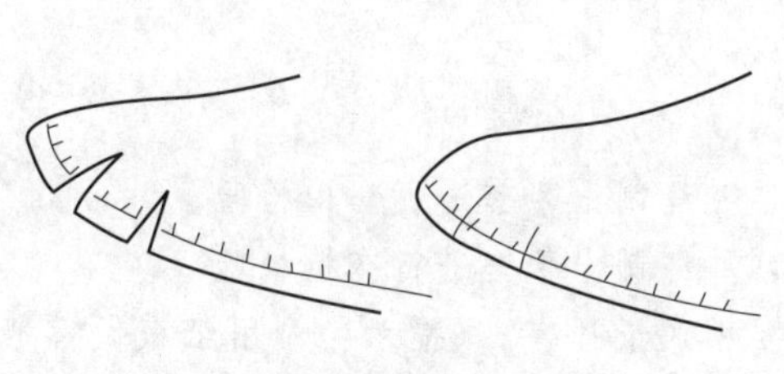

图 7-99 剪口打在孔位之间

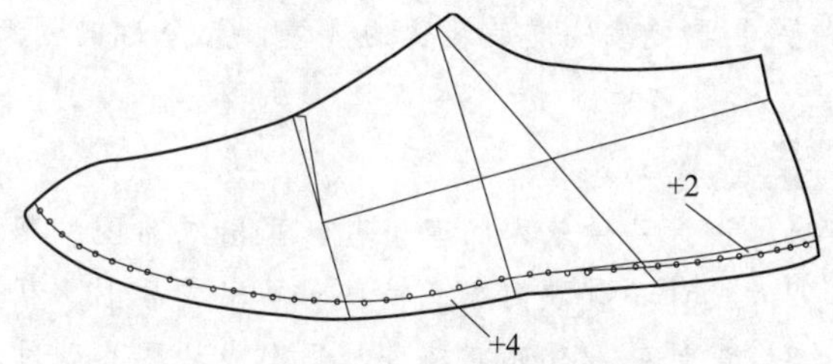

图 7-100 带有孔位标记的半面板

孔位线后端增加 2 mm，是为了填补内底的厚度量。前端不用下降 2 mm，填入内底后鞋腔会变瘦，利用鞋楦"撑出"2 mm 的肥度，可以使鞋帮抱紧鞋楦。

3. 帮结构图设计

按照常规的设计方法先设计出外耳式鞋，见图 7-101。在帮脚部位已经有了眼位标记，也加放了 4 mm 的加工量。鞋头部位也要进行长度修正。

设计外底套楦鞋也需要控制帮脚长度与底墙边长相同，如果帮脚比较长就需要修正。修正的方法与硬内底套楦鞋使用的方法相同，也是缩短帮脚前头部位，见图 7-102。

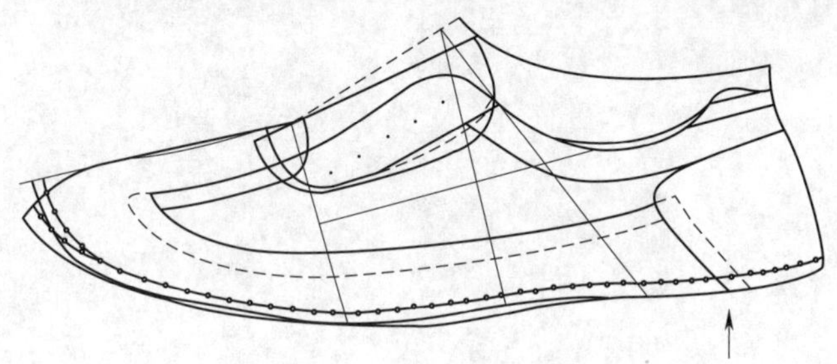

图 7-101 外耳式外底套楦鞋帮结构设计图

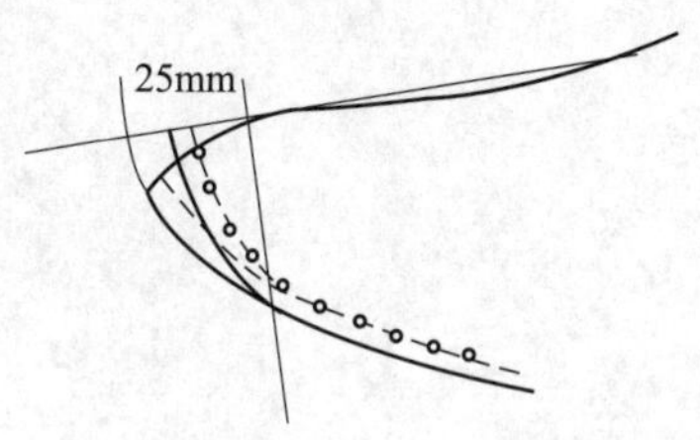

图 7-102 鞋头部位修正

鞋头前端点后退适当的长度，可以缩短帮脚的长度，在帮脚长度变短后还要保持原来的打孔数目，但可以适当调整孔间距长度。

按照孔孔相对把帮脚与外底缝合到一起就得到外底套楦鞋。

课后小结

套楦鞋与包底鞋和缝埂鞋共同构成了一组特殊鞋款。特殊鞋款的特殊性来自加工方法的改变。原本是普通鞋款，由于缝制的方法改变，就形成了缝埂鞋、包底鞋、套楦鞋等别具风格的鞋款。特殊鞋款的特殊性也各有不同，缝埂鞋突出的是立体感，包底鞋突出的是皱褶动感帮包底的舒适感，套楦鞋突出的是简便操作。正因为特色各有不同，所以都得到了市场的追捧。

从中我们也能体会到特殊鞋款的演变规律。例如：在围条与鞋盖之间缝出鞋埂来就是缝埂鞋；如果在普通缝埂鞋的基础上再缝出皱褶来这就形成了包子鞋；如果将普通包子鞋的围条与内底设计

成连成一体的帮包底部件，就形成了包底鞋；如果把普通包底鞋的套式结构改变成鞋帮与鞋底的直接缝合连接，就演变成各种的套楦鞋。

在鞋类设计中，变是绝对的，不变是相对的。从内耳式鞋到外耳式鞋，从断舌式鞋到整舌式鞋，从前开口式鞋到侧开口式鞋，从素头鞋到围盖鞋，从普通鞋到特殊鞋款，一直都是不断地变化、改进、引申、发展，从而演变出琳琅满目、丰富多彩的鞋类产品。

立足于变是学习鞋帮设计基本原则，要创新、要发展、要有所突破，其实都离不开一个“变”字。按照书本学习，是在继承前人的成果，因此在学习的过程中，不单纯要学技术、学原理、学方法，更要学习事物发展演变的规律，为今后的创新设计打下良好的基础。

思考与练习

1. 设计一款软内底套楦鞋，画出成品图、帮结构图，并缝制出帮套进行套楦检验。
2. 设计一款硬内底套楦鞋，画出成品图、帮结构图，并缝制出帮套进行套楦检验。
3. 设计一款外底套楦鞋，画出成品图、帮结构图，要粘成纸鞋套。（提示：利用纸板做模拟外底，事先设计出孔位。制取样板后粘成纸套样，然后再与模拟外底粘成鞋套。）

综合实训六　特殊鞋款的设计

目的：通过特殊鞋款的设计，熟练掌握鞋类设计的基本技能和基本知识。

要求：重点考核成鞋的设计效果

内容：任选一款男女特殊款式鞋进行设计

1. 选择合适的鞋楦，鞋底部件和鞋帮材料。
2. 任选一款男女特殊鞋款进行设计，画出成品图、结构设计图、制备划线板和制取三种生产用样板。
3. 先用废料进行试帮，检验绷帮效果，并及时修改样板。
4. 利用修改后的样板继续进行试帮，直至修改合格为止。
5. 用修改合格的样板正式下料，制帮、绷帮、配底，完成全鞋的制作。

标准：

重点检查成鞋效果：

1. 参照成品图比较，成鞋造型能达到设计效果。
2. 鞋楦选择合理，鞋帮结构合理，鞋底搭配合理。
3. 帮工底工制作精细，符合穿着要求。
4. 设计上有创新，具有市场前景。

考核：

1. 满分为 100 分。
2. 参照前三条标准学生自己为自己的成品打分，每项 20 分，总分不超过 60 分。
3. 由同学相互评审，分出等级，一等 30 分、二等 20 分、三等 10 分。
4. 由老师审核前三条标准，对不符合要求的项目酌情扣 5～10 分。
5. 针对第四条标准，老师要集思广益，分别加上 0～10 分。
6. 统计得分结果：达到 60 分为及格，达到 80 分为合格，达到 90 分及以上为优秀。

参考文献

1. 高士刚编著. 鞋靴结构设计［M]. 北京：中国轻工业出版社，2012.
2. 高士刚编著. 皮鞋结构设计［M]. 北京：中国轻工业出版社，2006.
3. 高士刚编著. 皮鞋帮样结构设计原理［M]. 北京：中国轻工业出版社，1997.
4. 周霞萍编著. 皮鞋款式帮样设计［M]. 北京：中国轻工业出版社，2000.
5. 于连铭编著. 皮鞋设计技法［M]. 北京：中国轻工业出版社，2001.
6. 于百计著. 皮鞋帮样比楦设计法［M]. 北京：中国轻工业出版社，1993.
7. 邢德海主编. 中国鞋业大全［M]. 北京：化学工业出版社，1998.
8. 诸炳生主编. 现代皮鞋款式与设计［M]. 北京：轻工业出版社，1989.
9.（美）派楚克（Patrick，H. J.）著. 现代鞋样设计及剪样［M]. 万希贞译. 北京：轻工业出版社，1986.
10.（英）安吉拉·帕蒂森（Angela Pattison），（英）奈杰尔·考桑（Nigel Cawthorne）著. 百年靴鞋［M]. 安宝珺等译. 北京：中国纺织出版社，2006.